普通高等教育"十三五"规划教材

炭 素 工 艺 学

（第2版）

何选明　主　编
王世杰　副主编

北　京

冶 金 工 业 出 版 社

2023

内 容 提 要

本书以制备黏结成型炭和石墨制品的生产工艺为主线，系统阐述了炭素材料生产主要原料的种类、性质和质量要求；各生产工序的工艺原理、设备构造、技术操作和影响因素；黏结成型炭和石墨制品的主要产品、质量要求和基本用途。对迅速发展中的新型炭素材料也作了深入介绍。

本书为高等学校化学工程与技术专业的主干课程教材，也可供相关专业的工程技术人员参考。

图书在版编目（CIP）数据

炭素工艺学/何选明主编 . —2 版 . —北京：冶金工业出版社，2018.1
（2023.8 重印）
普通高等教育"十三五"规划教材
ISBN 978-7-5024-7517-8

Ⅰ. ①炭…　Ⅱ. ①何…　Ⅲ. ①炭素材料—生产工艺—高等学校—教材
Ⅳ. ①TM242.05

中国版本图书馆 CIP 数据核字（2017）第 134959 号

炭素工艺学（第 2 版）

出版发行	冶金工业出版社	电　　话	(010)64027926
地　　址	北京市东城区嵩祝院北巷 39 号	邮　　编	100009
网　　址	www.mip1953.com	电子信箱	service@ mip1953.com

责任编辑　高　娜　美术编辑　吕欣童　版式设计　孙跃红
责任校对　石　静　责任印制　禹　蕊
北京虎彩文化传播有限公司印刷
1996 年 10 月第 1 版，2018 年 1 月第 2 版，2023 年 8 月第 4 次印刷
787mm×1092mm　1/16；18.75 印张；453 千字；286 页
定价 45.00 元

投稿电话　(010)64027932　投稿信箱　tougao@cnmip.com.cn
营销中心电话　(010)64044283
冶金工业出版社天猫旗舰店　yjgycbs.tmall.com
（本书如有印装质量问题，本社营销中心负责退换）

第 2 版前言

本书延续了第 1 版的编写宗旨，内容以制备黏结成型炭和石墨制品的生产工艺为主线，系统阐述了炭素材料生产主要原料的种类、性质和质量要求；各生产工序的工艺原理、设备构造、技术操作和影响因素；黏结成型炭和石墨制品的主要产品、质量要求和基本用途。对迅速发展中的新型炭素材料也作了深入介绍。

为了适应社会经济的发展，科学技术的进步，本书与第 1 版相比，修订的内容主要有：

(1) 增加时新内容，如：与碳纳米管、石墨烯等新型碳同素异形体相关的碳晶体结构；炭素泥浆、高炉用微孔炭砖和超微孔炭砖、复合（增强）不透性石墨等新产品；强力混捏冷却系统等新工艺与装备；碳纳米管、石墨烯、石墨炔、碳量子点等新型炭素材料；各章复习思考题新增题目及新增参考文献等。

(2) 删除淘汰内容，如：炉室法沥青焦生产设备及工艺过程，用于填缝及黏结的炭糊等。

(3) 更新过时内容，将全书涉及的全部国家标准与规范、部颁标准与规范的有效版本更新至 2017 年 8 月 1 日。

本书由武汉科技大学何选明担任主编，武汉科技大学王世杰担任副主编。各章的编写分工为：何选明编写绪论、第 1、7、8 章；武汉科技大学方红明编写第 2、3 章；王世杰编写第 4、5、6 章；杜伦大学（Durham University）何清编写第 9 章。由王世杰负责全书的统稿，由何选明负责全书内容的审定。

本书在撰写过程中，参考和引用了国内外有关文献资料，由于篇幅所限，难以一一列举，在此向有关作者表示真挚的感谢！

本书的编写出版得到了武汉科技大学、武汉科技大学化学与化工学院、武汉科技大学煤转化与新型炭材料湖北省重点实验室、冶金工业出版社等单位的大力支持和热情帮助，在此一并表示衷心的感谢！

　　安徽工业大学（原华东冶金学院）、武汉科技大学（原武汉冶金科技大学）和冶金工业出版社对本书第 1 版的编著与出版发行给予了大力支持与帮助。

　　在此对本书第 1 版的贡献者，致以崇高的敬意与衷心的感谢！

　　由于作者水平所限，书中疏漏和不妥之处，诚请读者批评指正。

编　者

2017 年 8 月 1 日

于武汉科技大学

第1版前言

本书阐述了炭和石墨制品的基本性能、主要产品和质量要求，对迅速发展中的新型炭素材料作了介绍。其主要内容为以炭和石墨制品为主线的工艺过程，深入论述了各工序的工艺原理、设备构造、技术操作、影响因素等问题。本书还收集并介绍了近年来在炭素工艺方面的新技术、新工艺和新设备。

本书由华东冶金学院钱湛芬任主编，武汉冶金科技大学何选明编写第2、8、9章；武汉冶金科技大学王丽芳编写第3章；华东冶金学院杨俊和编写第4、7章；绪论及其余各章由钱湛芬编写。

本书初稿经上海炭素厂杨国华、鞍山热能院李志龙、鞍山钢铁学院徐君及华东冶金学院冯映桐等同志组成的审稿小组进行审查和讨论。根据审稿的意见和建议，编者对初稿作了修改。最后由主编对全书作了最终修改和整理。

编　者
1996 年 4 月

目 录

绪　论

炭素材料是一种古老的材料，亦是一种新型材料。早在史前，人类的活动就与炭物质发生了联系。但从原始、粗糙的炭素材料发展到近代、高质量的工业炭素材料，在世界上只有 100 多年的历史，在我国则仅有 50 多年的历史。

公元前 8000 年，人类已经把炭物质作为燃料。公元前 3000 年开始，有色金属冶炼就用到了炭。公元 2 世纪，中国汉代已经开始用煤烟制墨。公元 15 世纪，就出现了以木炭为还原剂及燃料的高炉雏形。早在 16 世纪（明代），我国冶炼工业已用天然石墨和黏土制成耐火坩埚，这或许是人类最早的炭素制品。16 世纪中叶，用细长的石墨条制成铅笔，而用石墨和黏土制成铅笔芯则始于 1804 年。1810 年，英国的戴维用木炭粉和煤焦油混合、成型，经焙烧制成炭棒，作为伏特电池的正极。1842 年，德国的本生用炭电极代替了电池中昂贵的铂电极。1855 年，德国康拉脱公司是第一个生产电池用炭电极的工厂。

19 世纪 70 年代以后，随着蒸汽机的发明，提供了充足的电能，开辟了炭材料在电化学、电热等工业中的应用。这包括了电机用电刷、炭粒、电话用炭质振动膜以及电解制铝、铁合金生产所用的炭电极、阳极糊、电极糊等。但这些电极都是无定形碳，它们在电容量、抗腐蚀性以及抗热震性等方面仍不够理想。

1896 年，美国的艾奇逊发明了人造石墨电极。1899 年，艾奇逊石墨公司成立（其后与美国国家炭素公司合并，现为联合碳化物公司的炭素制品分厂），从事人造石墨电极的生产。人造石墨的出现为炭素工业的发展揭开了新的一页。早期所用炭电极的大部分为人造石墨电极所取代。炭电极则主要用于不需要大电流容量及要求价廉的地方。

除了与电有关的工业应用外，炭制品由于其耐腐蚀、耐高温、自润滑、导热等特性，在其他工业也得到了广泛应用：

第一种是作为结构用炭制品，如最早用做高炉内衬的炭块。由于其热稳定性，以及对熔融铁和渣的抗蚀性好，因此在还原性气氛中，炭块是性能优于耐火材料的耐热材料。1890 年，德国就开始使用炭块，但直到第二次世界大战后，炭块才在世界上得到广泛应用。

第二种是化学工业用炭制品。化学工业需要大量耐腐蚀及导热性好的材料。1910 年，美国的贝克兰发明了酚醛树脂，并用它来浸渍炭制品，制成了不透性炭制品，从此开辟了炭制品在化学工业中的应用。

第三种用途是密封材料。由于炭材料具有自润滑、耐腐蚀及滑动时不与金属发生烧结现象等特性，扩展了机械用炭材料的应用领域。

1942 年，留美的意大利核物理学家弗米建立了最早的核反应堆 CP-1。在此核反应堆中，采用高纯、高密石墨作为中子减速材料。其后，英国卡尔德-霍尔反应堆应用了数千吨石墨，为炭素材料的应用开辟了新领域。核反应堆石墨要满足非常苛刻的工作条件，为此，促进了对炭素制品制造工艺和其物理、化学性质的研究。炭素材料作为材料科学的一个分支，对其进行系统的研究始于20世纪40年代，到50年代达到高潮。

20世纪40~50年代，炭素材料发展的重要成果，除核反应堆用石墨外，高纯高密石墨还用做精炼半导体单晶炉的发热体和坩埚、舟、皿等。50~60年代的重要成果为热解炭和热解石墨的研制成功，使之用于宇航、医学、生物等各个领域。20世纪60~70年代的主要成就，是制成炭纤维及其复合材料。这方面的研究仍在不断持续，并有更为广阔的应用前景。与此同时，研制成功的还有玻璃炭、柔性石墨等。从70年代以来，石墨层间化合物的研究引起各国炭化工学者的重视。80年代后期以来，又掀起 C_{60} 化合物、金刚石薄膜、碳纳米管、石墨烯、石墨炔和碳量子点等新型炭素材料的研究热潮。

碳在自然界中的丰度为0.08%，占地壳中各元素含量的第13位。碳的资源以两种形式存在：

一种是循环型的资源，大气里的 CO_2 通过植物，海洋里的 CO_2 通过浮游生物，迁移到生物圈，而相近数量的碳则由生物的呼吸和遗骸的分解而回到大气和海洋里。大气和海水还通过海面进行着 CO_2 的交换。这种循环速度是相当高的。

另一种是数量极大的堆积物，这种碳资源数量很多，但均为化合物。天然产的近于纯碳（如金刚石和石墨）的数量非常少。无烟煤也是最接近纯碳的天然物质。此外，碳含量高的原始物还有各种煤和石油，是人类所用含碳物质的主要来源。

材料一直是人类社会进化的重要里程碑，有史以来，人类社会的发展和进步，总是与新材料的出现和使用分不开的。如石器时代、青铜时代、铁器时代，都是以材料作为时代的主要标志。材料又是技术进步的先导和基础。例如，若没有半导体材料的工业化生产，就不可能有目前的计算机技术；没有现代的高温、高强度结构材料，也就没有今天的宇航工业。材料和元件的突破会导致新技术产业的诞生，对国民经济甚至对人类生活产生重大影响。我国为今后高新技术发展确定了七个重点：即生物、航天、信息、激光、自动化、能源和新材料，而新材料又是其他新兴技术的物质基础。

炭素材料属于无机非金属材料，它具有很多独特的物理、化学性质，还具有将其他固体材料（如金属、陶瓷、有机高分子材料）的性质巧妙地结合起来的特点。图0-1为炭素材料与金属、陶瓷、有机高分子材料性质的比较。

由图0-1可见，炭素材料在导电性、导热性方面与金属材料有相似之处；在耐热性、耐腐蚀性方面与陶瓷材料有共同性；而在质量轻、具有还原性和分子结构多样性方面又与有机高分子材料有相同之处。由此说明，炭素材料兼有金属、陶瓷和有机高分子三种主要固体材料的特性。而它又有别的材料无法取代的性质，如比弹性率、比强度高，减震率大，生物相容性好，具有自润滑性及中子减速能力等特点。此外，由于呈多晶体碳的生成过程和微晶的成长程度以及它们的集合状态的多样性，使炭素材料的性质易于改变，以适应各种不同的用途。近50年来，炭素材料工业得到了迅猛发展，原有产品的质量和性能有了很大提高，又涌现出大量新品种，使它的应用范围日益扩大。当前，炭素材料已广泛

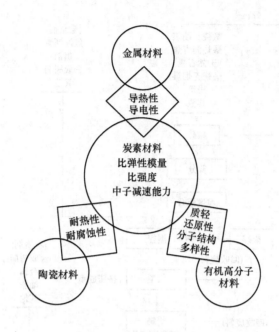

图 0-1　炭素材料与金属、陶瓷、有机高分子材料的比较

应用于冶金、化工、电子、电器、机械等工业以及核能和航空航天工业，乃至作为人体生理补缀材料。炭素材料已经成为近代工业中不可缺少的结构材料和功能材料。

随着新技术革命浪潮的到来，材料科学正孕育着新的突破。而复合材料就是实现这个突破的一个重要方面。复合材料就是由两种或两种以上材料组成的新材料。这种新材料既保持了原材料的特点，又使各材料之间取长补短，形成一种崭新的材料。21 世纪必将成为复合材料的黄金时代。而炭素材料与其他材料复合的炭/炭复合材料，炭/金属复合材料，炭/树脂复合材料，炭/陶瓷复合材料已经诞生，必将在各个工业部门和人类生活以及高科技领域发挥作用。

至 2013 年，中国石墨及炭素制品产量已超过 3000 万吨/年，其中黏结成型的炭和石墨制品产量已超过 300 万吨/年。在各种各样的炭和石墨制品中，用于电炉炼钢的人造石墨电极就约占产量的 2/3。所以，本教材还是以制备黏结成型炭和石墨制品的生产工艺为主线。为了跟上新技术发展的步伐，对数量虽少，但其性能卓越，应用领域广泛，发展日新月异，有极其广阔应用前景的新型炭素材料在第 9 章中予以介绍。

黏结成型炭和石墨制品的生产工艺流程示于图 0-2。其基本工艺过程包括：原料的选择；原料的预处理（预碎、煅烧）；原料的粉碎和筛分分级；原料组成及粒度配料；加入黏结剂并进行混捏；混捏后糊料成型；成型后生制品的焙烧；焙烧的半成品进行石墨化。当要求高密度、高强度产品时，可以对焙烧后生制品进行一次或多次浸渍，每次浸渍后再作焙烧处理。当要求高纯产品时，还需对石墨化后的制品进行高温纯化处理。最后，对炭和石墨制品的毛坯做机械加工。

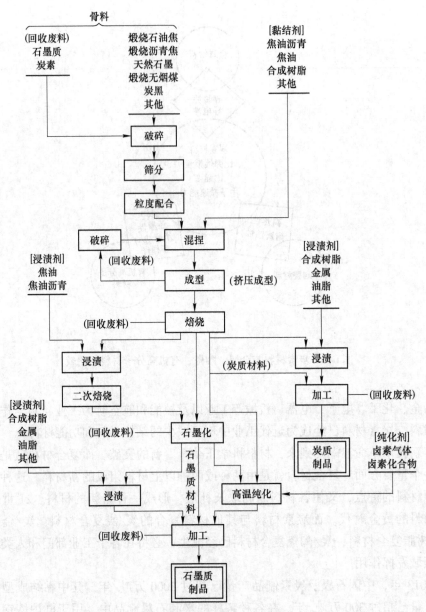

图 0-2　黏结成型炭和石墨制品的生产工艺流程

复习思考题

0-1　碳在自然界是如何分布的？试用图表示自然界碳的循环。

0-2　炭素材料有哪些特点？

0-3　试述炭素材料在国民经济中的地位。

1 炭 素 材 料

炭素材料是以碳元素为主（一般碳氢原子比大于 10）的物质和固体材料的总称。炭素材料通常都是以石墨微晶构成的。不过在各种炭素材料中，微晶的尺寸和微晶的三维排列有序程度有相当大的差别。因此，可以将炭素材料分为炭质、石墨质和半石墨质等类别。按照生产技术的成熟性和应用的广泛性，炭素材料可以分为常用炭素材料及新型炭素材料。近年来，新型炭素材料蓬勃发展，它的种类繁多，性能优异，有着广阔的应用前景。但在目前的实际生产中，常用炭素材料的产量还占据绝大多数（占 3/4 以上）。本章主要介绍需要用黏结剂生产的常用炭素材料（如炭制品、石墨制品、炭糊类）以及它们的基本性质。

1.1 炭素材料的基本性质

1.1.1 碳的晶体结构

碳元素因具有独特的 sp、sp^2 和 sp^3 三种杂化方式和多变的成键形式，而可形成大量同素异形体。不过，很长时间以来，人们所熟知的碳的同素异形体仅包括金刚石、石墨和无定形碳 3 种。但从 1985 年富勒烯被报道后，碳元素的大量同素异形体如碳纳米管（1991年）、直链碳炔（1995 年）、石墨烯（2004 年）、石墨炔（2010 年）等陆续被发现。这些具有无与伦比优良性质的碳同素异形体新成员，正在为人们呈现一个梦幻般的碳材料新世界。

1.1.1.1 金刚石的结构

金刚石是最典型的共价键晶体，其中每个碳原子通过 sp^3 杂化轨道与相邻的 4 个碳原子形成共价键，键长为 1.5445×10^{-10} m，键间的夹角为 109°28′（图1-1）。金刚石为面心立方晶体，每个晶胞中含有 8 个碳原子，晶胞边长 $a = 3.5597 \times 10^{-10}$ m，理论密度等于 $3.5362 \mathrm{g/cm^3}$。金刚石的碳原子之间都是共价键结合，共价键是饱和键，具有很强的方向性，结合力很强。所以金刚石具有很高的硬度及很高的熔点，而且是电绝缘体。

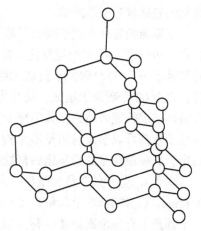

图 1-1 金刚石结构

1.1.1.2 石墨的结构

石墨结构是由 sp^2 杂化轨道形成的，即 1 个 $2s$ 电子和 2 个 $2p$ 电子杂化形成等价的杂化轨道，位于同一平面上，交角为 120°，它们相互结合形成 σ 键，而 1 个未参加杂化的 $2p$ 电子则垂直于平面，形成 π 键，由此构成石墨的六角平面网状结构，以平行于基面的方向堆砌，见图1-2。

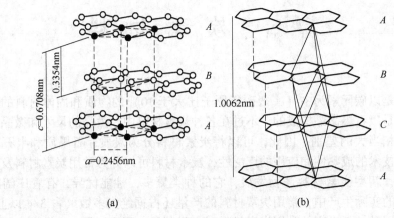

图 1-2 理想石墨结构
(a) 六方晶系石墨；(b) 斜方晶系石墨

在石墨平面网状层内是 σ 键叠加 π 键，而在六角平面网层间则以较弱的范德华分子键结合。石墨有两种堆砌形式：一种以 $ABAB$ 三维空间有序排列称为六方晶系石墨（图1-2a），其碳原子间键长为 1.4211×10^{-10} m，层间距 $d=0.33538$ nm，晶胞边长 $a=0.24612$ nm，晶胞高 $c=0.67079$ nm；另一种是以 $ABCABC$ 三维空间有序排列，称为斜方晶系石墨（图1-2b），这种结构实际上是六方晶系的变态，是由于晶体缺陷造成的。这种石墨在天然石墨中占 20%～30%，经 3000℃ 处理后，就成为六方晶系，故在人造石墨中不存在。具有理想石墨晶体结构的巨大石墨单晶是不存在的，即使从天然鳞片石墨中精选出来的单晶，其尺寸也仅几毫米。但它作为一个科学模型，对炭素材料来说具有重要的指导意义。

1.1.1.3 富勒烯的结构

富勒烯又称"布基球"或"巴基球"等。指完全由碳原子构成，有六元环和五元环结构的笼球状分子的统称。

富勒烯的发现得益于碳原子簇的研究。早在 20 世纪 70 年代，就有人设想过球分子的存在。1985 年，英国的克罗托（H. W. Kroto）等人在用激光轰击石墨靶，做碳的气化试验时发现了一种 60 个碳原子组成的稳定的原子簇，用质谱检验，它具有 720 个原子质量单位，即由 60 个碳原子组成，简写为 C_{60}。并提出了 C_{60} 的结构为 20 个正六角环和 12 个正五角环组成的笼形结构，其中每个正五角环为正六角环所分隔开。其后又发现大多数偶数碳原子簇都可以形成封闭笼形结构，其五角环数恒定为 12 个，而六角环数则依笼的大小而定。五种最典型的稳定化的富勒烯结构示于图1-3。

单个 C_{60} 分子的对称性很高，人们将其描述为平截正 20 面体形成的 32 面体，直径为 0.71nm。C_{60} 共有 60 个顶角，每一个顶角为两个正六角环和一个正五角环的聚会点，在每一个顶角上有一个碳原子，每个碳原子以两个单键、一个双键与相邻的三个碳原子相连接。每一个六角环，C 与 C 之间以 sp^2 杂化轨道形成共轭双键，而在笼的内外表面都被 π 电子云所覆盖。整个分子是芳香性的。

C_{70} 的结构为 12 个五角环和 25 个六角环围成的一个 37 面体，碳原子占据 70 个顶角位

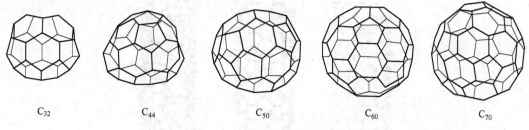

| C₃₂ | C₄₄ | C₅₀ | C₆₀ | C₇₀ |

C_{32}　　　　C_{44}　　　　C_{50}　　　　C_{60}　　　　C_{70}

图 1-3　五种典型富勒烯结构

置，有的是两个六角环和一个五角环的聚汇点，有的为三个六角环的聚汇点。

30 年来，富勒烯家族得到了很大的扩充，越来越多的富勒烯新结构被陆续发现和分离出来。迄今为止，已分离、表征了 $C_{60} \sim C_{104}$ 的 60 余种富勒烯新结构，由此开辟了富勒烯研究的新领域。

1.1.1.4　碳纳米管的结构

1991 年，日本的饭岛（Iijima）在氩气氛围直流电弧放电后的阴极炭棒沉积炭黑中，通过透射电子显微镜（电镜）发现了一种直径在几纳米至几十纳米、长度为几十纳米至 1μm 的中空管。随后，纳米碳管就以其良好的导电、机械及半导体等性能而成为化学界的一颗新星。

碳纳米管（carbon nanotubes，CNT），又名巴基管（Bucky Tubes），属富勒碳系。典型的碳纳米管是由单层或多层的石墨烯片围绕中心轴按一定的角度卷曲而成的无缝管状结构，径向尺寸为纳米量级（一般 0.4～5nm），轴向尺寸为微米量级。石墨烯片中的碳原子通过 sp^2 杂化方式与周围 3 个碳原子完全键合，但是在石墨层片卷曲过程中，某些 σ 键发生弯曲，因此碳纳米管结构中碳原子是以（$2<x<3$）杂化方式结合，对于管径较大的碳纳米管，其碳原子杂化方式接近 sp^2。

单壁碳纳米管由石墨烯片卷曲而成，并在其两端罩上碳原子的封闭曲面。不同的卷曲方式，所得到的碳纳米管的结构会有所不同。根据不同的卷曲方式，即碳六边形沿轴向的不同取向（螺旋角），可以将单壁碳纳米管分成扶手形、锯齿形和手性形纳米管。单壁碳纳米管的结构可以通过螺旋角 θ 来表征。即螺旋角 $\theta = 0°$，所形成的单壁碳纳米管为锯齿形（zigzag）；当螺旋角 $\theta = 30°$，所形成的单壁碳纳米管为扶手形（armchair）；当螺旋角 $0° < \theta < 30°$，所形成的单壁碳纳米管为手性形（chiral）。结构如图 1-4 所示。

1.1.1.5　炔炭的结构

炔炭（carbyne）是由 sp 杂化轨道形成方向相反，交角为 180° 的 σ 键，两个未参与杂化的 $2p$ 电子形成两个 π 键，生成的线状聚合物（—C≡C—C≡C—）$_n$。因其结构单元与炔烃相对应，故称为炔炭。这种碳的同素异形体与只有一个原子厚的石墨烯薄片以及中空的碳纳米管不同，它是真正的一维材料，故也称为线状碳。

炔炭有两种异构体：α 型，为三键和单键交替的共轭三键型（—C≡C—）$_n$；β 型，为累积双键型（＝C＝C＝）$_n$。后者不稳定，加热时转化为 α 型。当石墨气化时，因为存在一个低能量的裂变过程，将会发生两种反应，一种是单键破裂，转移一个电子到邻近双键上，同时诱发另一个单键断裂，在双键处形成三键，重复此过程，伴随键角的改变而最

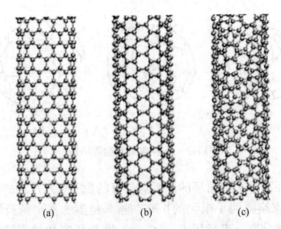

图 1-4　单壁碳纳米管的不同形式
（a）锯齿形（zigzag）；（b）扶手形（armchair）；（c）手性形（chiral）

终形成 α-线型碳；另一种反应是单键断裂，转移一个电子到邻近单键上，并诱发另一个
单键的断裂，最终形成 β-线型碳，如图 1-5 所示。

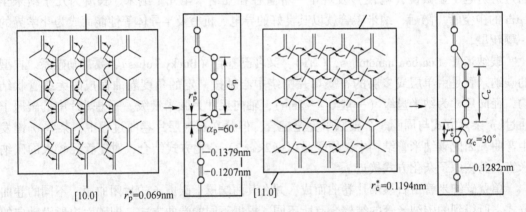

图 1-5　石墨基面层转化线型碳

2013 年，美国莱斯大学的研究团队利用计算机得出的计算结果显示，单个原子厚的线
型碳可能是已知最强韧的微观材料，抗拉强度超过其他任何已知材料，是石墨烯的两倍；
在室温下很稳定，表观比表面积约为石墨烯的 5 倍，渗透性和吸附性强，在超强超轻材料
或储能领域都有广阔的应用前景。

1.1.1.6　石墨烯的结构

石墨烯（graphene）是由一个碳原子以 sp^2 杂化与周围三个近邻碳原子结合形成蜂窝状
结构的碳原子单层，其厚度约 0.35nm，碳—碳键长为 0.142nm（图 1-6）。

石墨烯材料（graphene materials）则是由石墨烯作为结构单元堆垛而成的、层数少于
10 层，可独立存在或进一步组装而成的碳材料的统称。按层数，它可分为单层石墨烯、
双层石墨烯和多层石墨烯。按被功能化形式，常见的有氧化石墨烯、氢化石墨烯、氟化石
墨烯等。按外在形态，有片、膜、量子点、纳米带或三维状等。

石墨烯的平面六边形点阵结构，可以看做是一层被剥离的石墨分子，每个碳原子均为

sp^2 杂化，并贡献剩余一个 p 轨道上的电子形成大 π 键。π 电子可以自由移动，赋予石墨烯良好的导电性。二维石墨烯结构可以看是形成所有 sp^2 杂化碳质材料的基本组成单元。它可以翘曲成零维（0D）的富勒烯，卷曲成一维（1D）的碳纳米管，堆垛成三维（3D）的石墨。

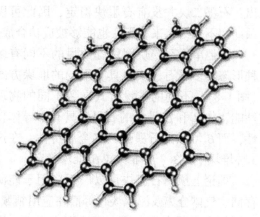

图 1-6　石墨烯（graphene）结构

由于其特殊的结构，石墨烯具有一般材料所不具备的众多优异性能，它占据着太多的世界"之最"：

（1）世界上最薄的材料。它的理论厚度 0.34nm，仅为头发丝的 20 万分之一。1mm 厚的石墨薄片，居然能剥离出多达 150 万片石墨烯。

（2）世界上最轻便的材料。1g 石墨烯可以覆盖一个足球场。而石墨烯气凝胶是世界上已知最轻的固体材料，其密度 0.16mg/cm³，仅为空气密度的 1/8。

（3）世界上透光性最好的材料之一。几乎是完全透明的，只吸收 2.3% 的光，透光率高达 97.7%。

（4）世界上导热性最好的材料。导热系数达到 5300W/（m·K），比金刚石和碳纳米管更高。

（5）世界上导电性最好的材料。常温下电子迁移率超过 15000cm²/（V·s），达到光速的 1/300，比纳米碳管或硅晶体高，而电导率高达 10⁴S/m，电阻率只约 10⁻⁶Ω·cm，比铜或银更低。

（6）世界上强度最高的材料。抗拉强度与弹性模量分别为 125GPa 和 1.1TPa，比最好的钢都要坚硬 100 倍。

（7）世界上最柔韧的材料。在石墨烯内，碳原子就像细铁丝网围栏一样排列。这种结构也使得它十分柔韧，即便大角度弯曲也不会断裂。

（8）世界上最薄的防腐蚀涂层。在铜和镍的表面涂上石墨烯的试验证明，用化学气相沉积培育时，铜的腐蚀速度减慢 7 倍，镍的腐蚀速度减慢 4 倍。

（9）世界上吸附性最好的材料。磺酸基功能化石墨烯对萘和萘酚的吸附能力达到了 2.4mmol/g，是目前吸附能力最高的材料。氧化石墨烯对金属离子也具有很好的吸附效果。

石墨烯无疑是过去十年乃至未来几十年，所有材料中最耀眼的一颗"明星"。

1.1.1.7　石墨炔的结构

石墨炔是一种将碳六元环以炔键（—C≡C—）连接起来的单原子层结构，被誉为可能是人工合成的、非天然的碳同素异形体中最稳定的一种。通过改变碳六元环之间炔键的数目（定义为 n），可以得到一系列的 sp-sp^2 杂化结构，将其称为石墨 n 炔（graph-n-yne），简称 n 炔。当 $n=0$ 时，得到石墨烯（graphene）；当 $n=1$ 时，得到石墨一炔，即通常所称的石墨炔（graphyne）（图 1-7）；当 $n=2$ 时，得到石墨二炔（graphdiyne）。

1987 年，Baughman 等人在理论上预测了石墨炔的存在。2010 年，中科院化学所李国兴等利用前驱体在铜的表面发生偶联反应合成了大面积的石墨二炔。不过，已有研究指

出：石墨二炔并没有石墨炔稳定，因此可以
预期在不久的将来石墨炔也能够被成功合成。

不但单层石墨炔因炔键数目的不同有多
种形态，多层石墨炔也具有不同的堆垛方式
（图1-8）。不同的堆垛方式导致不同的物理
性能，如 β_1 和 β_2 堆垛的石墨炔具有半导体特
性，而 β_3 堆垛的石墨炔具有金属特性。在这
3 种堆垛中，β_1、β_2 堆垛较 β_3 堆垛稳定。

理论上预测石墨炔可以广泛应用于能源
存储、气体分离及海水淡化等潜在应用领域。
特别是在能源存储方面，理论研究发现，石
墨一炔具有良好的金属吸附性能，特别是炔
键位置是金属的优良吸附位，因此石墨炔类
结构可以用于轻质金属如锂、钠、钙及钛等的存储。

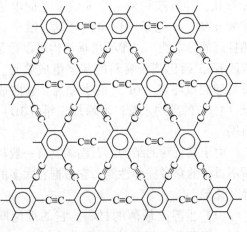

图 1-7　石墨一炔（graphyne）结构

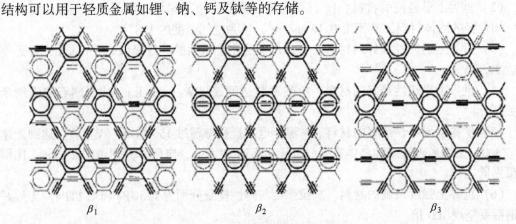

图 1-8　三种不同的石墨炔堆垛方式

1.1.1.8　乱层结构

对于绝大多数炭素材料来说，它们不具备如理想石墨那样的三维有序结构，它们的六
角网状平面很不完整，存在空洞、位错、边缘含杂原子以及杂质夹杂等缺陷。它们连接成
波浪形层面，近似平行地堆积，这就是乱层结构。这些乱层结构堆积的层片数少，层间距
也比理想石墨大。它们没有宏观晶体的性质，但在微细的区域内，其基体还是有一定的有序
排列，这些微细结构称为微晶。根据微晶的聚集状态，可以有两种典型的结构，见图1-9。

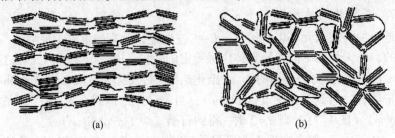

(a)　　　　　　　　　　　　　(b)

图 1-9　乱层结构
(a) 可石墨化炭；(b) 难石墨化炭

图 1-9（a）中的微晶定向性较好，微晶间交叉连接较少，层间距在 $3.44×10^{-10}$ m 左右，为可石墨化炭（或称易石墨化炭）。它在进一步热处理时可转化为石墨炭。图 1-9（b）中微晶定向差，微晶间交叉连接，有许多空隙，层间距为 $3.70×10^{-10}$ m，即使经高温热处理，也不可能成为石墨炭，故称为难石墨化炭（或称不可石墨化炭）。可石墨化炭与难石墨化炭可从热处理过程中层间距 d_{002} 和堆积层厚度 L_c 的变化来加以区别（见图 1-10）。

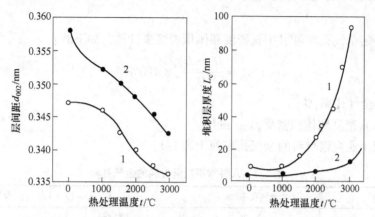

图 1-10　两种类型碳在热处理过程中 d_{002} 和 L_c 的变化
1—可石墨化炭；2—难石墨化炭

1.1.2　炭素材料的结构性质

炭素材料的结构性质包括密度、气孔率、气孔结构和气体渗透率。

1.1.2.1　密度

真密度 D_t 是指单位体积材料的质量。该体积不包括材料中孔隙的体积。

炭素材料的真密度反映其石墨化度，比较精确的测定方法是用 X 射线衍射法测定其晶格常数 a 和 c，然后按下式计算：

$$D_t = \frac{mN}{v} \tag{1-1}$$

式中　D_t——真密度，g/cm³；

　　　m——碳原子质量，$1.65963×10^{-24}$ g；

　　　N——单位晶格中碳原子数，$N=4$；

　　　v——单位晶体的容积，$v=a^2 c \sin 60°$，μm³。

理想石墨的晶格常数 $a=2.46×10^{-10}$ m，$c=6.71×10^{-10}$ m，经计算，理想石墨的真密度 D_t 为 2.265g/cm³。人造石墨的真密度总要低于此值，这与其晶体缺陷有关。各种人造石墨材料的密度一般为 2.16 ~ 2.23g/cm³，高密度的核石墨、热解石墨有时也可达到 2.24 ~ 2.25g/cm³。在实际生产中，常用溶剂置换法来测定真密度，参见《炭素材料真密度和真气孔率测定方法》（GB/T 6155—2008）。其测值往往低于 X 射线衍射法，这是因溶剂无法进入闭气孔所致。

体积密度 D_V 是单位体积炭素材料的质量。该体积包括碳和孔隙的体积。其测定方法参见《炭素材料体积密度测定方法》（GB/T 24528—2009）。一般人造石墨的体积密度为

$1.50 \sim 1.75 \mathrm{g/cm^3}$。经特殊处理的产品可达 $1.90 \sim 2.20 \mathrm{g/cm^3}$。

1.1.2.2 气孔结构

炭素材料的气孔可分为开气孔、闭气孔、贯通气孔；按其尺寸又可分为微孔（<2nm）、过渡孔（2~50nm）和大孔（>50nm）。炭素材料的气孔结构应以多种参数综合描述，如气孔率、孔径及其分布、比表面积、形状因子等。

A 气孔率

炭素材料的全气孔率可以用真密度和体积密度来计算，如下式：

$$P_t = \frac{D_t - D_V}{D_t} \times 100\% \tag{1-2}$$

式中 P_t——全气孔率，%；

D_t, D_V—— 真密度和体积密度，$\mathrm{g/cm^3}$。

几种常用工业炭素材料的全气孔率列于表1-1。

表1-1 几种常用炭素材料的全气孔率

名 称	全气孔率/%	名 称	全气孔率/%
炭电极	17~25	过滤材料	30~60
石墨电极	22~30	浸渍结构材料	0~3
炭 块	15~20	电炭材料	10~20

B 孔径及其分布

炭素材料中的气孔一般不是球状气孔，而是不规则的，此时孔径是指与不规则气孔具有相同体积的球形气孔的直径。这时，平均孔半径可由下式计算：

$$\bar{r} = \frac{3P_t}{SD_V} \tag{1-3}$$

式中 $\bar{r}$——平均孔半径，cm；

P_t——全气孔率，%；

S——比表面积，$\mathrm{cm^2/g}$；

D_V——体积密度，$\mathrm{g/cm^3}$。

有时也取与不规则气孔具有相同体积的圆柱形气孔的底面半径作为平均孔半径。

平均孔径有时还不足以描述孔的特征，通常还需要知道孔径分布。孔径分布通常用分布函数来表示，常用的有两种形式：一为孔数分布函数 $D_N(R)$，表示孔半径介于 $R \sim R+$ 范围内的气孔数占气孔总数的百分比；二为体积分布函数 $D_V(R)$，表示孔半径介于 $R \sim R+$ 范围内气孔的体积占气孔总体积的百分比。

C 比表面积

单位质量材料所具有的总表面积称为比表面积。比表面积在某种程度上反映了材料可与外界接触的面积，对许多材料来说是一个十分重要的参数。比表面积一般用气体吸附法测定，参见《气体吸附BET法测定固态物质比表面积》（GB/T 19587—2004）。

D 形状因子

气孔的形状也是描述气孔结构的重要特征参数。形状因子可以定义为气孔的长度与其宽度的比值。在实用上，气孔的长度可取气孔的最大费雷特（Feret）直径，而宽度则取气孔的最小费雷特直径。所谓费雷特直径是指沿一定方向测得的气孔或颗粒投影轮廓两边界平行线间的距离。

1.1.2.3 气体渗透率

炭素材料为多孔材料，所以在一定压力下，气体可以透过。气体在多孔材料中流动有三种形式。常压下，气体在较大孔径（孔径大于通过材料气体的平均自由程）内流动属于黏性流动。如果气体压力减小，使气体分子的平均自由程接近孔径时，呈滑动流动。当气体在毛细管内流动，而且压力不大时，气体分子的平均自由程大于孔径，就产生分子自由流动。一般炭素材料的气体渗透率根据达尔赛定律，按下式计算：

$$K = \frac{QL}{\Delta p A} \tag{1-4}$$

式中　K——气体渗透率，cm^2/s；

Q——压力-体积流速，$MPa \cdot cm^3/s$；

L——试样厚度，cm；

A——试样截面积，cm^2；

Δp——在试样厚度两侧的压力差，MPa。

一般炭素材料的气体渗透率在 $0.1 \sim 10 cm^2/s$ 的范围内。它与材料的气孔率没有直接关系，因为只有贯通气孔才能通过气体。经浸渍处理后的不透性石墨的气体渗透率约为 $10^{-8} cm^2/s$，玻璃炭和热解炭则可达到 $10^{-12} cm^2/s$，与玻璃的透气率相同。

如果气体渗透率非常小时，通过微孔气流状态很复杂，需用其他公式计算。

1.1.3 炭素材料的力学性质

1.1.3.1 炭素材料的机械强度

炭素材料的机械强度用抗压强度、抗折强度和抗拉强度来表征。石墨电极抗压强度、抗折强度测定方法可参见 GB/T 1431—2009 和 GB/T 3074.1—2008。炭素材料抗拉强度测定参见 GB/T 8721—2009。它们的机械强度有下列特征：

（1）机械强度有各向异性。平行于层面方向（∥）的强度高，而垂直于层面方向（⊥）的强度低，见表 1-2。

表 1-2　几种炭石墨制品强度的各向异性

种　类	测量方向	极限强度/MPa		
		抗压	抗折	抗拉
炭电极（挤压）	∥	21.6~49.0	4.9~12.7	2.4~6.8
	⊥	19.6~44.1	—	—
石墨电极（挤压）	∥	11.7~29.4	5.8~15.7	2.9~7.8
	⊥	9.8~27.4	4.4~13.7	1.5~6.4
核石墨（模压）	∥	32.0	14.5	9.7
	⊥	34.5	10.5	5.9

种　类	测量方向	极限强度/MPa		
		抗压	抗折	抗拉
多孔石墨（模压）	//	11.4	7.4	3.7
	⊥	11.4	7.8	5.0
热解石墨	//	102.9～137.3	102.9	111.8～131.4
	⊥	—	—	33.3

人造石墨的抗压强度为抗折强度的 1.6～2.9 倍，而抗拉强度则为抗折强度的 0.47～0.60 倍。

（2）炭素材料的比强度在常温下属于中等。但在 2500℃ 以内，它的比强度随温度升高而增大。图 1-11 为随温度升高，抗拉强度的增加率。图 1-12 为人造石墨材料和其他几种典型的耐热材料比强度随使用温度升高而变化的曲线。由图 1-12 可见，在 1500℃ 以上，其他材料的强度急剧下降，而人造石墨材料的比强度继续升高，到 2500℃ 后才下降。所以，炭素材料作为高温材料有其独特的优越性。

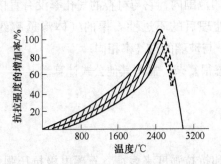

图 1-11　炭素材料抗拉强度随使用温度的变化

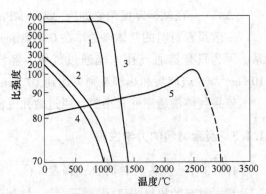

图 1-12　几种耐热材料的比强度随温度的变化
1—超耐热合金；2—烧结 $MgO \cdot Al_2O_3$；3—烧结 Al_2O_3；
4—烧结 BeO；5—人造石墨

1.1.3.2　炭素材料的弹性模量及蠕变特性

A　弹性模量

弹性模量表示材料所受应力与产生应变之间的关系，通常采用杨氏弹性模量。石墨晶体、石墨晶须、热解石墨和高模量炭纤维的弹性模量比较高，而一般炭素材料的弹性模量比较低。表 1-3 列出了炭素材料与一些金属材料弹性模量的比较。一般炭素材料在室温下基本上属于脆性材料，容易发生断裂。炭素材料的弹性模量也具有方向性，对挤压产品而言，平行于挤压方向的弹性模量比垂直于挤压方向的大。

大多数炭素材料的弹性模量随温度升高而增大。图 1-13 为石墨制品的弹性模量与温度的关系。用石油焦或沥青焦制成的人造石墨，当温度上升到 1800℃ 时，弹性模量比室温时提高了 40%～50%。

表 1-3　炭素材料与一些金属材料的弹性模量

名　称	弹性模量/MPa	名　称	弹性模量/MPa
单晶石墨	1.03×10^6	炭制品	$(0.29\sim0.8)\times10^4$
石墨晶须	0.70×10^6	黄铜（冷轧）	9.0×10^4
热解炭	4.9×10^4	铸　铁	8.8×10^4
高模量炭纤维	0.40×10^6	银（冷拔）	7.7×10^4
石墨制品	$(0.49\sim1.3)\times10^4$	玻　璃	$(0.5\sim0.7)\times10^4$

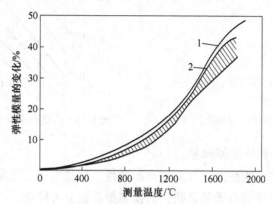

图 1-13　石墨的弹性模量与温度的关系
1—沥青焦基；2—石油焦基

　　杨氏弹性模量的测定方法可分为静测法和动测法。静测法是将试样夹在万能试验机的夹具上，然后加静拉伸负荷，测出试样的伸长变形，根据下列公式计算，求得弹性模量：

$$E = \frac{PL_0}{S\Delta L} \tag{1-5}$$

式中　E——杨氏弹性模量，MPa；
　　　L_0——试样原来长度，cm；
　　　P——拉伸负荷，N；
　　　S——试样横截面积，cm^2；
　ΔL——相应于 P 时的伸长，cm。

动测法即声频法，可参照《石墨电极弹性模量测定方法》（GB/T 3074.2—2008）。

　　B　蠕变特性

弹性体的应力应变关系在弹性极限内呈线性关系，而且对交变应力是可逆的。炭素材料不同于弹性体，其应力-应变呈非线性关系。随着应力增加，相对于应力的应变比例也增加，即使在很小的应力作用下，也会发生塑性变形，并产生残余变形。在2000℃以上可以看到明显的蠕变。图1-14为人造石墨（挤压成型）在2500℃温度，应力为31MPa时的蠕变曲线。图1-15为人造石墨（挤压成型）在不同温度下蠕变速度的实例。

　　还必须说明，炭材料比石墨材料的蠕变更大，且在更低的温度（例如1500℃）下就发生。而且炭材料的蠕变也呈各向异性，一般平行于晶粒取向方向上蠕变小，而垂直方向上蠕变大。

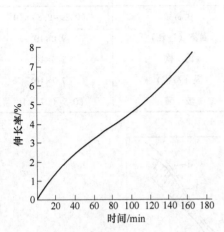

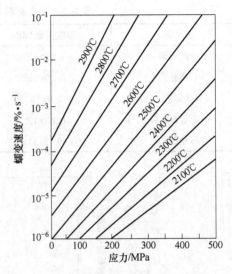

图 1-14　人造石墨的蠕变曲线（2500℃，31MPa）　　　图 1-15　人造石墨在不同温度下的蠕变速度

1.1.3.3　石墨材料的摩擦性能

石墨材料的优点在于既耐磨，又具有自润滑性。这是由于石墨晶体易于沿晶体层面剥离，在摩擦面上形成极薄的石墨晶体膜，而使摩擦系数显著降低。石墨对各种材料的摩擦系数见表 1-4。

表 1-4　石墨对各种材料的摩擦系数

摩擦偶		试验温度/℃	工作气氛	摩擦系数	
				静摩擦	动摩擦
石墨对石墨		25	空气	0.35	0.25
		2450	氩	0.65	0.40
高强石墨对高强石墨		25	空气	0.33	0.24
		2450	氩	0.70	0.28
高强石墨对钢的抛光表面		25	空气		0.35
炭黑基石墨对金属	金	25	空气	0.26	
	银	25	空气	0.31	
	铜	25	空气	0.30	
	镍	25	空气	0.32	
	锌	25	空气	0.37	

在实际应用中，材料的耐磨性能与滑动速度有关。滑动速度增大，会使摩擦面的温度增高，摩擦材料发生不可逆的变化，而使其耐磨性降低。但石墨材料具有良好的导热性能，有助于把热量迅速从摩擦面上传走，因而滑动速度对摩擦系数和磨损率的影响很小，不致使其耐磨性能降低。

石墨材料之所以能起自润滑作用，主要是因为石墨层与层之间结合力弱，易于相对滑动的缘故。当石墨在金属表面形成石墨薄层后，就成为石墨与石墨之间的摩擦。在水和空气存在情况下，石墨工作面上吸附水和气体分子，增大了层面间距离，减弱了层间引力；另外，水和气体分子占据了石墨边缘自由键的位置，这两个因素都使石墨两摩擦面不易附着。由此可见，石墨的自润滑性有赖于水和空气的存在。作为润滑材料的石墨制品，工作环境中水分临界值为 $5g/m^3$，低于此值，则石墨磨损率增大。但在温度为 300~400℃ 的空气介质中，由于石墨受强烈氧化而导致摩擦系数增高，而在中性或还原性介质中，即使温度高达 300~1000℃，还能保持良好的耐磨性。

1.1.4 炭素材料的热学性质

固体材料的热学性质实质上是固体材料晶格中原子热振动在各方面的表现。固体材料的比热容、热膨胀、热传导都直接与此有关。

1.1.4.1 热容、熵和焓

通常的晶体遵循杜隆-普蒂（Dulong-Petit）定律，即在常温附近的比热容为 2.09kJ/（kg·K）。由于碳元素的摩尔质量较小，故炭素材料的比热容不服从杜隆-普蒂定律。炭素材料的比热容、比焓和比熵随温度的变化列于表 1-5。

炭素材料的比热容不随石墨化度和炭素材料的种类而变化。从理论上讲，各向同性晶体的比热容与 T^3 成正比；而在 1.5~10K 低温时，碳的比热容与 $T^{2.4}$ 成正比；在 0~60K 时，则与 T^2 成正比。由此证明石墨晶体为层状结构。

表 1-5　炭素材料在不同温度下的比热容、比焓和比熵

温　度		比热容		比焓	比熵
℃	K	cal/(mol·℃)	kJ/(kg·K)	kJ/kg	kJ/(kg·K)
25		2.066	0.721	87.77	0.456
127		2.851	0.995	175.36	0.726
327		4.03	1.406	416.1	1.212
527		4.75	1.658	726.3	1.654
727		5.14	1.794	1072.7	2.040
927		5.42	1.891	1441	2.375
1127		5.67	1.978	1829	2.674
	1600	5.83	2.02		
	2000	6.05	2.09		
	2500	6.26	2.17		
	3000	6.42	2.38		

1.1.4.2 蒸气压

碳的蒸气压与温度关系示于图 1-16。由图可见，碳的蒸气压较低。在标准状态下，2500K 时，约为 0.1Pa。因此在低于该温度应用时，蒸气压可以忽略不计。由于碳的这个特性，炭素材料往往可以在高温（例如 2000℃ 左右）真空条件下使用。然而，在更高的温度和高真空情况下，蒸气压接近平衡状态，应注意炭素材料本身的消耗。

1.1.4.3 热导率

在固体材料中，热传导有两种方式：一种是由自由电子流动而实现，多数金属是属于这一类；另一种是靠晶格原子的热振动，非金属包括炭素材料在内属于晶格导热体。晶格热振动的原理是：在一定温度下，晶体中原子的热振动有一定振幅，一个原子振动就会对邻近原子施加周期性作用力，如果邻近原子处在较低温度，振动振幅相应较小，相互作用的结果发生了能量转移，这样就使热量由热端向冷端传递。这种热传导的热导率可用下式计算：

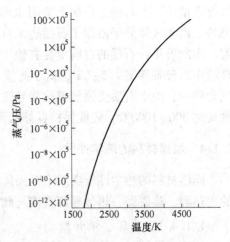

图 1-16 碳的蒸气压与温度关系

$$\lambda = \frac{1}{3} c_V v L \qquad (1\text{-}6)$$

式中　λ——热导率，$W/(m \cdot K)$；

　　　c_V——体积比热容，$kJ/(m^3 \cdot K)$；

　　　v——晶格波传递速度，m/s；

　　　L——晶格波平均自由程，nm。

炭素材料的热导率有下列特点：

（1）石墨的热导率呈现各向异性。因为在石墨晶体中晶格波主要沿晶格网平面传递的，而且在平面上还有 π 电子作用。

（2）炭素材料的热导率与石墨化度有密切关系，石墨化度愈高，则热导率愈高。因为在常温或低于常温时，晶格波平均自由程与微晶尺寸 L_a 成正比，而且炭素材料的晶格缺陷也对晶格波平均自由程有影响。尽管炭材料和石墨材料的比热容相差不多，但热导率可以相差几倍至几十倍。石墨材料是一种良好的导热体，它的热导率可与一些金属媲美（表1-6），但另一些炭素材料（如多孔炭、炭布、炭毡等）为高温隔热体。

表 1-6　石墨与一些金属的热导率

测量方向	石墨热导率/$W \cdot (m \cdot K)^{-1}$		金属热导率/$W \cdot (m \cdot K)^{-1}$	
	人造石墨 A	人造石墨 B	铝	黄铜
//	234	167	209	101
⊥	121	126		

（3）石墨材料的热导率随温度升高而减小，大致与绝对温度成反比。

1.1.4.4 热膨胀系数（CTE）

固体材料的长度随温度升高而增大的现象称为线热膨胀。线热膨胀系数可用下式计算：

$$\alpha = \frac{\Delta L}{L_0 \Delta t} \qquad (1\text{-}7)$$

式中　α——线热膨胀系数，℃^{-1}；

　　　ΔL——伸长量，cm；

L_0——原始长度，cm；

Δt——升高的温度，℃。

当炭素材料用于工作温度高、变化幅度大，而要求材料尺寸无明显变化的场合时，α 值就成为重要的质量指标之一。

炭素材料的线热膨胀系数比金属小得多，而且石墨化程度愈高，线热膨胀系数愈小，见表1-7。

表1-7　炭素材料和一些金属材料的线膨胀系数　　　　　　　　　（℃⁻¹）

测量方向	挤压石墨制品		挤压炭制品		铜	铝
	20~200℃		20~200℃		0~100℃	
∥	$(1\sim2)\times10^{-6}$	$(2\sim3)\times10^{-6}$	$(2\sim2.5)\times10^{-6}$	$(4.5\sim5.5)\times10^{-6}$	17×10^{-6}	23.6×10^{-6}
⊥	$(2\sim3)\times10^{-6}$	$(3\sim4)\times10^{-6}$	—	—		

炭素材料的线热膨胀系数具有明显的各向异性。石墨晶体 a 轴方向和 c 轴方向的 α 值随温度变化示于图1-17。由图可见，a 轴方向的 α 值在400℃以下为负值，常温时达到最小值，到800℃时，α 值为 1×10^{-6}/℃。而 c 轴方向 α 值均为正值，到800℃时达到30 $\times10^{-6}$/℃。

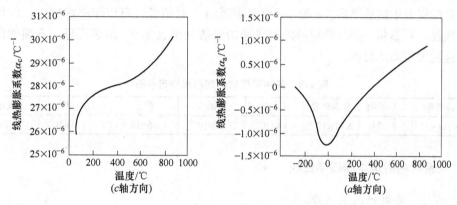

图1-17　石墨晶体的线热膨胀系数

石墨制品的 α 值随温度的变化都有相同趋向，以 20~100℃ 区间测定的 α 值为基准，只要加上附加值（$\Delta\alpha$）即可算出不同温度时的线热膨胀系数，见表1-8。

炭素材料的热膨胀系数测定是在热膨胀仪中进行，石墨电极热膨胀系数测定方法可参见 GB/T 3074.4—2016。

表1-8　平均线膨胀系数的温度修正值

温度/℃	200	300	400	500	600	700	800	900	1000	1500	2000	2500
线膨胀系数/℃⁻¹	2.0×10^{-7}	4.0×10^{-7}	6.0×10^{-7}	7.7×10^{-7}	9.2×10^{-7}	10.4×10^{-7}	11.4×10^{-7}	12.3×10^{-7}	13.2×10^{-7}	17.2×10^{-7}	21.2×10^{-7}	25.2×10^{-7}

1.1.4.5　抗热震性

材料在高温下使用时，能经受温度的剧变而不受破坏的性能称为抗热震性（或热震稳定性）。当温度剧变时，若材料不能及时把热传走，材料表面和内部产生温度梯度，它们的膨胀和收缩不同而产生内应力，当应力达到极限强度时，材料就被破坏。为了提高制品的抗热震性应该从减小热应力的产生、缓冲热应力的发展以及增强抵抗热应力的能力三方面综合考虑。为了定量地反映材料抗热震性的好坏，提出了抗热震性指标与耐热冲击参数。它们与力学和热学之间关系列于式（1-8）和式（1-9）。

$$R = \frac{P}{\alpha E}\left(\frac{\lambda}{c_p D_V}\right)^{1/2} \tag{1-8}$$

$$R' = \frac{\lambda P}{\alpha E} \tag{1-9}$$

式中　R——抗热震性指标；

　　　R'——耐热冲击参数；

　　　P——抗拉强度，MPa；

　　　α——线热膨胀系数，$℃^{-1}$；

　　　E——杨氏弹性模量，MPa；

　　　λ——热导率，W/(m·K)；

　　　c_p——定压比热容，kJ/(kg·K)；

　　　D_V——体积密度，g/cm^3。

炭素材料由于热导率高、α 值小，使热应力小，E 值低，可以缓解热应力，因而它的抗热震性强。石墨和一些耐热材料的耐热冲击参数列于表1-9。由表可见，石墨的耐热冲击参数远远大于其他材料。

表 1-9　各种耐热材料的耐热冲击参数

材料名称	石墨	金属陶瓷	碳化钛	重晶石	锆石	氧化镁	氧化锆
$R'/\text{J}\cdot(\text{m}\cdot\text{s})^{-1}$	24	2.01×10^{-1}	1.44×10^{-1}	5.07×10^{-2}	1.86×10^{-2}	$(5\sim15)\times10^{-3}$	2.72×10^{-3}

1.1.5　炭素材料的电学和磁学性质

1.1.5.1　导电性与电阻率

不同物质可以分为电的良导体、半导体和绝缘体三类。它们导电能力的大小一般用电阻率（ρ）来表示。石墨晶体在层面方向上碳原子之间的结合是共价键叠合金属键，所以在石墨层面方向有良好的导电性，而在石墨晶体的层与层之间是由较弱的分子键连接，所以导电能力弱。因此，石墨化程度高的炭素材料的导电能力有明显的各向异性。例如，天然鳞片石墨和热解石墨的各向异性比（ρ_c/ρ_a）可高达 10^4。人造石墨制品的电阻率各向异性比只有 1.2~1.4。

各种炭素材料的导电能力是不同的，若石墨化度高，层面排列近于平行，晶体缺陷少，有利于自由电子流动，则电阻率就低。一些常用炭素材料的电阻率列于表 1-10。

表 1-10　常用炭素材料的电阻率

名　称	石墨电极	高功率电极	石墨阳极	高炉炭块	预焙阳极	电极糊（焙烧后）	阳极糊（焙烧后）
电阻率 /$\Omega\cdot\text{mm}^2\cdot\text{m}^{-1}$	6~15	5	6~9	50~60	40~50	70~90	50~80

炭素材料导电性随温度的变化受两方面因素的制约：一方面石墨晶体受热时，在价带上的电子激发跃迁到导带上，成为自由电子的数量多，电阻率减小；另一方面，温度升高时，晶格点阵的热振动加剧，振幅增大，自由电子的流动阻力加大，电阻率增加。所以，当温度使电子激发起主导作用时，炭素材料的电阻温度系数为负值；而当晶格热振动起主导作用时，电阻温度系数为正值。石墨的电阻温度系数在 $100 \sim 900K$ 时为负值，而在 $900K$ 以上时为正值。各类石墨制品在 1000℃ 以上时的电阻率及电阻温度系数见表 1-11。根据电阻温度系数可以计算出石墨在某一温度下的电阻率。如各种石墨在温度超过 1000℃ 时的电阻率可按式（1-10）计算：

$$\rho_t = \rho_{1000} + a(t - 1000) \tag{1-10}$$

式中　ρ_t，ρ_{1000}——分别为 $t\text{℃}$ 和 1000℃ 时的电阻率；

　　　　a——电阻温度系数。

表 1-11　石墨制品的电阻率及电阻温度系数

制品类别	电阻率（1000℃时）/$\Omega \cdot m$	电阻温度系数/℃^{-1}	测定温度范围/℃
高密度石墨	$(6.4 \pm 0.9) \times 10^{-6}$	0.002	$1000 \sim 2500$
粗颗粒结构石墨	$(9.2 \pm 1.4) \times 10^{-6}$	0.002	$1000 \sim 2500$
细颗粒结构石墨	$(12.9 \pm 2.6) \times 10^{-6}$	0.0024	$1000 \sim 2500$
石墨电极	$(7.5 \pm 0.7) \times 10^{-6}$	0.0009	$1000 \sim 1700$
多孔石墨	$(12.0 \pm 1.2) \times 10^{-6}$	0.00203	$1000 \sim 2200$

炭素材料电阻率的测定可参见 GB/T 24525—2009，该方法是将样品磨成方块（或圆柱体），也可以在整根制品上直接测量。

1.1.5.2　磁学性质

炭素材料磁化后产生的磁场强度方向与外加磁场强度方向相反，所以它是一种抗磁性物质，其磁化率（χ）为负值。大多数炭素材料的磁化率呈现明显的各向异性。单晶石墨不同方向的单位质量磁化率分别为 $\chi_\perp = -21.5 \times 10^{-6}\text{emu/g}$；$\chi_{/\!/} = -0.5 \times 10^{-6}\text{emu/g}$。其差值 $\Delta\chi = -21.0 \times 10^{-6}\text{emu/g}$。把 $\frac{1}{3}\Delta\chi$ 定义为平均抗磁性磁化率（χ_m）。各种炭素材料在不同温度下的 χ_m 值与其微晶大小有关。当微晶尺寸 L_a 从 5nm 增大到 15nm 时，χ_m 值急剧增加，因此测定石墨材料的抗磁性磁化率是研究石墨晶体发育程度的一种方法。

把外加磁场时的电阻率（ρ_H）与不加磁场时的电阻率（ρ）之差值 $\Delta\rho$ 与电阻率之比（$\Delta\rho/\rho$）称为磁阻。磁阻与炭素材料的热处理温度有密切关系，当热处理温度在 2400℃ 以下时，炭素材料的磁阻通常为负值；在 2400℃ 以上，磁阻呈线性增加。因此，磁阻是评价石墨化度极其灵敏的指标之一。

1.1.6　炭素材料的化学性质

炭素材料的化学性质稳定，因此是一种耐腐蚀材料。但在一定条件下，碳也会和其他物质发生作用，其主要反应有：在高温下与氧化性气体或在强氧化性酸中发生氧化作用，在高温下熔解于金属并生成碳化物，生成石墨层间化合物（详见 9.3 节）等。

1.1.6.1　氧化反应

在常温下，碳与各种气体不发生化学反应。在350℃左右，无定形碳即有明显的氧化反应，石墨要到450℃左右才开始氧化反应。石墨化程度愈高，石墨的晶体结构愈完整，其反应活化能愈大，抗氧化性能愈好。在800℃以内，达到同一氧化速度的温度，石墨材料约比炭材料高50~100℃。在同一材料内，黏结剂炭有被优先氧化的倾向。所以，氧化反应进行到一定程度时，骨料颗粒会发生脱落。

碳与气体之间反应属于气固反应，它的反应速度既取决于固体表面的化学反应速度，也与气体分子向材料内扩散速度有关。若炭素材料的气孔率高，特别是开气孔多，气体分子容易扩散到材料内部，参与反应的表面积大，氧化速度就快。当使用温度低时，氧化反应速率不高，气体分子有足够时间扩散到材料内部，这时氧化反应速率与材料的气孔结构及反应活性有关。当温度高于800℃时，化学反应速率快，而气体分子间材料气孔内扩散却因热运动而减慢，氧化反应只在表面进行，氧化速率受表面气流速度所支配，与材料种类关系较小。

炭素材料所含杂质对氧化反应起催化作用，所以高纯石墨与普通石墨的氧化性有明显差别。

石墨电极氧化性测定方法可参见 GB/T 3074.3—2008。

1.1.6.2　碳化物的生成

在高温下，碳溶解于 Fe、Al、Mo、Cr、Ni、V、U、Th、Zr、Ti 等金属和 B、Si 等非金属中生成碳化物。碳与Ⅳ、Ⅴ、Ⅵ族元素生成的碳化物化学稳定性好，硬度高，一般具有导电性，有的还显示超导性。某些碳化物的固溶体如 4TaC+1ZrC 或 4TaC+1HfC 的熔点为 4200K，是已知熔点最高的物质。碳与碱金属、碱土金属、Al 及稀土类元素生成盐类碳化物。它们一般为绝缘体，大部分化学稳定性较差，在水或稀酸中分解。

1.1.7　炭素材料的核物理性质

核反应堆是核燃料进行有控制裂变的装置。核裂变物质在裂变时，产生快中子，其速度约为 $3×10^7 m/s$，不易为核燃料所俘获，因此核裂变不能继续下去。当这种快中子与减速材料做弹性碰撞时，快中子失去大部分能量，速度大大减慢，直至速度降为 2200m/s，成为慢中子。用慢中子去轰击核裂变物质的原子核，才能使它持续产生核裂变。作为减速材料，必须具备以下特点：每次碰撞时，使中子损失较多能量；吸收中子少，以提高中子利用率；能长期经受快中子和其他高能粒子的轰击而变化很小，化学稳定性好，不与裂变区内物质发生化学反应。

1.1.7.1　石墨的核物理参数

（1）散射截面与吸收截面。在核物理学中，把某种核反应发生的几率用"截面"作为度量，以 σ 表示，它的单位是靶恩（b）。1 靶恩 = 10^{-24} cm²。中子与原子核碰撞，仅使中子运动方向和速度改变，而未被原子核吸收的现象称为散射。原子的散射截面是指某一元素的原子核散射中子的几率。一个碳原子的散射截面（σ_s）为 4.7b。

核反应中的吸收包括裂变和俘获，后者是指原子核吸收中子后不裂成碎片，而是释放其他粒子（如 α 粒子、γ 粒子）。作为减速材料应该具有较低的中子吸收几率。一个碳原子的中子吸收截面（σ_a）为 0.0037b。

石墨材料作为反射材料要求散射截面大，吸收截面小，因此 σ_s/σ_a 可以作为反射材料的质量指标。石墨作为减速材料要求吸收截面尽量小，而一般石墨都含有杂质，而某些杂质如镉、硼、稀土元素等的吸收截面十分大，所以核石墨必须是高纯石墨。

（2）全吸收系数。全吸收系数（$\sum_a$）是指 $1cm^3$ 的碳原子对中子吸收的总截面，$\sum_a = N_c\sigma_a$，其中 N_c 为 $1cm^3$ 的碳原子数。N_c 可按式（1-11）计算：

$$N_c = \frac{D_V}{A_c} \cdot N_A \tag{1-11}$$

式中　D_V——核石墨的体积密度，g/cm^3；

　　　A_c——碳的相对原子质量，为 12.01；

　　　N_A——阿伏伽德罗数，为 6.02×10^{23}。

设核石墨的体积密度为 $1.67g/cm^3$，可求出 $N_c = 8.37\times10^{22}$，$\sum_a = 3.1\times10^{20}b$。

（3）减速比。快中子的减速是通过弹性散射和非弹性散射失去一部分能量而实现的。每次碰撞的能量损失，通常用对数平均值来表示，按式（1-12）进行计算：

$$\xi = \ln\frac{E_1}{E_2} \tag{1-12}$$

式中　ξ——能量损失平均对数值；

E_1，E_2——中子碰撞前和碰撞后的能量。

石墨的 ξ 值为 0.158。快中子每碰撞一次失去的能量愈多，其减速能力就愈强。减速能力用 $1cm^3$ 减速材料的全部原子核的减速能力（τ）来表示。$\tau = N_c\sigma_a\xi$。对上述核石墨而言，$\tau = 8.38\times10^{22}\times4.7\times10^{-24}\times0.158 = 0.0625cm^{-1}$。其意义为快中子在核石墨中每行走 1cm 距离，平均损失总能量的 6.25%。

减速能力只反映了减速材料控制快中子速度的能力，而对减速材料的另一个要求是吸收截面尽量小，综合起来，用减速比来表示。减速比（η）用式（1-13）计算。

$$\eta = \frac{\sigma_s}{\sigma_a} \cdot \xi \tag{1-13}$$

对上述核石墨而言，$\eta = \dfrac{4.7\times10^{-24}}{0.0037\times10^{-24}}\times0.158 = 201$。

1.1.7.2　石墨与其他材料的核物理性能的对比

各种减速材料的核物理性能列于表 1-12。

表 1-12　石墨与一些减速材料的核物理性能

减速材料名称	相对原子质量或相对分子质量	体积密度 /g·cm⁻³	原子密度 /m⁻³	核截面/b		对数平均能量损失 ξ	减速能力 τ	减速比 η
				σ_s	σ_a			
石　墨	12.01	1.67	8.4×10^{22}	4.7	0.0037	0.158	0.06	201
铍	9.01	1.85	12.4×10^{22}	6.1	0.0090	0.206	0.16	145
氧化铍 BeO	25.0	2.8	6.7×10^{22}	9.9	0.0090	0.173	0.11	183
碳化铍 Be₂C	30.0	2.4	4.8×10^{22}	16.9	0.023	0.193	0.16	145

续表 1-12

减速材料名称	相对原子质量或相对分子质量	体积密度/g·cm⁻³	原子密度/m⁻³	核截面/b		对数平均能量损失 ξ	减速能力 τ	减速比 η
				σ_s	σ_a			
水	18.0	1.0	3.3×10^{22}	44.4	0.66	0.925	1.36	62
重水 D_2O	20.0	1.74	3.3×10^{22}	10.5	0.0011	0.504	0.18	5000

由表可见，重水是最理想的减速材料，但生产成本非常高。石墨的减速比虽比重水小得多，但高于其他材料，它的中子吸收截面也比较小，而石墨资源丰富，生产成本要比重水低得多，所以从世界上第一座核反应堆开始就采用石墨作为减速材料。

1.1.7.3　辐射对石墨性能的影响

石墨在经受辐射后，晶格中的碳原子受快中子和其他高能粒子的猛烈轰击，会偏离正常位置，晶格就会产生空穴和畸变，从而引起石墨的物理和力学性能的变化。其变化的大小由辐照强度、辐照温度和石墨本身的质量所决定。

（1）辐照强度。即使在辐照量不大的情况下，辐照会使石墨的机械强度和弹性模量增大，在低温下更显著，从而使石墨变硬、变脆、塑性变形率大为降低。

（2）辐照温度。一种有代表性的核石墨的物理性质变化列于表 1-13。由表可见，当辐照温度在 300℃以下时，垂直于挤压方向的尺寸有增大或收缩，而平行方向均为收缩；热导率下降而电阻率明显增加；线热膨胀系数变化不大。

（3）石墨质量。石墨经辐照后，其内部贮存潜在能量。这种潜能在石墨被加热到 500℃以上时可以释放出来。如果这些能量突然释放出来，将会烧坏反应器构件。

为了减小辐照对石墨的损伤，可以从两方面着手：一方面是选择合适的原料及工艺条件增强石墨本身质量；另一方面为控制辐照量及辐照温度，重视石墨材料对辐照的承受量。

表 1-13　石墨核物理性质变化与辐照温度、辐照量的关系

辐照损伤项目	辐照温度/℃	辐照量（中子通量）/ $(cm^2 \cdot s)^{-1}$	垂直方向的变化	平行方向的变化
尺寸变化 $\Delta L/L_0$	160	3.30×10^{20}	+2.8%	-0.7%
	230	3.30×10^{20}	-（3.4~5.0）%	-（4.3~4.5）%
线膨胀系数比 α_1/α_{10}	120	0.78×10^{20}	1.02	0.99
	230	3.85×10^{20}	0.95~0.98	0.92~0.96
电阻率比 ρ/ρ_0	120	0.78×10^{20}	2.99	3.09
	230	3.85×10^{20}	2.92~3.29	2.96~3.29
热导率比 λ/λ_0	160	3.30×10^{20}	0.28~0.30	0.23~0.26
	230	3.85×10^{20}	0.34~0.36	0.28~0.30

1.1.8　炭素材料的生物相容性

根据威廉士的定义"生物相容性是指在特定的应用中，材料表现出适应宿主反应的能力。"根据这一定义，材料的生物相容性包括四方面内容：（1）发生在界面上的初始过程，主要包括组织液成分向材料表面的吸附；（2）材料由于在组织中存在而发生的变化；（3）材料对组织的影响；（4）界面反应在整体系统上或在远距离位置上造成的后果。生物相容性很难用几个参数来确定，一般是经过动物实验和临床观察来判断。

炭素材料的生物相容性要结合具体使用部位对材料的表面特性和力学行为加以考虑。

（1）软组织相容性。把炭纤维增强炭植入羊或兔的体内，发现材料与肌肉组织有较好的黏附，周围未发生什么变化。轻微发炎后能很快愈合，对组织无刺激。

（2）骨组织相容性。植入材料与骨接触时，主要要求是与骨结合紧密，弹性模量相近。实验结果指出，具有一定孔隙结构的炭材料有利于骨组织的界面结合。当用 C/SiC 作为植入体植入狗的股骨，6 个月后观察到皮质骨向植入体孔隙中生长。与其他材料（如 Ti-6Al-4V、不锈钢、Co-Cr-Mo 合金、骨水泥等）进行对比，炭材料表面未见有纤维组织膜生成，而在其他材料界面上都观察到不同厚度的纤维膜，这说明炭材料与骨组织相容性好一些。为了定量说明骨组织相容性，测量了金属钛、炭材料与骨的界面剪切应力，列于表1-14。

表 1-14　植入体与骨的界面剪切强度

植入时间/d		4	8	12	20	40
界面剪切强度/MPa	C/C 复合材料	0.88	1.22	1.66	2.44	2.32
	金属钛	0.20	0.22	0.26	0.60	—

由表可见，金属钛与骨之间的结合力仅为炭材料的1/10。

（3）血液相容性。炭素材料作为主体材料的最主要优势在于它有良好的血液相容性。低温热解炭（LTPC）与人体血液的定性实验结果列于表 1-15。碳本身不是一种完全抗凝材料，但至少是低血栓形成材料。全世界几十万植入人造心脏瓣膜（炭素材料）的临床失效率不到万分之一，也是它的血液相容性好的实证。

表 1-15　LTPC 的生物试验结果

试 验 项 目		反 应	试 验 项 目	反 应
体内试验	腔静脉		对血浆蛋白影响	无
			对血浆酶影响	无或轻度
	2 周	极好	复钙凝血时间	延长时间后无影响
			红血球黏附	轻度
			血小板黏附	中等
	肾血栓	很好	血小板聚集和活化	轻度
			Zeta 电位	（-）

1.2　炭　制　品

炭制品是指成型后的生制品经焙烧或浸渍后再焙烧而未经石墨化的制品，有炭电极、炭阳极、炭块和炭砖、炭电阻棒、炭棒等。

1.2.1　炭电极

炭电极是以无烟煤和冶金焦为主要原料（有时也用石油焦和沥青焦）生产的导电材料。它的灰分高，电阻率高，导热性及抗氧化性均不如石墨电极，但其在常温下的抗压强度要比石墨电极高，其生产成本仅为石墨电极的 1/2。炭电极用于小型电弧炉和生产铁合金、黄磷及刚玉等的电炉作为导电电极。使用炭电极时，通过的电流密度要比石墨电极低得多。所以，同容量的电弧炉使用炭电极时，其直径要比石墨电极大。目前炭电极的产量已不多。我国炭电极的质量指标列于表 1-16。

表 1-16　炭电极的质量标准（参照 YB/T 4226—2010）

项　目	公称直径/mm			
	S 级		G 级	
	780~960	1020~1400	780~960	1020~1400
电阻率/μΩ·m	≤50	≤55	≤40	≤45
体积密度/g·cm^{-3}	≤1.54	≤1.54	≤1.56	≤1.56
抗折强度/MPa	≤3.5	≤3.0	≤4.0	≤3.5
热膨胀系数/℃$^{-1}$（100~600℃）	≤4.8×10^{-6}	≤4.8×10^{-6}	≤4.6×10^{-6}	≤4.6×10^{-6}
弹性模量/GPa	≤10.0	≤10.0	≤11.0	≤11.0
灰分/%	≤5.0	≤5.0	≤3.5	≤3.5

注：热膨胀系数、弹性模量为参考指标。

1.2.2　炭阳极

炭阳极（又称预焙阳极）主要以石油焦和沥青焦作为原料。用于铝电解槽中作为阳极导电材料。在电解过程中，预焙阳极不仅作为导电体，而且也参与电化学反应。在电化学反应中，阳极上发生氧离子放电，使阳极的碳被氧化生成 CO_2 和 CO。在电解质以上的阳极被空气中氧所氧化。由于氧化，阳极表面骨料颗粒就会脱落，转入电解质中，形成"炭渣"，恶化电解过程。所以，预焙阳极用到一定厚度时必须更换，造成残极损失。每吨铝的炭阳极消耗为 500~550kg。对炭阳极的主要要求是它的各部位质点对 O_2 和 CO_2 等气体的反应能力均一，有足够的机械强度和热稳定性。阳极表面反应主要在开口气孔和贯通气孔中进行，所以，除了要求一定气孔率外，还要控制炭阳极的质量以减少开口气孔和内部缺陷。我国炭阳极分为 TY-1 和 TY-2 两个牌号。其质量标准列于表 1-17。

表 1-17　我国炭阳极质量标准（参照 YB/T 5230—1993）

牌号	灰分/%	电阻率/Ω·m	抗压强度/N·mm^{-2}	真密度/g·cm^{-3}
TY-1	≤0.5	≤55×10^{-6}	≥29	≥26
TY-2	≤1.0	≤60×10^{-6}	≥29	≥26

1.2.3　炭块和炭砖

炭块为冶金行业大量使用的炭质耐火材料。它具有良好的导热性、导电性、化学稳定性、高温体积稳定性及较高的高温强度。炭块可以分为高炉炭块、电炉炭块及铝电解槽用炭块。炭砖则在化工设备中作为耐腐蚀的衬里使用。

1.2.3.1　高炉炭块

高炉炭块已有较长的使用历史。德国在1920年即开始使用，我国从1957年起使用。目前，大型高炉从炉底、炉缸到炉腹等部位大量使用炭块砌筑，有的一直砌到炉身。高炉炭块用冶金焦及无烟煤做原料，制品在1200℃左右焙烧而成。当加入少量石墨化冶金焦或碎石墨后，可以提高热导率。为了提高炭块密度，往往用沥青浸渍后进行二次焙烧。在高炉不同部位，炭块受到的化学、物理侵蚀作用不同，应当选用不同品质的炭块来砌筑，其中以炉腹区和风口区对炭块要求最高。我国高炉炭块的质量指标列于表1-18（按YB/T 2804—2016）。

表1-18　普通高炉炭块的质量指标

项　　目	单　位	指　标	项　　目	单　位	指　标
灰分	%	≤8.0	耐碱性	级	U 或 LC
耐压强度	MPa	≥35	固定碳	%	≥90.0
真气孔率	%	≤18.0	导热系数（800℃）	W/(m·K)	≥6.0
体积密度	g/cm³	≥1.52			

注：导热系数只作为设计参考，不作为验收依据。

炭块在高炉中受到侵蚀的主要原因一般认为有下列各方面：

（1）熔融铁水和熔渣（含碱金属）对炭块的渗透和侵蚀。

（2）铁水、熔渣和煤气对炭块的机械冲刷作用。

（3）炭块热导率不够高，在高温下产生热应力而出现裂纹。

（4）煤气中CO_2及水汽对炭块的溶损作用。

为了使炭块的热导率高、抗碱性强、渗透率低，在配方中采用电煅无烟煤为主要原料，加入石墨碎和SiO_2、SiC等添加剂，在工艺上发展了"热模压成型工艺"。表1-19列出了美国联合碳化物公司用热模压成型工艺生产的三种炭块与普通炭块性质的比较。

表1-19　热模压成型炭块与普通炭块比较

项　　目		NMA	NMD	NMS	普通炭块
体积密度/g·cm⁻³		1.62	1.80	1.87	1.58
抗压强度/MPa		30.5	31.1	47.4	27.2
热导率 /W·(m·K)⁻¹	20℃	—	—	45	19.1
	600℃	18.4	45.2	—	—
	1000℃	19.3	32.2	32	—
	1200℃	19.7	28.5	—	—

项 目		NMA	NMD	NMS	普通炭块
加热 1600℃时，尺寸变化/%	厚度	−0.72	—	—	−0.45
	宽度	+0.02	—	—	+0.38
	长度	+0.02	—	—	−0.50
气孔率/%		25.7	15.5	17.5	18.0

1.2.3.2 高炉用微孔炭砖和超微孔炭砖

为了适应高炉大型化，长寿命的技术要求，以电煅无烟煤、煤沥青为主要原料，添加多种添加剂，经过煅烧、粉碎与磨粉、配料、混捏、压型、焙烧、机械加工制成具有氧化率低，抗铁水溶蚀性、耐碱侵蚀性、导热性好等特殊性能和特定几何形状的高炉炭砖。其中，微孔炭砖（代号 TZGW）平均孔径不大于 $1\mu m$，超微孔炭砖（代号 TZGC）平均孔径不大于 $0.1\mu m$。主要用于砌筑高炉炉底和炉缸等部位。它们的质量指标列于表 1-20（参照 YB/T 141—2009、YB/T 4189—2009）。

表 1-20 高炉用微孔炭砖和超微孔炭砖的质量指标

项 目	单 位	指 标	
		TZGW	TZGC
体积密度	g/cm³	≥1.63	≥1.70
显气孔率	%	≤16.0	≤15.0
耐压强度	MPa	≥38.0	≥36.0
透气度	%	≤9.0	≤1.0
平均孔径	μm	≤0.5	≤0.1
小于 1μm 孔容积比	%	≥70.0	≥80.0
氧化率	%	≤16.0	≤8.0
铁水溶蚀指数	%	≤30	≤28
导热系数（室温）	W/(m·K)	≥9.0	≥16.0
导热系数（600℃）	W/(m·K)	≥14.0	≥20.0
抗碱性	级	U 或 LC	U

注：氧化率、铁水溶蚀指数只作为参考，不作考核依据。

1.2.3.3 铝电解槽用炭块

铝电解槽用炭块以无烟煤为主要原料，生产工艺与高炉炭块相同。它具有耐高温、抗熔盐侵蚀和导电、导热性好等特点，用于砌筑铝电解槽内衬，并作为阴极导电材料。根据使用部位不同，可分为底炭块和侧炭块两种。我国生产的铝电解用炭块有两种牌号，即 TKL-1、TKL-2。它们的质量指标列于表 1-21（参照 YS/T 286—1999）。

表 1-21 铝电解用炭块的质量指标

牌号	灰分/%	电阻率/μΩ·m	破损系数	体积密度/g·cm⁻³	真密度/g·cm⁻³	耐压强度/MPa
TKL-1	≤8	≤55	≤1.5	≥1.54	≥1.86	≥32
TKL-2	≤10	≤60	≤1.5	≥1.52	≥1.84	≥30

铝电解槽用炭块破损的主要原因在于钠渗入而引起炭块膨胀，以及熔融电解质的渗透，从而使其热膨胀系数提高所致。石油焦抗钠侵蚀性差，所以必须避免使用它作为原料。

1.2.3.4 矿热炉用炭块

矿热炉用炭块适用于铁合金炉、电石炉作炉衬和导电材料。我国生产矿热炉用炭块的质量指标（按 YB/T 2805—2006）为灰分不大于 8%；抗压强度不小于 32MPa；显气孔率不大于 20%；真密度不小于 $1.80g/cm^3$。

1.2.4 炭棒

炭棒的品种很多，按其应用特征可分为照明炭棒、加热炭棒、导电炭棒和光谱分析用炭棒。

照明炭棒主要利用电弧光能，可用于电影放映、照相制版、探照灯、电影摄影等需要高光强的地方。对于各种弧光炭棒的主要技术要求为：（1）光亮度；（2）光弧燃烧时稳定性；（3）燃烧速度。

弧光可分为纯碳电弧、火焰电弧和高光强电弧。它们在原材料选择、制造工艺和使用上各有特点。纯碳炭棒由炭材料制成，其工作电流密度约为 $20\sim30A/cm^2$；火焰电弧炭棒的外壳由炭材料制成，镶有直径约为外径 1/2 的芯料，芯料中含有钾盐、铁盐，以提高电弧的稳定性，还含有 5%～10%稀土金属氟化物以提高光亮度，其工作电流密度为 $30\sim40A/cm^2$。高光强电弧炭棒的特点是其芯料内稀土金属氟化物的含量达到 50%～70%，其工作电流密度为 $120A/cm^2$左右。

炭弧气刨用炭棒是利用炭电弧有高达 4000℃以上的温度，主要用于钢铁、黄铜、硬质合金、不锈钢等铸件、构件开焊槽，铲平焊缝、浇口、废边、毛刺以及切割、打孔、修补等作业。其性能应符合《炭弧气刨炭棒》（JB/T 8154—2006）的要求，主要有：炭棒表面应镀铜；无镀铜炭棒的电阻率不大于 $23\mu\Omega\cdot m$，灰分不大于 1.5%，圆形炭棒抗折强度不小于 22MPa，矩形炭棒抗折强度不小于 17MPa。焊接炭棒用作电弧焊接的电极，即利用炭棒与炭棒或炭棒与金属间产生的电弧热进行焊接。

精密铸造用炭棒、电池用炭棒、接地用炭棒、电解锰用炭棒都是利用其导电性能，作为导电电极。

光谱分析用炭棒必须选用低灰原料。它具有纯度高，不影响分析精度，机械强度高，导电性和热稳定性好等特点，用作分光分析的摄谱仪的炭电极。

1.3 炭糊类产品

炭糊类产品可分为两大类：一类作为导电材料（如电极糊和阳极糊），另一类则用于砌筑炭块时的黏结填料（如阴极糊和炭素泥浆）。

1.3.1 电极糊

电极糊是供给铁合金炉，生产电石和黄磷的电炉作为消耗性导电材料用，是一种自焙电极。所谓自焙电极就是在金属外壳里充填电极糊，在炉子高温和电流通过电极时产生热量的作用下，电极糊进行焙烧，而使之成为导电电极。用电极糊制成的自焙电极允许的工作电流密度低，一般为 6~8A/cm²。它与炭电极相比，原料要求不高，制造工艺简单，生产成本低。

一般小型电石炉或铁合金炉所用电极糊可以用冶金焦或沥青焦，对大中型电炉应该用无烟煤及冶金焦。加入少量天然石墨或石墨化冶金焦，有利于提高电极糊的导热和导电性。黏结剂用量必须适当，用量过多，会使电极糊烧结速度跟不上消耗需要，导致软断，而且烧结后气孔率大、强度低，又易于硬断；用量过少，烧结速度太快，焙烧后强度低，也会导致硬断。

我国生产电极糊包括适用于封闭式、敞口式和半封闭式矿热炉自焙电极使用的密闭糊、标准电极糊和化工电极糊。根据性能指标，电极糊分为密闭糊 1 号、2 号；标准电极糊 1 号、2 号、3 号；化工电极糊。它们的质量指标（参照 YB/T 5215—1996（2006））列于表 1-22。

表 1-22　电极糊的质量指标

项　目	密闭糊		标准电极糊			化工电极糊
	1 号	2 号	1 号	2 号	3 号	
灰分/%	≤4.0	≤6.0	≤7.0	≤9.0	≤11.0	≤11.0
挥发分/%	12.0~15.5	12.0~15.5	9.5~13.5	11.5~15.5	11.5~15.5	11.0~15.5
抗压强度/MPa	≥18.0	≥17.0	≥22.0	≥21.0	≥20.0	≥18.0
电阻率/$\mu\Omega \cdot m$	≤65	≤75	≤80	≤85	≤90	≤90
体积密度/$g \cdot cm^{-3}$	≥1.38	≥1.38	≥1.38	≥1.38	≥1.38	≥1.38
伸长率/%	5~20	5~20	5~20	15~40	15~40	5~25

注：伸长率为参考指标。

1.3.2　阴极糊

阴极糊是一种用以砌筑铝电解槽阴极炭块，填充阴极缝隙和黏结阴极钢棒的多灰炭糊。因使用这种糊的施工多为捣固作业，所以又称为捣固糊、扎糊；又因为其使用于铝电解槽的底部，亦称为底糊。阴极糊与阴极炭块同为铝电解槽的砌筑材料，直接与高温铝液和电解质接触，所以要求它与阴极炭块有相同或相似的性质，如灰分低、导电性和导热性好，能够耐铝液和电解质侵蚀，烧结性能好等。这样能够提高铝电解槽的使用性能，延长铝电解槽的寿命。

阴极糊按其黏结剂软化点及施工温度，可分为冷捣（扎）糊，热捣（扎）糊。冷捣糊的施工温度为室温~55℃，热捣糊的施工温度为 110℃±10℃，但热捣糊中的炭胶泥施工温度为 60℃±10℃；按其组成骨料的颗粒及填充缝隙的大小，可分为粗缝糊和细缝糊。细缝糊用来黏结小于 2mm 的炭缝，其骨料主要是不小于 100 目（-150μm）的焦粉；粗缝糊用来填充较大的缝隙及用来捣打炭垫。按使用部位，又可分为周边糊（周围糊）、炭间糊、钢棒糊。按所使用骨料的不同，可分为半石墨阴极糊和普通阴极糊。

生产阴极糊的原料为煅烧无烟煤、冶金焦和人造石墨，所用黏结剂为中温沥青与煤焦油混合物，以降低软化点。我国生产的阴极糊分为 11 种牌号，它们的主要质量指标（参照 YS/T 65—2012）列于表 1-23。此外，阴极糊还有膨胀率与收缩率的要求。

表 1-23　阴极糊的质量指标

牌号	名　称	电阻率 /$\mu\Omega \cdot m$	挥发分 /%	耐压强度 /MPa	表观密度 /$g \cdot cm^{-3}$	真密度 /$g \cdot cm^{-3}$	灰分 /%
BSZH	周围糊	—	7~11	≥17	≥1.46	≥1.87	≤7
BSTH	炭间糊	≤72	8~12	≥18	≥1.44	≥1.87	≤7
BSGH	钢棒糊	≤72	9~14	≥25	≥1.46	≥1.89	≤4
GSZH	周围糊	—	7~12	≥16	≥1.48	≥1.92	≤5
GSTH	炭间糊	≤65	8~13	≥16	≥1.48	≥1.92	≤5
GSGH	钢棒糊	≤65	9~14	≥20	≥1.48	≥1.92	≤3
BSLD-1	冷捣糊 I	—	9~13	≥18	≥1.44	≥1.87	≤7
BSLD-2	冷捣糊 II	72	9~13	20	1.48	1.88	6
GSLD-1	冷捣糊 I		9~13	16	1.46	1.89	5
GSLD-2	冷捣糊 II	65	9~13	18	1.48	1.90	4
BSTN	炭胶泥	针入度（20℃）/mm					
		≤50		45~65		5	

1.3.3　炭素泥浆

炭素泥浆是一种以焦炭、无烟煤、人造或天然石墨为主要原材料，树脂、煤沥青等作黏结剂，配以其他添加成分制成，用于高炉和其他工业窑炉炭砖（块）砌筑的炭糊类炭素材料。

按理化指标，炭素泥浆分为 TN-1、TN-2 和 TN-3 三个牌号，它们的主要质量指标（参照 YB/T 121—2014）列于表 1-24。

表 1-24　炭素泥浆的质量指标

项　目	单位	TN-1	TN-2	TN-3
水　分	%	≤1	≤1	
灰　分	%	≤7	≤5	
挥发分	%	≤42	≤40	
固定碳	%	≥50	≥54	
抗折黏结强度 300℃，3h 烧后	MPa	—	—	≥5.0
1000℃，3h 烧后		≥1.5	≥1.0	≥3.0
热导率（300℃）	W/(m·K)	—	—	≥3.0

1.4　人造石墨电极

普通人造石墨电极是以石油焦和沥青焦为原料，高功率和超高功率电极则以针状焦为原料。它们的灰分含量低，具有良好的导电性、耐热性及耐腐蚀性，在高温下不熔融，不变形。石墨电极主要用于电弧炼钢炉，也可用于矿热电炉和电阻炉，还可用于加工各种坩埚，石墨舟、皿，热压铸模和真空电炉发热体等。炼钢用石墨电极占石墨电极总用量的70%~80%。

电炉炼钢是通过石墨电极向炼钢炉导入电流，强大的电流在电极下端通过气体发生电弧放电，利用电弧产生的热量来进行冶炼。根据电炉容量的大小，配用不同直径的石墨电极。为使电极连续使用，电极间靠螺纹接头进行连接。由于接头的横截面小于电极的横截面，所以与电极本体相比，接头材料的抗压强度更高，电阻率更低。

1.4.1　石墨电极在炼钢中的消耗

电弧炉炼钢成本中，石墨电极的消耗约占10%。电极在炼钢时的消耗有正常消耗（如弧光消耗、化学消耗和氧化消耗）以及非正常消耗。

（1）弧光消耗。也称蒸发消耗。这是由于电极与炉料间产生电弧，温度高达3000℃以上，因此电极端部出现持续的石墨消耗。这种消耗占正常消耗的40%左右。它与电极直径无关。而与通过电流的平方成正比。

（2）化学消耗。是指电极与钢渣中的铁、钙、锰等氧化物作用或与钢水中的铁反应而被消耗。它与废钢质量、冶炼钢种以及电极直径有关。

（3）氧化消耗。是指电极与炼钢过程中的氧、水气反应而产生的消耗。氧化消耗主要发生在电极的侧部。氧化消耗加上电极侧部的炭粒剥落占正常消耗的50%~60%。它与炉内气氛，气体温度、流速等因素有关，而以气体流速影响最大。

（4）非正常消耗。有机械、人为电极折断、接头脱扣、扣内严重氧化及接头膨胀将电极胀裂等。

1.4.2　电极质量对电极消耗的影响

（1）电阻率与电极消耗。电极消耗随电阻率增大而增加（见表1-25），其原因在于温度是影响氧化速度的主要因素之一，电流相同时，电阻率愈大，电极温度愈高，氧化也就愈快。

表 1-25　电阻率与电极消耗关系

电阻率范围/μΩ·m	平均电阻率/μΩ·m	电极消耗/kg·t^{-1}
<9	8.65	4.73
9.01~10.0	9.45	5.19
10.01~11.0	10.38	5.44
11.01~12.0	11.35	5.62

（2）电极石墨化程度与电极消耗。电极石墨化程度高，抗氧化性好，电极消耗就较小。

（3）体积密度与电极消耗。石墨电极的机械强度、弹性模量、热导率随体积密度提高而增大，电阻率、气孔率则随之增加而减小，所以电极体积密度对电极消耗有直接影响。由同一种原料制成的石墨电极的体积密度与吨钢电极消耗关系见图 1-18。

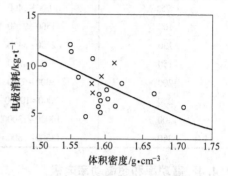

图 1-18　电极体积密度与消耗的关系

（4）力学强度与电极消耗。石墨电极在使用时除受自重和外力外，还承受切向、轴向及径向热应力。当热应力超过电极机械强度时，切向应力使电极产生纵裂纹，轴向应力使它形成横裂纹，严重时将使电极掉块或断裂。一般，随着抗压强度增加，抗热应力的能力强，所以电极消耗下降。但抗压强度太高时，热膨胀系数会增高。

（5）接头质量与电极消耗。接头是电极的薄弱环节，它比电极本体更易损坏。损坏的形式有电极丝底断裂、接头中间断裂和接头松动脱落等。除力学强度不足外，还可能有以下原因：电极与接头连接不紧密，电极与接头热膨胀系数不匹配等。

1.4.3　普通石墨电极的质量要求

我国生产石墨电极的质量标准（参照 YB/T 4088—2015）列于表 1-26。

表 1-26　石墨电极的质量标准

指　　标		公称直径/mm									
		75~130		150~225		250~300		350~450		500~800	
		优级	一级	优级	一级	优级	一级	优级	一级	优级	一级
电阻率/$\mu\Omega \cdot m$	电极	≤8.5	≤10.0	≤9.0	≤10.5	≤9.0	≤10.5	≤9.0	≤10.5	≤9.0	≤10.5
	接头	≤8.0		≤8.0		≤8.0		≤8.0		≤8.0	
抗折强度/MPa	电极	≥10.0		≥10.0		≥8.0		≥6.5		≥6.5	
	接头	≥15.0		≥15.0		≥15.0		≥15.0		≥15.0	
弹性模量/GPa	电极	≤9.3		≤9.3		≤9.3		≤9.3		≤9.3	
	接头	≤14.0		≤14.0		≤14.0		≤14.0		≤14.0	
体积密度/$g \cdot cm^{-3}$	电极	≥1.58		≥1.53		≥1.53		≥1.53		≥1.52	
	接头	≥1.70		≥1.70		≥1.70		≥1.70		≥1.70	
热膨胀系数/$℃^{-1}$（100~600℃）	电极	≤2.9×10⁻⁶		≤2.9×10⁻⁶		≤2.9×10⁻⁶		≤2.9×10⁻⁶		≤2.9×10⁻⁶	
	接头	≤2.7×10⁻⁶		≤2.7×10⁻⁶		≤2.8×10⁻⁶		≤2.8×10⁻⁶		≤2.8×10⁻⁶	
灰分/%		≤0.5		≤0.5		≤0.5		≤0.5		≤0.5	

注：灰分与热膨胀系数为参考指标。

普通石墨电极使用时的允许电流负荷列于表 1-27。

表 1-27　普通石墨电极使用时的允许电流负荷

电极直径/mm	允许电流负荷/A	电极直径/mm	允许电流负荷/A
75	1000~1400	400	18000~23500
100	1500~2400	450	22000~27000
130	2200~3400	500	25000~32000
150	3000~4500	550	28000~34000
200	5000~6900	600	30000~36000
250	7000~10000	650	32000~39000
300	10000~13000	700	34000~42000
350	13500~18000		

1.4.4　高功率和超高功率电极

随着电炉炼钢的迅速发展，出现了大功率、高电压和短电弧的高功率和超高功率电炉。这类电炉可使冶炼时间缩短 56%，可节约电力 22% 以上，产量可相应增加 1.3 倍。与之相适应，需要高功率和超高功率电极。这种电极的特点是电阻率低，允许电流负荷比普通电极高 25%~40%；允许的电流密度大一倍以上；热膨胀系数小；抗折强度高；氧化损失小。生产高功率和超高功率电极采用针状焦为原料，生产工艺中采用多次浸渍与焙烧，提高石墨化温度，还应相应改进黏结剂和浸渍剂。

A　质量标准

高功率和超高功率电极的质量标准（参照 YB/T 4089—2015、YB/T 4090—2015）列于表 1-28。

表 1-28　高功率和超高功率石墨电极质量标准

指　　标		公称直径/mm						
		高功率石墨电极			超高功率石墨电极			
		200~400	450~500	550~700	300~400	450~500	550~650	700~800
电阻率/μΩ·m	电极	≤7.0	≤7.5	≤7.5	≤6.2	≤6.3	≤6.0	≤5.8
	接头	≤6.3	≤6.3	≤6.3	≤5.3	≤5.3	≤4.5	≤4.3
抗折强度/MPa	电极	≥10.5	≥10.0	≥8.5	≥10.5	≥10.5	≥10.0	≥10.0
	接头	≥17.0	≥17.0	≥17.0	≥20.0	≥20.0	≥22.0	≥23.0
弹性模量/GPa	电极	≤14.0	≤14.0	≤14.0	≤14.0	≤14.0	≤14.0	14.0
	接头	≤16.0	≤16.0	≤16.0	≤20.0	≤20.0	≤22.0	≤22.0
体积密度/g·cm⁻³	电极	≥16.0	≥1.60	≥1.60	≥1.67	≥1.66	≥1.66	≥1.68
	接头	≥1.72	≥1.72	≥1.72	≥1.74	≥1.75	≥1.78	≥1.78
热膨胀系数（100℃~600℃）/10⁻⁶℃⁻¹	电极	≤2.4	≤2.4	≤2.4	≤1.5	≤1.5	≤1.5	≤1.5
	接头	≤2.2	≤2.2	≤2.2	≤1.4	≤1.4	≤1.4	≤1.4
灰分/%		≤0.5	≤0.5	≤0.5	≤0.5	≤0.5	≤0.5	≤0.5

注：灰分为参考指标。

B　允许电流负荷

高功率和超高功率石墨电极使用时的允许电流负荷列于表 1-29。

表 1-29 高功率和超高功率石墨电极使用时的允许电流负荷

高功率石墨电极		超高功率石墨电极	
电极直径/mm	允许电流负荷/A	电极直径/mm	允许电流负荷/A
200	5500~9000	300	15000~22000
225	6500~10000	350	20000~30000
250	8000~13000	400	25000~40000
300	13000~17400	450	32000~45000
350	17400~24000	500	38000~55000
400	21000~31000	550	45000~65000
450	25000~40000	600	50000~75000
500	30000~48000	650	60000~85000
550	34000~53000	700	70000~120000
600	38000~58000		
650	41000~65000		
700	45000~72000		

1.4.5 抗氧化涂层石墨电极

石墨电极在电炉炼钢过程中，电极的尖端由于电弧的高温而挥发，端部不断缩短。另一部分消耗是由于氧化和熔渣侵蚀而造成侧壁消耗。侧壁消耗可以采用抗氧化涂层法，即通过在石墨电极表面喷镀或熔合一层铝基金属陶瓷抗氧化涂层而减小。除了抗氧化涂层法外，溶液浸渍法、自愈合法及炭陶复合方法也是正在研究发展中的石墨电极抗氧化方法。

抗氧化涂层必须满足以下要求：

（1）能耐高温而不熔化，涂层分解温度在 1850℃ 以上。

（2）与电极表层结合良好，并有相似的热膨胀系数。

（3）导电能力高于石墨电极基体。

（4）应有一定的力学强度。

（5）对冶炼操作及钢水质量无不利影响。

有抗氧化涂层的石墨电极与同质量的电极相比较，可使每吨钢水的电极消耗量降低 20%~40%，并可降低炼钢电耗 15% 左右。而且由于抗氧化涂层的电阻小，可以提高通过电极的电流密度，减小电极直径。

抗氧化涂层石墨电极的质量标准（参照 YB/T 5214—2007）列于表 1-30。

表 1-30 抗氧化涂层石墨电极的质量标准

公称直径 /mm	电阻率/Ω·m		涂层厚度 /mm	涂层增重 /kg·m⁻²
	优级	一级		
300 350 400 450 500	≤6.5×10⁻⁶	≤8.0×10⁻⁶	0.5~1.0	1.5~2.0

1.5 其他石墨制品

除人造石墨电极外，其他石墨制品的种类及主要用途归纳为表1-31。

表1-31　其他石墨制品及其应用

制品名称	应用领域	主要用途
坩埚、舟、皿等	冶金工业	熔融、精炼和分析
模具、铸模、铸锭底盘等		半导体制造，钢铁、有色金属的铸造，连续铸造，粉末冶金热压机用
石墨辊		钢板热处理炉用
导管、滑板等		铝成型用
石墨管		测温保护管，吹炼管等
石墨块		砌筑高炉等耐热材料
化工设备	化学工业	热交换器、反应塔、蒸馏塔、吸收装置、离心泵、喷射泵等
电解板		电解食盐水溶液和熔融盐
电解汞材料		水银法电解氯化钠生产的钠汞齐解汞用
接地阳极		电防蚀用
电机用电刷	电器工业	换向器、滑环等
集电体		滑板、滑块、触轮
触点		开关、继电器
水银整流器和电子管用石墨件	电子工业	水银整流器的主阳极、栅极、反射极、点火极、激励极、电子管的阳极、栅极
轴承	机械工业	滑动轴承
密封元件		密封环、填料密封、盘根密封
制动元件		车辆、飞机等制动用
核石墨	核能工业	减速材料、反射材料、屏蔽材料、核燃料套筒、支撑体等

1.5.1 石墨阳极

石墨阳极所用原料及生产工艺与石墨电极基本相同，为了降低气孔率和提高机械强度必须进行浸渍处理。它具有耐高温，导电和导热性好，易于机加工，化学稳定性高，耐酸碱腐蚀性强和灰分低等特点。它主要用于：

（1）食盐水溶液电解生产烧碱的电解槽中以石墨板作为阳极。每吨烧碱约耗石墨阳极 5~7kg。

（2）用熔盐电解法制造金属镁、金属钠时，熔盐多为氯化物或氟化物。在熔盐电解槽中用石墨阳极作为导电材料。

我国石墨阳极的质量指标（参照 YB/T 5053—1997（2006）　）列于表1-32。

表 1-32　石墨阳极的质量标准

项　目	直径或厚度/mm			
	39~75		100	
	优级	一级	优级	一级
电阻率/$\mu\Omega \cdot m$	≤7.5	≤9.0	≤7.5	≤9.0
灰分/%	≤0.2	≤0.2	≤0.2	≤0.2
耐压强度/MPa	≥29	≥29	≥29	≥29
体积密度/$g \cdot cm^{-3}$	≥1.65	≥1.65	≥1.62	≥1.62
抗折强度/MPa	≥16	≥16	≥16	≥16
钒含量/%	≤10×10^{-4}	≤10×10^{-4}	≤10×10^{-4}	≤10×10^{-4}

注：不是水银槽用可不测钒含量。

1.5.2　不透性石墨

不透性石墨是指对气体、蒸汽、液体等流体介质具有不渗透性的石墨制品。它们是化工生产中理想的耐腐蚀、高导热材料，可以制造各种类型的石墨设备，如热交换器、反应槽、吸收塔、气体燃烧塔、盐酸合成炉、石墨离心泵、喷射泵等，也用于制造各种管道、管件、密封元件或衬里砖、板等零部件。

不透性石墨具有较强的耐腐蚀性，除强氧化性介质如硝酸、浓硫酸、铬酸、次氯酸、双氧水、强氧化性盐类溶液及某些卤素外，可耐绝大多数酸、碱、盐类溶液、有机溶剂等的腐蚀。除添加有氟塑料的材料外，其耐腐蚀性主要取决于添加成分。例如，应用最广的酚醛树脂浸渍石墨和挤压石墨耐酸不耐碱，呋喃树脂浸渍石墨耐非强氧化性酸又耐碱，水玻璃浸渍石墨耐碱不耐稀酸等。在化工、冶金、轻工、机械、电子、纺织、航天等工业部门及众多行业的三废治理中，不透性石墨正发挥着愈来愈重要的作用。

不透性石墨分为四类：

（1）浸渍类不透性石墨。这是采用对石墨基体进行浸渍的方法制得。浸渍剂不仅降低了石墨的气孔率，还可以使石墨材料的抗压强度提高 1~2.5 倍；抗拉强度提高 4~5 倍；抗弯强度提高 2~3 倍；抗冲击强度提高 2~2.5 倍。常用浸渍剂有酚醛树脂、糠酮树脂、糠醇树脂、有机硅树脂、水玻璃、熔融硫黄、石蜡、二乙烯苯、沥青等。

（2）压型不透性石墨。这是一种用人造石墨粉与合成树脂按一定比例混合后，在一定压力下成型而制得的材料。这种制品的力学强度比纯碳石墨材料和浸渍石墨材料高 1~1.3 倍。它的缺点是热导率仅为浸渍石墨材料的 1/3，线膨胀系数大。这种材料可制成管材、板材、三通、泵等。

（3）浇注不透性石墨。这是以热固性树脂为黏结剂，以石墨粉为填料，加入硬化剂，于常温（或加热）常压下浇注而成。这种制品具有良好的化学稳定性、耐热性和较高抗压强度。其缺点是抗冲击强度低，导热性较差，脆性大。主要用于制造泵壳、泵叶轮、三通阀、酸洗槽等。

（4）复合（增强）不透性石墨。用增强材料与石墨基材复合，可形成复合（增强）不透性石墨。被增强的石墨基材可以是块材、板材或管材。可用作增强材料的有炭纤维、石墨纤维、玻璃、硅、铝、硼等纤维以及由它们组成的布或毡。其中，尤以炭纤维及其织物用得最多。此外，还可通过将陶瓷、金属等敷覆于石墨制品表层来达到增强的目的。在被增强的石墨基材中，只要有少量增强材料存在，即可取得明显的增强效果。

1.5.3　高纯石墨和高强石墨

高纯和高强石墨是核反应堆及火箭常用的结构材料，以及制作高纯金属、半导体材料、稀有金属时所需的器件。

（1）半导体生产用高纯石墨。高纯石墨用在单晶炉、半导体材料冶炼用坩埚、舟、皿以及冶炼高纯金属的器件。对这种材料要求杂质含量小于 0.01%；体积密度为 1.55 ~ 1.75g/cm³。它的生产工艺与普通石墨的工艺大体相同，但有如下特点：必须选用灰分低于 0.15% 的原料，多数用模压或等静压成型；石墨化温度高，并在石墨化过程中通入卤族元素气体，以降低杂质含量。某些高纯石墨器件在表面涂厚度为 10 ~ 20μm 的热解石墨，以提高抗氧化性。

（2）火箭发动机用高强石墨。石墨材料在火箭发动机上主要用作喉衬材料。它必须满足严峻的工作条件：2000 ~ 3500℃ 的高温；高速升温引起的热震；极大的热梯度引起的热应力；急剧压力升高；暴露于高速腐蚀性气体中达数分钟之久等。这种高强石墨的优点在于比较轻，耐高温性好，具有热稳定性。

（3）核石墨。核石墨是作为核反应堆的中子减速材料及反射材料。它必须具备四方面的性能：高纯度（灰分小于 0.002% ~ 0.070%，硼含量小于 (0.1 ~ 0.5) × 10⁻⁶），高密度（体积密度 1.65 ~ 1.80g/cm³），高力学强度（抗压强度可达 88.2 ~ 98.1MPa），低气孔率及低气体渗透率。它的核物理性质已在 1.1.7 节加以讨论。

1.5.4　高密度各向同性石墨

高密度各向同性石墨具有机械强度高，各向异性比小，有较宽的晶体尺寸，而且具有中等的模量和断裂应力，在断裂前能长时间保持高弹性应变，抗磨性能好，开气孔率低等特点。

高密度各向同性石墨材料的制造工艺基本上可分为一元系和二元系两种。一元系是指原料用单一的骨料，如硬质球状沥青焦，沥青中间相球体，特殊处理的石油焦。二元系是用细粒骨料+黏结剂，如粉焦+沥青黏结剂。为了达到高密度各向同性在工艺上采取如下措施：

（1）采用热处理时收缩率大的骨料，各向同性骨料，添加炭黑，选用炭化收率高的黏结剂，也可用加压炭化或在黏结剂中加入硫或硝基化合物，以促进重缩合。

（2）在用一元系法时，尽可能使用细颗粒，如 150μm 以下，使粒度配比适宜以达到最大堆积密度。

（3）采用等静压成型或摩擦冲击成型。

（4）石墨化时使制品在高温下长时间保温或在高温下通入卤素气体，以降低杂质含量。

用二元系法工业生产的高密度各向同性石墨的特性举例见表1-33。这种石墨材料可以用于电火花加工、电真空器件炭零件，铸模，各种机械上的抗磨零件，如轴衬、活塞环、核反应堆的减速和反射材料及反应堆中各种耐热、耐腐蚀零件等。

表 1-33　高密度各向同性石墨的特性

商品名	体积密度 /g·cm⁻³	气孔率 /%	抗弯强度 /MPa	电阻率 /μΩ·cm	各向异性比	肖氏硬度	热膨胀系数 /℃⁻¹
IG-11	1.77	—	39.2	1100	1.05	55	4.6×10^{-6}
ISO-88	1.90	—	93.1	1500	1.05	90	6.5×10^{-6}
T-6	1.92	6~7	98.1	1600	1.01	85	6.0×10^{-6}

复习思考题

1-1　碳的同素异形体在结构上有什么差别，造成性质上各有什么特点？

1-2　炭素材料的气孔结构可以用哪些参数来描述，如何测定？

1-3　炭素材料的强度有何特点？

1-4　什么是自润滑性，为什么石墨有自润滑性？

1-5　炭素材料的电阻率与什么因素有关，为什么？

1-6　如何判断核石墨的质量？

1-7　石墨电极是如何在炼钢电弧炉中使用的，它的质量对炼钢生产有什么影响？

1-8　为什么要生产超高功率电极，它与普通石墨电极有何不同？

1-9　什么是高纯石墨，它的质量指标有哪些主要要求？

1-10　什么是不透性石墨，它有哪些主要的质量指标？

2 炭素生产用原材料

由于来源和生产工艺的不同，各种炭素材料原料的化学结构、形态特征及理化性能存在很大差异。按照物态来分类，它们可以分为固体原料（即骨料）和液体原料（即黏结剂和浸渍剂）。其中，固体原料按其无机杂质含量的多少又可分为多灰原料和少灰原料。少灰原料的灰分一般低于1%，例如石油焦、沥青焦等。多灰原料的灰分一般在10%左右，如冶金焦、无烟煤等。此外，生产中的返回料如石墨碎等也可作为固体原料。在炭素生产中还使用石英砂等作为辅助材料。由于各种原料的作用和使用范围不同，对它们也有不同的质量要求。

2.1 固 体 原 料

固体原料主要用作生产炭素材料的骨料，其种类、制造方法及主要特征和用途归纳于表 2-1。

表 2-1 骨料的种类、制法及主要特征和用途

骨料种类	制造方法	主要特征及用途
石油焦	石油渣油、石油沥青经延迟焦化而制得	灰分较低，热膨胀系数小，属于石墨化性能好的易石墨化炭。用于制造人造石墨制品等
沥青焦	煤沥青用延迟焦化法或炉室法制得	比石油焦易于获得密度高而各向异性小的制品。属于石墨化性能较差的易石墨化炭。用于制造石墨电极、石墨阳极、炭电阻棒、阳极糊等
针状焦	由精制的石油沥青或煤焦油沥青（脱除杂质和原生喹啉不溶物）经延迟焦化而制得	热膨胀系数小，各向异性明显，属于石墨化性能最好的易石墨化炭。用于制造高功率石墨电极或超高功率石墨电极
冶金焦	炼焦配合煤在炼焦炉中经高温干馏而制得	机械强度较高，但灰分也较高，属于石墨化性能不好的难石墨化炭。用于生产炭电极、炭块、电极糊等，也是焙烧炉的填充料和石墨化炉的电阻料
石墨化冶金焦	冶金焦经石墨化制得	导热和导电性优于冶金焦。在生产炭块、电极糊时少量加入，以提高导热、导电性
无烟煤	经开采天然矿物	组织致密、气孔少、耐磨、耐蚀性好。用于制造炭块，电极糊，填缝及黏结炭糊等
天然石墨	经开采天然矿物	抗氧化性、耐热性、耐碱性好，导电、导热性良好，有自润滑性。用于制造电炭产品、机械用炭制品，不透性石墨、膨胀石墨等

续表 2-1

骨料种类	制造方法	主要特征及用途
炭 黑	低分子碳氢化合物由气相炭化而制得	作为骨料添加剂,以增加密度和硬度,减小各向异性,调整电阻率。用于制造电刷、核石墨等
木 炭	由木质材料等在隔绝空气的条件下加热制得	孔隙率高达 85%~98% 多孔性固体材料。主要用于电炭行业制造电刷和多孔性的炭素制品
生 碎	炭素制品在成型后产生的各种废品	通常破碎后,从混捏机加入到同一种配方的配料中使用
焙烧碎	炭素制品在焙烧后产生的废品以及炭制品在加工时的切削碎等物料	破碎后加入到各类产品的配料中利用。多灰焙烧碎只能用于生产炭块、炭质电极、电极糊等多灰制品,而少灰焙烧碎既可以用于生产少灰制品、也可用于生产多灰制品
石墨碎	炭素制品在石墨化后产生的废品及石墨化品在加工时的切削碎等物料的总称	由于灰分很低、导电及导热性能好、所以有广泛的用途,可以破碎后加入到各种配方的少灰或多灰制品中。还可用于生产石墨化工设备和电炉炼钢的增炭剂。
残 极	预焙阳极在电解槽上使用后的残余部分	经过清理和粉碎、筛分加工后可以重新用作生产阳极炭块的骨料

2.1.1 石油焦

2.1.1.1 石油焦概述

石油焦是各种石油渣油、石油沥青或重质油经焦化而得到的固体产物。主要元素为碳,灰分很低,一般在 0.5% 以下;其外观为黑色或暗灰色的蜂窝状结构,焦块内气孔多为椭圆形贯通孔。石油焦属于易石墨化炭类,石油焦的微晶与冶金焦比较,碳网层面片状体之间的叠合比较整齐,片状体之间距离较小;经石墨化高温处理后,碳网层面片状体的晶格排列接近天然石墨,电阻率显著降低而真密度相应提高。所以使用石油焦为原料可以制造电阻率较低的石墨电极。

2.1.1.2 石油焦的分类

石油焦通常有下列 4 种分类方法。

(1) 焦化方法。按焦化方法的不同,可分为延迟焦、平炉焦、釜式焦、流化焦和灵活焦化焦等。目前国内外的主流焦化方法是延迟焦和少量流化焦和灵活焦化焦,其他焦化方法由于生产效率低、能耗高、劳动条件恶劣等原因已被淘汰。

(2) 热处理温度。按热处理温度的不同,可分为生焦和煅烧焦两种。前者仅经过延迟焦化所得,含有大量的挥发分,机械强度低;煅烧焦是生焦经 1300℃ 煅烧而得。我国多数炼油厂只生产生焦,煅烧作业多在炭素厂内进行。

(3) 硫分。中国普通石油焦质量标准(NB/SH/T 0527—2015)主要按硫分的高低将生焦分为 1 号、2 号和 3 号三个大类,其中 2 号和 3 号又分为 A 焦和 B 焦两小类,规定 1 号焦硫分不大于 0.5%;2 号焦为不大于 1.0%(A 焦)及 1.5%(B 焦),3 号焦为不大于 2.0%(A 焦)及 3.0%(B 焦)。

（4）结构与性能。按微观结构、形态及性能的不同，可分为普通石油焦（海绵状焦、蜂窝状焦）和针状焦两种。普通石油焦就是一般延迟焦化装置生产的生焦，化学反应性高，杂质含量低，主要用于炼铝及冶金炭素行业。针状焦采取特殊的原料与生产工艺制成，具有明显的针状结构和纤维纹理，主要用于生产电炉炼钢使用的高功率和超高功率石墨电极。

普通石油焦的质量既主要取决于原料渣油的性质，同时也受焦化条件的影响，我国几种主要减压渣油及其所产石油焦的性质列于表2-2。

表2-2　几种主要减压渣油及其石油焦的性质

名　称	产　　地	大　庆	胜　利	辽　河
减压渣油	收得率/%	42.9	47.1	39.3
	密度（20℃）/g·cm^{-3}	0.922	0.970	0.972
	运动黏度（100℃）/mm^2·s^{-1}	104.5	861.7	549.9
	元素分析（质量分数）/%			
	C	86.43	85.50	87.54
	H	12.27	11.60	11.55
	S	0.17	1.26	0.31
	N	0.29	0.85	0.60
	残炭率/%	7.2	13.9	14.0
	软化点（环球法）/℃	35.0	40.5	42.1
石油焦	挥发分（质量分数）/%	8.9	8.8	9.0
	硫分（质量分数）/%	0.38	1.66	0.38
	灰分（质量分数）/%	0.35	0.10	0.52
	真密度（1300℃煅后）/g·cm^{-3}	2.105	—	2.112
	线膨胀系数（1000℃烧成，室温~600℃）/℃$^{-1}$	2.98×10^{-8}	—	5.62×10^{-8}

2.1.1.3　普通石油焦的生产

世界上普通石油焦的生产，85%以上的焦化工艺都属延迟焦化类型，只有少数国家（如美国）的部分炼油厂采用流化焦化和灵活焦化。

延迟焦化装置的工艺流程有不同的类型，就生产规模而言，有一炉两塔（焦炭塔）流程、两炉四塔流程等。但其工艺原理是相同的，都是以石油渣油、石油沥青或重质油等为原料，在480~550℃的高温下进行深度热裂化反应的一种热加工过程。焦化过程的产物有气体、汽油、柴油、蜡油（重馏分油）和石油焦等。

延迟焦化的主体设备由两座直径5.4m的焦炭塔和一座直径3.2m的分馏塔组成。原料渣油首先与分馏塔馏出的馏分气进行间接换热，然后经加热炉加热到500℃±10℃。此温度已达到渣油的热解温度，但由于油料在炉管中具有较高的流速（冷油流速达1.4~2.2m/s），来不及反应就离开了加热炉，使焦化反应延迟到焦炭塔中进行。故这种焦化工艺称为延迟焦化。

随着油料的进入，焦炭塔中焦层不断增高，直到达到规定的高度为止。生产中，一个焦炭塔进行反应充焦，另一个已充焦的焦炭塔经吹蒸汽与水冷后，用10~12MPa的高压水通过水龙带从一个可以升降的焦炭切割器喷出，把焦炭塔内的焦炭切碎，使之与水一起由塔底流入焦炭池中。焦炭池中的焦炭经脱水后即得生石油焦。每个焦炭塔一次出焦约250t，循环周期约为48h。分馏塔是分馏焦化馏分油的设备，为了避免塔内结焦，要求控制塔底温度不超过400℃。同时，还须采用塔底油循环过滤的方法滤去焦粉，提高油料的流动性。延迟焦化的典型工艺流程如图2-1所示。

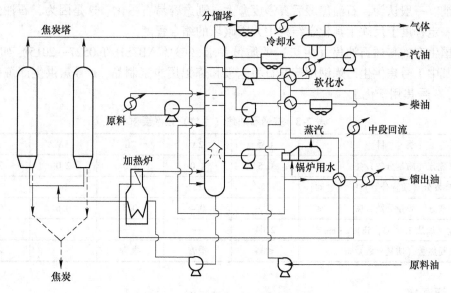

图 2-1　常规延迟焦化流程示意图

延迟焦化法生产效率高，劳动条件好，但所得焦炭挥发分较高，结构疏松，机械强度较差。

2.1.1.4　普通石油焦的性质与质量要求

普通石油焦是一种黑色或暗灰色的蜂窝状或海绵状焦，对其使用影响较大的有硫分、挥发分、灰分和煅后真密度。

（1）硫分。石油焦中的硫来源于原油，其存在形式可分为有机硫和无机硫两种，而无机硫又可分为硫化铁硫和硫酸盐硫两类。石油焦中的硫以有机硫为主，其次是硫化铁硫，而硫酸盐硫的含量很少。

在炭素制品生产中，硫是一种有害元素。用高硫石油焦生产的制品在石墨化过程中会发生气胀（也称晶胀）现象。它是指硫、氮等杂质原子及其化合物在石墨化过程中以气体形式急剧析出，对制品产生很大的内压力，在制品内部形成孔洞和裂纹以及不可逆膨胀的现象。因此，石油焦含硫过高容易造成裂纹废品，而且含硫较高的制品电阻率较大。

（2）挥发分。挥发分是石油焦焦化成熟程度的标志。它与炭素制品的最终质量虽然没有直接关系，但对煅烧操作影响很大。

早期生产的釜式焦成焦温度较高，约700℃，所以焦炭的挥发分低至3%~7%。而延迟焦的成焦温度只有500℃左右，故挥发分含量高达10%~18%，因此，必须经过煅烧使之降低。延迟焦在煅烧时不仅实收率低，而且可能给煅烧作业带来不少困难，如在罐式炉中单独煅烧时容易结焦堵炉等。

（3）灰分。石油焦的灰分主要来源于原油中的盐类杂质。原油经脱盐处理后残留的杂质一般都富集于渣油中，然后又全部转入石油焦。我国原油盐类杂质较少，故灰分较低。石油焦的灰分还与延迟焦化的冷却水质以及原料场的管理水平有关。生产一般炭素制品的石油焦，要求灰分不高于 0.50%，生产高纯石墨制品的石油焦，要求灰分不高于 0.15%。

（4）真密度。石油焦在 1300℃ 温度下煅烧后的真密度大小，可作为其石墨化难易程度的表征。一般认为，石油焦煅后真密度愈大，则愈容易石墨化。这是因为，石油焦的真密度在一定程度上反映了其化学结构中芳香碳环的缩合程度。

我国生产的普通石油焦（生焦）的质量要求（参照 NB/SH/T 0527—2015）如表 2-3 所示，其中 1 号焦供生产炼钢用普通石墨电极和炼铝用炭素制品，2 号焦供生产炼铝用炭素制品，3 号焦用于化工。

表 2-3　普通石油焦（生焦）技术要求

项　　目		1 号	2A	2B	3A	3B
硫分（质量分数）/%	≤	0.5	1.0	1.5	2.0	3.0
挥发分（质量分数）/%	≤	12	12	12	14	14
灰分（质量分数）/%	≤	0.3	0.4	0.5	0.6	0.6
真密度（煅烧 1300℃，5h）/g·cm^{-3}		2.04	—	—	—	—
粉焦量（质量分数）/%		≤35	报告	报告		

2.1.2　沥青焦

沥青焦是由煤沥青经焦化后得到的固体产物。生产沥青焦的方法有炉室法和延迟法两种。由于原料沥青和焦化方法不同，这两种沥青焦的性质具有明显的差异。

2.1.2.1　煤沥青焦化过程

煤沥青是煤焦油蒸馏的残留物。根据软化点的不同，煤沥青可以分为三种类型，即低温沥青（又称软沥青）、中温沥青、高温沥青（又称硬沥青），其相应的软化点（环球法）依次为 30~75℃、75~95℃、95℃ 以上。

与石油渣油不同，煤沥青主要是由多环芳烃组成的复杂高分子聚合物。而在石油渣油中芳烃类组分的含量仅占三分之一左右。煤沥青焦化过程的本质是液相热解反应。这种热解反应具有热分解和热缩聚两个方向。

热缩聚反应可以大致分为三种类型：

（1）分子内部缩合。

（2）通过烷基侧链和官能团进行相邻分子间的缩合。

（3）通过芳核进行相邻分子间的热缩聚。缩聚反应的主要方式是由活性氢转移引发的自由基反应。

一般认为，在煤沥青焦化时，450℃ 前主要是低沸点馏分的蒸馏和沥青的热分解，450~500℃ 之间热分解和热缩聚并存，同时发生高沸点馏分的蒸馏；大约 500℃ 形成半焦以后，则以热缩聚为主，半焦出现收缩裂纹；当温度高于 800℃，缩聚反应减缓。随着温度的升高，沥青及其固体焦化产物的碳含量、真密度不断提高，氢、硫、氮、氧的含量和挥发分持续减少，电阻率逐渐下降。

2.1.2.2 沥青焦的生产

沥青焦的生产分为炉室法和延迟焦化法。早期主要采用炉室法，以中温煤沥青或高温煤沥青为原料，在沥青焦炉中，通过 1050～1100℃ 的高温干馏生产沥青焦。由于炉室法在焦化过程中有大量有害气体外溢，污染环境又严重影响工人健康，而且生产效率低、能耗高，我国已不再采用炉室法，而改用延迟焦化法生产沥青焦。

采用延迟焦化法生产沥青焦是从石油焦的延迟焦化移植过来的。延迟焦化克服了炉室法存在的装炉时跑油冒火、操作条件差、环境污染严重和炉龄短等缺点，是一种比较先进的沥青焦生产方法。

沥青的延迟焦化采用软化点为 30～40℃ 的软沥青为原料。软沥青具有良好的流变性能，又可得到足够高的残碳率。其热解温度低，在加热炉中仅需加热到 450～500℃ 就可在焦炭塔中实现焦化，设备的结构与材质较易达到工艺要求。因此，软沥青可以看做是沥青延迟焦化的最佳原料。此外，沥青的延迟焦化有利于改善沥青焦的结构。这是因为沥青焦的生成过程中形成中间相小球体，中间相小球体的发育与成长大体在 400～500℃ 温度范围，而延迟焦化工艺允许沥青在该温度范围停留足够长的时间。

生产沥青焦的延迟焦化工艺与设备和石油渣油的延迟焦化基本相同。如前所述，由于成焦温度仅在 500℃ 左右，故焦炭塔内的产品是半焦。在用于炭素生产前，沥青延迟焦的煅烧是必不可少的。新建系统一般都是将煅烧系统与延迟焦化联合起来，将煅后焦供应市场。

2.1.2.3 沥青焦的性质与质量要求

沥青焦是一种碳含量高，机械强度好，低灰低硫的优质原料。其结构致密程度和机械强度比石油焦好，灰分和硼含量略高于石油焦。它也是一种可石墨化碳，但石墨化性能比石油焦差。

沥青焦也属于少灰原料，在炭素生产中主要是利用其机械强度好的优点来提高制品的机械性能。例如，我国在生产普通石墨电极时，为了提高制品的机械强度，一般在固体原料中配入 20%～25% 的沥青焦。当使用罐式炉煅烧挥发分高的延迟石油焦时，加入部分沥青焦后，可以缓解结焦堵炉现象。但是加入沥青焦后，生产的石墨电极电阻率较高、线膨胀系数较大。此外，沥青焦还可用于生产阳极糊、预焙阳极、电炭制品以及高炉炭块等。我国对沥青焦的质量要求（参照 YB/T 5299—2009）列于表 2-4。

表 2-4　沥青焦质量指标

指标名称	指标
全水分（质量分数）M_t/%	≤1.0
灰分（质量分数）A_d/%	≤0.5
全硫（质量分数）$S_{t,d}$/%	≤0.5
挥发分（质量分数）V_{daf}/%	≤0.8
真密度（d_{20}^{20}）	≥1.96

注：全水分不作为报废依据。

2.1.3　针状焦

针状焦是一种从宏观形态到微观结构都具有显著各向异性的焦炭，因其破碎后颗粒呈细长针状，故称为针状焦。针状焦的各向异性反映出其分子结构已具有相当程度的有序排列，因而具有良好的可石墨化性。如一种煤沥青基针状焦，经 2800℃ 石墨化后，层间距 d_{002} 为 33.57nm，石墨化度高达 96.5%。同时，针状焦还具有热膨胀性小、孔隙率低、硫分低、灰分低、金属含量低、电导率高等一系列优点。其石墨化制品化学稳定性好，耐腐蚀、热导率高、低温和高温时机械强度良好。

针状焦是从 20 世纪 70 年代起大力发展的一种优质炭素原料，主要用于生产电炉炼钢用的高功率（HP）和超高功率（UHP）石墨电极和特种炭素制品，也可以用于生产高品质的电刷、电池、炼钢增碳剂和高温耐火炉料。采用高功率或超高功率电炉炼钢，可使冶炼时间缩短 30%~50%，节电 10%~20%，经济效益十分明显。

2.1.3.1　针状焦的生产

根据原料路线的不同，针状焦分为油系和煤系两种，其生产方法有一定差异。

1950 年，油系针状焦首先由美国大湖炭素公司研制成功。1964 年，美国联合碳化物公司用针状焦制造出超高功率电极。目前，世界针状焦产量的大部分由美国大陆石油公司生产。日本水岛工厂也成功地用石油系原料生产出针状焦。但绝大多数针状焦是用特定产地的低硫石油重质油生产的，其来源受到很大限制。为此，日本、德国等为了扩大原料来源，开展了以煤沥青为原料制取针状焦的研究。1979 年 10 月，日本三菱化学株式会社建成年产 3 万吨煤系针状焦的生产装置。1980 年，日铁化学株式会社一座年产 5 万吨煤系针状焦的生产装置投产。随后在较长的时期内，美国与日本等国垄断了针状焦的技术和市场，针状焦成为国际市场的稀缺产品，价格一直居高不下，并逐步攀高。

我国对针状焦的研究始于 20 世纪 80 年代，从 1979 年到 1985 年，中石化石油化工科学研究院等对油系针状焦，中钢集团鞍山热能研究院等对煤系针状焦进行了坚持不懈的工艺研究和技术开发。1995 年 11 月，油系针状焦在锦州石化股份有限公司投产成功，设计规模 4 万吨/年。2006 年 7 月，煤系针状焦在山西宏特煤化工有限公司投产成功，设计规模 5 万吨/年。

针状焦制造的关键是原料调制，其主要目的是除去影响中间相小球体成长的原生喹啉不溶物（QI）。与油系针状焦相比，煤系针状焦原料调制的难度更大。这是因为煤沥青中的原生 QI 含量更高，成分更复杂。它不仅有煤焦油蒸馏时某些芳香族高分子受热聚合生成的无定形碳，还有从炼焦炉炭化室随煤气带来的煤粉和焦粉。它们附着在中间相周围，阻碍球状晶体的长大、融并，焦化后也不能得到纤维结构良好的针状焦组织。因此，首先必须除去其中妨碍小球体生长的原生 QI，然后再进行组分调制，以获得满足针状焦生产需要的原料。

脱除原生 QI 的方法很多，主要有以下几类：

（1）真空蒸馏法。将煤焦油软沥青进行加热、真空闪蒸，闪蒸塔顶油气经冷凝冷却后，得到 QI 为 0% 的精料油，再经延迟焦化和煅烧得到优质针状焦。

（2）离心分离法。该法是在离心力场中借离心力脱除煤沥青中的原生 QI。为了提高分离效率，一般都加入轻沸点芳烃油和极少量烷烃溶剂等稀释剂，使原生 QI 组分凝聚成较大颗粒，加速沉降。上部离心轻液再进行加热、真空闪蒸以除去稀释剂，得到原生 QI 含量为 0.1%~0.5% 精料。利用离心法生产油系针状焦在美国已经工业化，对煤系针状焦正在研制之中。

（3）溶剂萃取法。在软沥青中加入溶剂（芳烃和烷烃组分配制），经搅拌溶解使原生 QI 颗粒凝聚成絮状，静置后用倾析法提取澄清液，蒸馏除去轻沸点溶剂，可以使精制沥青的原生 QI 降至痕量（0.1%~0.5%）。本法的关键在于选取合适的溶剂及溶剂比。很多试验都表明，单独使用芳烃溶剂或烷烃溶剂效果都不理想，只有采用两者的混合物才能收到较好的结果。

（4）聚合改质法。将原料通过真空闪蒸，提取合适的馏分，再经热聚合改质，得到精制沥青。原生 QI 可脱除到痕量。但其精料收率较低。与此相类似的还有二段法，该法为将原料进入分馏塔内分馏，把上部馏分进行热缩聚以制取针状焦，其他部分则用以制取沥青焦。

在这四种原料预处理工艺中，真正实现工业化生产的有溶剂法和改质法，生产装置运行正常并能生产出优质针状焦，国内这两种方法都有采用。

除了上述方法外，将煤沥青轻度氢化或烷基化，也有利于针状焦的生成。这是因为氢化或烷基化可适当降低沥青的芳香度，使沥青改质为具有适量烷基侧链的多环芳香族化合物，烷基侧链可促进分子的有序取向。

原料预处理后，焦化与煅烧一般均采用延迟焦化与回转窑煅烧的联合生产工艺来完成。焦化工艺流程、主要设备和生产操作控制与普通石油焦的延迟焦化类似，但与普通石油焦或沥青焦的延迟焦化相比，在生产针状焦时，应适当提高焦炭塔内的压力和原料油的循环比，同时适当延长焦化时间，以改善系统的流动性，促进中间相的充分发展和长大。

2.1.3.2 针状焦的性质与质量指标

我国实现了针状焦的工业化生产后，2015 年首次颁布了相应的针状焦技术标准，包括《石油焦（生焦）》（NB/SH/T 0527—2015）中的石油针状焦部分和《煤系针状焦》（GB/T 32158—2015）。其主要技术指标见表 2-5。为便于比较，将国外典型针状焦的主要技术指标列出如表 2-6 所示。

表 2-5 针状焦技术指标

项 目	油系针状焦（生焦）			煤系针状焦（煅后焦）		
	1 号	2 号	3 号	I	II	III
硫分（质量分数）/%	≤0.5	≤0.5	≤0.5	≤0.4	≤0.4	≤0.4
挥发分（质量分数）/%	≤6	≤8	≤10	≤0.3	≤0.4	≤0.4
灰分（质量分数）/%	≤0.3	≤0.3	≤0.3	≤0.2	≤0.3	≤0.3
真密度（煅烧 1300℃，5h）/g·cm^{-3}	≥2.11	≥2.11	≥2.10	≥2.15	≥2.14	≥2.13
CTE/℃$^{-1}$	≤1.5×10^{-6}	≤2.0×10^{-6}	≤2.5×10^{-6}	≤1.10×10^{-6}	≤1.30×10^{-6}	≤1.50×10^{-6}
电阻率/μΩ·m				≤600	≤600	≤600

表 2-6　国外典型针状焦技术指标

项　目	美国 CGG 油系针状焦		日本三菱煤系针状焦			
	电极用焦	接头用焦	A	L	T	AS
硫分 （质量分数）/%	≤0.5	≤0.5	≤0.28	≤0.28	≤0.35	≤0.28
挥发分 （质量分数）/%	≤0.5	≤0.5	≤0.1	≤0.1	≤0.1	≤0.1
灰分 （质量分数）/%	≤0.3	≤0.3	≤0.01	≤0.01	≤0.01	≤0.01
真密度/g·cm^{-3}	≥2.13	≥2.13	≥2.13	≥2.13	≥2.13	≥2.13
CTE （25~100℃）/×10^{-6}℃$^{-1}$	≤0.18	≤0.14				
CTE/10^{-7}℃$^{-1}$			≤5.0	≤3.5	≤4.6	≤3.3

由表 2-5 可知，我国煤系针状焦的标准质量要求不低于油系针状焦，说明我国煤系针状焦的生产技术瓶颈已经完全突破，煤系针状焦的质量指标可以与油系针状焦相媲美。

比较表 2-5 与表 2-6 可知，我国不论是油系针状焦还是煤系针状焦的主要质量指标已经接近美国与日本的同类产品，但也存在一定的差距，主要表现在热膨胀系数稍差。热膨胀系数是针状焦最重要的性能之一，因为它决定了石墨电极的热震稳定性，即抵抗温度的急剧变化而不破坏的性能。针状焦的微观结构是影响针状焦热膨胀系数的主要因素，可能的改进方向包括进一步研究优化原料预处理工艺，以提高中间相发育生长的质量，改善针状焦的微观结构；进一步研究在原料中添加能够抑制针状焦膨胀的添加剂，降低针状焦的热膨胀系数。

2.1.4　冶金焦

2.1.4.1　冶金焦的来源及用途

冶金焦是炼焦煤通过高温干馏后，经筛分得到的块度大于 25mm 的固体产物。煤的高温干馏就是将煤料在隔绝空气的条件下加热炭化至 950~1050℃。炼焦煤在高温干馏时除了得到焦炭外，还可得到焦炉煤气，煤焦油等一系列化学产品。

冶金焦最主要的用途是用作高炉炼铁的燃料、还原剂以及高炉料柱的支撑物。在炭素行业，冶金焦大量用于生产炭块、电极糊等多灰产品，同时又是焙烧炉的填充料和石墨化炉的电阻料。

2.1.4.2　冶金焦的性质与质量指标

冶金焦的性质主要取决于原料煤的质量，但也受炼焦条件的影响。它们的性质可用化学成分、机械强度和筛分组成来表征。作为炭素原材料，影响比较大的是其化学成分。

工业上用来评价焦炭质量的化学成分指标主要有灰分、硫分和挥发分。

（1）灰分。冶金焦的灰分来源于煤中的矿物质。在冶金焦的各种利用场合，灰分都是有害成分。灰分的主要成分是 SiO_2 和 Al_2O_3，都是导电性较差的物质，所以焦炭灰分过高会严重影响炭素制品的电阻率。

（2）硫分。硫也是焦炭中的有害杂质。对炭素生产而言，冶金焦中的硫大部分转入到炭素材料中。硫对炭素材料质量的影响已在本章 2.1.1.4 节中作了介绍。

（3）挥发分。焦炭的挥发分是其成熟度的表征。成熟的焦炭挥发分在 1% 左右，外观呈银灰色，敲击有金属声，这种焦炭在炭素生产中只需烘干即可使用。如挥发分过高，颜色发黑，敲击时声音发哑，说明焦炭未成熟，使用这种焦炭时必须煅烧后才能使用。

对于冶金焦的质量可参照国家标准（GB/T 1996—2017），如表2-7所示。

表 2-7 冶金焦质量指标

指　　标		等级	粒度/mm		
			>40	>25	25~40
灰分 A_d（质量分数）/%		一级		≤12.0	
		二级		≤13.5	
		三级		≤15.0	
硫分 $S_{t,d}$（质量分数）/%		一级		≤0.70	
		二级		≤0.90	
		三级		≤1.10	
机械强度	抗碎强度 M_{25}/%	一级		≥92.0	按供需双方协议
		二级		≥89.0	
		三级		≥85.0	
	M_{40}/%	一级		≥82.0	
		二级		≥78.0	
		三级		≥74.0	
	耐磨强度 M_{10}/%	一级		≤7.0	
		二级		≤8.5	
		三级		≤10.5	
反应性 CRI（质量分数）/%		一级		≤30	
		二级		≤35	
		三级		—	
反应后强度 CSR（质量分数）/%		一级		≥60	
		二级		≥55	
		三级		—	
挥发分 V_{daf}（质量分数）/%				≤1.8	
水分含量 M_t（质量分数）/%		干熄焦		≤2.0	
		湿熄焦		≤7.0	
焦末含量（质量分数）/%				≤5.0	

2.1.5 无烟煤

无烟煤是变质程度最高的腐殖煤。无烟煤具有固定碳含量高，挥发分低，密度大，硬度高，燃烧时不冒烟，外观金属光泽较强等特征。在我国现行煤炭分类国家标准（GB/T 5751—2009）中，以无水无灰基挥发分（V_{daf}）或无水无灰基氢含量（H_{daf}）为分类指标，将无烟煤分成三类，见表2-8。

表 2-8　无烟煤分类

类　别	V_{daf}（质量分数）/%	H_{daf}（质量分数）/%
无烟煤一号	≤3.5	≤20
无烟煤二号	>3.5~6.5	>2.0~3.0
无烟煤三号	>6.5~10.0	>3.0

无烟煤广泛用作民用、发电和钢铁冶炼的燃料，造气和生产合成氨的原料。在炭素生产中，用于生产各种炭块和电极糊等炭材料。

当用于炭素生产时，无烟煤应具有以下性质：

（1）灰分含量低。在生产炭材料过程中，无烟煤的灰分全部进入炭材料。灰分过高将降低产品质量。如生产炭块时，要求无烟煤灰分（质量分数）不大于8%，而且要尽可能没有矸石。因为矸石在煅烧后有的成为石灰，颗粒状石灰混入炭块，遇水即膨胀，使炭块表面崩裂。用于生产电极糊的无烟煤，灰分（质量分数）也应小于10%~12%。

（2）机械强度高。无烟煤的机械强度与用它生产的炭材料的机械强度之间有密切关系。无烟煤的机械强度应包括抗碎、耐磨和抗压等力学性质。炭素行业多采用转鼓试验法（也称抗磨试验法），即将一定量大于40mm的无烟煤块在转鼓中滚磨后，以仍保持40mm以上块度的煤占入鼓煤的质量百分数来表征其机械强度。一般要求转鼓试验后大于40mm的残留量不小于35%。

（3）热稳定性好。无烟煤的热稳定性是指煤块在高温作用下，保持原来块度的性质。热稳定性好的无烟煤，煅烧后块度与强度变化不大，热稳定性差的煤煅烧后易碎成小块。热稳定性的测定可按国家标准 GB/T 1573—2001 的方法进行。

（4）硫含量小。炭素生产要求无烟煤的硫分（质量分数）不大于1%~2%。

我国炭素行业常用的无烟煤主要来自山西阳泉矿区、山西晋城矿区、河南焦作矿区、宁夏汝箕沟矿区、湖南金竹山矿区等。它们的变质程度列于表 2-9。

表 2-9　炭素工业常用无烟煤的变质程度及类别

矿　区	H_{daf}（质量分数）/%	V_{daf}（质量分数）/%	类　别
河南焦作	2.45~3.08	3.58~5.56	无烟煤二号
山西晋城	2.62~3.10	4.38~6.00	无烟煤二号
湖南金竹山	2.65~3.04	3.51~5.20	无烟煤二号
山西阳泉	3.54~3.94	6.58~8.21	无烟煤三号
宁夏汝箕沟	3.51~3.64	6.56~6.97	无烟煤三号

2.1.6　其他固体原料

天然石墨和炭黑在冶金用炭素制品生产中用得较少，却是电炭产品和机械用炭素制品的重要原料。

2.1.6.1　天然石墨

天然石墨是由地层内含碳化合物经过气成作用或深度变质作用而形成的非金属矿物。气成作用是指地球深处高温高压的气态含碳化合物，沿着地壳缝隙上升，在接近地壳表面压力较低的地方分解为高纯度大晶体石墨矿脉的过程。由气成作用生成的石墨,通常为肉眼可见的鳞片状晶体,所以称为显晶石墨,也称鳞片石墨。鳞片石墨外观为黑色或钢灰色,有金属光泽,具有良好的导电性和润滑性。我国黑龙江柳毛、山东南墅、内蒙古兴和、湖北宜昌等地都有丰富的鳞片石墨资源。气成作用除生成鳞片石墨矿外,还可生成数量极少的颗粒晶体状的致密块状石墨。

深度变质作用是指地层中的煤或天然沥青,在高压和异常高温(如大量岩浆侵入)作用下,发生热解而得到的深度变质产物。深度变质作用生成的石墨晶体很小,平均颗粒只有 $0.01 \sim 0.10 \mu m$,即使在普通光学显微镜下,也难以辨别其晶体形态,所以称为隐晶石墨,也称土状石墨。土状石墨的无机矿物杂质含量较高。颜色深黑,无金属光泽,导电性与润滑性均较鳞片石墨差。土状石墨矿床分两种,即分散性土状石墨矿和致密块体土状石墨矿。前者品位低,一般仅含石墨2%~3%,因此不具有工业开采价值。

从石墨矿采出的天然石墨,一般都含有相当多的无机矿物杂质,有时杂质含量高达50%以上。因此,在使用前必须经过浮选或磁选,使灰分降低到20%或10%以下。我国对天然鳞片石墨已提出国家标准(GB/T 3518—2008),根据固定碳含量的不同,将鳞片石墨分为四大类:高纯石墨、高碳石墨、中碳石墨和低碳石墨,见表2-10。

表2-10 鳞片石墨的种类及代号

名　　称	高纯石墨	高碳石墨	中碳石墨	低碳石墨
固定碳(质量分数)/%	≥99.9	94.0~99.9	80.0~94.0	50.0~80.0
代　　号	LC	LG	LZ	LD

高纯石墨主要用于生产柔性石墨,高碳石墨主要用于生产电炭制品、耐火材料、铅笔原料等,中碳石墨主要用于生产坩埚、耐火材料和铸造材料等,低碳石墨则主要用作铸造涂料。

2.1.6.2 炭黑

炭黑是由碳氢化合物经不完全燃烧而制得,具有高度分散性的黑色粉状产物。它的纯度很高,灰分一般均小于0.5%;粒度极小,一般仅 $10.0 \sim 500.0 nm$,比表面积(BET法)高达 $30 \sim 150 m^2/g$。

炭黑的品种十分繁多,其制造方法也多种多样。按照制造方法分类,炭黑大致可分为接触法炭黑、炉法炭黑和热解法炭黑三大类。

(1)接触法炭黑。气体燃烧的火焰与温度较低的收集面接触,使裂解产生的炭黑冷却并附着在收集面上,即为接触法炭黑。槽法炭黑、滚筒法炭黑和圆盘法炭黑均属此类。

(2)炉法炭黑。以气态烃、液态烃或其混合物为原料,供以适当的空气,在特制的反应炉内燃烧与裂解,生成的炭黑悬浮在烟气中,然后加以冷却与收集,即为炉法炭黑。气炉炭黑、油炉炭黑以及历史悠久的灯烟炭黑等均属此类。

(3)热解法炭黑。一种以气态烃为原料,在反应炉内隔绝空气进行热裂解而生成的炭黑,如热解炭黑、乙炔炭黑等。

由于原料和生产方法不同,上述三类炭黑的性质也有很大差异。例如,接触法炭黑平均粒径最小(9~29nm),挥发分最高(质量分数4.5%~16.0%),比表面积最大(100~950 m^2/g)。热解法炭黑的平均粒径最大(180~470nm),挥发分最低(质量分数0.5%),

比表面积最小（6~13m²/g）。炉法炭黑的性质则介于两者之间。

炭黑常用来制取电阻率较大、机械强度高、纯度高的各向同性电炭制品。另外，在生产高密度炭素制品时，也可加入少量炭黑，用来填充焦粒间的微孔，起密实化和补强的作用。炭黑的质量指标可参考相关国家标准：《橡胶用炭黑》（GB/T 3778—2011）、《色素炭黑》（GB/T 7044—2013）和《乙炔炭黑》（GB/T 3782—2016）。

2.2 黏结剂和浸渍剂

在炭素生产中，用作黏结剂和浸渍剂的材料主要有煤沥青和树脂。有时也使用少量煤焦油和蒽油，作为煤沥青的调质之用。

2.2.1 煤沥青

2.2.1.1 煤沥青的来源与组成

煤沥青来源于炼焦工业的副产品——煤焦油。煤在高温干馏时，由于热解反应的结果，除了生成焦炭、焦炉煤气以外，每吨入炉干煤还产生30~45kg煤焦油。煤焦油是一种高芳香性碳氢化合物的复杂混合物，绝大部分为带侧链或不带侧链的多环、稠环化合物和含氧、硫、氮的杂环化合物，并含有少量脂肪烃、环烷烃和不饱和烃。煤沥青是煤焦油蒸馏加工过程中的产物。

按煤焦油一塔式连续蒸馏所切取的馏分及其产率如下：

轻油：165℃以前的馏分，产率为0.3%~0.6%；

酚油：165~185℃的馏分，产率为1.5%~2.5%；

萘油：200~215℃的馏分，产率为11%~12%；

洗油：225~245℃的馏分，产率为5%~6%；

一蒽油：270~290℃的馏分，产率为14%~16%；

二蒽油：320~335℃的馏分，产率为8%~10%；

煤沥青：蒸馏残留物，产率为54%~56%。

煤沥青常温下为黑色固体，无固定熔点。煤沥青是一种复杂的混合物，大多数为三环以上的多环芳烃，还有含氧、氮、硫的杂环化合物和少量高分子碳物质。煤沥青中化合物种类众多，已查明的有70余种。煤沥青的相对分子质量为170~2000，其元素组成为：C 92%~93%，H 3.5%~4.5%，其余为N、O、S。在研究沥青时，常以不同溶剂将煤沥青进行抽提，分为不同组分。由于所采用的溶剂组合不同，所得到的组分也是不同的。经典的方法是用苯和石油醚为溶剂，将煤沥青分离为α、β、γ三种组分。近年来常用的方法则是以甲苯、喹啉作溶剂，得到甲苯不溶物和喹啉不溶物。

（1）α组分。为既不溶于苯，又不溶于石油醚的组分。α组分的相对分子质量在800以上。一般认为，α组分没有黏结性，石墨化性能较差，但α组分又是煤沥青焦化后残炭的主体。因此，α组分不宜过多或过少，炭素生产中一般要求煤沥青中α组分的含量为17%~28%。

（2）β组分。为溶于苯而不溶于石油醚的组分，也称沥青质。β组分是煤沥青中主要黏结成分，有较好的石墨化性。在炭素生产中，它的含量直接影响炭素制品的密度、强度和电阻率。用于炭素生产的煤沥青，β 组分含量一般应达到 20%~35%。

（3）γ 组分。为溶于苯和石油醚的组分。它具有较好流动性和浸润性，但黏结性不如 β 组分，残炭率低于 α 和 β 组分。γ 组分主要起到改善沥青流变性的作用，γ 组分增加，可以改善糊料塑性，易于成形，但含量过多，会降低沥青炭化后的析焦量。

（4）甲苯不溶物（toluene insoluble，TI）。与 α 组分性质相近，其测定方法可参照国家标准《焦化产品甲苯不溶物含量的测定》（GB/T 2292—1997）和《原铝生产用炭素材料　煤沥青　第 5 部分：甲苯不溶物含量的测定》（GB/T 26930.5—2011）。

（5）喹啉不溶物（quinoline insoluble，QI）。煤沥青中的惰性成分。原生 QI 会阻碍中间相的成长和发展，因此煤沥青中 QI 以较少为宜。其测定方法可参照国家标准《焦化沥青类产品喹啉不溶物试验方法》（GB/T 2293—2008）和《原铝生产用炭素材料　煤沥青　第 4 部分：喹啉不溶物含量的测定》（GB/T 26930.4—2011）。

2.2.1.2　煤沥青的性质

煤沥青与炭素生产有关的性质主要有软化点、黏度、密度和残炭率等。

A　软化点

煤沥青是一种非晶态热塑性材料，严格地说，它没有固定的熔点。软化点是一个在特定测定条件下的温度值，其测定方法有环球法、梅特勒（Mettler）法、水银法、空气中立方体法、环棒法和热机械法。由于梅特勒法已在温度测控和数据显示等方面采用了自动装置，升温速度均匀，数据精度较高等优点，已在欧美各国广泛采用。而环球法由于使用仪器简单，被普遍用作现场监测方法。环球法可参照国家标准《原铝生产用炭素材料　煤沥青　第 2 部分：软化点的测定　环球法》（GB/T 26930.2—2011），梅特勒法可参照国家标准《原铝生产用炭素材料　煤沥青　第 7 部分：软化点的测定（Mettler 法）》（GB/T 26930.7—2014）。煤沥青的组成对软化点有直接影响，随着 α、β 组分增加，γ 组分减少，软化点升高。根据软化点的不同，把煤沥青分为低温沥青、中温沥青和高温沥青。

B　黏度

黏度可以更直接地表征煤沥青的流动性。由于测定方法不同，煤沥青的黏度也有多种表示方法，如动力黏度、运动黏度和恩氏黏度（Engler viscosity）等。不同软化点的沥青在相同的黏度范围，具有相似的温度敏感性，温度上升，黏度迅速下降。对任何沥青（包括调质后沥青），黏度与温度间存在如下近似关系：

$$\lg \eta_t = \frac{711.8}{86.1 - t_s + t} - 4.175 \tag{2-1}$$

式中　　η_t——t℃时的动力黏度，10^{-1}Pa·s；

　　　　t_s——环球法软化点，℃；

　　　　t——温度，℃。

由式（2-1），还可以从煤沥青的软化点估算出不同温度下的黏度。对于工程计算，上式有足够的准确度。

C　密度

煤沥青的密度是其化学结构与组成的表征。α 组分较多，碳含量较高的煤沥青有较高的密度。煤沥青用作黏结剂时，密度较大则有利于提高焙烧品的体积密度和力学强度。

各种煤沥青的密度均随温度上升而略有下降，存在如下关系：

$$d_t = A - B \times 10^{-3}t \qquad (2\text{-}2)$$

式中　d_t——煤沥青在 $t℃$ 下的密度，g/cm^3；

　　　A，B——常数，见表2-11；

　　　　t——温度，℃。

表 2-11　煤沥青的密度温度常数

煤沥青种类	软化点/℃	B	B	适用温度/℃
中温沥青	60	1.297	0.629	140~240
	67	1.299	0.625	140~240
	70	1.296	0.688	140~240
	75	1.286	0.600	137~210
高温沥青	113	1.336	0.582	240~310
	139	1.338	0.571	240~310
	145	1.306	0.422	240~310
	155	1.310	0.417	240~310
	165	1.317	0.417	240~310

D　残炭率

残炭率也称焦化值。它是指煤沥青在一定条件下干馏所得固体残渣占沥青的质量分数。由于测定残炭率的方法有很大的差异，故在报出结果时应标明测试条件。

煤沥青的残炭率与其组成密切相关，γ 组分愈多，残炭率愈低。残炭率是黏结剂沥青的重要质量指标，使用残炭率较高的沥青，有利于提高炭素制品的体积密度、机械强度和导电性。

2.2.1.3　煤沥青的质量要求

我国炭素工业使用的煤沥青有中温沥青、高温沥青和改质沥青。参照国家标准《煤沥青》（GB/T 2290—2012）和《改质沥青》（YB/T 5194—2015），它们的质量标准列于表2-12。

由表2-12可见，改质沥青的质量指标与上一版本标准相比较，增加了钠离子含量和中间相含量两个新指标；并在YB/T 5194—2015附录中，相应增加了煤沥青中钠含量测定方法（原子吸收光谱法）和沥青中间相的光反射显微分析测定方法。已有研究表明，钠离子是炭素材料发生选择性氧化的催化剂，钠离子含量过高将不仅增加电极消耗，还可能使电极掉渣、掉块，影响生产操作，增加电能消耗。煤沥青中的中间相或次生QI的存在，对煤沥青生成的沥青焦强度不利，还会阻碍煤沥青向骨料焦炭微孔的渗入，给制品的结构带来缺陷，导致骨料焦与黏结剂焦的界面产生裂纹，降低炭素制品的强度。因此，新标准借鉴国外先进标准的做法，增加这两个指标是必要的，有利于提高炭素材料的品质，推动炭素行业的技术进步。

表 2-12　煤沥青质量指标

指标	中温沥青		高温沥青		改质沥青		
	1号	2号	1号	2号	特级	一级	二级
软化点（环球法）/℃	80~90	75~95	95~100	95~120	108~114	108~114	105~120
TI（质量分数）/%	15~25	≤25	≥24	—	28~32	28~32	26~34
QI（质量分数）/%	≤10	—	—	—	≤6~12	≤6~12	≤6~15
β树脂（质量分数）/%	—	—	—	—	≥18	≥18	≥16
结焦值（质量分数）/%	≥45	—	≥52	—	≥57	≥56	≥54
灰分（质量分数）/%	≤0.3	≤0.5	≤0.3	—	≤0.25	≤0.30	≤0.30
水分（质量分数）/%	≤5.0	≤5.0	≤5.0	≤5.0	≤3.0	≤5.0	≤5.0
钠离子含量/mg·kg^{-1}					≤200		
中间相（≥1μm）/%					≤2		

2.2.2　树脂

人造树脂是由各种单体聚合物或由天然高分子化合物加工而成的一种高分子有机化合物。人造树脂种类繁多，在炭素生产中主要用作黏结剂和浸渍剂，常用的有酚醛树脂、环氧树脂和呋喃树脂等。

2.2.2.1　酚醛树脂

酚醛树脂是由苯酚及其同系物（甲酚、二甲酚）与甲醛反应而制成。由于原料种类与配比、催化剂的不同，可分为热固性和热塑性两类树脂。热固性树脂在一定温度下受热后即固化；热塑性树脂受热时仅熔化，需加入固化剂，才可转变为热固性树脂。在炭素生产中主要采用热固性酚醛树脂。

热固性酚醛树脂一般分为高、中、低三种黏度产品，相应的质量指标列于表2-13。高黏度树脂可用作化工用石墨材料（如石墨管）的黏结剂；中黏度树脂常用作化工石墨设备接头的黏合剂；低黏度树脂适合作浸渍剂。

表 2-13　热固性酚醛树脂质量指标

黏度分级	游离酚（质量分数）/%	游离醛（质量分数）/%	水分（质量分数）/%	黏度（测定方法）
高黏度	13~17	1.3~1.5	<8	1~3h（落球法）
中黏度	14~17	1.8~2.5	10~12	5~20min（落球法）
低黏度	19~21	3~3.6	<20	20~60s（7mm漏斗法）

2.2.2.2　环氧树脂

环氧树脂是环氧氯丙烷和双酚 A 或多元醇的缩聚产物。其特征是含有环氧基
（—C—C—），由于环氧基的化学活性，可用多种含有活泼氢的固化剂使其开环、固化

交联而生成网状结构。因此，它是一种黏结性极强的树脂。

目前国内外生产的环氧树脂品种较多，其中最主要的品种是双酚 A 型环氧树脂，约占全部生产总量的 90%。我国生产的环氧树脂的主要质量指标按《双酚 A 型环氧树脂》（GB/T 13657—2011）（表 2-14）。

表 2-14　环氧树脂质量指标

型　　号		环氧当量 /g·mol^{-1}	黏度（25℃）/mPa·s	软化点 /℃	无机氯 w/%	易皂化氯 w/%	挥发物（150℃，60min）w/%
EP01431-310	优等品	170~184	≤11000	—	≤0.0005	≤0.05	≤0.1
	合格品				≤0.0010	≤0.10	≤0.3
EP01441-310	优等品	183~194	11000~16000	—	≤0.0005	≤0.05	≤0.1
	合格品	183~200	11000~18000		≤0.0010	≤0.10	≤0.3
EP01451-310	优等品	210~227	—	14~20	≤0.003	≤0.25	≤0.3
	合格品	210~240		14~23	≤0.010	≤0.50	≤0.6
EP01551-310	优等品	238~256	—	28~32	≤0.003	≤0.03	≤0.2
	合格品	238~270		24~35	≤0.010	≤0.05	≤0.5
EP01661-310	优等品	450~500	—	65~73	≤0.005	≤0.05	≤0.2
	合格品	450~560		60~76	≤0.010	≤0.20	≤0.5
EP01671-310	优等品	730~950	—	88~105	≤0.005	≤0.05	≤0.2
	合格品				≤0.020	≤0.20	≤0.5
EP01691-310	优等品	2300~3300	—	135~150	≤0.05		≤0.3
	合格品	2300~4000		130~155	≤0.10		≤0.5

2.2.2.3　呋喃树脂

呋喃树脂是由糠醇或糠酮制成的热固性树脂。其特点是含有呋喃环，能耐强酸、强碱和有机溶剂的腐蚀，耐热性也较好，因此是不透性化工石墨设备的优质黏结剂与浸渍剂，也可作为玻璃炭等新型炭材料的原料。

2.3　辅 助 材 料

炭素生产用的辅助材料主要包括焙烧用填充料，石墨化用电阻料和保温料。辅助材料的种类主要有冶金焦粒、冶金焦粉、石英砂等。

复习思考题

2-1　炭素生产中使用了哪些固体原料，它们在各自的应用中起什么作用？

2-2　石油焦的石墨化性优于沥青焦，与同级石油针状焦的质量优于煤沥青针状焦，这两者有何联系？

2-3　我国针状焦的质量标准是如何规定的，与国外先进水平有什么差距？

2-4　我国炭材料生产中使用的针状焦现状如何？

2-5　什么是冶金焦和无烟煤，炭素生产对其质量有什么要求？

2-6　煤沥青萃取所得各组分在炭素生产中起什么作用，为什么？

2-7　煤沥青的 QI 对其使用效果有什么影响？

2-8　与浸渍效果相关的浸渍沥青的性质有哪些？

2-9　我国炭材料生产中使用的浸渍沥青的现状如何？

2-10　炭材料生产中使用的添加剂有哪几种类型，其添加起什么作用？

3 原料的煅烧

3.1 煅 烧 原 理

固体炭素原料在隔绝空气的条件下进行高温（1200～1500℃）热处理的过程称为煅烧。煅烧是炭素生产的预处理工序。各种固体炭素原料在煅烧过程中从元素组成到组织结构都发生一系列显著的变化。

无烟煤、石油焦和延迟沥青焦都含有一定数量的挥发分，需要进行煅烧。冶金焦的成焦温度比较高，基本相当于炭素厂的煅烧温度，可以不再煅烧，只需烘干水分即可。天然石墨为了提高其润湿性，也可进行煅烧。一般来说，煅后料比较硬、脆，便于破碎、磨粉和筛分。

3.1.1 煅烧的目的

煅烧的目的是排除固体炭素原料中的水分和挥发分，使原料的体积充分收缩，提高其热稳定性和物理化学性能。

进厂固体炭素原料的水分（质量分数）一般在3%～10%之间。原料如含有较多的水分，不便于破碎、磨粉和筛分等作业的进行，并影响原料颗粒对黏结剂的吸附性，难以成型，故一般要求煅后料水分（质量分数）不大于0.3%。

如果原料的挥发分过高，则生制品在焙烧过程中，将会因挥发分大量析出而体积发生过大的收缩，以至变形，甚至导致生制品的断裂。所以必须排除原料中的挥发分。

在煅烧温度下，伴随挥发分的排出，高分子芳香族碳氢化合物发生复杂的分解与缩聚反应，分子结构不断变化，原料本身体积逐渐收缩，从而提高了原料的密度和机械强度。一般来说，在同样温度下，煅后料的真密度愈高，则愈容易石墨化。

煅烧过程中固体炭素原料导电性能的提高也是挥发分逸出和分子结构重排的综合结果。经过同样温度煅烧后，针状焦的电阻率最低，普通石油焦次之，沥青焦的电阻率略高于普通石油焦，冶金焦的电阻率又高于沥青焦，无烟煤的电阻率最高。无烟煤的电阻率不仅与煅烧程度有关，而且与其灰分大小有关。同一种无烟煤，灰分愈大，煅后电阻率愈高。

随着煅烧温度的提高，固体炭素原料所含杂质逐渐排除，降低了原料的化学活性。同时，在煅烧过程中，原料热解逸出的碳氢化合物在原料颗粒表面和孔壁沉积一层致密有光泽的热解炭膜，其化学性能稳定，从而提高了煅后料的抗氧化性能。

3.1.2 煅烧前后焦炭结构及物理化学性能的变化

3.1.2.1 煅烧前后焦炭结构的变化

未煅烧石油焦微晶的层面堆积厚度 L_c 和层面直径 L_a 只有几个纳米，它们随煅烧温度的升高不断变化，其变化趋势如图 3-1 所示。在 700℃ 以下，L_c 和 L_a 有所缩小。700℃ 以上则不断增大。这种变化趋势与侧链的断裂和结构重排有关，在接近 700℃ 时，L_c 和 L_a 的缩小说明焦炭内微晶层面结构在这一温度区间内移动和断裂，变得更杂乱和细化，此时挥发分的排出最为剧烈。图 3-2 表示了煅烧无烟煤时排出气体总量及其组成。由图可见，在 700～750℃ 间气体的排出量最大。

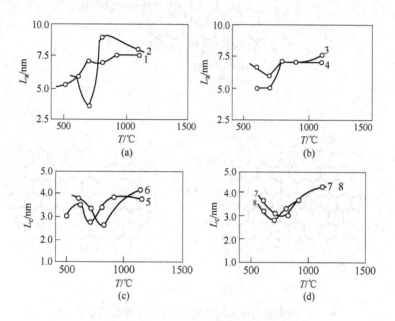

图 3-1　石油焦的 L_c、L_a 随煅烧温度的变化

（a），（c）热裂焦；（b），（d）热解焦

1，4，5，8—在填充料中；2，3，6，7—在氢气中

各种固体炭素原料在煅烧过程中，先后进行了热分解和热缩聚以及碳结构的重排，其变化如图 3-3 所示。随着缩合反应的进行，发生了晶粒互相接近，导致原料因收缩而致密化。这种收缩（致密化）直到挥发分排尽才结束。

在煅烧过程中，加热制度对煅烧料的晶体尺寸也有影响。表 3-1 所示为加热制度对石油焦晶体尺寸的影响。由表可见，当加热到 700℃ 保温 1h 后，再升温到 1000℃，将使煅后焦的晶粒变小。这也说明，在 700℃ 附近，焦炭的微晶层面结构正经历断裂和重排。由于断裂，产生大量自由基，在此温度区间内保温，促使焦炭中交叉键增多，抑制了焦炭层面间的有序排列。

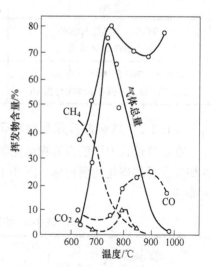

图 3-2　煅烧无烟煤时排出的
气体总量及其组成

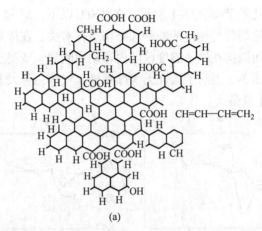

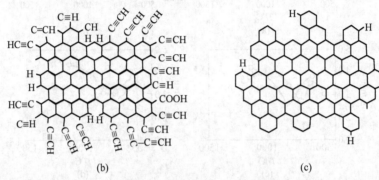

图 3-3　炭素材料在不同煅烧温度下分子平面网格的变化

(a) 400℃；(b) 700℃；(c) 1300℃

表 3-1　加热制度对石油焦微晶尺寸的影响

加热制度	焦　种	L_a/m	L_c/m	d_{002}/m
50℃/h，加热至1000℃ 并在1000℃保温1h	热裂焦	$51×10^{-6}$	$20×10^{-6}$	$3.46×10^{-6}$
	热解焦	$51×10^{-6}$	$20×10^{-6}$	$3.49×10^{-6}$
50℃/h，加热至700℃并在700℃ 保温1h，连续升温至1000℃保温1h	热裂焦	$32×10^{-6}$	$18×10^{-6}$	$3.54×10^{-6}$
	热解焦	$35×10^{-6}$	$19×10^{-6}$	$3.53×10^{-6}$

3.1.2.2　煅烧前后焦炭物理化学性质的变化

在煅烧过程中，焦炭的物理化学性质发生了明显的变化。表 3-2 列出了我国各种原料在煅烧前后的理化性质指标。图 3-4 列出了一种热裂石油焦随煅烧温度提高，其理化性质的变化。

表 3-2　我国各种原料煅烧前后的理化指标

指　标　名　称		石油焦Ⅰ	石油焦Ⅱ	石油焦Ⅲ	石油焦Ⅳ	石油焦Ⅴ	沥青焦	无烟煤Ⅰ	无烟煤Ⅱ
灰分（质量分数）/%	煅前	0.11	0.15	0.20	0.17	0.14	0.38	6.47	5.06
	煅后	0.35	0.41	0.35	0.54	0.21	0.44	10.04	9.11

续表 3-2

指 标 名 称		石油焦 I	石油焦 II	石油焦 III	石油焦 IV	石油焦 V	沥青焦	无烟煤 I	无烟煤 II
真密度/g·cm^{-3}	煅前	1.61	1.46	1.42	1.37	1.36	1.98		
	煅后	2.09	2.09	2.08	2.05	2.08	2.06	1.77	1.85
体积密度/g·cm^{-3}	煅前	0.90	0.82	0.93	0.99	0.94	0.8	1.35	1.35
	煅后	0.97	0.99	1.11	1.13	1.15	0.8	1.61	1.59
机械强度/MPa	煅前	3.63	3.00	2.24	6.02		8.72	1.14	13.00
	煅后	5.13	4.08	5.72	7.63		7.94	16.8	3.19
硫分（质量分数）/%	煅前	0.51	0.40	0.17	1.09	0.38	0.27	0.73	0.41
	煅后	0.58	0.57	0.19	1.26	0.42	0.25	0.84	0.73
挥发物（质量分数）/%	煅前	2.23	3.23	5.79	11.71	14.95	0.55	7.43	6.31
水分（质量分数）/%	煅前	0.95	1.97	0.28	0.34	6.5	0.06	0.49	0.33
煅后体积收缩/%		13.0	14.6	21.5	28.5	25.5	1.25	25.5	23.9
煅后粉末电阻率/Ω·m		511×10^{-6}	493×10^{-6}	487×10^{-6}	480×10^{-6}	523×10^{-6}	791×10^{-6}	1074×10^{-6}	1022×10^{-6}

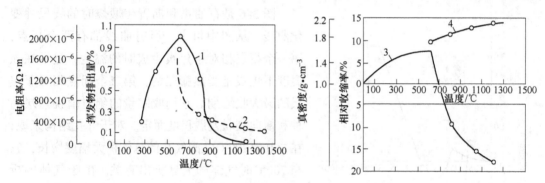

图 3-4 热裂石油焦性质随煅烧温度的变化
1—挥发物排出量；2—电阻率；3—相对收缩；4—真密度

A 煅烧前后焦炭氢含量的变化

表 3-3 表示了热裂焦的真密度、氢含量与煅烧温度的关系。可以看到在 1000~1300℃ 温度范围内，焦炭的氢含量几乎减少了 9/10。

表 3-3 热裂焦的真密度、氢含量与煅烧温度的关系

煅烧温度/℃	真密度/g·cm^{-3}	氢（质量分数）/%	煅烧温度/℃	真密度/g·cm^{-3}	氢（质量分数）/%
1000	1.956	0.332	1200	2.096	0.085
1100	2.037	0.188	1300	2.136	0.031

日本角田三尚等人在实验室条件下，对两种石油焦在煅烧阶段（950~1400℃）进行元素分析，焦炭 A 的氮（质量分数）为 0.6%，焦炭 B 的氮（质量分数）为 0.4%，随热处理温度的提高，没有发现有变化。焦炭 A 煅烧前的氢（质量分数）为 3.4%，经 1100℃ 热处理后为 0.3%，经 1400℃ 热处理后为 0.1%；焦炭 B 煅烧前的氢（质量分数）为

3.3%，经1100℃处理后为0.2%，经1400℃处理后为痕量。由此可见，随热处理的进行，焦炭发生脱氢反应。近年来，一些工业发达国家逐渐以氢含量来判断煅烧质量。对大部分炭素原料来说，使氢（质量分数）降低到0.05%的温度为最佳煅烧温度。

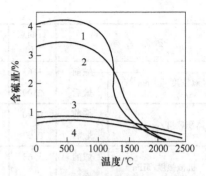

图 3-5　石油焦含硫量与煅烧温度的关系
1—鞑靼原油残渣油焦炭；
2—鞑靼石油裂化焦炭；
3—高尔基厂焦油热解焦炭；
4—戈洛茨涅斯基原油裂化焦炭

B　煅烧前后焦炭硫含量的变化

最现实而有效的脱硫方法是高温煅烧，因为高温可促进焦炭结构重排，使 C—S 的化学键断裂。如图 3-5 所示，硫要到 1200~1500℃ 范围内才能大量排出。在煅烧无烟煤时，硫分（质量分数）可降低 30%~50%。

C　煅烧前后焦炭的收缩和气孔结构的变化

煅烧时焦炭的体积收缩是挥发分排出所发生的毛细管张力以及结构和化学变化，使焦炭物质致密化而引起的。

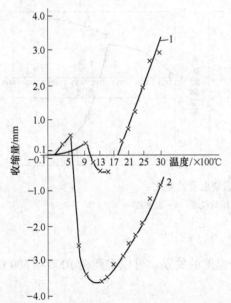

图 3-6　石油焦和沥青焦煅烧时的收缩
1—沥青焦；2—石油焦

图 3-6 是石油焦和沥青焦煅烧时的线尺寸变化曲线。从图中可见，所有曲线都有两个拐点，第一个拐点相对于焦炭生成时的温度，显示在该温度下焦炭是受热膨胀的；第二个拐点相对于焦炭的最大收缩期。它们收缩量的绝对值视焦炭品种和横向交联发展程度而定。对于气孔结构来说，在 700~1200℃ 之间气孔的总体积大幅度增长，它与 700℃ 时气体的大量析出有关。由于气体的析出产生了开口气孔。当温度提高到 1200℃ 以上时，气孔的体积由于焦炭收缩而减小，大部分转变为连通的开口气孔。

D　煅烧前后焦炭导电性的变化

焦炭导电性的变化与其结构变化相关，它取决于共轭 π 键的形成程度。煤和焦炭的导电性是碳原子网格中共轭 π 键体系的离域电子的传导性的反映，它随六角网格层面的增大而增大。

图 3-7 表示焦炭的电阻率与热处理温度的关系，曲线可分为四个温度区：500~700℃ 范围内，焦炭的电阻率最大；700~1200℃ 的范围内，焦炭的电阻率呈直线下降，从 $10^7\Omega \cdot cm$ 降到 $10^{-2}\Omega \cdot cm$；1200~2100℃ 范围内，电阻率变化甚少；2100℃ 以上，电阻率随热处理温度升高而进一步降低，这与焦炭的石墨化有关。由此可见，在煅烧过程中，焦炭的电阻率随煅烧温度提高而直线下降，到 1200℃ 后转为平缓。

3.1.3 煅烧温度与煅烧质量指标

3.1.3.1 煅烧温度对焦炭性能的影响

煅烧温度对煅后焦的性能有十分重要的作用。一般情况下，煅烧温度应高于焙烧温度。

煅烧温度影响到制品焙烧和石墨化时的收缩率。如煅烧温度过低，固体炭素原料的热解和缩聚反应不足，体积得不到充分收缩，因而在焙烧和石墨化时收缩率大，引起制品的变形或开裂，影响产品的成品率；煅烧温度过高时（在电煅烧炉中是常见的），则生制品在焙烧和石墨化时收缩率小，其收缩仅靠黏结剂提供，将使制品结构疏松，制品的体积密度和机械强度低。为了使煅烧后石油焦收缩更加稳定和晶体排列整齐，适当提高煅烧温度是有重要意义的。

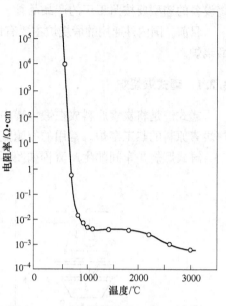

图 3-7 石油焦的电阻率（室温下测定）
与热处理温度的关系

3.1.3.2 煅烧温度制度的确定

煅烧温度的确定要视生焦的品种及产品的用途而定。真密度可以直接反映原料的煅烧程度。真密度不合格者，需回炉重新煅烧。根据真密度可以确定煅烧温度。固体炭素原料的煅烧温度一般为 $1250 \sim 1350℃$。但对于不同制品所用原料的煅烧温度是不同的。例如，高功率和超高功率电极比普通石墨电极要求原料焦炭的真密度大，所以煅烧温度高，要达到 $1400℃$ 或更高一些。而对于炼铝用阳极来说，原料焦炭煅烧温度应尽量接近于焙烧温度（$1150℃$ 左右），以防止温度过高引起的选择性氧化。

3.1.3.3 各种原料煅烧的质量指标

原料的煅烧质量一般用粉末电阻率和真密度两项指标来控制。原料煅烧程度愈高，煅后料的粉末电阻率愈低，真密度愈大。各种原料质量控制指标列于表 3-4。

表 3-4 原料煅烧质量控制指标

原 料 种 类	粉末电阻率/$\Omega \cdot m$	真密度/$g \cdot cm^{-3}$	水分（质量分数)/%
石油焦	$\leq 600 \times 10^{-6}$	≥ 2.04	≤ 0.3
沥青焦	$\leq 650 \times 10^{-6}$	≥ 2.00	≤ 0.3
冶金焦	$\leq 900 \times 10^{-6}$	≥ 1.90	≤ 0.3
无烟煤	$\leq 1300 \times 10^{-6}$	≥ 1.74	≤ 0.3

3.2 煅烧工艺和设备

焦炭煅烧工艺视所用煅烧设备不同而异，煅烧设备的不同也影响到煅后焦的质量。煅烧设备的选型要按照工厂的产品品种、年产量、原料质量、能源供应等情况综合决定。

目前，国内外通用的煅烧炉主要有以下三种：（1）罐式煅烧炉；（2）回转窑；（3）电煅烧炉。

3.2.1　罐式煅烧炉

罐式炉是将炭素原料放在煅烧罐内，耐火砖火墙传出的热量主要以辐射方式来间接加热炭素原料的热工窑炉。常用的有顺流式罐式炉和逆流式罐式炉两种。

罐式煅烧炉车间的生产流程如图 3-8 所示。

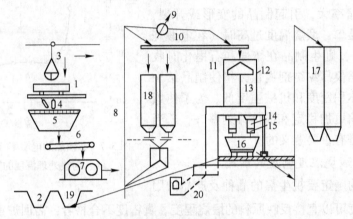

图 3-8　煅烧工艺流程示意图

1—火车箱；2—原料槽；3—抓斗天车；4—颚式破碎机；5—带格配料斗；
6—皮带给料机；7—齿式对辊破碎机；8—提升机；9—计量秤；10—运料皮带；
11—漏斗；12—加料装置；13—罐式煅烧炉；14—冷却水套；15—排料机构；
16—排料小车；17—煅后料斗；18—煅前贮料斗；19—返料贮槽；20—烟道

3.2.1.1　顺流式罐式煅烧炉的结构和工艺

煅烧物料运动的方向与热气体运动总的流向一致的罐式煅烧炉称为顺流式罐式煅烧炉。

A　顺流式罐式炉的结构和工作原理

顺流式罐式炉由以下几个主要部分组成：（1）炉体包括罐式炉的炉膛和加热火道；（2）加料、排料和冷却装置；（3）煤气管道，挥发分集合道和控制阀门；（4）空气预热室、烟道、排烟机和烟囱。

罐式煅烧炉的炉体（见图 3-9）是由若干个用耐火砖砌成的相同结构及垂直配置的煅烧罐所组成。每个罐体高 3~4m，罐体内宽为 360mm，长 1.7~1.8m，每四个煅烧罐为一组。根据产量的需要，每台煅烧炉可配置 3~7 组，大多数罐式炉由 6 个组组成，共有 24 个煅烧罐。在每个煅烧罐两侧设有加热火道 5~8 层，多数为 6 层。

这里将 6 个组的罐式炉的基本尺寸列于表 3-5。

罐式炉两侧火道的最高温度可以达到 1300~1350℃。加热燃料由两部分组成，一部分是原料煅烧时排出的挥发分，另一部分是外加煤气。煤气和挥发分在首层火道燃烧，炽热的火焰及燃烧后的高温气流由烟囱及排烟机产生的抽力引导，从首层火道末端向下迂回进

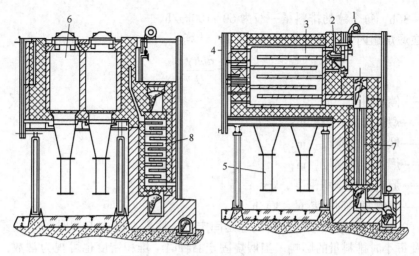

图 3-9 顺流式罐式煅烧炉炉体结构

1—煤气管道；2—煤气喷口；3—火道；4—观察口；5—冷却水套；
6—煅烧罐；7—蓄热室；8—预热空气道

表 3-5 6 个组罐式炉的基本尺寸　　　　　　　　　　（mm）

尺 寸 名 称	参 数
炉体尺寸（长×宽×高）	15760×9600×9990
蓄热室尺寸（长×宽×高）	1240× 970×4390
煅烧罐尺寸（长×宽×高）	1780×360× 3400
火道尺寸（长×宽×高）	4013×215×479
火道层数	6
相邻两蓄热室中心距离	1200
相邻两煅烧罐纵向中心距离（组与组）	1330
（同一组）	1070
相邻两煅烧罐横向中心距离	2075
煅烧罐两侧火道中心距离	740
支承底板表面标高	5300

入第二层火道，又由第二层火道向下迂回进入第三层火道。最后，从末层火道进入蓄热室，在蓄热室通过格子砖的热交换使冷空气加热到 400~500℃。预热后的空气上升到第一层火道，与挥发分或煤气混合燃烧。通过蓄热室的烟气，经总烟道和排烟机由烟囱排入大气。此时，烟气温度还有 500~600℃，其余热可以继续利用。原料在煅烧时排出的挥发分，从煅烧罐上部排出，进入挥发分集合道及分配道，再向下引入第一层火道及第二层火道燃烧。

原料通过炉顶的加料机构间断地或连续地加入罐内，接受罐两侧火道间接加热。原料在罐内经过预热带排出水汽及一部分挥发分，再往下经过煅烧带（相当于加热火道的 1~3 层）。在此处，火道温度达到 1250~1350℃。原料在煅烧带继续排出挥发分，同时产生体积收缩，密度、强度不断提高。最后，原料从煅烧罐底部落入带有冷却水套的冷却筒，使灼热的原料迅速冷却下来，再经过密封的排料机构定期间歇或连续排出。原料在罐内停留时间达 18~36h，每个罐的排料量一般为 60~100kg/h。

原料在煅烧罐内停留时间可用式（3-1）计算：

$$Z = \frac{abh\gamma}{Q} \tag{3-1}$$

式中　Z——停留时间，h；

　　　　a——煅烧罐的长度，m；

　　　　b——煅烧罐的宽度，m；

　　　　h——煅烧罐的高度，m；

　　　　γ——原料平均堆积密度，kg/m^3；

　　　　Q——每罐每小时排料量，kg/h。

由式（3-1）可知，由于罐体的尺寸是固定的，原料在罐内停留时间，主要受原料的堆积密度及每小时排料量的影响。当煅烧固定品种时，堆积密度也可视为常数，因此，停留时间直接与每小时排料量呈反比关系：排料量愈多，则原料在罐内停留时间愈短。

B　顺流式罐式煅烧炉的生产工艺

为了保证煅烧物料的挥发分在煅烧过程中能够均匀地逸出，避免原料在煅烧罐内结焦，对于含挥发分高于 12% 的石油焦，要加入低挥发分的原料混合煅烧。混入焦可用沥青焦或回炉重新煅烧的焦炭，其加入量视原料焦的挥发分而定。一般混合焦的平均挥发分控制在 5%~7%，粒度以 50mm 为宜。

用加料和排料来控制煅烧质量，这是在煅烧生产中常采用的一种方法。在温度正常的情况下，加料和排料需按时、适量，以保证火道内总有一定的挥发分在燃烧。一般地说，在炉内温度恒定的情况下，排料量应不使罐内料面的允许高度有所改变，并且排出的热料不应有红料为宜。而在加料时，供给的原料不应含有过高的水分，而且要加得均匀。

提高罐式煅烧炉产量和质量的关键，是适当提高炉温或延长煅烧带。虽然罐式煅烧炉的火道温度最高可达 1300℃ 左右，但由于煅烧物料与火道温度间存在着温度差（一般相差 100~150℃），因此，要保证煅烧的质量，煅烧带（主要是 1~3 层火道）的温度必须控制在 1250~1350℃。

实践证明，罐式煅烧炉内火道温度是受许多因素制约的。一般说来影响煅烧炉内火道温度的主要因素有以下几个方面：

（1）燃料燃烧的影响。在正常生产中，原料在煅烧时所产生的挥发分是热源的主要部分。因此，对挥发分必须充分利用，但又要严格控制。如果挥发分不足，就要用煤气及时进行补充，否则煅烧温度就要下降，影响煅烧质量。如果挥发分过多，要关闭煤气阀门，调整挥发分的拉板，控制挥发分的给入量。否则，挥发分过量，个别火道温度过高，会烧坏炉体。因此，在生产中，为了确保煅烧炉火道温度的恒定，对原材料的配比、挥发分和煤气的用量都要严格控制，及时进行调整。

（2）空气量的影响。经预热的空气进入量的大小也是保证煅烧炉火道温度恒定和煅烧质量的一个重要环节。因为只有空气量调整适当，燃料才能充分燃烧，煅烧炉的火道才能达到高温，煅烧的质量才能得到保证。空气量不足时，燃烧不充分，火道的温度下降，同时，还会在进入蓄热室或烟道以后继续燃烧，以致烧坏设备；空气量过多时，就会把火道内的热量带走，使火道温度降低，煅烧质量下降。

（3）负压的影响。炉子负压的控制也是极为重要的。以每组炉室顶部负压在 49～98Pa，罐内负压接近零最为理想。负压过大，火道内空气流量大，热损失大；负压过小，则挥发分难以抽出，预热空气也将供给不足，燃烧不完全。因此，在煅烧炉生产中，只有很好地掌握煤气、空气和挥发分的供给量与负压大小的相互关系，并且严格执行生产技术操作规程，才能保持恒定的煅烧温度，提高原料的煅烧质量。

各炭素厂的罐式煅烧炉，虽然炉体结构大同小异，但煅烧原料种类不一样，对煅烧质量要求不一样，工艺操作条件也有所差别。现将 6 层火道的罐式煅烧炉的主要工艺操作条件举例如下：

首层火道温度/℃	1250～1350
二层火道温度/℃	1250～1350
六层火道温度/℃	≤1250
排烟机前废气温度/℃	400～500
首层火道负压/Pa	9.8～14.7
六层火道负压/Pa	78.4～98
原料在罐内停留时间/h	34～36
炭质烧损/%	2～5
排料量/kg·(罐·h)$^{-1}$　少灰混合焦	65～75
无烟煤	70～80

煅烧后少灰混合焦质量指标

真密度/g·cm^{-3}	≥2.04
电阻率/Ω·m	≤650×10^{-6}

煅烧炉的密封和煅后料的冷却也是重要环节。如果煅烧炉的密封性能不好，将使煅烧原料烧损，火道温度降低或者烧坏炉体。特别是排料装置要有好的密封性，否则，灼热的煅后料将大量被氧化，也会把排料设备烧坏。与此同时，煅后料的冷却装置的冷却效果要好，使煅后料能迅速冷却。

由于石油化工厂已经将釜式焦化改为延迟焦化，使顺流式罐式炉在煅烧高挥发分的延迟焦时产生了不少困难，为此把炉体结构改造为上窄下宽罐体的逆流式罐式炉。

3.2.1.2 逆流式罐式炉的结构和生产工艺

罐内煅烧物料流向与火道内热气流运动总方向相反的罐式炉叫逆流式罐式炉。

A 逆流式罐式炉的炉体结构和工作原理

逆流式罐式炉的炉体是由煅烧罐、火道和挥发分道等组成，每四个罐为一组，每座炉可根据产量配置 6～7 组。逆流式罐式炉炉体结构图示于图 3-10。

逆流式罐式炉在炉体结构上与顺流式罐式炉的区别：

（1）逆流式煅烧罐由厚度为 80mm 的耐火砖砌筑而成，带有适当的锥度，上部内宽为 260mm，下部内宽为 360mm。由于截面自上而下逐渐扩大，使原料在下移的过程中容易产生相对位移而松动，从而为避免结焦和堵塞炉子创造了有利条件。

（2）逆流式罐式炉的水平火道增加到八层，其目的在于加长煅烧带，增加原料在罐内

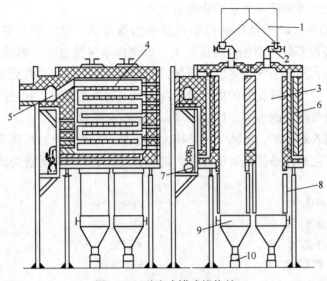

图 3-10   逆流式罐式煅烧炉

（八层火道、逆流加热、无蓄热室）

1—加料贮斗；2—螺旋给料机；3—煅烧罐；4—加热火道；5—烟道；6—挥发分道；
7—煤气管道；8—冷却水套；9—排料机；10—振动输送机

的煅烧时间，以便充分利用挥发分而达到高产优质的目的。

（3）逆流式煅烧罐还把挥发分出口设置得高于煅烧料面，并且加大了挥发分出口和挥发分道的截面，以便于挥发分顺利排出。

（4）逆流式煅烧罐取消了蓄热室，采用加热火道所传递的热量和煅后料的余热来加热炉底空气预热道，从而把冷空气加热，其目的在于简化炉体结构，并充分利用余热。

煅烧罐的两侧是加热火道，火道是沿罐体的高度配置的，每层火道是用硅砖和火道盖板砌筑的。燃料从第八层火道喷嘴喷入（或从第五层火道喷嘴喷入），燃烧后沿火道由下向上迂回流动，最后经集合烟道到余热锅炉或副烟道排出。由于煅烧料是由上往下移动，而热烟气由下往上迂回流动，就使物料与烟气在炉内形成了逆流，从而提高了热的利用率。

挥发分总通道设计在煅烧罐的上部，每两个煅烧罐的挥发分通道互相连通，同时还与边墙的挥发分垂直道相连。挥发分从罐内逸出后，就直接进入挥发分垂直道，然后通过挥发物的拉板调节可分别进入第一、第八和第五层火道，或直接进入余热锅炉。挥发分垂直道具有清扫容易，减少炉顶散热和改善操作条件等特点。

第八层火道的下部还有两层空气预热道，冷空气从调节风门进入第十层空气预热道，经第十、九两层预热后就可进入第八层或第五层火道，与煤气或挥发分混合而燃烧。预热空气量是由第九层空气预热道末端的空气拉板来调节的。

罐式煅烧炉的喷火嘴是用两种形状简单的异形砖砌成的。它的结构特点是：煤气和挥发物分别进入火道，因而煤气和挥发物就可以在该处同时使用。

炉子的总负压是由烟道闸门、锅炉和副烟道闸门来调节的，而每层火道的负压则是由该层火道的负压拉板来控制的。

B 逆流式罐式炉的生产工艺

逆流式罐式炉在生产工艺上除了与顺流式罐式炉具有相同之处外，还有以下不同点：

(1) 在逆流罐式炉的生产过程中，保持低料面操作，可以保证挥发分出口畅通无阻。适当提高首层火道温度，使延迟焦中的挥发分在短时间内排出，避免结焦堵炉。

(2) 在逆流罐式炉的生产中，煅烧料料面的高低是由自动探料装置控制的，它能使煅烧料面始终保持在一定高度范围内。当罐内料面低于控制位置的，加料装置自动加料；当料面达到控制位置时，加料装置停止加料。采用连续自动加料和连续排料，保证了挥发分均匀排出，使罐内煅烧料不断松动，可防止结焦。

(3) 逆流罐式炉进行延迟焦这类高挥发分原料煅烧时，在操作上要求较高，对负压和空气量必须严加控制。要保持一定负压，使挥发分均匀排出和充分燃烧。

(4) 煅烧混合焦时，沥青焦应破碎到 20mm 以下（螺旋加料机的构造限制），并在预碎时要求配比准确，混合均匀，以避免结焦现象。

3.2.1.3 罐式炉的优缺点

罐式炉虽然形式较老，却有它的优点：

(1) 热利用率较高。这种炉子可以利用原料煅烧时排出的挥发分。煅烧石油焦的挥发分热值高达 5837kJ/m³，几乎与发生炉煤气的热值相当。如煅前焦的挥发分较高，可以停用煤气。正常生产时，燃料自给有余，节约燃料费用。

(2) 煅烧料缓慢地通过炉膛，挥发分在焦炭表面热解，形成热解炭膜，提高了焦炭强度；而且因煅烧料移动缓慢，耐火砖磨损较小。

(3) 由于罐式炉煅烧罐是密闭的，在非排料情况下很少有空气进入，故煅烧料的氧化烧损比较小，一般为 2%~5%。

(4) 煅烧料在罐内的停留时间可以随时控制，保证煅烧质量均匀。

但是，这种炉型需要较多的异形硅砖和耐火黏土砖，基建投资较大，施工时间长；热烟气不易自动调节平衡，造成温度高的火道温度越来越高，而温度低的火道温度长期偏低。

3.2.1.4 罐式炉的烘炉

A 烘炉的理论依据

烘炉就是将砌筑好的炉体由低温状态加热到高温状态的过程。由于罐式炉是一个复杂的砖砌体，各种材料有不同的特性，所以要保证炉体的完整和密封，必须制定出合理的烘炉曲线和操作制度。

罐式炉炉体的主要砌筑材料是硅砖，因此烘炉曲线的制定与硅砖的性质以及它在不同温度下的膨胀特性密切相关。硅砖具有导热性好，高温下荷重软化温度高（硅砖的耐火度可达 1700~1750℃，在 0.2MPa 的荷重下，软化点可达 1640℃）和抗煅烧物料磨损等优点，但其热震稳定性差，剧烈的温度波动，将会使它发生破损。

硅砖是由石英（SiO_2）含量很高的硅石制成。SiO_2 能以多种结晶形态存在。它们是 α-石英、β-石英；α-方石英，β-方石英；α-鳞石英、β-鳞石英、γ-鳞石英。各种结晶形态 SiO_2 的密度是不同的。SiO_2 的不同结晶形态只要达到晶体转化温度，就会发生晶型转变，从而造成硅砖体积的急剧膨胀和收缩。SiO_2 晶型体积随温度变化曲线示于图 3-11。由图可见，在加热时，方石英的体积变化最大，其次是石英，而鳞石英则较为缓和。

罐式炉的烘炉曲线就是根据不同温度区间硅砖的膨胀特性而制定的，一方面要考虑硅砖本身受热后体积膨胀，另一方面也要尽量保持炉体各部位温度均匀性。

B　烘炉升温制度

烘炉的全过程可以分为两个阶段，即干燥期和升温期。干燥期的目的是排出砌体的水分（主要是灰浆中的水分）。水分排出太快会影响灰缝的严密性，一般情况下，低温干燥需 3~6 天。升温期是使炉体逐渐升高到

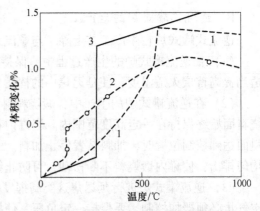

图 3-11　SiO_2 晶型体积随温度变化曲线
1—石英；2—鳞石英；3—方石英

正常生产的高温（1300℃左右）。烘炉的关键是控制炉体的膨胀量。根据实践经验，全炉每天最大膨胀量不应大于 0.03%~0.05%。这里将一台六层火道罐式炉烘炉时升温制度举例示于表 3-6。按该表升温制度烘炉时，烘炉全过程为 41 天。烘炉时，在炉体的高度、长度及宽度方向均应设置标尺，定时观察炉体膨胀量，并进行记录。如出现异常膨胀，应立即查明原因及采取相应措施。当炉温升高到 1300~1350℃时即可转入正常生产。

表 3-6　罐式炉烘炉温度制度

温度范围/℃	升温制度/℃·h⁻¹	保温时间
50~135	1	135℃保温 3 天
135~235	1	235℃保温 3 天
235~335	1	
335~475	1.5	
475~575	1	575℃保温 3 天
575~600		
600~735	1.9	
735~885	2.0	885℃保温 3 天
885~1300	4.6	

C　烘炉用燃料

烘炉所用燃料可以是固体（如焦炭、煤、木柴）、液体（重油、柴油）和气体（煤气、天然气）。罐式炉烘炉多采用气体燃料。

3.2.2　回转窑

目前世界上大约有 85% 的煅后焦是用回转窑生产的。用回转窑煅烧固体炭素原料，与罐式炉不同的是：罐式炉的煅烧物料是间接受热的，而回转窑中煅烧物料是受火焰直接加热的。

3.2.2.1　回转窑的结构

煅烧回转窑包括煅烧窑（大窑）和冷却窑（小窑）。大窑由窑头、筒体和窑尾三部分

组成，窑体的大小根据生产需要而定，较小的回转窑内径只有 1m 左右，长 20m 左右；较大的回转窑内径可达 2.5~3.5m，长 60~70m。回转窑炉体结构如图 3-12 所示。为了使物料能在窑内移动，窑体要倾斜安装，其倾斜度一般为窑体总长的 2.5%~5%。

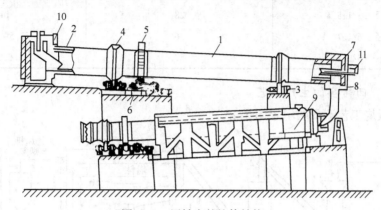

图 3-12　回转窑的炉体结构

1—筒体；2—炉衬；3—托辊；4—轮缘；5—大齿轮；6—传动齿轮；
7—窑头；8—排料口；9—冷却圆筒；10—窑尾；11—燃料喷口

（1）筒体。筒体是一个纵长的由厚钢板卷成的圆筒，焊接或铆接而成，内衬耐火砖。筒体借助轮缘安放在托辊上。轮缘是安装在筒体外壳上的铸钢环。窑体转动时借助于轮缘在托辊上回转。为了防止筒体从托辊上滑下，在每个轮缘的两侧还要安装挡辊。筒体的传动装置是由一组齿轮构成的。电动机经减速机带动齿轮，使筒体转动。直接装在筒体外壳上的大齿轮称为冕状齿轮。冕状齿轮是用弹簧（或键子）固定在筒体的外壳上，当外壳受热时可以自由地膨胀。冕状齿轮应以整个齿面和传动齿轮互相啮合，两者之间的啮合必须平稳而协调。大窑筒体的转速可用变速电动机的转数变化来调节，一般不超过 2.5r/min。

（2）窑头。排出煅烧料及喷入燃料的一端称为窑头。窑头有固定式和可移动式两种。窑头内衬耐火砖并安装有燃料喷嘴和观测孔。煅烧好的物料从窑头底部的下料孔落入冷却窑。在窑头和筒体结合部位装有密封圈，以防止外部空气进入窑内。

（3）窑尾。加入原料及排出废气的一端称为窑尾。窑尾经常做成可移动的，里面也砌有内衬。通过电磁振动给料机从窑尾上方连续加料。窑尾与烟囱的烟道相通。窑尾下部还与沉灰室相连。在窑尾与筒体的结合部位也装有密封圈。

（4）冷却窑。冷却窑是一个钢制圆筒，其倾斜方向与大窑倾斜方向相反。它的支撑装置及传动装置与筒体相似。在冷却窑外部设有淋水装置，以冷却煅后料。在冷却圆筒内还装有一定量的提料板。在排料端安装有密封装置。

除一般回转窑外，还有不同规格的变径窑（即回转窑的全长分为直径略有不同的两段）专用于煅烧延迟焦。现将几种不同规格的回转窑及其产能列于表 3-7。

表 3-7　回转窑的规格与生产能力

窑体内径/m	窑体长度/m	生产能力/t·h⁻¹
1.4	24	2.0~3.5
1.5	27	2.5

续表 3-7

窑体内径/m	窑体长度/m	生产能力/t·h⁻¹
2.1	36	3.5
变径 1.3/1.5	28	14
变径 1.6/1.7	36	2.5~3.5
变径 3.05/2.44	57	5.0

3.2.2.2 回转窑的生产工艺

回转窑煅烧工艺流程图示于图 3-13。

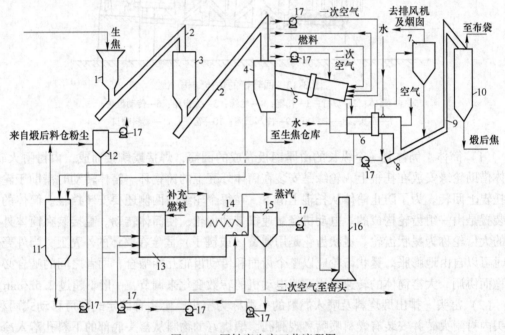

图 3-13 回转窑生产工艺流程图

1—生焦破碎机；2—皮带运输机；3—生焦仓；4—沉降室；5—回转窑；6—冷却筒；
7—旋风式气体冷却器；8—裙式运输机；9—斗式提升机；10—煅后焦仓；11—旋风粉仓；
12—布袋除尘器；13—燃烧室；14—余热锅炉；15—旋风分离器；16—烟囱；17—风机

回转窑生产时，原料从贮料仓经过给料机连续向大窑窑尾加料，由于窑体略呈倾斜，所以随着筒体的缓慢转动，原料就逐渐向窑头移动。从窑头喷嘴喷入煤气或重油，与窑头控制性加入的空气混合燃烧，形成一个长达 5~10m 的高温煅烧带，煅烧带温度达到 1200~1350℃。原料在窑内停留的时间只有 50~60min，窑内所产生的废气则借助排烟机和烟囱的抽力排出。

回转窑的燃料为煤气或重油，还有煅烧物料所排出的挥发分。当煅烧挥发分低的炭素原料（如沥青焦或无烟煤）时，燃料喷嘴连续工作；当煅烧挥发分高于 5% 的原料时，喷嘴仅在大窑升温时工作。在升温以后，为了调整燃烧带才偶尔进行工作。在正常情况下，很少用外加燃料，主要靠煅烧料排出的挥发分燃烧来维持窑内高温。

回转窑的工艺参数主要包括：装料容量、物料在窑内移动速度、温度制度和压力制度。

A 装料容量

筒体内的装料体积决定于筒体工作段的尺寸，其填充率大致波动在 6%～15% 范围内。筒体内径愈大，填充率愈小。例如内径为 1m 或小于 1m 的窑内，填充率为 15%；而直径为 2.5～3m 的仅为 6%。美国很多大型回转窑直径在 3m 以上，但填充率仍维持在 11% 左右，生产效率高。我国现有回转窑的填充率只有 3.4%～6%。为此，有必要改进回转窑的设计和工艺制度。

B 物料在窑内的移动速度和停留时间

物料在窑内的移动速度对回转窑的煅烧质量和生产能力影响很大。如果物料在窑内停留时间过短，那么物料得不到充分的热处理，煅烧质量变差；如果物料在窑内停留时间过长，将使烧损增加，煅后料灰分增加，产量降低。前苏联规定物料在窑内停留时间不少于 30min，我国为 50～60min，美国为 60～90min。

物料在窑内的移动速度与窑体的倾斜角、转数、窑体内径等参数成正比，还与窑内料层断面对窑中心的圆心角等有关。郝道劳夫曾导出一个公式，湖南大学碳素热工组经过理论分析和工业窑炉实测，校正后，得到下列公式，可作参考：

$$v = \frac{\pi}{45} KDn \cdot \frac{\sin^3\left(\frac{\varphi}{2}\right)}{\varphi - \sin\varphi} \cdot \frac{\sin\alpha}{\sin\beta} \qquad (3\text{-}2)$$

式中　v ——在整个料层断面上物料顺窑中心线方向运动的平均移动速度，m/s；

　　　D ——窑的内径，m；

　　　n ——窑的回转数，r/min；

　　　φ ——窑内料层断面对窑中心的圆心角，(°)；

　　　α ——窑体的倾斜角，(°)；

　　　β ——物料在窑内的最大静止角，(°)，一般为 40°～50°；

　　　K ——校正系数（由实验求出，在 1.5～1.7 之间）。

在窑长为 $L(\mathrm{m})$ 时，物料的停留时间 $T(\mathrm{s})$ 为：

$$T = L/v \qquad (3\text{-}3)$$

当已知窑的填充率（Φ），物料的堆积密度（γ）和物料的移动速度（v）就可按下式计算出窑的产量 $Q(\mathrm{t/h})$：

$$Q = 36000\gamma\Phi v \frac{\pi D^2}{4} \qquad (3\text{-}4)$$

焦炭在煅烧带的停留时间，在一定程度上可用改变温度的办法来调整。

C 窑内传热与温度

在回转窑内的物料，随窑体不断旋转，由窑尾向窑头缓慢运动，在运动过程中受到火焰高温而被煅烧。上层物料由高温热气流的辐射和对流而加热。料层下部的物料则由窑内衬传导而加热，而料层中部的物料则是靠物料本身的热传导而加热。物料因窑体转动而不停翻动，物料交替受热，所以，可以认为在同一断面上，物料的温度是均匀的。

煅烧窑的温度可以分为三个区间（带）。第一段是物料干燥和预热带。该带位于从窑尾开始的一段较长区域内。物料在此带脱水并排出挥发分,应尽可能利用热烟气的热与挥发分燃烧热。其温度在高温端为 800~1100℃,加料端为 500~600℃。筒体愈短,排出烟气温度就愈高。第二段是煅烧带,它的起点位于距煤气喷嘴 2m 左右的地方。该带温度最高达 1300℃,物料在此被加热到 1200℃ 左右。煅烧带的长度取决于燃料燃烧火焰的长度。例如 φ2.2m×45m 的窑煅烧带长度一般为 8~10m。如果被煅烧的物料中含有较高的挥发分,煅烧带的长度可扩大到 12m。第三段为冷却带,它位于窑头端,这一带长度为 1.5~2m,具体长度要根据喷嘴安装位置而定。

回转窑在正常生产时,其煅烧带的温度控制在 1300~1350℃,由于稳定煅烧带的高温是提高回转窑的产量和质量的关键,所以,在回转窑煅烧工艺中,对于影响煅烧温度的主要因素必须严加控制:

(1)煅烧带的长度和位置对于煅烧作业有很重要的意义,因为它与物料的烧损有关,也与保护窑头与煅烧的最高温度有关。煅烧带应处在保证窑头不被烧损的最近距离。若离窑头过远,物料的烧损将急剧增加,因为在这种情况下,送入窑内燃烧挥发分所需的空气过剩,过剩的空气通过已煅烧好的温度达 1100~1200℃ 的料层时,就使煅烧料燃烧。若煅烧带过长,将出现空气量不足:一方面使挥发分不能充分燃烧而降低其热效率;另一方面,未完全燃烧的挥发分可能在窑尾处与随物料带入的空气一起燃烧,而使窑尾烟气温度急剧升高。因此,在回转窑的燃烧生产中,煅烧带的加长应在煅烧的长度方向都能保持最高温度才是有益的。

(2)燃料量和空气量的合理配比是保证回转窑煅烧温度的关键。一般来讲,燃料完全燃烧所需要的空气量要比理论空气量大一些,而实际空气需要量需比理论需要量大多少,可用空气系数来表示:

$$\alpha_{m} = \frac{V_a}{V_{Oa}} \tag{3-5}$$

式中 α_m ——空气系数;

V_a ——实际空气供给量,m^3;

V_{Oa} ——理论空气需要量,m^3。

回转窑煅烧过程中,若空气系数合适,燃料燃烧完全,窑内温度较高,目测火焰呈深蓝色;如果空气系数过大,空气量过多,窑内产生废气量增大,废气带走热量,使窑内温度降低,目测火焰呈浅蓝色;如果空气系数过小,空气量不足,燃料燃烧不完全,窑内温度低,目测火焰呈褐色。正常情况下,空气系数以 1.05~1.10 为宜。

(3)给料量均匀、稳定和连续才能保证煅烧质量。如果给料少且不均匀,会使物料烧损大而降低实收率,回转窑的生产能力也将受到影响;如果给料量过多,则料层太厚,物料煅烧不透,影响煅烧质量。回转窑给料量取决于窑体内径,一般规定窑内料层厚度以 200~300mm 为宜。

(4)回转窑正常生产时,窑内始终保持负压,负压过大或过小,对窑内温度控制和煅烧质量都不利。负压过大,造成窑内抽力增大,粉料被吸走而导致实收率下降,窑内火焰会被拉长,相应地使燃烧带的热力强度和温度降低;为了保证煅烧质量,不得不增大燃料用量,挥发分燃烧不完全而被吸入烟道燃烧,导致废气温度过高,不仅损失热量,而且容易烧坏排烟装置;窑尾温度过高,造成刚进入窑尾的物料产生不均匀收缩,挥发分急剧逸出，导致煅后粉料增多。如果负压过小，造成窑内外压差小，使窑头、窑尾冒烟，恶化操作环境；燃烧火焰不稳定，窑头有引起火焰反扑的危险；煅烧带由于火焰不长而变短，直接影响煅烧质量和产量，窑内烟气流动差，造成窑内混浊不清，难以观察煅烧温度。回转窑的负压通常用调节窑尾余热锅炉的引风机抽力来控制。当煅烧带移向窑头，则增加窑尾负压；反之，则降低窑尾负压。由于煅烧物料不同，要求负压的大小不同，一般窑头负压控制在 19.6~49.0Pa 之间。

3.2.2.3 回转窑的优缺点

与罐式炉和电煅烧炉相比，回转窑有以下优点：

(1) 结构简单，材料单一，造价低，修建速度快。

(2) 生产能力大，中等规格的回转窑生产能力为 2.5~3.5t/h。

(3) 原料更换方便，对原料适应性强。

(4) 便于实现机械化和自动化。

(5) 燃料消耗少，燃烧高挥发分延迟焦时，主要靠自身挥发分的燃烧来维持窑内高温。

(6) 使用寿命长，一般可用 20~30 年。

回转窑的缺点是：

(1) 物料氧化烧损大，一般为 10%左右，从而使灰分增加。

(2) 由于窑体旋转，煅烧物料在窑内转动，造成内衬耐火材料的磨损和脱落，使煅烧料灰分增加和检修频繁。

3.2.2.4 提高回转窑产量和质量、降低消耗的途径

随着炭素工业的扩大生产，罐式炉的生产能力已不能满足需要，故逐渐转向回转窑。但我国回转窑的产量与质量和世界先进水平相比，还存在较大差距，主要表现在生产能力、炭质烧损率等几项主要指标。窑单位体积生产能力方面，世界先进水平为国内水平的三倍，而炭质烧损率则国内比世界先进水平高 1.4~3 倍，特别是煅烧焦质量明显低于先进水平。提高产量和改进质量可从以下途径着手。

A 提高回转窑的生产能力

国际上趋向于采用大型回转窑，集中煅烧石油焦。我国目前 30m 以下的回转窑，热效率和生产效率低，物料在炉内停留时间短，煅烧质量差。故也可根据地区条件，采取由煅烧设备好、生产能力大的炭素厂集中煅烧石油焦的工序设置方案。

我国的回转窑，物料停留时间短，为 30~50min。同时由于内衬质量差，只能把煅烧温度维持在下限。由于传热速度的影响，使煅烧料的升温滞后于烟气 100~150℃。当停留时间短时，滞后更为严重。因此，在设计新回转窑时应调整工艺参数。如填充率可由 3.4%~5%提高到 6%~8%；回转窑倾斜角从 2.5°降至 2°；回转窑的转速采用无级调速，控制在 0.75~2.5r/min。调慢转速、减薄料层，对于改善煅烧质量和提高生产能力有重要意义。

B 降低回转窑炭质烧损的途径

为了降低回转窑炭质烧损，可采取以下措施：

(1) 窑头严格密封。将窑头密封由迷宫式改为重锤填料密封、重锤端面密封或更先进

的组合式密封。如沈阳铝镁设计研究院采用重锤拉紧径向接触式石墨块密封与轴向迷宫式密封相结合的一种新型密封，使冷空气漏入量降低到最小，从而降低了煅烧料的炭质烧损，提高了窑的产量。

（2）合理多次供风。尽量减少一次空气量，增设二次和三次空气喷射装置，并根据现场实测的有代表性的石油焦挥发分溢出曲线，结合窑的长度、产能、转数、窑温等工艺制度，最后确定二、三次风的合理位置，可使石油焦中的挥发分溢出后与空气结合充分燃烧，延长煅烧带，加强煅烧效果。

（3）其他措施。

1）生延迟焦先进行筛分，小于 50mm 的筛下料不经粗碎直接进窑，减少进窑的粉料量。

2）力争少用或不用燃料操作，可使炭质烧损率降低 1% 左右；在冷却筒的进料端设置水管，直接喷淋灼热的煅后料，快速冷却，可减少煅后料在冷却筒中的氧化。

3）在维持正常煅烧的条件下，尽量减少窑尾排烟机的总排烟量，降低窑尾烟气流速和温度，窑尾负压不要太大，使粉尘抽走量减少。

4）将窑尾进料端用高铝耐热混凝土浇筑成收口形，加料溜管底部的端口要正对着窑筒壁，而不要对着气流方向。

5）回转窑的温度、空气量和燃料实现自动测定和调节。

3.2.3 电煅烧炉

3.2.3.1 电煅烧炉的结构

电煅烧炉是一种结构比较简单的立式电阻炉，通过安装在炉筒两端的电极，利用物料本身的电阻构成通路，使电能转变成热能，把炭素原料加热到高温（1300～1400℃），从而达到煅烧的目的。

电煅烧炉根据供电方式不同可分为单相电煅烧炉和三相电煅烧炉两种。单相电煅烧炉的结构如图 3-14 所示，它的炉膛为一个圆筒，内衬耐火砖，在外壳和耐火砖之间有石棉绝热层，炉膛下部以炭块（或用糊料捣固）作为导电的另一极，炉底有带冷却水套的排料管。

单相电煅烧炉用低电压大电流单相变压器供电，变压器的容量视炉膛的大小，按照操作经验确定。炉膛横断面上的最大电流密度为 0.18～0.25A/cm²。变压器的最高电压视炉膛高度和材料的电阻率而定，一般采用每米 30～35V（由电极的端面到炉底）。例如炉膛内径为 1100mm 的电煅烧炉，当其外径为 2058mm，炉膛内有效高度为 2800mm，炉膛上部悬挂的石墨电极直径为 250mm，所配单相交流变压器的容量为 150kV·A，电压为 60V 时，通

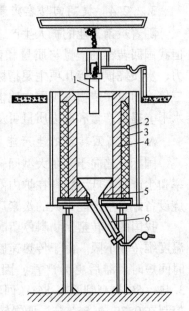

图 3-14　单相电煅烧炉

1—石墨电极；2—炉壳；

3—保温层；4—耐火砖；

5—炭砖炉底；6—冷却水套

过炉膛的电流可以达到 2000～2500A，炉膛内煅烧温度可达 1250～1350℃，每小时可排料

130~150kg，每吨煅烧料耗电为 800~1000kW·h。

三相电煅烧炉的炉体与单相电煅烧炉类似，但是导电电极直接砌在炉体中，为了使炉膛内温度比较均匀，在炉体上部及中部各砌三根截面为 350mm×350mm 的石墨电极，三对电极在同一水平线按 120°等分砌入，分别用母线与供电变压器相连。一台 150kV·A 的三相交流变压器可配置一台炉膛内径 800mm，高 3m 的炉子，产量与电耗和上述单相电煅烧炉相似。三种大小不同电煅烧炉的工作参数列于表 3-8。

表 3-8 三种电煅烧炉的工作参数

工 作 参 数	一	二	三
炉膛内径/m	1.86	1.00	0.8
炉膛高度/m	2.50	1.50	2.45
变压器容量/kV·A	250	80	100
变压器最大电流/A	4800（48~52V 时）	2000（48~52V 时）	2000
电压级数/V	44，48，52，56，60，64	44，48，52，56，60，64	50
石墨电极直径/mm	500（单相）	200（单相）	100（三相）
产量/t·d⁻¹	5	2.5	0.95
电能消耗/kW·h·t⁻¹	沥青焦 400~500 石油焦 650~750	沥青焦 650~750 石油焦 900~1000	800~1000

由于这种炉子的结构限制，不能直接测量煅烧区域的温度，它的操作规范要按电气仪表的读数来制订。

3.2.3.2 电煅烧炉的工艺操作

煅烧原料经破碎、筛分，取 10~30mm 的颗粒，因为粒度的恒定对于保持炉内的电阻和其他电气参数的正常极为重要。

开始进行煅烧时，因为生料的电阻很大，需在炉底加入已煅烧过的料约 1/3；然后，生料从位于炉顶的漏斗装入，直到装满；电极端部应埋入物料达 300~500mm 深，以免电极与高温区域的原料被氧化。当物料尚未加热时，电阻大，应调高电压，使有一定的电流通过；随着物料的温度上升，电阻逐步降低，电流上升。此时，根据规定的电流调整电压（最适当的电压、电流值及排料时间和数量，应根据多次试烧确定），当电流达到规定值时，表示炉内物料的温度已达到要求的温度，即可排料。新料进入，电流又降低。排料的数量及时间间隔视材料的真密度而定，一般是每隔 20min 排料一次。

电压、电流、排料时间和排料数量四者之间是相互制约的。在生产控制上，主要是调节电流和掌握排料时间。除了调整电压来使电流升降外，还可以调整电极的悬挂高度来控制炉内的电阻。这种调整方法一般是在改变原料品种和粒度时实行。

3.2.3.3 电煅烧炉的改进措施

电煅烧炉结构简单紧凑，操作连续方便，自动化程度高，特别适用于无烟煤的煅烧。它的缺点是煅烧过程中煅烧料逸出的挥发分不能充分利用而被排放，炉子电容量和生产能力较低，耗费电能较多，物料氧化烧损较大，煅烧质量不均匀。

为了克服电煅烧炉高能耗和温度不均匀性的缺点，法国和日本开发了新的生产设备——SAVOIE 炉。该炉的主要特点是综合常规的使电流通过物料的方法和将不起反应的循环气体的热量传送给物料。既利用了煅烧过程中排出的挥发分，又使温度均匀性有明显改进，从而使电耗降低了 50%，回收的挥发分相当于煅烧每吨无烟煤节约 80kg 燃料油。从加热到煅烧过程逸出的挥发分分析可知，挥发分能否作为热循环气体，关键在于掌握以控制含氢量为主的循环气体技术。

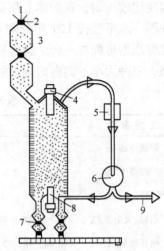

　　图 3-15 为 SAVOIE 炉的剖面图。物料从炉顶装有两个阀的闭锁料斗送入炉内，底部出焦也经由装有两个阀的闭锁料斗排出，启闭阀按规定的周期运行。两根石墨电极使电流输入，电压按煅烧无烟煤的性质及粒度予以调整。用一台抽风机将炉内的气体抽出，经冷却和洗涤后再从炉底返回炉内。冷却气体通过已煅烧的无烟煤，经热交换使出炉无烟煤冷却到 200℃ 或更低一些。

图 3-15　SAVOIE 炉剖面图

1—料斗；2, 7—阀；3—闭锁室；4—顶部电极；

5—气体冷却器和洗涤器；6—风机；

8—底部电极；9—排气管

　　当气体在炉内上升时，因含氢量高，很容易扩散，在中心热区和四周冷区间增加了径向热传导，提高了温度分布的均匀性。当气体达到煅烧炉上部时，进入炉内的生无烟煤被气体干燥和预热，仔细地调节循环气体的流量会降低能量损失和煅烧所需电能。

　　SAVOIE 炉与传统电煅烧炉的热平衡列于表 3-9。

表 3-9　传统炉与 SAVOIE 炉的热平衡　　　　　　　　　　　　　（kW·h/t）

项　目	传统炉	SAVOIE 炉
横向损失	134	165
电气损耗及夹持器冷却	138	68
气体在燃烧前损失	42	80
吸热反应		35
无烟煤冷却	836	202
输入功率	1150	550

3.3　煅烧地位的变化与二步煅烧

3.3.1　煅烧地位的变化

　　延迟焦化已成为石油焦、沥青焦和针状焦的主要生产方法，由于延迟焦化的焦化温度仅为 500℃ 左右，焦炭挥发分高达 10%~18%。美国、日本均在延迟焦化后，建有回转窑煅烧工序，这样，既减少了无效运输，又增加了焦炭的附加产值和收益。我国大庆、宝钢等也采用了这种联合工艺。根据这种趋势，炭素厂可以直接购入煅后焦，煅烧在炭素厂的地位将会明显下降，新建炭素厂和已有炭素厂的改造中应充分注意这种变化。

3.3.2 回转床与二步煅烧

3.3.2.1 回转床结构

回转床煅烧炉是开发早而又是新型的煅烧设备。1962 年，第一台回转床在美国建成；到 1970 年代末，全世界已建成十余套，主要用于煅烧石油焦。

回转床煅烧炉如图 3-16 所示。回转床煅烧炉的基本结构包括内衬耐火砖的固定炉顶，垂直的圆形侧墙，衬耐火材料的回转炉床和水冷式搅拌耙。炉顶边沿至中心，依次设有焦炭加料口、烧嘴和烟囱。炉床有水平和向中心倾斜两种形式。炉床中心为均热室和卸焦口。

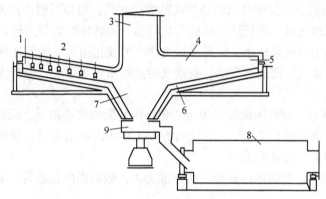

图 3-16　回转床煅烧炉的结构示意图

1—焦炭入口；2—耙子；3—烟囱；4—炉顶燃烧器；5—空气入口；
6—回转床；7—均热室；8—焦炭冷却筒；9—卸料台

3.3.2.2 回转床煅烧工艺

回转床煅烧炉工作时，脱水后的生焦被输送到位于回转床煅烧炉上方的缓冲料仓内，缓冲料仓的储备量大约可以供给煅烧炉 2h 的使用量，物料靠其自身的重力作用，通过下料管进入煅烧炉内，落入炉床的周边。回转床煅烧炉的处理量是通过下料管距离炉床的高度和炉床的转速来调节的。

在回转床煅烧炉的炉顶固定有一组输送耙子和两组混合耙子。由于炉床的旋转，落入炉床周边的生焦在输送耙子的作用下，以环状层的形式被移至炉床中心位置的均热室内。焦炭在煅烧炉内做同心圆移动。炉床每旋转一周后，焦炭被输送耙子移动到下一个耙子的同心圆的路径内。这样的过程一直重复到最后一个输送耙。从整体上看，输送过程是炉床在下料管下面旋转，使焦炭形成环绕炉床周边的同心圆的螺旋式运动。在经过每个输送耙子的位置时，焦炭都向里移动，形成比前一个更小的同心圆。焦炭连续不断地在炉内移动，进入均热室后，经过卸料台送入焦炭冷却筒内冷却，完成焦炭的煅烧过程。

回转床煅烧炉的性能指标举例如下：

直径 13.8m，周边高 1.8m；

转速 6~20r/min；

进料粒度 0~50mm；

料层高 50~200mm（平均 125mm）；

辅助燃料重油；

煅烧料温度约 1230℃；

冷却机型式回转式冷却筒；

煅烧实收率 75.38%；

烧损率 6%；

煅后焦真密度 $\geq 2.06g/cm^3$；

生产能力 88500t/a。

3.3.2.3 回转床煅烧的特点

回转床煅烧的主要优点如下：

（1）煅烧收率高。控制回转床煅烧炉内的燃烧气氛，可使可燃的挥发分在物料表面燃烧，形成一层还原性气氛，降低固定碳的氧化烧损。回转床煅烧炉旋转的炉内压力控制为微负压，漏入炉内的空气量较小，降低了煅烧物料的氧化损失。回转床煅烧炉的竖直烟道截面积很大，上升烟气气流速度很低。被烟气带走的粉焦量很少，也减少了煅烧过程中物料的烧损。

（2）产品质量好。回转床煅烧炉固定的炉顶所装配的输送耙子、混合耙子的外包耐火材料不与炉床的耐火材料直接接触，其间有 50mm 厚的固定焦炭层，使耐火材料的磨损量小，因而煅烧焦中灰分的含量减少。

（3）生产能力大。回转床占地少，生产能力大，煅后焦质量稳定，易于自动控制，烟气含尘量小。

但是，回转床煅烧也存在煅烧设备结构复杂，材质要求高，水冷耙维修量较大等不足之处。此外，回转床煅烧时，生焦受到激烈热震，易碎成小颗粒。

3.3.2.4 二步煅烧

业已发现，通过二步煅烧，可以有效减轻热震对焦炭的影响。所谓二步煅烧，就是使焦炭在回转床煅烧之前，先将焦炭在一定加热速度下（$\leq 40℃/min$）加热至 800℃进行预煅烧。

荷兰一焦化厂采用的二步煅烧工艺为在回转床前增加了一个小型回转窑作预煅烧炉，并增加了一套型号与最终冷却筒相同的中间冷却筒，使这套系统具有进行一步煅烧、带中间冷却的二步煅烧及不带中间冷却的二步煅烧的功能。二步煅烧使煅后焦脆性降低，粗颗粒含量增加，带中间冷却的二步煅烧还使焦炭的线膨胀系数降低 20%左右。当然，增设预煅烧装置必然会加大建设投资和运行成本，同时还加大了炭质烧损，增加了灰分。

复习思考题

3-1　什么是煅烧，哪些固体原料需要煅烧？

3-2　原料在煅烧过程中发生了哪些变化，其变化机理是什么？

3-3　一种原料的煅烧最高温度是如何确定的？

3-4 焦炭的煅烧与最终生成的炭素制品质量之间有何关系？

3-5 煅烧过程中，焦炭发生了哪些变化，如何判断煅烧的质量？

3-6 煅烧设备有哪几种？试比较它们的优缺点及对不同原料的适用性。

3-7 试比较两种罐式炉中气体的流动及温度分布。

3-8 回转窑的三个温度带是如何划分的？试述在三个温度带中气体组成的变化。

3-9 如何确定物料在回转窑内的停留时间、填充率和产量？

3-10 试述煅烧工艺的发展方向。

原料的粉碎、筛分、配料及混捏

4.1 原料的粉碎

4.1.1 粉碎的概述

用机械的方法使固体物料克服内聚力，由大块碎成小块或细粉的操作，统称为粉碎。粉碎过程中，物料的块（粒）度变小，单位质量物料的总表面积增加，同时要消耗能量。通常固体由大块破裂成小块的操作称为破碎；由小块破裂为细粉的操作称为磨粉，其相应的机械设备称为破碎机和磨粉机。

依据被破碎物料的大小及破碎后物料的颗粒不同，可以把物料的粉碎操作分为粗碎、中碎、细碎，粗磨、细磨和超细磨等级别。在炭素工业中，通常只分为三个级别：

（1）粗碎（或预破碎），指大块原料在进入煅烧炉前的破碎，一般是指将块度在200mm 左右的大块料破碎到 50~70mm。

（2）中碎，指将煅后料进一步破碎到配料所需要的粒度，一般是将煅后料由 50mm 左右破碎到 1~20mm。

（3）细磨（或磨粉），指将一部分原料磨成 0.15mm 或 0.075mm 的粉末。

4.1.1.1 粉碎比

为表征物料在粉碎前后尺寸的变化，用粉碎比（或称粉碎度）i 来表示。物料的粉碎比是确定粉碎工艺及机械设备选型的重要依据。粉碎比的计算方法有以下几种。

（1）用物料破碎前后最大粒度的比值来确定：

$$i = D_{max}/d_{max} \qquad (4-1)$$

式中 D_{max}——破碎前物料的最大块直径，mm；

$\quad\quad d_{max}$——破碎后物料的最大块直径，mm。

最大块直径可由筛下累积重量百分率曲线找出。曲线上与 5% 或 20% 相对应的粒度即为最大块直径，也就是说物料的 95% 或 80% 能通过正方形筛孔的宽度。我国取物料 95% 能通过的筛孔的宽度为最大块直径。设计中常用这种计算方法，因为设计上要根据最大块直径来选择破碎机给料口的宽度。

（2）用破碎机给料口的有效宽度和排料口宽度的比值来确定：

$$i = 0.85B/S \qquad (4-2)$$

式中 B——破碎机给料口的宽度，mm；

$\quad\quad S$——破碎机排料口的宽度，mm。

因为给入破碎机的最大料块直径应比破碎机的进料口宽度约小 15% 才能被钳住，所以式（4-2）中 0.85B 为破碎机给料口的有效宽度。

（3）用物料破碎前后平均粒度的比值来确定：

$$i = \overline{D}/\overline{d} \tag{4-3}$$

式中　$\overline{D}$——破碎前物料的平均直径，mm；

　　　$\overline{d}$——破碎后物料的平均直径，mm。

破碎前后物料都是由若干个粒级组成的统计总体，只有平均直径才能代表总体。用这种方法得到的粉碎比能较真实地反映破碎程度，因而理论研究中常用此法。

在炭素工业中，所用的原料破碎前的块度为 100～200mm，破碎后的粒度在 4～0.075mm。若把 100mm 的物料破碎到 0.075mm，破碎比高达 1333。目前所用粉碎机械不可能一次完成，通常是把数个破碎机和磨粉机依次串联，来保证所需的高粉碎比。在整个流程中，每台粉碎设备只实现一部分任务，形成破碎和磨粉诸阶段。这种粉碎方式称为多级粉碎，整个流程的粉碎比称为总粉碎比，各阶段的粉碎比称为各级粉碎比。总粉碎比可用下式计算：

$$i_t = i_1 \times i_2 \times i_3 \times \cdots \times i_n = \frac{D_{\max}}{d_1} \times \frac{d_1}{d_2} \times \frac{d_2}{d_3} \times \cdots \times \frac{d_{n-1}}{d_n} \tag{4-4}$$

式中　i_t——总粉碎比；

　　$i_1 \cdots i_n$——各级粉碎比；

　　$d_1 \cdots d_n$——各级产物中最大块直径，mm；

　　$D_{\max}$——原料最大块直径，mm。

4.1.1.2　粉碎过程粒度变化

当一块单独的固体物料在受到突然打击粉碎之后，将产生数量较少的大颗粒和为数很多的小颗粒，也有少量中间粒度的颗粒。若继续增加打击的能量，则大颗粒将变为较小粒度和较多数目，而小颗粒数目大大增加，但粒度不再变小。这是因为大块物料内部有或多或少的脆弱面，在受力时，首先沿着这些脆弱面碎裂。当物料粒度较小时，这些脆弱面减少，小颗粒受力后往往不碎裂，仅表现为受剪切而出现一些微粒。因此小颗粒的粒度由物料的性质决定，而大颗粒的粒度则与粉碎过程有密切关系。如图 4-1 所示，用球磨机粉碎煤的一系列实验证实了上述关系。最初的粒度分布显示一个单峰，它相当于较粗颗粒的破

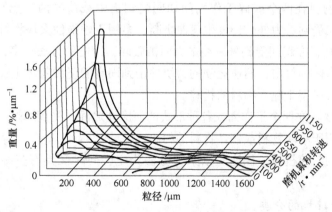

图 4-1　粉碎物的粒度分布变化

碎特征。随着粉碎过程的进行，该峰逐渐减小，并在一定粒度时产生第二个峰，过程一直进行到第一个峰完全消失为止。第二个峰表征了被碎物料的特征，可称为持久峰型，而第一个峰称为暂时峰型。

4.1.2　粉碎方法与设备

4.1.2.1　粉碎方法

炭素工业中采用的粉碎方法主要依靠机械力作用，最常见的粉碎方法有五种，如图4-2所示。

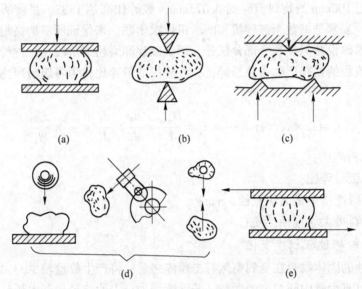

图 4-2　物料的粉碎方法
（a）压碎；（b）劈碎；（c）剪碎；（d）击碎；（e）磨碎

（1）压碎。物料在两个破碎工作平面间受到缓慢增加的压力而破碎，它的特点是作用力逐渐增大，力的作用范围较大，多用于大块物料破碎。

（2）劈碎。物料由于楔状物体的作用而被破碎，多用于脆性物料的破碎。

（3）剪碎。物料在两个破碎工作面间如同受到集中载荷的两支点（或多支点）梁，除了在外力作用点受到劈力外，还发生弯曲折断，多用于硬脆性大块物料的破碎。

（4）击碎。物料在瞬间受到外来冲击力而被破碎，冲击的方法较多，如在坚硬表面上物料受到外来冲击体的打击；高速运动的料块冲击到固定的坚硬物体上；物料块间的相互冲击等。此种方法多用于脆性物料的粉碎。

（5）磨碎。物料在两个工作面或各种形式的研磨体之间，受到摩擦、剪切力进行磨削而成为细粒，多用于小块物料或韧性物料的粉碎。

目前所使用的粉碎机械，往往是以某种方法为主，同时又具有多种粉碎方法的联合作用。

4.1.2.2　粉碎机的分类

粉碎机的种类很多，其分类如表4-1所示。

表 4-1 粉碎机的分类

分 类	机 名	粉碎方法	运动方式	粉碎比	适用范围
破碎机械	颚式破碎机	压碎为主	往复	4~6，中碎时最高达 10	粗碎硬质料 中碎中硬料
	对辊破碎机	压碎为主	旋转（慢）	3~8	中碎硬质料 细碎软质料
	锤式破碎机	击碎	旋转（快）	单转子 10~15 双转子 30~40	中碎硬质料 细碎中硬料
	反击式破碎机	击碎	旋转（快）	10 以上，最高可达 40	中碎中硬料
	笼式粉碎机	击碎	旋转（快）	数百	细碎、粗磨软脆质料
磨粉机械	雷蒙磨	压碎+研磨	自转 公转	数百以上	磨碎、细碎中硬质料、软质料
	球磨机	击碎+研磨	旋转（慢）	数百以上	磨碎硬质料、中硬料
	自磨机	击碎+研磨	旋转（慢）	数百至数千	细碎、磨碎硬质料

4.1.2.3 粉碎机的选择

A 选择粉碎机的原则

（1）选择粉碎机要根据所粉碎物料的物理特性来决定。硬而脆的物料用击碎或压碎法较好，韧性物料用压碎和研磨相结合的方法。为了避免产生大量粉尘，获得大小均匀的物料，对脆性物料适用劈碎法，对于需细碎的物料则采用击碎与磨碎相结合。

（2）粉碎机的结构、尺寸与被碎料的强度与尺寸相适应。

（3）粉碎机应保证所要求的产量，并稍有富裕，以免在给料量增加时超载。

（4）粉碎机加工后的物料粒度要均匀，粉碎过程中形成的粉尘少。

（5）粉碎机粉碎过程均匀不断，粉碎后的物料应能迅速和连续排出。

（6）能量消耗应尽可能小，粉碎比调整方便。

（7）机械的工作部件经久耐用且便于拆换。

B 炭素厂常用的粉碎机及其适用的物料范围

炭素厂常用的粉碎机及其适用的物料范围列于表 4-2。

表 4-2 炭素厂常用破碎机械特征

机械名称	所达到的粉碎程度				施力特征	适合的被粉碎料
	粗、中碎	细碎	磨粉	超细磨		
颚式破碎机	√				压碎和部分磨碎	石油焦、沥青焦、无烟煤
辊式破碎机	带齿的	不带齿的			压碎、剪碎、磨碎	石油焦、沥青焦，无烟煤、带齿的适用于焙烧块和石墨废料
反击式破碎机		√	√		击碎	炭素填充料、煤沥青、各种焦炭、无烟煤

机械名称	所达到的粉碎程度				施力特征	适合的被粉碎料
	粗、中碎	细碎	磨粉	超细磨		
锤式破碎机		√	√		击碎、磨碎	炭素填充料、煤沥青、各种焦炭、无烟煤
球磨机			√		击碎、压碎、磨碎	石油焦、沥青焦、天然石墨等
振动磨			√	√	压碎、磨碎、超声振动	石油焦、沥青焦、天然石墨、沥青粉
雷蒙磨			√		压碎、磨碎	石油焦，沥青焦，天然石墨等
鼠笼式磨粉机			√		撕碎、磨碎	压粉，天然石墨
圆盘磨粉机			√		磨碎	压粉
无介质磨粉机			√		击碎、压碎、磨碎	石油焦、沥青焦、天然石墨、压粉
高速万能磨粉机			√	√	击碎、压碎、磨碎	石油焦、沥青焦、天然石墨

注："√"表示适用范围。

C　一些破碎机生产能力的计算

（1）颚式破碎机的生产能力可按下式计算：

$$Q = \frac{60nLSd\mu\gamma}{\tan\alpha} \tag{4-5}$$

式中　Q——生产能力，t/h；

　　　n——偏心轴转数，r/min；

　　　L——排料口长度，cm；

　　　d——破碎产品平均粒径，cm；

　　　S——动颚下部水平行程，cm；

　　　μ——破碎产品松散系数，一般为 0.25~0.70；

　　　γ——物料体积密度，g/cm^3；

　　　α——颚板张开角度，(°)。

（2）辊式破碎机的生产能力按下式计算：

$$Q = 188.4eLDn\mu\gamma \tag{4-6}$$

式中　Q——生产能力，t/h；

　　　e——工作时排料口宽度，cm；

　　　L——辊子长度，cm；

　　　D——辊子直径，cm；

　　　n——辊子转速，r/min；

　　　μ——物料松散系数，一般为 0.25~0.6；

　　　γ——物料体积密度，g/cm^3。

（3）连续式球磨机的生产能力按下式计算：

$$Q = \frac{c\gamma}{g^{0.4}} \cdot D^{2.4} \cdot L \cdot n^{0.3} \cdot \varphi^{0.6} \tag{4-7}$$

式中　Q——生产能力，t/h；

　　　c——与物料性质、研磨程度有关的系数；

　　　γ——被研磨物料的体积密度，g/cm^3；

　　　g——重力加速度，m/s^2；

　　　D——筒体内径，cm；

　　　L——筒体长度，cm；

　　　n——筒体转速，r/min；

　　　φ——钢球填充系数。

4.1.2.4　粉碎作业与粉碎机必要操作条件

A　粉碎原则

粉碎物料时，必须遵循一个基本原则，即"不做过粉碎"。在粉碎作业中，被粉碎料的加入与碎成料的排出的调节十分重要。特别是在连续作业的场合下，加料速度与排料速度不仅应相等，还要与粉碎机的处理能力相适应，这样才能发挥最大的生产能力。若粉碎机内滞留有碎成料，则会影响粉碎的效果。因为碎成料的滞留意味着它有进一步粉碎的可能性，从而超过了所要求的粒度，做了过粉碎，浪费了粉碎功。而这些过粉碎的粒子会将尚未粉碎的颗粒包围起来，由于细小颗粒构成的弹性衬垫具有缓冲作用，妨碍着粉碎的正常进行，进一步降低了粉碎效率。这种现象称为"闭塞粉碎"。与此相反，粉碎效率高的"自由粉碎"则是依靠水流或空气流将已粉碎成一定要求的碎成料自由地从粉碎机中排出，尽快离开粉碎作业区。

B　粉碎作业

在粉碎操作中，有间歇粉碎、开路粉碎和闭路粉碎三种流程。

（1）间歇粉碎，是将一定量的被碎料加到粉碎机内，并关闭排料口，粉碎机不断运转，直至全部被碎料达到所要求的粒度为止，然后排出全部碎成料。间歇粉碎一般用于处理量不大而粒度要求较细的粉碎作业。

（2）开路粉碎，是将被碎料不断加入，碎成料连续排出。被碎料一次通过粉碎机（又称无筛分连续粉碎），碎成料控制在一定粒度下。开路粉碎操作简单，一般用于破碎，如煅前料的预碎等。

（3）闭路粉碎，是使被碎料经粉碎机一次粉碎后，被粉碎后的颗粒由运载流体（空气或水）夹带而强行离开，再由机械分离设备进行处理，取出粒度合乎要求的部分，把较粗的不合格颗粒返回粉碎机再行粉碎。闭路粉碎是一种循环连续作业，它严格遵守"不做过粉碎"的原则。

三种流程的比较列于表4-3。

表4-3　粉碎流程的比较

粉碎流程	加料	出料	粒度分布	生产能力	机件磨损	适用范围	设备费
间歇	方便	不方便	广	小	大	磨粉	小
开路	方便	方便	广	中	大	破碎	小
闭路	方便	方便	窄	大	小	细碎、磨粉	大

C　粉碎机的必要操作条件

各种类型的粉碎机的粉碎工作件或是两平面体（如颚式破碎机），或是两同向的曲面体（如环辊磨机），或是两异向的曲面体（如辊式破碎机），或是曲面对平面（如轮碾机）等。不论何种类型的粉碎机，要使粉碎顺利进行，其必要的操作条件如下：

（1）被碎物体的最大尺寸不能过大，以便顺利进入粉碎机，一般是略小于粉碎机进料口的尺寸。

（2）粉碎机的工作件能将物料钳住而不被推出。以两工作件为圆柱体的辊式破碎机为例，设被碎物为球形，物块和工作件接触点二切线的夹角为钳角 α，如图 4-3所示。以物块为分离体来分析；所受的力有自重 G，轧辊对物料的支撑反作用力 N 和摩擦力 N_f，f 为摩擦系数，φ 为摩擦角。若不考虑 G，则物料能被转动的轧辊钳住而不被推出，必须满足下列条件：

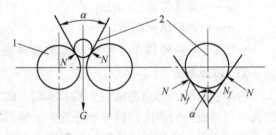

图 4-3　辊式破碎机物料受力图
1—轧辊；2—物块

$$2N_f\cos(\alpha/2) \geqslant 2N\sin(\alpha/2)$$
$$f \geqslant \tan(\alpha/2)$$
$$\alpha \leqslant 2\varphi \tag{4-8}$$

由式（4-8）可见，所述条件与工作件的形状无关，所以该式有一定普遍意义。

4.2　原料的筛分

4.2.1　粒度组成及粒度分析

破碎、磨粉过程中所处理的物料都是大小不一，形状各异的散状物料。所谓粒度，就是料块（或料粒）大小的量度，一般用 mm 或 μm 表示。将松散物料借用某种方法分成若干级别，这些级别称为粒级。用称量法将各级别的重量称出，并计算出它们的重量百分率（或累积重量百分率），从而说明这批物料是由含量各为多少的粒级组成，这种组成即为粒度组成。从粒度组成可以看出各粒级的分布情况。确定粒度组成的实验称做粒度分析。

4.2.1.1　粒度表示方法

A　单个料块的粒度表示法

每一个料块的形状都是不规则的，一般用平均直径表示它的大小。平均直径就是在三个互相垂直方向量得尺寸的平均值。这种测定方法常用来测定大料块（如破碎机的给料和排料）中的最大块粒度。在显微镜下测定微细粒子的平均直径，也可用此法。

B　粒级表示方法

大批松散物料，如果用几层筛面把它们分成 $(n+1)$ 个粒度级，确定每一级料粒的尺寸。通常以料粒能透过的最小正方形筛孔宽度作为该级别的粒度。如筛孔宽为 b，则有

$$d = b \tag{4-9}$$

如透过上层筛的筛孔宽为 b_1，留在下一层筛面上的筛孔宽为 b_2，粒度级别按以下方法表示：

$$-b_1 + b_2 \quad 或 \quad -d_1 + d_2$$
$$b_1 : b_2 \quad 或 \quad d_1 : d_2$$

C 平均粒度和物料的均匀度

为了说明含有各种粒级的混合物料的平均大小，可以计算平均粒径。由不同粒度级组成的混合料可以看做是一个集体，可以用统计上求平均值的方法来计算混合料的平均粒径。

设 r_i 表示各级的重量百分率，D 为混合料的平均直径，d_i 为各级的平均直径。计算混合料平均直径可以有以下几种方法：

（1）加权算术平均法

$$D = \sum r_i d_i / \sum r_i = \sum r_i d_i / 100 \tag{4-10}$$

（2）加权几何平均法

$$D = \sum r_i \lg d_i / \sum r_i = \sum r_i \lg d_i / 100 \tag{4-11}$$

（3）调和平均法

$$D = \sum r_i / \sum r_i / d_i = 100 / \sum r_i / d_i \tag{4-12}$$

以上三种方法的计算结果是：算术平均值>几何平均值>调和平均值。在计算混合料的平均粒度时，如果混合料筛分的级别愈多，求得的平均值愈准确，其代表性也愈好。

平均粒度虽然反映物料的平均大小，但单有平均粒度还不能完全说明物料的粒度状况。因为往往有两批料的平均粒度相同，但它们各相当粒级的重量百分率却完全不同。为了能对物料的粒度状况有完全的说明，除了平均粒度外，还必须用偏差系数 k_d 来表示物料粒度的均匀程度。偏差系数按下式计算：

$$k_d = \sigma / D \tag{4-13}$$

式中 D——用加权算术平均法求得的平均粒度；

σ——标准差，按下式计算：

$$\sigma = \sum (d_i - D) 2 r_i / \sum r_i \tag{4-14}$$

通常将 $k_d < 40\%$ 认为是均匀的；k_d 为 $40\% \sim 60\%$ 为中等均匀；$k_d > 60\%$ 为不均匀。

4.2.1.2 粒度分析

根据物料粗细不同，常用的粒度分析方法有以下几种：

（1）筛分分析。利用筛孔大小不同的一套筛子进行粒度分析，对于粒度小于 100mm，而大于 0.043mm 的物料，一般采用筛分分析测定粒度组成。筛分法设备简单，且易于操作。一般干筛至 $100\mu m$，再细的可用湿筛。近代用光刻电镀技术制造的微目筛能更精确地测到 $10\mu m$ 的细粒。该法的缺点是受颗粒形状影响很大。

（2）水力沉降分析。该法是利用不同尺寸的颗粒在水中的沉降速度不同而分成若干级别。它不同于筛分法，因为筛分测得的是几何尺寸，水力沉析法测得的是具有相同沉降速度的当量球径。此法适用于 $50\mu m$ 以上粒度范围的测定。

（3）显微镜分析。主要用来测定微细物料，可以直接观测颗粒尺寸和形状，常用于检查特殊产品或校正分析结果，其最佳测量范围为 $0.5 \sim 20\mu m$ 之间。

4.2.2　筛分效率与筛分纯度

松散物料的筛分过程可以看做两个阶段组成：易于穿过筛孔的颗粒通过不能穿过筛孔颗粒所组成的物料层到达筛面；易于穿过筛孔的颗粒透过筛孔。要使这两个阶段能够实现，物料在筛面上应具有适当的运动：一方面使筛面上的物料层处于松散状态，使易于穿过筛孔的颗粒容易达到筛面并透过筛孔，另一方面促使堵在筛孔上的颗粒脱离筛面，以有利于能透过筛孔的颗粒透过筛孔。

在筛分过程中，比筛孔尺寸小的级别应该全部透过筛孔，成为筛下产物，但实际上并非如此。总有一部分细级别的颗粒不能透过筛孔，而是随筛上产物一起排出。筛上产物中未透过筛孔的细级别数量愈多，说明筛分的效果愈差，这就是筛分效率的问题。

所谓筛分效率是指实际得到的筛下产物量与入筛物料中所含粒度小于筛孔尺寸的物料量之比，可用下式计算：

$$E = \frac{C}{Q \cdot \alpha/100} \times 100\% = \frac{C}{Q \cdot \alpha} \times 10^4\% \qquad (4\text{-}15)$$

式中　　E——筛分效率,%；

$\quad\quad\quad C$——筛下产物量，kg；

$\quad\quad\quad Q$——入筛原物料量，kg；

$\quad\quad\quad \alpha$——入筛原物料中小于筛孔的粒级的含量,%。

在实际生产中，测定 C 和 Q 比较麻烦，通常用下式计算筛分效率：

$$E = \frac{100(\alpha - \theta)}{\alpha(100 - \theta)} \times 100\% \qquad (4\text{-}16)$$

式中　　θ——筛上产物中所含小于筛孔尺寸粒级的含量,%。

筛分效率的测定方法为：在入筛的物料流中和筛上物的料流中，每隔 10~20min 取一次样，应连续取样 2~4h，将取得的平均试样，用检查筛进行筛分。检查筛的筛孔应该与生产上用的筛子的筛孔相当，分别求出 α 和 θ，按式 (4-16) 计算筛分效率。

表征筛分效率的好坏，在生产实际中更经常使用筛分纯度。所谓筛分纯度，是指经过一段时间的筛分后，某种粒度级别的料占 100g 这种料的质量分数，可以用下式来表示：

$$\eta = \frac{q}{100} \times 100\% \qquad (4\text{-}17)$$

式中　　η——某种粒度料的筛分纯度；

$\quad\quad\quad q$——取 100g 这种粒度的料，在检验筛中筛一定时间后，筛面上所残留的物料克数。

在炭素工业生产中，生产配方是按一定的纯度要求来计算的。若纯度不稳定或太低，都会破坏正常的粒度组成，从而使混捏工序所用黏结剂量波动，导致产品质量下降。实际生产中对各种原料的各粒级的筛分纯度要求列于表 4-4。

表 4-4　筛分纯度的要求

物料名称	混合焦/mm				无烟煤/mm				少灰细粉	多灰细粉
粒　级	4~2	2~1	1~0.5	0.5~0.15	20~10	10~5	5~2.5	2.5~0	<0.075	<0.075
纯度/%	80	75	65	60	80	75	55	55	75	45

4.2.3 筛分设备

4.2.3.1 筛分机种类

在炭素工业中，经常使用的筛分机有以下几类：

（1）振动筛。这类筛分机包括振动筛、共振筛和摇动筛。它们在机械带动下，通过振动，使筛面上的物料层松散，使可通过的粒级有机会透过料层并通过筛孔。与此同时，筛面上物料沿筛面向前运动，颗粒不堵住筛孔。振动筛按其传动方式可分为偏心振动筛和惯性振动筛，按其运动方式可分为圆运动振动筛和直线运动振动筛。

（2）回转筛。主要由筛框架、筛网及传动装置组成，为使物料移动，筛子的中心轴在安装时有一定的倾斜度，为了同时获得几种粒度的物料，可以在筛子全长上安装不同规格的筛网，一般把小尺寸筛网安装在给料口一端。

（3）格筛（栅筛）。可分为固定格筛和滚轴筛等。

（4）莫根生筛。又称概率筛。它虽然也是一种振动筛，但其工作原理与常用的振动筛完全不同，它是利用大筛孔、多层筛面、大倾斜角的原理进行筛分。因这种筛有许多突出的优点，近年来已被一些炭素厂采用。

在以上几类筛分机中，格筛的结构最简单，固定格筛又不需要动力，在炭素和电炭厂一般用于原料煅烧前预破碎机上部，以保证预破碎机的入料粒度适宜，也可用在原料场。回转筛一般用于焙烧填充料的筛分和石墨化车间保温料和电阻料的处理。振（摇）动筛主要用于中碎，磨粉车间的筛分。

4.2.3.2 筛面

筛面是筛分机的主要工作部件，筛分过程就在筛面上进行，合理地使用筛面对完成筛分作业有重要意义。

（1）筛栅。它由相互平行、按一定间隔排列的圆钢或钢质棒条组成。筛面上的筛孔尺寸由栅条间的缝隙宽度来决定。栅条的断面形状有多种，断面形状一般呈上大下小，以避免物料堵塞。筛栅通常用在固定格筛上，格筛倾斜放置，筛面与水平呈 30°～60°角，筛孔尺寸一般大于 50mm，筛栅的机械强度大、维修简单。

（2）筛板。筛板由钢板冲孔制成，常冲成圆形、方形或长条形的筛孔。为减轻筛孔堵塞现象，筛孔稍成锥形，圆锥角约为 7°，筛板的机械强度较高，刚度也大，它的使用寿命较长，但有效筛面面积较小，且筛孔尺寸不易做得小，因此一般用于中碎作业。

（3）筛网。这是一种应用最为广泛的筛面。它是由金属丝编织而成，筛孔有正方形和长方形两种，多数场合为正方形筛孔。筛网的突出优点是有效筛面面积大，可达 70%～80%。筛网的筛孔尺寸幅度大，从数十微米到几十毫米，所以它的用途也广，通常用于细碎和中碎作业。

4.2.4 影响筛分作业的因素

4.2.4.1 物料的性质

（1）物料的粒度特征。被筛物料的粒度组成对于筛分过程有决定性的影响。在筛分过程中，物料有三种粒度界限：小于 3/4 筛孔尺寸的颗粒称为"易筛粒"，这种颗粒愈多的物料愈容易筛，生产率也随之增加；小于筛孔尺寸但大于 3/4 筛孔尺寸的颗粒称为"难筛粒"，这种颗粒愈多且粒度愈接近筛孔时愈难筛，这时筛分效率和生产率都将下降，1～1.5 倍于筛孔尺寸的颗粒为"阻碍粒"，它阻碍细粒达到筛面而透过筛孔，使筛分效率降低。

（2）物料的含水量。物料含水时，筛分效率和生产率都会降低。当以不同筛孔的筛子处理含水量相同的物料时，水分对筛分效率的影响是不同的。筛孔愈大，水分的影响愈小。因此常采用适当加大筛孔的办法来改善含水量高的物料的筛分效率。

（3）物料的颗粒形状。如果是圆形颗粒的物料，则透过方孔和圆孔较容易。破碎产物往往是多角形，透过方孔和圆孔不如透过长方形孔容易，特别是条状、片状的物料难以透过方孔或圆孔，而较易透过长方形孔。

4.2.4.2 筛面种类和结构参数

（1）筛面种类。工业上常见的筛面有棒条筛、钢板筛和钢丝筛三种。钢丝筛的有效面积最大，筛面的单位生产能力和筛分效率最高，但使用寿命最短。棒条筛的使用寿命最长，但有效面积最小。钢板筛的有效面积和使用寿命中等。

（2）筛孔直径和筛孔形状。筛孔直径愈大，单位筛面的生产率愈高，筛分效率也较好。若希望筛上产物中所含小于筛孔的细粒尽量少，就应该用较大的筛孔。反之，若要求筛下产物中尽可能不含大于规定粒度的粒子，筛孔不宜过大，以规定粒度作为筛孔直径限度。

筛孔形状的选择，取决于对筛分产物粒度和对筛子生产能力的要求。圆形筛孔与其他形状的筛孔比较，在名义尺寸相同的情况下，透过这种筛孔的筛下产物的粒度较小。长方形筛孔的筛面有效面积大，适于条状和片状颗粒通过，生产率较高。正方形筛孔适合于块状物料的筛分。

筛孔尺寸、筛孔形状和筛下产品最大粒度的关系可按下式计算：

$$d_{max} = K \cdot a \tag{4-18}$$

式中 d_{max}——筛下产物最大粒度，mm；

a——筛孔尺寸，mm；

K——筛孔形状系数，见表 4-5。

表 4-5 K 值表

孔 型	圆 孔	方 孔	长方孔
K 值	0.7	0.9	1.2～1.7[①]

①板条状物料取最大值。

（3）筛面运动状况。筛面与物料之间的相对运动，有利于颗粒通过筛孔。各种筛子的筛分效率为：固定条筛 50%～60%；转筒筛 60%；摇动筛 70%～80%；振动筛 90%以上。

4.2.4.3 操作条件

（1）加料均匀性。均匀连续加料，控制加料量，使物料沿整个筛面的宽度布满一薄层，既充分利用了筛面，又便于细粒通过筛孔，因此可以提高生产率和筛分效率。

（2）给料量。给料量增加，生产能力增大，但筛分效率就会逐渐降低。原因是筛子过负荷，使筛子成为一个溜槽，实际上只起到运输物料的作用。因此，对筛分作业必须兼顾筛分效率和处理量。

（3）筛面倾角。增大筛面倾角，可以提高送料速度，生产能力将有所增加，但缩短了物料在筛上的停留时间，筛分效率将降低，所以筛面倾角要适当。通常振动筛安装时的倾角为 0°~25°，固定棒条筛的倾角为 40°~45°。

4.3 配 料

炭素制品根据其使用条件，要求兼备多方面的使用性能，为此，需要根据使用性能来选择各种原材料，并进行它们之间的用量和粒度配合，使各种原材料的特性在制品中取长补短，从而达到制品所要求的性能。将一种或数种不同性能与不同粒度的固体原料与黏结剂按一定比例组合起来，这种过程称为配料。显然，配料是炭素制品生产过程中的重要工序。

一般来说，炭素制品配料包括以下三方面的内容：

（1）选择炭素原料的种类，确定不同种类原料之间的使用比例。

（2）确定固体炭素原料的粒度组成，即不同大小颗粒的使用比例。

（3）确定黏结剂的种类、性能及用量。

4.3.1 适用原料的选择

炭素制品的性能是以构成它的主要原料的基本性能为基础的，因此在设计配料时，应根据制品的性能要求和不同原料的特性来选择原料，一般要考虑以下基本原则：

（1）制造纯度要求较高的制品，如石墨电极和铝电解用阳极糊等，应该采用少灰原料。

（2）高纯石墨制品对原料提出更高要求，如灰分（A_d）在5%以下。

（3）对强度要求高的石墨制品，要适当多用沥青焦，个别情况下，还可以加入少量炭黑。

（4）对要求抗高温热震性好的产品，石油焦优于沥青焦。

（5）使用时电流密度不高的产品，如电极糊等，为降低成本，可以采用无烟煤、冶金焦或石墨化冶金焦。

（6）对冶金炉炉衬和高炉炭块等，可采用多灰原料。

根据以上基本原则，按各类炭素制品主要性能，所采用的固体原料（骨料）列于表4-6。

表4-6 主要炭素制品采用的骨料

炭材料种类	主要性能要求	适用骨料
炼钢电弧炉用人造石墨电极	导电性好；抗热震性强	普通功率用石油焦、沥青焦，高功率用针状焦、沥青焦，超高功率用针状焦
电解用阳极	导电性好；耐腐蚀；耐氧化；钒含量低	沥青焦、石油焦
高炉炭块	高温强度大；高温下体积稳定性好；耐腐蚀尤其是耐碱性强	无烟煤，冶金焦、人造石墨

炭材料种类	主要性能要求	适用骨料
炭和石墨耐磨材料	机械强度高；耐磨；自润滑性好	沥青焦、天然石墨、炭黑
电机用炭刷	导电性好；自润滑性强；耐磨，换向性高	沥青焦、天然石墨、炭黑
电火花加工用电极	导电性好，尺寸变化各向同性，便于精密加工成精确形状和尺寸	沥青焦、石油焦
核反应堆用石墨	对快中子的减速能力和反射能力强，纯度高，硼、镉等含量低；高密度；辐照损伤小	石油焦、沥青焦或各向同性石油焦（含硼量低）、硬沥青焦

4.3.2　粉体混合与粒度组成的确定

炭素固体原料的粒度组成包括两方面内容：

（1）组成某一给定尺寸制品的最大粒度。

（2）各种颗粒的粒度级配。

4.3.2.1　骨料的最大粒度确定

为了使炭素制品的结构致密和具有较小的孔隙度，骨料颗粒最大尺寸的选择是有意义的。对每一种炭素制品如何选择最大颗粒尺寸，需考虑以下因素：

A　根据原料性质来确定

各种原料都含有气孔，包括开气孔和闭气孔。有些原料（如无烟煤）结构比较致密，气孔少又较小，而有些原料（如石油焦和沥青焦）气孔多而且大，最大气孔直径可达 5~6mm，因此使用石油焦和沥青焦时，其最大颗粒尺寸应在 4mm 以下，目的是避免大的闭气孔的存在，而使用无烟煤时，则可以使用 6~12mm 的颗粒，在生产电极糊时甚至可以使用 20mm 直径的颗粒。

B　根据产品的直径或截面大小来确定

大颗粒在制品中起骨架作用，所以一般来说，产品直径或截面愈大，其配料中大颗粒的尺寸也应相应增大，以提高产品的抗热震性和减小产品的热膨胀系数。例如，$\phi600$ 电极与 $\phi500$ 电极相比，大颗粒的尺寸相应较大。在实际生产中，不可能每一种产品配料的最大粒度都选一个尺寸，而是采取一类产品的配料选择同一种最大尺寸的颗粒。

可按经验公式来计算最大尺寸的颗粒：

$$D = 7.5 \times 10^{-3} a \tag{4-19}$$

式中　D——颗粒的最大直径，mm；

　　　a——制品的直径，mm。

此式只考虑了产品直径或截面与最大颗粒尺寸之间关系，忽略了诸如原料性质、制品使用要求等因素的影响，故只能用作参考。

C　根据制品的用途来确定

当制品（如炭电阻棒等）要求有较高的机械强度和具有一定的电阻时，按式（4-19）

计算所得颗粒最大尺寸就不尽合理。在这种情况下，使用的大颗粒尺寸要比计算的小，而且要多用细颗粒料，混捏时煤沥青的用量也要多一些，才能保证制品质量，以满足用户要求。

总之，在不影响产品质量的前提下，一般都力求选用大颗粒，因为大颗粒不仅能起骨架作用，还可以减少破碎时动力消耗，降低生产成本。炭素制品实际生产时，配方中的最大颗粒尺寸和产品直径关系见表4-7。

表4-7　实际配方中最大粒度尺寸和制品直径关系　　　（mm）

品　种	产品规格	石油焦	石墨碎	无烟煤	冶金焦
普通石墨电极和石墨阳极	φ300~500 电极 400 石墨块	4	4		
	φ100~275 电极厚 75 以下阳极	2	2		
	φ65~75 电极 51×51 化学阳极	1	1		
碳　块	高炉块底炭块		4	12	0.5 以下
	侧块 400×115			8	0.5 以下
	200×200 炉头块			6	0.5 以下
电极糊				20	0.5 以下

4.3.2.2　颗粒最紧密堆积与粒度比例的确定

A　颗粒最紧密堆积

各种炭素制品都是按一定的粒度组成配料，也即用不同尺寸的颗粒按比例配合，以达到最紧密堆积。

理论上，当用全部大小相同的正六方体粒子或用正方棱柱的粒子进行堆积，可以达到完整无缺、无孔隙的理想状态，但实际上的粒子都是不规则的。为说明颗粒最紧密堆积，以球形颗粒堆积来加以说明。表4-8是同一种圆球在理想状态下堆积时的孔隙率。从表4-8可见，使用同一直径的球体，无论采取何种堆积方式，其最小孔隙率只能是 25.95%，其值与球体大小无关。当在直径较大的球体堆积后的孔隙中加入一定数量直径较小的球，则堆积体的孔隙率就下降。若在两组不同直径球体的堆积体中，再加入一定量直径很小的球体，则孔隙率更小，表4-9为多组球体的堆积特性。

表4-8　圆球在理想状态下堆积时的孔隙率

堆积方式	孔隙率/%	配位数（接触点）
立　方	47.64	6
单交错	39.55	8
双交错	30.20	10
角　锥	25.95	12
四面体	25.95	12

表4-9　多组球体堆积时的孔隙率

球 体 组 成	堆积体密实度/%	孔隙率/%	孔隙率下降/%
一组球	62	38	—
二组球	85.6	14.4	23.6
三组球	94.6	5.4	9.0
四组球	98.0	2.0	3.4
五组球	99.2	0.8	1.2

　　实验证明，当堆积用球体超过四组时，孔隙率变化就不明显了。如用二组球配合，且大球与小球直径的比值为7∶3时，堆积最紧密；如用三组球，且直径比值为7∶1∶2时，堆积最紧密。在实际生产中，由于多组颗粒混合不可能完全均匀，也不能达到理想状态堆积，且破碎或磨粉后的炭素原料颗粒一般呈条形或多角形，实际堆积结果会有很大区别，但上述最紧密堆积规律对配方的制定有一定的参考价值。

　　B　各种粒度比例的确定

　　为了使骨料堆积体达到较大的堆积密度，炭素材料的骨料配方是由大颗粒、中颗粒和细粉等3~4种大小不同的颗粒组成的。大颗粒在生制品中起到骨架作用，细粉则是填充大颗粒的间隙。如上所述，在骨料配方内适当增加大颗粒比例，有利于改善制品的耐热震性和降低其热膨胀系数，可以减少焙烧的废品率，但大颗粒过多，则制品的孔隙率增加，使制品体积密度下降。增加配方内小颗粒数量，可以提高产品体积密度，减少孔隙率，增加机械强度，产品加工后表面光洁度也较高。但粉料过多时，则易于在焙烧及石墨化过程中产生裂纹，使制品的废品率增加。此外，粉料的比例增加，相应黏结剂用量增多，当黏结剂用量超过一定数量后，就会导致制品孔隙度增加，而机械强度降低。

　　实际生产中通常是通过试验方法来获得各种颗粒的合适比例，以保证堆积时达到最大堆积密度。试验方法如下：假如有若干种粒度的骨料，要找出最佳的配比，先选出最大颗粒和次一级颗粒，以质量为100单位的最大颗粒作基准，然后分别把次一级颗粒以0~100的质量配入，与基准颗粒混合，测定混合料的堆积密度，选出最大堆积密度的配比。以此混合料作为新的基准，用再次一级的颗粒同样按0~100的质量分别配入基准混合料内，测定各种配比混合料的堆积密度，选出最大堆积密度的三种颗粒混合料作为新的基准，与第四种颗粒混合，依此类推，直到确定出多种颗粒的混合比例。表4-10为少灰焦两种颗粒混合时的混合料堆积密度；表4-11为三种颗粒混合时的试验结果。由表4-10可以看出，在两种颗粒混合时，第5次的实验混合物具有最大堆积密度（0.723g/cm³），这时，两种颗粒的百分组成如下：

1.5~1.0mm粒级占：　　　$\frac{100}{100+40} \times 100\% = 71.4\%$

1.0~0.3mm粒级占：　　　$\frac{100}{100+40} \times 100\% = 28.6\%$

　　在三种颗粒混合时（表4-11），第17号混合料有最大堆积密度（0.849g/cm³），此时，三种粒度料的百分组成如下：

0.3~0mm 粒度料占： $\dfrac{60}{100+60} \times 100\% = 37.5\%$

1.0~0.3mm 粒度料占： $\dfrac{28.6}{100+60} \times 100\% = 17.6\%$

1.5~1.0mm 粒度料占： $\dfrac{71.4}{100+60} \times 100\% = 44.6\%$

表 4-10　1.5~1.0mm 与 1.0~0.3mm 料混合后的堆积密度

号　数	1.5~1.0mm 的质量/g	1.0~0.3mm 的质量/g	混合物的堆积密度/g·cm^{-3}
1	100	0	0.676
2	100	10	0.708
3	100	20	0.711
4	100	30	0.720
5	100	40	0.723
6	100	50	0.720
7	100	60	0.715
8	100	70	0.712
9	100	80	0.719
10	100	90	0.705

表 4-11　三种粒度的颗粒混合后的堆积密度

号　数	1.5~1.0 与 1.0~0.3mm 混合料的质量/g	0.3mm 料的质量/g	三种粒度混合料的堆积密度/g·cm^{-3}
11	100	0	0.723
12	100	10	0.736
13	100	20	0.767
14	100	30	0.810
15	100	40	0.827
16	100	50	0.835
17	100	60	0.849
18	100	70	0.843
19	100	80	0.824
20	100	90	0.809

上述试验表明，混合料的最大堆积密度一般出现在大颗粒和小颗粒所占比例较高，而中间颗粒占的比例小的情况下。因此，在确定配方时，适当选择最大和最小颗粒尺寸，增大它们的比例，减少甚至不用中间颗粒，以获得堆积密度最大的混合料。

4.3.3　黏结剂用量的确定

各种炭素制品的物理化学性能，在一定程度上取决于黏结剂的性质和黏结剂对骨料颗粒的浸润、渗透和黏结力。目前国内外炭素制品生产中所用黏结剂主要为煤沥青，包括中温沥青、高温沥青和改质沥青等。必要时还使用一部分添加剂，如用于降低黏结剂黏度的蒽油和煤焦油；用于提高糊的塑性，降低挤压压力，改善电极内部结构的硬脂酸（十八烷酸，$CH_3(CH_2)_{16}COOH$）；用于提高黏结剂结焦值的硝酸铝、硝酸铁和三氯化铝等。

4.3.3.1　黏结剂用量对生制品及焙烧制品性能的影响

每一种使用不同原料、不同颗粒组成的配方的制品有一个最佳的黏结剂比例。黏结剂过多或过少都会影响产品的物理化学性能。首先表现在成型工序，当黏结剂用量过少时，糊料的塑性差，挤压或模压成型时需提高成型压力，而且产生裂纹废品的可能性增加。黏结剂用量较多时，糊料塑性好，成型压力较低，成型的成品率也高一些。但过多的黏结剂会使生制品挤出或脱模后容易变形。

黏结剂用量与生制品、焙烧半成品及石墨化后产品的体积密度有直接影响。图 4-4 所示为使用 0.5~3.0mm 的颗粒及 100 目以下的球磨粉与不同比例的沥青混捏后模压成型，焙烧条件为 5℃/h 到 1100℃，在工业炉中石墨化，所得不同阶段试样的体积密度的结果。

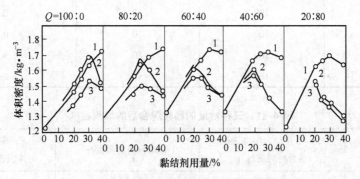

图 4-4　黏结剂用量对制品相对体积密度的影响

1—生制品；2—石墨化产品；3—焙烧半成品；Q—小颗粒与球磨粉的比例

黏结剂用量过多或过少都会增加生制品在焙烧过程中的收缩，当黏结剂用量过多时更为明显，如图 4-5 所示。用上述配方的各种试样在石墨化后分别测定电阻率、抗压强度及弹性模量，发现各项理化指标最佳时的黏结剂用量在 20%~22% 之间。

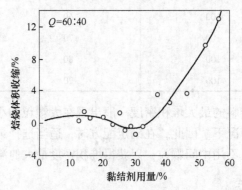

图 4-5　黏结剂用量与生制品在焙烧时收缩的关系

Q—0.5~3.0mm 颗粒与 100 目以下球磨粉的比例

4.3.3.2 原料颗粒对黏结剂的吸附性

固体炭素原料对黏结剂的吸附性与混捏时的黏结剂需用量有直接关系。吸附性大小主要取决于原料煅烧后的宏观结构性质，并且与煅烧条件有一定关系。如在氧化气氛中煅烧的原料，氧被吸附在极小的气孔和裂缝中，氧化焦炭的孔壁，而使焦炭的组织结构变得疏松，因此，吸附性增加。同一种原料不同粒度的吸附性也不一样，颗粒愈小，比表面积愈大，对黏结剂的吸附性也愈大。表4-12为几种石油焦及沥青焦在煅烧后测得的吸附性。

表 4-12　焦炭煅烧后吸附性　　　　　　　　　　　（mL/（100g 试样））

原料种类		颗粒大小/mm		
		4~2	2~1	1~0.5
石油焦 A（釜式焦化）		13	21	37
石油焦 B （延迟焦化）	回转窑煅烧	29	35	45
	罐式炉煅烧	24	28	46
石油焦 C（延迟焦化）		12	20	35
石油焦 D（釜式焦化）		11	19	38
沥青焦		20	23	39

无烟煤宏观结构致密，气孔率小，因此，对黏结剂的吸附性比较小，石油焦及沥青焦的组织呈蜂窝状，气孔率大，所以它们对黏结剂的吸附性比无烟煤要大得多。

4.3.3.3 黏结剂用量确定的一般规律

（1）产品配方的粒度组成较粗，即粉状料用量较少，大颗粒用量较多，且大颗粒尺寸较大时，黏结剂用量应适当减少；反之，粒度组成较细的配方，黏结剂用量必须适当增加。所以，小直径石墨电极配料时的黏结剂用量要比大直径石墨电极多一些。

（2）黏结剂用量与固体原料的颗粒表面性质有关。如上所述，无烟煤表面光滑、气孔较少、对黏结剂吸附能力较差，所以，采用无烟煤为主要原料的炭块、电极糊等产品的黏结剂用量要少一些。石油焦、沥青焦等为多孔结构，比表面积大，对黏结剂吸附能力大，所以用石油焦或沥青焦为原料的制品在一般情况下，黏结剂用量要多一些。

（3）成型方法对黏结剂用量也有直接影响。挤压成型要求糊料塑性好，所以黏结剂用量应多一些，而振动成型或模压成型时，糊料塑性可以差一些，因此黏结剂用量可以相对少一些。

4.3.4　生产返回料的利用

在炭素制品生产过程中，不可避免地要产生一定量的废品及加工碎屑，它们经过适当处理后，可以作为原料使用，通称为生产返回料。生产返回料有下列四种：

（1）生碎。生碎是糊料成型后检查出的不合格生制品，也包括成型过程中掉落的糊渣及挤压时的切头等。一般情况下，生碎应用于同一配方的配料中，但也可以将沥青用量及粒度组成换算后加入另一种配方中。已经沾有灰尘的生碎可以用于生产电极糊等多灰制品。使用时，一般要求破碎到 20mm 以下。

（2）焙烧碎。焙烧碎是焙烧后得到的不合格废品和炭块等焙烧制品加工时的碎屑。焙烧碎在使用时要考虑到它的灰分，少灰焙烧碎可以加到多灰产品的配方中使用，而多灰焙烧碎不应加到少灰制品的配方中去使用。焙烧碎机械强度较大，加入到配方中有利于提高制品的强度，使用时，一般破碎成中等颗粒。

（3）石墨碎。石墨碎是石墨化产品中的不合格品及石墨化制品在加工过程中产生的碎屑。石墨碎具有真密度高、体积密度大，电阻率低，振实密度、颗粒强度大等优点。在石墨电极生产中加入一定的石墨碎，可以改善糊料的塑性，在挤压时减少糊料对挤压模嘴的摩擦阻力及糊料内摩擦力，有利于提高挤压成型的成品率和生制品的体积密度。石墨碎加入到炭块等产品的配方中，有利于减少因产品端部产生蜂窝结构而出现的废品，同时还可以提高成品的导电性与导热性。生产密闭电炉用的电极糊需要加入一定数量的石墨碎，以利于提高电极糊的导电性和导热性，并提高电极糊的烧结速度。使用时，石墨碎一般破碎成中等颗粒。

（4）石墨化冶金焦。石墨化冶金焦是石墨化炉内的电阻料。一般为粒状冶金焦，经高温石墨化后所得。由于灰分较高，主要用于多灰产品的配方中，可以有效地提高产品的导电与导热性能。石墨化冶金焦一般磨成粉使用。

4.3.5　实用配方的计算

在实际生产过程中，由于设备、流程及操作等问题，使各种物料配料仓中粒度不纯，往往一种粒级料仓包含几种粒级的料。所以，在配方时，仅知道技术要求的原料组成及粒度组成的配方是不够的，还必须对各料仓的料进行粒度分析，再根据技术要求的配方原则和料斗料的筛分结果，两者综合分析、计算、调整，求出在生产中执行的配方，这种配方在实际生产中称为配料单。下面通过两个实例来介绍实用配方的计算方法。

【例 4-1】　计算生产 ϕ150mm 石墨电极的配方

（1）计算条件工艺要求的技术配方为：

原料：石油焦（63±2）%；石墨碎（10±5）%；沥青（27±2）%。

粒度：>2mm　　　　　　≤5%

　　　1~2mm　　　　　　9%~12%

　　　0.5~1.0mm　　　　8%~12%

　　　<0.075mm　　　　55%~60%

（2）确定每锅糊料应取用固体炭素原料及黏结剂的数量。若每锅糊料的总质量为1300kg，沥青用量为27%，则取用沥青的数量为：1300×27%＝351kg；固体原料用量为：1300−351＝949kg。

（3）石油焦及石墨碎的粒度组成。石油焦破碎后筛分为三种颗粒，即 2~1mm，1~0.5mm，0.5~0mm，另一部分石油焦经球磨机后磨成粉状。石墨碎破碎成 0~2mm 颗粒（见表 4-13），分别贮入 5 个贮料斗中。

（4）计算每种颗粒料的取用量。为计算方便起见，先以石油焦和石墨碎取 100g 为基准。

1）石墨碎用量。

按技术配方，以 10% 计，则石墨碎量为 100×10%＝10g。按照表 4-13 的筛分纯度，10g 石墨碎中 2~1mm 的粒度为 2.2g；1~0.5mm 级为 3.2g；0.5~0.15mm 级为 3.4g；0.15~

0.075mm 为 0.7g；<0.075mm 为 0.5g。

表 4-13　各种粒度物料的纯度

颗粒分类/mm		纯度/%				
		2~1mm	1~0.5mm	0.5~0.15mm	0.15~0.075mm	<0.075mm
石油焦	2~1 级	77	21	2		
	1~0.5 级	3	82	15		
	0~0.5 级		4	64	18	14
	球磨粉			1	21	78
石墨碎	0~2	22	32	34	7	5

2）计算石油焦各粒级的用量。

2~1mm 粒级按技术配方为 9%~12%，取其中限为 11%，即在 100g 中 2~1mm 粒级为 11g，但石墨碎中已有该粒级 2.2g，所以应取 1~2mm 级石油焦量为 8.8g。但按筛分纯度，2~1mm 级中，符合要求的占 77%，故 100g 料中从 2~1mm 石油焦贮斗取用量为：

$$100 \times 8.8/77 = 11g$$

1~0.5mm 粒级按技术配方为 8%~12%，取中限为 10%，而在 10g 石墨碎中已有 3.2g，而所取 2~1mm 级石油焦中已有 21%，故实际应取用量为：

$$\frac{10 - (3.2 + 11 \times 0.21)}{0.82} = 5.4g$$

球磨粉按技术配方要求<0.075mm 为 55%~60%，按 57% 计算。已取的石墨碎中含有 0.5g<0.075mm 料，而 0.5~0mm 粒级中还含有 14% 的<0.075mm 料。球磨粉中<0.075mm 的料只有 78%。设球磨粉取用量为 x，则

$$x = \frac{57 - [0.5 + (100 - 10 - 11 - 5.4 - x) \times 0.14]}{0.78}$$

解上式　　　$x = 72.2g$

0.5~0mm 粒级的取样量可按差减法求得：

$$100 - (10 + 11 + 5.4 + 72.2) = 1.4g$$

将以上结果整理后列于表 4-14，即为工作配方。

表 4-14　工作配方计算结果

计　量	石油焦				石墨碎
	2~1mm	1~0.5mm	0.5~0mm	球磨粉	
按 100g 计	11g	5.4g	1.4g	72.2g	10g
按 949kg 计	104.4kg	51.2kg	13.3kg	685.2kg	94.9kg

3）核算粒度组成。

在工作配方计算完毕后，应进行固体原料粒度组成的核算：

2~1mm　　104.4 × 77% + 51.2 × 3% + 94.9 × 22%/949 = 10.8%<12%

1~0.5mm　　104.4 × 21% + 51.2 × 82% + 13.3 × 4% + 94.9 × 32%/949 = 9.99%<12%

<0.075mm　　13.3 × 14% + 685.2 × 78% + 94.9 × 5%/949 = 57.01%<66%

根据以上核算，固体原料粒度组成均符合要求。

【例4-2】 某厂生产 φ300mm 石墨电极，每锅料总重为1700kg，加入20%的 φ200mm 电极生料，试计算其工作配方。

（1）计算条件。工艺要求的技术配方为：

原料：混合焦　　　　　0~4mm，67±5%

　　　石墨碎　　　　　0~4mm，10±5%

　　　沥青　　　　　　23±2%

粒度组成：>4mm　　　<2.0%

　　　　　4~2mm　　　11±3%

　　　　　2~1mm　　　14±3%

　　　　　<0.15mm　　58±3%，其中<0.075mm 占43%~45%

对于加入非本身生碎时的配方计算，基本顺序为先计算大配方（新配料），然后再计算小配方（生碎料），以大配方中的各项重量减去小配方中各相应重量所得之差，即为实际生产中各粒级和沥青的重量。

（2）大配方计算：

1）将原料比换算为固体原料的比例：

　　混合焦　　　$67/(67 + 10) \times 100\% = 87\%$

　　石墨碎　　　$10/(67 + 10) \times 100\% = 13\%$

2）确定各颗粒级别的百分组成。各种粒度物料的筛分结果列于表4-15。

表4-15　各种粒度物料的纯度

原料名称	粒级 /mm	纯度/%						
		+4	4~2	2~1	1~0.5	0.5~0.15	0.15~0.075	<0.075
混合焦	4~2	5	65	25	5			
	2~1		4	80	10	5	1	
	1~0.5			2	90	5	2	1
	0.5~0				5	65	20	10
石墨碎	粉料					5	20	75
	4~2	5	60	20	10	5		
	2~0		5	20	35	10	15	15

确定石墨碎的用量为：4~2mm 料5%；2~0mm 料8%。

计算混合焦各粒级百分组成：

　　4~2mm　　　$[11 - (5 \times 0.6 + 8 \times 0.05)]/65 \times 100\% \approx 12\%$

　　2~1mm　　　$[14 - (5 \times 0.2 + 8 \times 0.2 + 12 \times 0.25)]/80 \times 100\% \approx 11\%$

　　粉料　　　　$(43 - 8 \times 0.15)/75 \times 100\% \approx 56\%$

对于有技术要求的各项固体原料总用量为：

$$56 + 11 + 12 + 8 + 5 = 92\%$$

余下8%可在没有技术要求的粒级中选取：1~0.5mm 料3%；0.5~0mm 料5%。

进行调整：

4~2mm 料　[11 − (5 × 0.6 + 8 × 0.05 + 11 × 0.04)]/65 × 100% = 11%

2~1mm 料　[14 − (5 × 0.2 + 8 × 0.2 + 11 × 0.25 + 3 × 0.02)]/80 × 100% = 11%

粉料　　　[43 − (8 × 0.15 + 5 × 0.1)]/75 × 100% = 55%

总用量为：11% + 11% + 55% + 8% + 5% = 90%，余下 10% 选用 1~0.5mm 料 5%；0.5~0mm 料 5%。

3）验算：

+4mm 料　　11% × 0.05 + 5% × 0.05 = 0.8% < 2%

−0.15mm 料　55% × 0.95 + 5% × 0.3 + 5% × 0.03 + 11% × 0.01 + 8% × 0.3 = 56.4% < 58%

经验算，符合技术配方要求，将上述计算结果，确定各种料的取用量：其中沥青量为 1700 × 23% = 391kg；

固体原料量为 1700 × 77% = 1309kg。

固体原料各粒级取用量列于表 4-16。

表 4-16　大配方中固体原料各粒级用量

固体原料	混合焦					石墨碎	
	4~2mm	2~1mm	1~0.5mm	0.5~0mm	粉料	4~2mm	2~0mm
粒级百分数/%	11	11	5	5	55	5	8
质量/kg	144	144	65	65	720	65	106

（3）小配方计算。已知生碎料的配比为混合焦：2~1mm 料 13%；1~0.5mm 料 10%；0.5~0mm 料 21%；<0.075mm 料 56%，煤沥青 25%。

计算生碎中各粒度和煤沥青的取用量

生碎总量　　　　1700 × 20% = 340kg

煤沥青量　　　　340 × 25% = 85kg

混合焦量　　　　340 − 85 = 255kg

其中：　　　　　2~1mm　　255 × 13% = 33kg

　　　　　　　　1~0.5mm　255 × 10% = 25kg

　　　　　　　　0.5~0mm　255 × 21% = 54kg

　　　　　　　　<0.075mm　255 × 56% = 143kg

（4）φ300mm 石墨电极总配料单。将大配方中各粒级质量减去小配方中相应粒级质量，就可得到总配料单如下：

混合焦　4~2mm 级　　　　144kg

　　　　2~1mm 级　　　　111kg

　　　　1~0.5mm 级　　　 40kg

　　　　0.5~0mm 级　　　 11kg

　　　　<0.075mm 级　　　577kg

石墨碎　4~2mm 级　　　　65kg

　　　　2~0mm 级　　　　106kg

生碎　　　　　　　　　　340kg

沥青　　　　　　　　　　306kg

4.3.6 配料设备

在计算配方以后，配料操作就是分别从各贮料斗准确称取所规定的公斤数。称量设备有磅秤、称量车、皮带秤、电子秤等。理想的配料操作是自动计量及程序控制，图4-6为用电子秤配料的自动计量系统示意图。

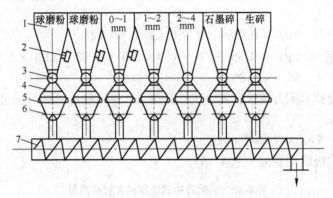

图 4-6　电子秤配料的自动计量系统示意图

1—贮料斗；2—仓壁振动器；3—格式给料器；4—称料斗；5—电子秤传感器；
6—液压扇形阀；7—螺旋输送器

4.4 混　捏

4.4.1 混捏的目的与方法分类

4.4.1.1 混捏的目的

在炭素材料生产过程中，为了能顺利成型，并使成品结构具有良好的均匀性，则要求将配好的各种物料放在一定设备中进行搅拌，使之达到均匀性。这种使骨料的各种组分，各种粒度及黏结剂达到均匀混合，以得到可塑性糊料的工艺过程，称为混捏。

混捏的目的在于：

（1）使各种不同粒径的骨料均匀混合，用小颗粒填充大颗粒之间的孔隙，以提高糊料的密实程度。

（2）使骨料和黏结剂混合均匀，让黏结剂均匀地覆盖在骨料颗粒的表面，并部分渗透到颗粒的孔隙中去。由黏结剂的黏结力把所有颗粒结合起来，赋予糊料以塑性，以利于成型。

4.4.1.2 混捏方法分类

根据被混物料的品种不同，将混捏方法分为两大类：

（1）冷混捏。混捏时不加沥青黏结剂，或者沥青黏结剂以固体粉末状加入。把物料装到容器中，利用容器的翻滚及物料本身的自重进行物料之间的掺和。这种工艺主要用于模压制品。两种密度不同的物料，如石墨—金属材料的配料常用此法。

（2）热混捏。由于沥青在常温下为固体，为使沥青以液态与骨料混合，并在骨料表面浸润，通常要在加热情况下进行混合。这种工艺主要用于使用沥青或树脂作为黏结剂的配料，或是物料密度相差不大的物料进行混捏。

4.4.2 固体颗粒与黏结剂的相互作用

4.4.2.1 吸附

根据朗格缪尔学说，固体表面的活性中心在吸附过程中起着剩余价力的作用，吸引被吸附分子，此种力的作用和化学键力一样。他认为被吸附物分子在固体表面形成一层单分子时，吸附就达到饱和。其后，布鲁诺等则认为，如果已被吸附的分子层上尚有足够的吸引力，这时就可以有多分子吸附层。这就是说黏结剂的黏结能力不仅表现在它和吸附剂表面有强大吸附力，而且它本身的分子间也有强大的吸引力。

异类分子间的作用力的强度服从于化学相似原理，即相互接触的物质在化学性质上愈近似，则它们的相互作用就愈强。因此，煤沥青黏结剂分子本身能有强大吸引力，而且它与沥青焦以及由类似于煤沥青的物质如石油沥青、煤所生成的焦炭之间能够牢固地结合。

4.4.2.2 润湿

当固体炭素颗粒与液态黏结剂接触时，由于固液间的分子引力使液相的黏结剂分子吸附在固相表面，并趋向于有规律的排列，在炭素颗粒表面形成"弹性层"，而且当温度足够高时，黏结剂分子会从颗粒表面迁移到微孔中去，从而把固体颗粒润湿。

煤沥青属于弱极性物质，在一定温度下，对炭素原料的颗粒有较好的润湿效果。炭素糊料的混捏质量在很大程度上受到沥青与固体炭素颗粒润湿效果的影响。如果固体炭素颗粒表面已吸附一定数量的水分，产生了强极性的吸附层，就会显著降低沥青对固体炭素颗粒的润湿作用。

润湿作用的强弱由固相与液相接触界面上的表面张力来决定，可以用液相对固相的静力润湿接触角 θ 来表示。θ 为在固液两相接触点对液滴作切线与固体材料平面之间的夹角。θ 除与固液相材料的性能有关外，主要受体系温度影响很大。沥青软化点不同和加热温度不同时，润湿接触角在很大范围内变动。提高沥青温度会使润湿接触角减小，但不同软化点的沥青变化不同，如图 4-7 所示。对于软化点为 73℃ 的沥青，加热温度从 82℃ 提高到 133℃，润湿接触角从 120° 降至 20°；对于软化点为 102℃ 的沥青，加热温度从 117℃ 提高到 207℃，才使 θ 从 120° 降至 20°；而对软化点为 133℃ 的高温沥青，要加热到 240℃，才使 θ 降低到 20°。通常认为 θ 小于 90° 时润湿作用较好。θ 愈小，即沥青对固体炭素颗粒表面接

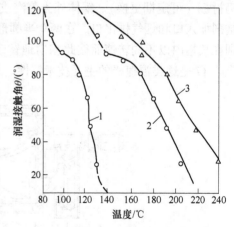

图 4-7 不同软化点沥青与炭素材料
的 θ 角与温度的关系

1—软化点 73℃ 沥青；2—软化点 102℃ 沥青；
3—软化点 133℃ 沥青

触得愈好，沥青对颗粒的附着力愈大，对于上述三种沥青的润湿接触角为 90° 时的相应温度分别为 105℃、147℃ 和 178℃，即要使 θ 小于 90°，必须加热到这些温度以上。

4.4.2.3 表面渗透

沥青接触固体炭素颗粒不仅有表面吸附和润湿，还有毛细管渗透现象。一旦沥青润湿颗粒表面后，沥青中的轻质组分就开始渗透到颗粒表面的孔隙中去。温度愈高，沥青的黏度愈低，愈容易渗透。图 4-8 为软化点 105℃ 的沥青对炭素材料试样（毛细管平均半径为 0.01cm）的渗透测定结果。

由图可见，当沥青加热温度低于 148℃ 时，毛细管压力为负值（表现为推出力），只有提高到 148℃ 以上时，毛细管压力为正值，并随着温度上升而增大。在 170℃ 时出现转折点，此点相当于润湿接触角明显减小的始点，继续提高温度促使毛细管压力增加，因而加剧了沥青对炭素原料颗粒的渗透。研究还表明沥青对炭素原料颗粒表面的渗透量与黏度的平方根成反比，并在一定范围内与时间平方根成正比。

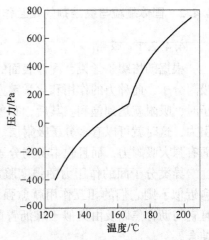

图 4-8 沥青与焙烧炭素材料之间
毛细管压力随温度的变化
（毛细管平均半径 0.01cm）

4.4.3 混捏设备与工艺

4.4.3.1 卧式双轴搅拌混捏机

卧式双轴搅拌混捏机是目前国内使用最普遍的混捏机，用于带黏结剂糊料的热混捏。图 4-9 为这种混捏机的结构简图。它主要由锅体、搅刀和减速传动装置构成。锅体的上部是立方体，下部是两个半圆形长槽，在两半圆形槽中间构成一个纵向脊背形。锅体内镶锰钢衬板（可定期更换）。锅体外为蒸汽或电加热的夹套，有盖混捏锅的锅盖上有骨料和黏结剂加入口和烟气排出口。在两个半圆形槽内装有两根平行的相同形状的麻花形搅刀，分别在长槽内以不同转速而彼此相向地转动。搅刀边缘与锅底的间隙依配料最大颗粒而定。表 4-17 是这类混捏机的主要技术特性。

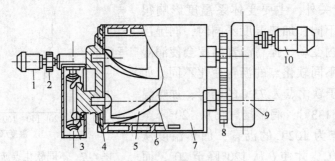

图 4-9 双轴搅拌混捏机
1，10—电动机；2—对轮；3—蜗轮减速机；4—衬板；5—搅拌轴；
6—加热夹套；7—锅体；8—齿轮；9—减速机

双轴搅拌混捏机是间歇式生产设备，按加料—混捏—卸料周期性循环操作。物料在混捏机内首先经过一段时间干混，使物料相互之间温度均匀，并提高了物料的堆积密度。然

表 4-17　双轴搅拌混捏机的主要技术参数

主要性能参数	混捏机规格型号			
	2000	1200	600	200
计算容积/L	3000	1200	800	300
有效容积/L	2000	800	600	200
前搅刀转速/r·min^{-1}	20.0	21	27	29
后搅刀转速/r·min^{-1}	10.5	11	15	17
搅拌电动机功率/kW	61	40	25	15
倾翻电动机功率/kW	8			
锅体倾翻最大角度/(°)	110			
倾翻一次时间/s	35			
加热蒸汽压力/MPa	0.5	0.5	0.5	0.5
搅刀搅拌直径/mm	798	583	463	358
搅刀长度/mm	1438	1048	838	668

后加入黏结剂进行混捏，在混捏机内，糊料同时受到挤压和分离两种混捏作用。由于两根搅刀相向以不同转速转动，依次将应变力作用于糊料的各点上，这是进行挤压混捏。当糊料被挤到混捏锅底部的脊背处，就马上被劈成两部分。当一部分糊料被脊背劈下而脱离搅刀 1 的作用时，就被搅刀 2 带走，同样，当搅刀 2 转到脊背处时，被劈下的糊料被搅刀 1 带走，这时进行分离混捏。这样两个搅刀不断转动，把糊料挤压、劈分、搅拌、捏合，从而达到混匀的目的。为避免被劈分的两部分糊料反复相遇，又能使两个半圆形槽内的糊料互相混匀，两根搅刀的转速比相差一倍左右。

混捏好的糊料有两种卸料方式，一为用传动机构使混捏锅向一侧倾翻一定角度，同时打开锅盖，将糊料倒出来。这种卸料方式烟尘较大，且锅内料不易卸尽，但锅体检修方便。另一种为在混捏锅底部开有长方形的卸料口，利用料口开、关装置，从底部卸料。这种方式环境较好，糊料也易于卸尽，且设备生产能力较高，但锅体检修不方便，有时会因卸料口密闭不好而漏料。

4.4.3.2　连续生产混捏锅

双轴搅拌混捏锅为间歇式生产，生产效率较低，劳动强度大，生产环境差，且不便于自动化生产，故近年来趋向于采用连续混捏机。连续混捏机有双轴连续混捏机和单轴连续混捏机两类。

图 4-10 为双轴连续混捏机结构简图。这种混捏机由锅体、搅拌轴和加热系统等组成。锅体是一个铸钢或钢板焊成的 U 形或椭圆形外壳，锅体内有两根平行配置带有搅刀的主轴（转子），轴由电动机经减速机带动，轴上安装有正向搅刀和反向搅刀。正向搅刀使糊料前进，反向搅刀使糊料后退或停滞。两轴相对转动，使糊料受挤压，当糊料到达脊背处被劈成两部分，分别由两边搅刀带走而被分离，使物料受到混捏。为了使糊料一边搅拌，一边向料口移动，正向搅刀的数量比反向搅刀的数量多。正向搅刀数量愈多，物料被混捏时间愈短，此时，产量高而糊料质量较差。反向搅刀数量愈多，糊料被混捏时间愈长，产量相对较低。

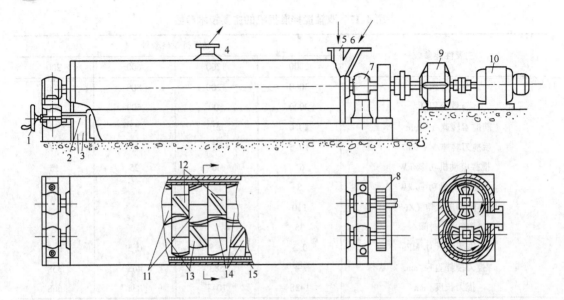

图 4-10 双轴连续混捏机示意图

1—出料口转轮；2—出料口活门；3—出料口；4—排烟口；5—沥青下料口；6—骨料下料口；7—轴承；8—齿轮；
9—减速机；10—电动机；11，13—反向搅刀；12，14—正向搅刀；15—加热装置

连续混捏机需要和连续配料设备配套使用。特别是沥青的准确计量及均匀加入混捏机是保证糊料质量的关键。由于液态沥青连续计量较困难，故多数采用软化点较高的固态沥青。

连续混捏机的优点是机械化程度高，便于实现自动化，劳动条件较好，但必须与精确配料设备配合使用，使整个设备较复杂，调整较困难，故只适用于大批量单一配方产品的生产，如阳极糊的生产过程。

4.4.3.3　逆流高速混捏机

图 4-11 为逆流高速混捏机的结构简图。它的主体是一个可以作水平方向旋转的圆筒，

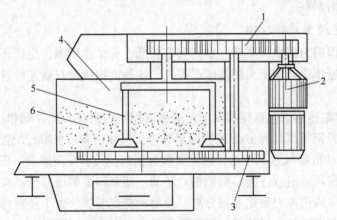

图 4-11　逆流高速混捏机示意图

1，3—传动齿轮；2—电动机；4—锅体；5—搅拌轴；6—糊料

从筒体上部向筒内插入搅拌装置，搅拌轴的方向与圆筒转动方向相反，搅拌轴的安装是偏心的。由于搅拌的同时圆筒也在旋转，故仍然能使筒内各部分的料受到反复搅拌并混捏。这种混捏机混捏时间短，糊料质量好，设备结构简单，操作和维修方便。

4.4.3.4 强力混捏冷却系统

2005年以来，我国不少企业引进了德国Eirich公司生产的强力混捏冷却系统。该系统采用干料预先加热、强力混捏、快速水冷的技术，可有效改善糊料质量，促进产品质量均质化，提高生产效率。

A 工艺流程

强力混捏冷却系统主要由干料加热、混捏机和圆盘给料机组成，其系统构成如图4-12所示。合格的颗粒料和粉料进入配料仓，按照工艺配方要求，分别进入配料称进行称量，称量好的粒料通过皮带运输，粉料通过气力输送进入混合料仓1汇总后，排入电加热器4内进行加热，达到设定的加热功率后，将物料排入强力混捏冷却机8内进行干混，同时经由生碎仓2和生碎秤5加入一定数量的生碎，数分钟后从沥青储罐3和沥青配料秤7向混捏机内加入液体沥青进行湿混，湿混结束后，根据出糊温度要求，自动计算冷却水用量，对糊料进行喷水冷却，达到出糊温度时，由混捏机将糊料排至圆盘给料机9中，待成型使用。强力混捏冷却系统开始下一轮循环，周而复始。

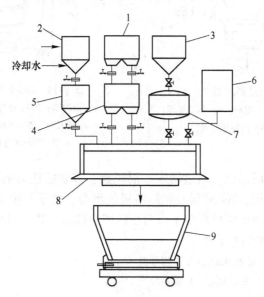

图4-12 强力混捏机系统构成

1—料仓；2—生碎仓；3—沥青储罐；4—电阻加热器；5—生碎秤；6—冷却水秤；
7—沥青配料秤；8—DW29/4混捏机/冷却机；9—圆盘给料机

B 强力混捏冷却系统主要设备

a 干料加热器

干料加热器结构如图4-13所示。主要由隔热料箱、进料和排料机构、加热电极板、配电系统、称量系统、自动控制系统组成。干料加热器是一种电阻式加热器，干料装入料箱内，通过料箱对应两侧的导电电极给物料通入电流，依靠干料自身的电阻发热把干料加热到规定的温度，焦层内的温度偏差大约在 50℃ 以内，一般焦的平均加热温度不超过 200℃。设计上可根据装料的多少确定设置的加热电极数，同时还要充分考虑加热电极的上下层间距布置，以使电流平均分配和焦层内温度偏差最小。干料加热器一般可在十几分钟之内加热完干料。

　　b　强力混捏机

　　强力混捏冷却机由旋转锅体、两套多功能搅刀组、底/壁刮刀、红外测温系统、卸料装置、喷水冷却系统、润滑系统、空气循环管路系统、自动控制系统等构成，如图 4-14 所示。

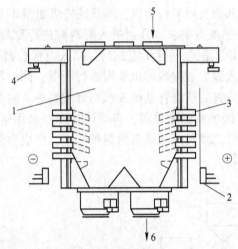

图 4-13　干料加热器示意图

1—料箱；2—接线端子；3—电极；4—称重单元；
5—进料口；6—排料口

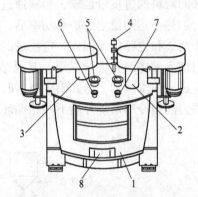

图 4-14　Eirich 强力混捏机示意图

1—混捏锅；2—1 号搅刀组；3—2 号搅刀组；
4—温度计；5—干料进口；6—沥青进口；
7—冷却水进口；8—出料口

　　加热好的干料排入混捏机，通过转子、混捏盘、多功能搅刀的联合转动来完成混捏。多功能搅刀设计为挡流板、底/壁刮刀和卸料板的组合。转子根据安装的桨叶形状不同和桨叶方式不同分为鼓形转子和星形转子。两个转子为偏心安装，星形转子偏向混捏盘中心安装。DW29/4 型混捏机的参数如下：

　　　　星形转子：55kW，转速 90r/min，5 层桨叶

　　　　鼓形转子：130kW，变频调速，8 层桨叶

　　　　混捏盘：40kW，转速 10r/min

　　预热好的干料由加热器排入混捏机。混捏时，星形转子和转盘顺时针方向转动，鼓形转子逆时针旋转，多功能搅刀沿底盘由外向内不断把物料推入圆盘中间。多功能搅刀分离物料和改变物流的运动方向，圆盘转动则带动物料做水平和垂直方向的运动，高速旋转的转子主要作用于圆盘和多功能工具。这样在混捏机内物料呈翻滚状，形成了水平和上下方向的混捏。由于混捏盘的转动，避免了混捏时产生的死角，使物料更大限度地得到混捏。一个混捏周期要经过干混、湿混和冷却过程，一般控制在 15～20min。对于不同的糊料，根据实际需要设定混捏周期。搅拌运动示意如图 4-15 所示。

　　混捏的核心问题是把糊料各组分混捏均匀，还要使黏结剂沥青在焦炭颗粒表面的吸附

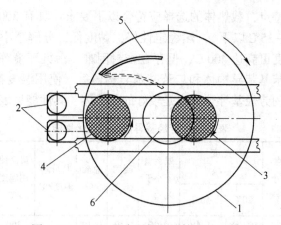

图 4-15　Eirich 强力混捏机搅拌运动示意图

1—旋转锅体；2—圆盘驱动机构；3—1 号搅刀组；4—2 号搅刀组；5—排料刮刀；6—排料口

层达到一个理想状态。实际生产中，对比分析了 $\phi600mm$ 和 $\phi700mm$ 电极糊料在不同的混捏时间和不同混捏温度下的挥发分含量，发现挥发分含量在 0.2% 内变化的糊料，压型时表现出的挤压压力稳定，制品成品率达到 96% 以上。从生制品断面可看到小颗粒填充大颗粒间隙非常理想，制品孔隙极小，结构均匀密实。压出的 $\phi600mm$ 和 $\phi700mm$ 电极生制品的体积密度为 1.76~1.77g/cm^3。

制品沿轴向进行解剖，发现内部颗粒长度沿轴向排列一致性趋向明显，无其他内部缺陷。

混捏完成后，要对糊料进行冷却，冷却的温度要事先由操作人员输入到计算机内。当混捏时间完成后，即开始喷水进行冷却。喷水量可依据热平衡方程 $Q_{放}=Q_{吸}$ 计算确定。

c　圆盘给料机

圆盘给料机由料斗、圆盘、卸料工具和搅拌臂、底刮板、盘驱动、加热单元、称重单元等组成。圆盘给料机的料斗壁及盘底采用电加热方式，加热温度根据要求进行设定，偏差±5℃。卸料工具分布在圆盘上，通过支撑臂固定在外部设备框架上，搅拌臂安装在卸料工具上，当卸料时，圆盘转动带动搅拌臂旋转把糊料打松，然后沿着卸料工具达到盘边的输送点上。卸料工具上的底刮板把盘底和盘边的料刮到下料口完成卸料作业。这种设备最大的优点：一是有保温作用，特别是对于两锅糊料用于一次挤压的生产，能保证两锅糊料温度均匀；二是使糊料活性进一步稳定，糊料质量进一步得到均衡，利于挤压成型；三是带有称重功能，可实现定量向压机供料。

4.4.3.5　载热体加热与沥青快速熔化

A　载热体加热

使用高软化点的硬沥青或改质沥青作为黏结剂已成为炭素行业的发展方向之一，而我国大多数炭素厂使用的中、低压蒸汽，已难以满足这类沥青的熔化与加热要求。在这种情况下，载热体就应运而生。

载热体的广义定义为用于传热的各种介质，包括蒸汽、水、空气、烟道气、矿物油、汞、熔盐、熔融金属和某些有机化合物以及砂粒、焦炭等。炭素行业所谓载热体，一般特指矿物油和某些有机溶液。

根据炭素生产的特点，载热体的选择应符合以下要求：具有 300℃ 以上的高沸点，蒸汽压低，凝固点低（-35℃ 以下），热稳定性好，黏度低，分解率小。国外早期使用的联苯和联苯醚，使用温度可高达 400℃，但存在密封困难，污染环境等缺点，近来逐渐为石油系产品所代替，如苄基苯异构体和二苄基苯异构体等，使用温度都可达到 330~350℃。我国石化部门开发出的芳烃基导热油也是较好的载热体，其性能见表 4-18。

表 4-18 芳烃基导热油的理化性能

牌 号		相对密度 d^{20}	闪点（不小于）/℃	黏度 /m·s⁻¹		残炭量（不小于）/%	凝固点/℃	总硫/%	热分解温度/℃	最高使用温度/℃	最高使用温度下蒸汽压力/MPa	毒性	酸值（不小于）/mg KOH·g⁻¹
				20℃	50℃								
YD-300	标准	1.0100	130	15.6× 10⁻⁶	5.4× 10⁻⁶	0.05	-10	0.12		300		低	0.02
	实测		145			0.02	-32	0.10	325		0.018		
YD-325	标准	1.0104	140	20.9× 10⁻⁶	6.6× 10⁻⁶	0.05	-10	0.15		325		低	0.02
	实测		158			0.004	-39	0.13	328		0.035		
YD-340	标准	0.9567	110	5.7× 10⁻⁶	2.8× 10⁻⁶	0.05	-20	0.05		340		低	0.02
	实测		117			0.001	-58	0.07	340		0.280		

实践表明，与蒸汽加热相比，载热体加热具有温度高，给热强度大，热效率高等优点，尤其是仅采用低压管网系统即可满足运行要求更为突出。但采用载热体加热时，必须十分注意安全生产。

B 沥青的快速熔化

用沥青熔化槽熔化沥青是一种传统方法。这种熔化槽一般是方形或圆形钢槽，周壁采用蒸汽蛇管间接加热，固体沥青从上口装入，液体沥青从下部排出，将沥青的熔化与静置合二为一，具有工艺设备简单，操作方便的优点，但只能熔化中温沥青，熔化周期长，能耗高。近年来，发展了沥青快速熔化装置，这种工艺具有以下特点：

（1）以芳烃基油类为载热体。

（2）熔化槽、加热保温槽中均设有搅拌器，并让熔化沥青部分循环回流，使沥青的加热由单一的热传导变为热对流与热传导联合传热。

（3）各槽均采用锥形底，并与集渣罐相连，定期排渣时不需停止熔化作业，克服了传统方法，需多台熔化槽间歇轮换排渣的缺点。

因此，这种沥青快速熔化装置具有热效率高、熔化时间短、可连续运行的优点。

4.4.4 粉末混合设备与工艺

粉末混合使用的设备主要是粉末混合机。这是将各种成分和粒度的粉末料通过扩散、对流和剪切作用使物料分布均匀的一种机械，属于冷混合机。依其内部结构和外壳形式不同，可以有多种类型。图 4-16 为常用粉末混合机的外形。

粉末混合机的主要构件是筒体，其形状有圆形、圆锥形、六角形、立方形等，也有几个筒体组合。筒体安装有水平式、倾斜式。筒内有安装搅拌器的，也有不装搅拌器的。旋转轴有在中心的，也有偏心的。筒体可以转动，也可以不转动。无论何种结构，这类混合机都是主要由粉料在筒体内依靠自重抛撒和撞击筒壁进行混合。

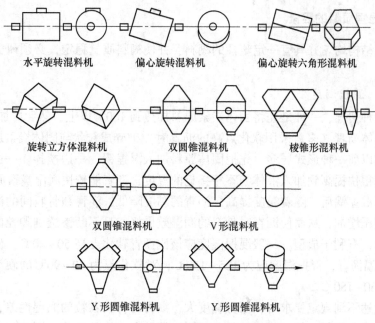

水平旋转混料机　　　偏心旋转混料机　　　偏心旋转六角形混料机

旋转立方体混料机　　　双圆锥混料机　　　棱锥形混料机

双圆锥混料机　　　V形混料机

Y形圆锥混料机　　　Y形圆锥混料机

图 4-16　常用粉末混合机外形图

图 4-17 是国内常用的一种圆筒混合机的结构简图。其主要部件是钢制圆筒体，筒内壁装有螺旋形桨叶和斜切隔板，隔板并不伸到圆筒中心，当筒转动时，将粉料沿侧壁提升到一定高度后，再借自重抛向中央部分，由于粉料相碰而剧烈混合。物料从上面进料管进入，由螺旋送入筒内，混合结束时，筒体反向旋转，料从筒内经螺旋从卸料口卸出。

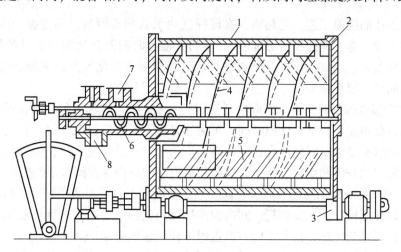

图 4-17　圆筒混合机

1—筒体；2—套圈；3—支承轮；4—螺旋桨叶；5—隔板；
6—螺旋输送机；7—进料管；8—卸料管

影响这种混合机混匀效果的主要因素为粉末特征、粒度比、混合时间、混合温度及转速等。

4.4.5 影响混捏质量的因素

为了得到结构均匀并具有一定塑性的糊料，并使糊料质量稳定，必须研究混捏工艺中的影响因素。

4.4.5.1 混捏温度

混捏有两种情况，一种是先将固体炭素原料加热到100℃以上，然后再加入液体沥青；另一种是将固体沥青（多数采用软化点高的沥青时）破碎成粒状与固体炭素原料同时加入混捏锅。目前以前一种形式居多，先把固体原料加入混捏锅，一边搅拌，一边加热，使固体原料的温度很快提高到加入液体沥青相接近的温度，沥青能较快润湿炭素原料颗粒。

沥青加入混捏锅后，随着温度提高，沥青的黏度降低，沥青和骨料间的润湿接触角减小，毛细渗透压增加，从而使沥青对骨料的润湿效果好，且不断渗透到颗粒的孔隙中，使糊料塑性增加，有利于成型。一般混捏温度应该比沥青软化点高50~80℃，例如软化点为65~75℃的中温沥青，混捏温度应为125~150℃，对软化点为80~90℃的硬沥青，其混捏温度应达到160~180℃。

混捏温度达不到规定要求时，沥青黏度大，沥青对骨料颗粒的润湿性差，会造成混捏不匀，甚至出现夹干料，使糊料塑性差，且增加搅拌电动机的负荷，严重时会烧坏电动机或折断搅刀。用这样的糊料不利于压型，容易使生制品结构疏松，体积密度低。混捏温度也不宜过高，太高的混捏温度会使沥青中部分轻组分分解并析出，而一些重质组分由于氧化而发生缩聚，其结果使沥青老化，也会使沥青对骨料颗粒润湿性变差，使糊料塑性变坏，甚至会出现废料。

4.4.5.2 混捏时间

对间歇操作的混捏工艺，先热锅，在混捏锅内加入炭素原料，约搅拌10~15min；然后加入液体沥青，继续搅拌30~45min。为了研究混捏时间及其他混捏条件的影响，可以测定糊料的挥发分、组成变化以及糊料在挤压过程中压力变化等方法来判断糊料的质量。掌握混捏时间的一般规律为：

（1）混捏温度偏低时，混捏时间应适当延长；反之，混捏温度偏高时，混捏时间可缩短。因为在较低温度下，延长混捏时间，可使沥青对骨料的润湿性改善；有利于大小颗粒分布均匀，能够有足够时间使沥青在颗粒表面均匀分布一层薄膜，改善糊料的塑性。当温度较高时，沥青的分解和缩聚加剧，此时延长混捏时间只会导致糊料塑性变坏。

（2）使用软化点较低的沥青时，在同样的混捏温度下，可以适当缩短混捏时间。这是因为沥青的软化点较低时，在较短时间内润湿接触角就趋于稳定，再延长混捏时间，反而会使大颗粒骨料遭到破坏，打乱了原有粒度组成而使堆积密度下降。

（3）配方中使用小颗粒多时，要适当延长混捏时间，因为小颗粒的比表面积大，需较长时间才能被沥青润湿。

4.4.5.3 骨料表面性质

骨料颗粒表面粗糙，气孔多，则和黏结剂黏结力强，所得糊料塑性好；反之，如骨料表面光滑、气孔少，则与黏结剂不易很好黏结，所得糊料塑性差一些。当配料中加以石墨碎和石墨化冶金焦时，由于其表面毛细孔多，毛细渗透性好，使颗粒表面形成同样厚度沥青膜时需要较多黏结剂。所以当使用这些返回料时，要适当提高黏结剂用量，才能保证混捏的质量。

4.4.5.4 煤沥青的改质及表面活性剂的使用

A 煤沥青的改质

当煤沥青用作生产大规格、高品位石墨电极的黏结剂时，面临如何提高析焦率的问题。采用高温沥青可以提高析焦率，但其软化点也提高了，所以必须对炭素厂的熔化及混捏设备加以改造，如前所述，采用载热体加热代替传统的蒸汽加热以及消耗较多的热量。对煤沥青进行稀释和加入改质剂，可以在降低煤沥青软化点的同时提高其析焦率。因此，就有可能在不增加新的煤熔化装置的情况下，达到提高沥青的析焦率的目的。所用添加剂的数量很少，而改质效果明显。

用于提高煤沥青析焦率的添加剂有许多种，如脱氢氧化剂：$Ni(NO_3)_2 \cdot 6H_2O$、$Al(NO_3)_3 \cdot 6H_2O$、KNO_3 等；脱氢缩聚催化剂：B、S、$FeCl_3$、$AlCl_3$ 等；氧化剂：$(NH_4)_2S_2O_3$、$FeC_2O_4 \cdot 2H_2O$ 等。有资料认为添加剂提高沥青析焦率的顺序为：$S > FeC_2O_4 \cdot 2H_2O > (NH_4)_2S_2O_3 > B > AlCl_3 \cdot 6H_2O$。

有资料表明用蒽油对中温沥青（软化点 85℃）进行稀释，并用 $Fe(NO_3)_2 \cdot 9H_2O$、PCl_3、$(NH_4)_2S_2O_4$ 进行改质，当蒽油加入量为 13.5%～20%，添加剂加入量为 1.2%～4% 时，煤沥青在软化点降低 9～17℃ 的同时，析焦率提高 4%～10%。

B 表面活性剂的使用

表面活性剂以很少的量加到骨料中去，能起到以下作用：

（1）改变骨料的表面活性，使骨料与沥青的亲和力增大，从而提高黏结剂的析焦量和增加制品的机械强度。

（2）降低糊料黏度，从而可减少黏结剂的用量。

（3）使沥青渗入骨料毛细管中的深度增加。

表面活性剂的加入，不仅有利于混捏和成型，而且在焙烧时能强化骨料和黏结剂体系。在一般情况下，采用阴离子表面活性剂，如油酸。

复习思考题

4-1 什么叫多级粉碎，为什么要采用多级粉碎？画出多级粉碎流程。

4-2 粉碎时的基本原则是什么，为什么，如何能实现？

4-3 炭素生产使用的粉碎机械有哪些种类，其各自的粉碎原理与适用性有什么不同？

4-4 如何计算筛分纯度，它有什么用处？

4-5 什么是筛网的"目"，筛分用筛网有哪几种标准体系？

4-6 什么是粒度组成，炭素生产中采用的粒度组成有哪几种表示方法？

4-7 炭素生产中配料包括哪些内容，如何确定粒度组成？

4-8 什么是球体最紧密堆积原理，该原理对炭素材料的颗粒配方有什么指导意义？

4-9 黏结剂的作用是什么，应具备什么条件，如何确定其用量？

4-10 如何确定黏结剂合理用量，黏结剂过多或过少对于制品的质量有什么影响？

4-11 生产返回料如何回配到炭素材料的生产配料中去？

4-12 混捏的作用是什么？试述混捏的原理，从混捏原理分析影响混捏质量的因素。

4-13 混捏过程各阶段物料的温度对炭素制品的质量有什么影响，如何控制？

4-14 什么是导热油和导热油传热系统，导热油的质量有哪些要求？

4-15 某厂生产 φ250mm 石墨电极，其技术配方为混合焦（0~2mm）占（68±2）%；石墨碎块（0~2mm）占（8±2）%；煤沥青（24±2）%。每锅料的总质量为 1500kg。对粒度要求为：

骨料粒度/mm	>2	1~2	0.5~1	<0.15	<0.075
组成/%	≤210	±215	±255	±240	±3

各料斗的筛分纯度见表 4-13。试计算实用配方。

5 成 型

为了得到一定形状、尺寸、密度和机械性质的炭素制品，必须将混捏好的糊料进行成型。成型的方法很多，在炭素工业中常用的方法有模压法、挤压法、振动成型法和等静压成型法。

5.1 成型过程的基本概念

5.1.1 成型过程的剪切力

物料被密实时，为使物料发生变形，必须使物料内的剪应力达到一定数值。这时的剪应力称为物料的流动极限应力，用 σ_s 来表示。σ_s 的大小与糊料中粉末颗粒的特性、黏结剂的特性及黏结剂的用量有关。当物料在变形过程中受到各方面的力时，σ_s 只与剪应力绝对值的大小有关，$\sigma_s = \sigma_{max} - \sigma_{min}$。一般情况，对于挤压的糊料，$\sigma_s = 1.8 \sim 2.5\text{MPa}$；对于模压的压粉，$\sigma_s = 2.0 \sim 2.9\text{MPa}$。

5.1.2 压粉及糊料的塑性

在压制过程中，压粉及糊料都存在一定的塑性。其塑性大小与物料的物性，黏结剂的软化点，黏结剂的加入量及成型温度等有关。物料的塑性好，则成型时所需压力小，而所得生制品的密度大，机械强度高。但塑性太大时，将使生制品容易变形，反而使制品的机械强度降低，所以在成型时，必须控制糊料的塑性。物料的塑性可以用式（5-1）来量度。

$$B = \frac{d_2 \sigma_c}{d_1 p} \tag{5-1}$$

式中　B——物料的塑性指标；

　　　d_2——物料的堆积密度，g/cm^3；

　　　d_1——压制后生制品的体积密度，g/cm^3；

　　　σ_c——压制后生制品的抗压强度，MPa；

　　　p——成型时的压力，MPa。

5.1.3 压粉与糊料的流动性

压粉与糊料必须具有一定的流动性。当物料受压时，能同时向各个方向传递压力，从而使整个料室内上下、左右压力分布均匀，减少压力损失，以增加生制品密度的均匀性。另一方面，由于物料的流动性，它还可以在压制过程中，使物料充满料室的各个部位，也使生制品的密度均匀。物料的流动性与它的颗粒形状、大小及粒度配比有关。

5.1.4 成型过程中颗粒的自然取向性

一切可以自由移动的颗粒都具有以其较宽、较平的一面垂直于作用力的方向的性能，也就是说颗粒能自然地处于力矩最小的位置，这称为颗粒的自然取向性。糊料及压粉的颗粒都不是球形的，在成型时的塑性变形中，它的延伸方向与自然取向是一致的，造成结构上的各向异性。因此，不同的成型方法所得到生制品内颗粒排列方向与各向异性比也是不同的。挤压成型法制得的生制品，其颗粒沿平行于挤压力方向排列，各向异性比大；模压成型制得的生制品，其颗粒垂直于模压力方向排列，各向异性比较小；而等静压成型的生制品在结构上是各向同性的。

5.2 模 压 成 型

模压法适用于压制长、宽、高三个方向尺寸相差不大，要求密度均匀、结构致密的制品，如电机用电刷，电真空器用石墨零件，密封材料等。按制品压制时要求温度的不同，模压分为冷压、热压和温压三种；按照压制方向不同，又可分为单面压制和双面压制两类。

5.2.1 模压成型概述

将一定量的糊料或压粉装入具有所要求的形状及尺寸的模具内，然后从上部或下部加压，也可以从上下两个方向同时加压。在压力作用下，糊料颗粒发生位移和变形，颗粒间接触表面因塑性变形而发生机械咬合和交织，使压块压实。与此同时，颗粒充满到模具的各个角落并排出气体。图 5-1 为模压成型示意图。

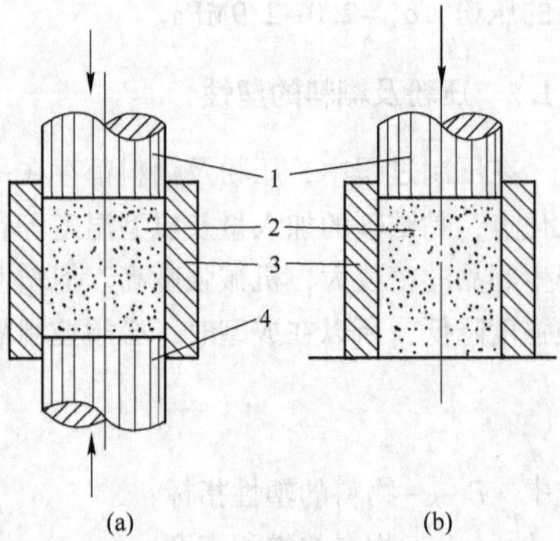

压型时，糊料颗粒间，糊料与模壁间会发生摩擦，使压块内压力分布不均匀，是造成压块密度分布不均匀的因素。压块愈厚，这种不均匀现象愈严重。采用双面压制或压制时附加振动，可以降低这种不均匀性。

图 5-1　模压成型示意图
(a) 双向模压；(b) 单向模压
1—上柱塞；2—糊料；3—模具；4—下柱塞

5.2.2 模压成型的基本原理

5.2.2.1 压块密度与压力的关系

在压力作用下，压块的相对密度是随压力增加而增大。相对密度与压力之间的关系如图 5-2 所示。

这个过程共分为三个阶段，在第一阶段的起点 A，糊料尚未受到压力（$p=0$），处于松散的堆积状态。各个颗粒的排列是不规则的，互相堆叠，颗粒间呈"架桥"现象，而形成较大空隙。在第一阶段（图 5-2 AB 段），柱塞开始加压，颗粒随着柱塞移动，颗粒间的空隙被较小颗粒所填充，颗粒间的接触很快就趋于紧密，"架桥"现象消失，空隙减少。

在这阶段，压力稍有增加，压块的密度就增加很快。在第二阶段（图 5-2 BC 段），当柱塞继续加压，压块逐渐紧密，糊料内呈现一定的阻力。在这一阶段中，压块密度与所施压力成比例地增大。但由于颗粒间的摩擦阻力也随压力和接触表面的增大而增加，当密度达到一定值时，虽然压力继续增加，密度的增加却逐渐变慢。第三阶段，压力进一步增加，压块密度不再增加，但在这一阶段可以使压块各部分的密度渐趋均匀。在实际模压过程中，这三个阶段是不可能截然分开的。由于压块受力

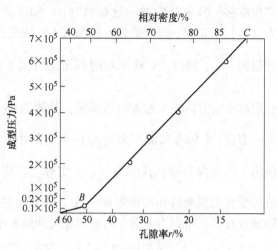

图 5-2　压块的相对密度与压制压力的关系

不均匀，有应力集中点，糊料内各颗粒所处位置不相同，有的颗粒可能在较低压力下就开始变形，也还有一些颗粒处在高压下，当大部分颗粒已发生塑性变形时，还在继续滑动。在第一、二阶段中，压块的密实是以颗粒的滑移和接触紧密为主，第三阶段则以颗粒的变形为主。

在不考虑摩擦力损失的条件下，模压成型过程可用它的第二阶段来代表。压块气孔率的降低与所受压力成正比，可用式（5-2）来表达。

$$\frac{-\,\mathrm{d}r}{\mathrm{d}p} = Kr \tag{5-2}$$

式中　r——压块的气孔率,%；

　　　p——成型压力，MPa；

　　　K——糊料压型性常数。

将上式积分，则得到：

$$\ln r = -\,kP + A \tag{5-3}$$

式中，A 为积分常数。

设成型开始时（$p=0$），压块的气孔率为 r_0，压力为 p 时，压块的气孔率为 r_p，则得到

$$\ln r_\mathrm{p} = -\,Kp + \ln r_0$$

或

$$p = 1/K \ln \frac{r_0}{r_\mathrm{p}} \tag{5-4}$$

压制性常数 K 一般由试验来确定。用式（5-4）可以确定压制一定密度制品时，所需单位压力的理论值。

5.2.2.2　侧压力

从处于垂直压力（p_T）作用下的压块中，取出一个正立方体来加以分析（图 5-3）。由于在压力下糊料颗粒的位移，使它向水平方向（x 轴和 y 轴方向）胀大。但是立方体四周被柱塞和模壁包围，使它不能胀大，这就是说有一个与水平胀力相等而方向相反的力限制着立方体，这种力就是侧压力（p_R）。

以小立方体在 x 轴方向的情况为例。小立方体在 x 轴方向由于受到垂直压力的作用而

产生膨胀，其值与它的泊松系数（ν）和垂直压力（p_T）成正比，与它的弹性模量（E）成反比，即得到 $\dfrac{\nu p_T}{E}$。同时，y 轴方向的侧压力（p_R）也

会引起小立方体在 x 轴方向的膨胀，其值为 $\dfrac{\nu p_R}{E}$。

另一方面，x 轴方向侧压力（p_R）会引起小立方体沿 x 轴方向收缩，其值为 $\dfrac{\nu p_R}{E}$。实际上，小立方体受到周围糊料和模壁限制，在 x 轴方向并未

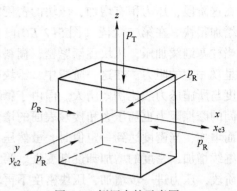

图 5-3　侧压力的示意图

膨胀或收缩，所以沿 x 轴方向的膨胀与压缩相抵消，即得到：

$$\frac{\nu p_T}{E} + \frac{\nu p_R}{E} = \frac{p_R}{E}$$

整理后得到：

$$\frac{p_R}{p_T} = \frac{\nu}{1-\nu} = \xi \tag{5-5}$$

侧压力 p_R 与压制压力 p_T 之比 ξ，称为侧压力系数。其值取决于压制条件、压块大小和所用糊料的压制性能，当这些条件固定时，ξ 为常数。设计压模和计算糊料和模壁间摩擦力时，都要用到侧压力系数。含黏结剂的炭素压粉的侧压力系数一般在 0.4~0.85 范围内。

5.2.2.3　糊料与模壁间的压力损失

在模压成型时，糊料在压力作用下运动，这时，糊料与模壁间产生摩擦。摩擦力愈大，则消耗压力愈多，也使糊料内各部分受力不均匀。摩擦损失与压制压力，侧压力系数及糊料与模壁间的摩擦系数成正比，而且随着压块高度增加而增大，也就是说，距离柱塞愈远处的摩擦损失愈大，所受压力愈小。

5.2.2.4　模压制品的密度分布规律

模压制品在压制时，由于内、外摩擦力的影响，存在着压力损失，因此，生制品的各部位密度不均匀，具有如下规律。

（1）由于外摩擦力的影响，生制品的体积密度随着离开柱塞的距离增加而下降，呈现上密下疏的现象。

（2）由于内摩擦力的影响，生制品的体积密度随着离模具中心距离增加而降低，呈现内密外疏的现象。

（3）由于加料不均匀，糊料流动性不好，会出现在加料多的地方体积密度大的现象。

图 5-4 所示为单向压制条件下，所得生制品的体积密度分布曲线。压块尺寸为 $\phi 70 \times 100$mm，骨料为石油焦粉，粒度 0.074mm 以下占 75% 以上，成型压力为 78.5MPa。

为减少密度分布不均匀，可以采取以下措施：

（1）在糊料中加入润滑剂如石墨粉、蒽油等，采用光洁

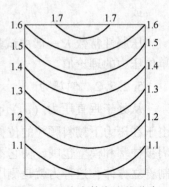

图 5-4　压块内等密度线分布

度高的压模模具，以减小摩擦系数。

（2）改进糊料内颗粒的粒度组成及颗粒形状。

（3）模具的高度与直径之比（h/D）尽量采用小的，一般情况下，圆柱形 $h/D<1$，管状 $H/(D-d)<3$。

（4）采用双向压制的方法。

5.2.2.5 弹性后效及其防止

糊料在成型过程中，颗粒不但有塑性变形，也有弹性变形。当压块除去压力或脱模后，由于弹性应力的弛放，压块将发生弹性膨胀，体积增大，这种现象称为弹性后效。弹性后效的大小以压块体积膨胀的百分数来表示：

$$\delta = \frac{\Delta l}{l_0} \times 100 \tag{5-6}$$

式中　δ——压块膨胀率，%；

Δl——压块高度或直径的线膨胀值，cm；

l_0——压块原来的高度或直径，cm。

弹性后效的结果是降低了糊料颗粒间的内应力，颗粒间的接触面积也有所减少，这样就导致颗粒间的开裂，形成较大裂纹，造成裂纹废品的产生。这种现象有时会在脱模时立即产生，有时在放置一段时间才产生，因此，为了防止生制品在焙烧前开裂，应尽快将其装炉焙烧。

实验证明，模压制品在高度方向上的弹性膨胀大于它在直径方向的膨胀，这是因为模压制品在高度方向所受压力大于它在直径方向所受的侧压力，使在高度方向上所表现的应力更为集中所致。

影响弹性后效的因素如下：

（1）骨料颗粒的粒度及其表面性质。当细颗粒多，表面积大，颗粒间的摩擦面大，摩擦力也就大。要得到与粗颗粒同样密度，所需压力大，因而生制品中贮存的内应力也大，表现出弹性后效大。若糊料中颗粒的表面平滑，形状规则，颗粒间的咬合和交织作用小，弹性后效也会增大。

（2）糊料的塑性。若糊料的黏结剂量不足，混捏不均匀或压型温度过低，塑性差，弹性后效的胀力大于糊料的黏结力，制品就会开裂。

（3）成型压力。弹性后效通常随成型压力的增大而增加，对塑性不好的糊料更为显著。对于塑性好、糊料内颗粒表面粗糙的糊料，当压力增大时，相应增加了颗粒的接触面，因此，压力对弹性后效的影响较小。

为了减轻弹性后效，可以采用以下方法：

（1）混捏时，温度不宜过高，时间不宜太长，掌握好黏结剂的加入量；成型时，糊料的温度不要太低；这样都可以提高糊料的塑性。

（2）在最高压力下保压 2~3min，或使压力从低到高分成 2~3 段加压，可使颗粒充分移动，结合比较紧密，压块的密度与强度增大，从而减小了弹性后效。

（3）加压速度减慢，也可以起到降低弹性后效的作用。

（4）压型时附加振动，可以消除颗粒间架桥现象和密度不均的现象，从而减小弹性后效。

（5）双向模压也有利于减小弹性后效。

5.2.3 模压成型设备

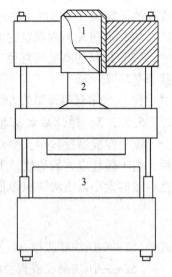

模压成型主要采用立式油压机或水压机（图 5-5）。小型的立式模压机有 100t、200t、400t 等，大型的立式模压机有 2000t 或更大。一台立式模压机的主要部件包括上机座、下机座、立柱、柱塞和柱塞液压缸。柱塞和柱塞液压缸可以在上部或在下部，分别从上部或下部加压。还有上下都有柱塞和柱塞液压缸的双向压机，以便实施双向模压。

为了提高大型立式模压机的生产效率，可以在压机上安装回转工作台。回转工作台上有若干个同样尺寸的成型模，分别处于加压成型、装料、脱模及移位等工序，使生产连续进行。

图 5-5 立式模压机示意图
1—柱塞液压缸；2—柱塞；
3—台面

5.2.4 模压成型工艺操作

模压成型分为冷模压和热模压，还有介于两者之间的温模压（糊料用红外线照射加热到 60~70℃ 再模压）。

如生产预焙阳极主要用热模压。混捏后的糊料经适当冷却后，称量加入成型模内，双向加压。压力为 14.7~29.5MPa。对于压制过程中的压力可以采用控制表压力或限位开关控制柱塞的压制行程。表压力可以根据工艺规定的单位压力和压模尺寸来计算。

$$p_g = \frac{S_b p_b}{S_A} \qquad (5-7)$$

式中　p_g——表压力，MPa；

　　　S_b——压块的横截面积，cm^2；

　　　S_A——液压机主缸截面积，cm^2；

　　　p_b——压块单位截面积上所承受的压力，MPa。

卸除压力后，用下柱塞头把压块顶出。生产电炭产品或冷压石墨则一般采用冷模压。为了提高冷压产品密度可采用多次加压的工艺，即每次加压后提起柱塞，等数秒钟后再加压（再次加压时压力比前次稍大）。加压过程要缓慢进行，不能形成冲压，这样有利于制品内部密度的均匀化。生产预焙阳极等大规格制品时，在压力下保持 2~3min，有助于减小脱模后的弹性后效，但对小规格制品延长加压时间作用不大。

5.3 挤 压 成 型

挤压成型是生产效率比较高的成型方法。压出制品的轴向密度分布比较均匀，适合于生产长条形的棒材或管材，如炼钢用电极，各种炭棒，电解用炭板，化工设备用不透性石墨板，石墨管，以及核反应堆的石墨砌体等。

5.3.1 挤压成型过程

挤压成型的本质是在压力下使糊料通过一定形状的模嘴后,受到压实及塑性变形而成为具有一定形状和尺寸的生制品。图5-6为挤压成型的示意图。

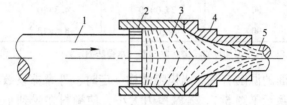

图5-6 挤压成型示意图
1—柱塞;2—料缸;3—糊料;4—挤压嘴;5—压出制品

挤压过程可分为两个阶段,第一阶段是压实,也称预压阶段。在这个阶段,将糊料加入料室以后,在挤压嘴与料缸之间加一块挡板,加压,迫使糊料排出气体,达到密实,同时使糊料向前运动。在这个过程中,糊料可看作为稳定流动,各料层基本上是平行流动的。第二阶段为挤压。糊料经预压后,将预压力撤除,除去挡板,重新加压。挤压过程的实质是使糊料发生塑性变形。在挤压过程中,糊料在压力下进入具有圆弧变形的挤压嘴时,由于糊料与挤压嘴壁发生摩擦,它的外围流动速度较中心流动速度慢。流动较快的内层糊料对流动较慢的外层糊料由于内摩擦而产生一个作用力,反过来,外层糊料也给内层糊料一种阻力。因此,在挤压块中便产生层流结构和内应力。最后,糊料进入直线变形部分而被挤出。

5.3.2 挤压成型的基本原理

5.3.2.1 摩擦力在压制过程中的作用

糊料在挤压过程中,物料与模壁间以及物料颗粒间存在着内、外摩擦力。这种摩擦力形成了对挤压力的反作用力。正是由于这种反作用力的存在使糊料产生密实作用。内摩擦力的大小取决于颗粒特性,黏结剂的性质和配入量以及成型时的温度等。在不同压力下,糊料的内摩擦系数列入表5-1。外摩擦力的大小与模嘴的结构形式和结构尺寸有关,也与

表 5-1 在不同压力下糊料的内摩擦系数

挤压时压力/MPa	糊料温度/℃	内摩擦系数 μ		
		黏结剂为硬沥青	黏结剂为中温沥青	硬沥青加0.5%油酸
5.7	120	16.40×10^{-5}	7.66×10^{-5}	10.95×10^{-5}
11.3	120	7.30×10^{-5}	5.50×10^{-5}	7.50×10^{-5}
17.0	120	6.75×10^{-5}	4.05×10^{-5}	4.40×10^{-5}
22.6	120	5.25×10^{-5}	2.38×10^{-5}	4.34×10^{-5}
28.3	120	4.30×10^{-5}	2.00×10^{-5}	4.00×10^{-5}
5.7	90	236.0×10^{-5}	19.1×10^{-5}	41.2×10^{-5}
11.3	90	116.0×10^{-5}	12.0×10^{-5}	25.0×10^{-5}

挤压时压力/MPa	糊料温度/℃	内摩擦系数 μ		
		黏结剂为硬沥青	黏结剂为中温沥青	硬沥青加 0.5% 油酸
17.0	90	90.4×10^{-5}	6.8×10^{-5}	15.1×10^{-5}
22.6	90	74.0×10^{-5}	4.8×10^{-5}	9.7×10^{-5}
28.3	90	48.0×10^{-5}	4.5×10^{-5}	9.0×10^{-5}

注：硬沥青的软化点为88℃；中温沥青的软化点为70℃（水银法测定）。

黏结剂的性质及摩擦面的温度有关。当模嘴结构一定时，外摩擦系数与沥青黏结剂的软化点及糊料温度之间关系示于图 5-7。若摩擦力太小，使糊料在受到小的挤压力下成型，而不能达到理想的密实程度。若内、外摩擦力太大，将使挤压力加大，增加设备负荷，同时，使生制品内产生较大的内应力，易于产生内、外裂纹，以至影响产品质量。另外，还应避免内、外摩擦力之间相差太大，否则，压型时易使制品内外密度不均匀，而形成同心壳层结构。

5.3.2.2　挤压过程中的颗粒转向

图 5-8 说明了挤压过程中颗粒转向的情况。当糊料到达模嘴锥形部分时，原来与挤压力 (p_1) 垂直的扁平颗粒受到斜面方向来的压力 (p_2) 的作用而转向，转为与 p_2 垂直。当颗粒到达模嘴的圆筒部分时，受到 p_3 力的作用而进一步转向，使颗粒扁平面与 p_3 相垂直。通过颗粒的两次转向，促使糊料内粒度分布及黏结剂的分配均匀，提高了糊料的塑性，增加了制品的密度与成型性。与此同时，也使制品的结构成为各向异性。

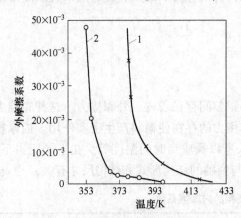

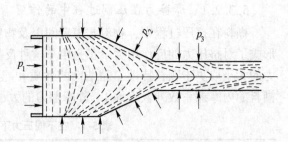

图 5-7　外摩擦系数与沥青软化点及
　　　　糊料温度间的关系
1—硬沥青；2—中温沥青

图 5-8　挤压时的作用力与颗粒的定向

5.3.2.3　挤压过程的变形程度与挤压比

设 F 表示料室截面积，f 为模嘴圆筒形部分的截面积，以 δ 表示变形程度，可定义为：

$$\delta = \frac{F - f}{F} \times 100\% \tag{5-8}$$

若 $\delta = 0$，即 $F = f$，这表示模嘴无锥形部分，压块基本保持预压时形成的结构；若 δ 很小，即 $F \approx f$，表示模嘴的锥形部分很少，糊料变形不能深入到中心，生制品密实程度低，成为表面层稍紧密，而内层疏松的壳层结构；若 δ 过大，将使生制品的内应力大，出模后会变形或开裂，而且会影响设备能力的发挥。在炭素制品生产中，一般采用 $\delta = 85\% \sim 94\%$。变形程度用压缩系数来表示比较方便，$K = f/F$，所以一般情况下，$K = \dfrac{1}{6.6} \sim \dfrac{1}{16.7}$。

根据变形程度可以计算挤压制品的规格范围。例如一台 2500t 卧式挤压机，其糊缸直径（D）为 1100mm，生制品直径为 d，mm。已知 $K = f/F = d^2/D^2$，则 $d = \sqrt{K} \cdot D$。当 $K = \dfrac{1}{6.6}$ 时，$d_{max} = \sqrt{\dfrac{1}{6.6}} \times 1100 = 428mm$；$K = \dfrac{1}{16.7}$ 时，$d_{min} = \sqrt{\dfrac{1}{16.7}} \times 1100 = 269mm$。由此可知，该挤压机以压制 $\phi 269 \sim 428mm$ 的圆形或相应截面的方形制品为宜。

在电极挤压机中，还采用挤压比（Φ）来说明其变形程度。$\Phi = 1/K$。Φ 值过大，虽然可以得到密实度较高的生制品，但压机能耗高，生产效率降低，从经济效益考虑不合算；Φ 值过小，会导致中心部位结构疏松，产品合格率低。

5.3.2.4 挤压所需压力的计算

为推算挤压机主柱塞的挤压力，必须从料室部分、模嘴锥形部分和模嘴直筒部分这三部分来考虑。

（1）当不考虑模嘴直筒部分时的应力按式（5-9）和式（5-10）来计算：

$$p = \sigma_s \left(1 + \frac{\tan\alpha}{\mu} \right) \left[\left(\frac{D}{d} \right)^{2\mu/\tan\alpha} - 1 \right] \tag{5-9}$$

$$K = (p + \sigma_s) e^{4\mu l \beta / D} - \sigma_s \tag{5-10}$$

式中　p——模嘴附近糊料的挤压应力，MPa；

　　K——主柱塞附近糊料的挤压应力，MPa；

　　σ_s——糊料的流动极限应力，$\sigma_s = 1.76 \sim 2.45MPa$；

　　α——锥形模嘴锥角度数的二分之一，$\alpha = 22.5°$；

　　μ——糊料的摩擦系数，一般 $\mu = 0.1$；

　　D——料室内径，cm；

　　d——模嘴直筒部分内径，cm；

　　L——料室中糊料的长度，cm；

　　β——长度修正系数，$\beta = \dfrac{D}{2L} + 0.1$。

（2）消耗在直筒部分的应力，按式（5-11）计算

$$p_1 = 4\alpha_s \mu l / d \tag{5-11}$$

式中　p_1——直筒部分的挤压应力，MPa；

　　l——直筒段长度，cm。

因此，在主柱塞与糊料界面的挤压应力（K'）按式（5-12）计算：

$$K' = (p + p_1 + \sigma_s) e^{4\mu l \beta / D} - \sigma_s \tag{5-12}$$

（3）校正。考虑到糊料的不均匀性、颗粒架桥等因素，必然存在着压力损失，所以应该加上压力校正系数 m，一般 $m = 1.1$。因此，实际上主柱塞处的挤压应力为 K_0，$K_0 = mK'$。

此外，还需考虑挤压机的有效作用系数（η）。对于大型卧式挤压机，通常采用 $\eta =$

85%，中小型挤压机取 $\eta = 90\% \sim 95\%$。

综上所述，挤压圆形断面棒材时，主柱塞上的总压力（p_T）为：

$$p_T = \frac{\pi K_0 D^2}{4\eta} \tag{5-13}$$

5.3.3 挤压成型设备

从总体结构来看，电极挤压机可以分为卧式和立式两种，但从电极的细长和制品的容易处理及压机设置条件出发，目前电极挤压机几乎全部采用卧式。卧式电极挤压机又因料室不同而有所区别：固定料室电极挤压机只有一个料室，旋转料室挤压机（或称立捣卧挤压机）可以有单料室或双料室。

5.3.3.1 卧式固定料室电极挤压机

卧式固定料室电极挤压机的结构如图 5-9 所示。它由下列各部件组成：（1）主柱塞和主柱塞液压缸；（2）装糊料的料室；（3）可以更换的挤压模嘴；（4）位于主柱塞液压缸两侧的副柱塞和副柱塞液压缸；（5）压机前部固定架、切刀装置和挡板；（6）压出生制品的接受台、冷却辊道和水槽；（7）冷却糊料的凉料机。

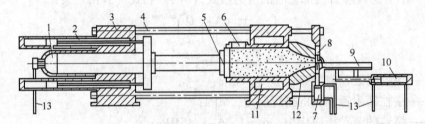

图 5-9 卧式固定料室电极挤压机示意图

1—主柱塞液压缸；2—副柱塞；3—后部固定架；4—横柱；5—柱塞头；6—进料口；7—挡板液压缸；8—前部固定架；9—接受台；10—移动接受台的液压缸；11—加热装置；12—挤压嘴；13—高压水管

电极挤压机的动力源由液压泵或液压泵-蓄势罐供给的高压液提供，传动介质可以用水（乳化液）或液压油。

5.3.3.2 立捣卧挤旋转料室电极挤压机

目前，真空立捣卧挤压机在国外炭素生产中已被普遍采用，在我国也有企业使用。其料室有单料室和双料室两种，一般采用单料室。其结构如图 5-10 所示。这种挤压机的特点为：

（1）装糊料的料室可通过夹紧装置与模嘴连成一体，进行挤压操作。也可以通过旋转装置，将料室从水平位置变成垂直位置，进行加料及捣固。

（2）料室在垂直位置分三次加料。每次加料后由专门设计的立式压实装置进行捣固。因压实力小，压实机的液压缸比主柱塞液压缸小得多，这样，减少了动力消耗及对主缸设备的磨损。同时，使料室径向方向各处糊料的松紧程度均匀，挤压后的生制品质量均匀。

（3）装有抽真空装置。在压实、预压和挤压过程中都可抽气，使糊料中的残余空气排出，防止形成气孔或裂纹。

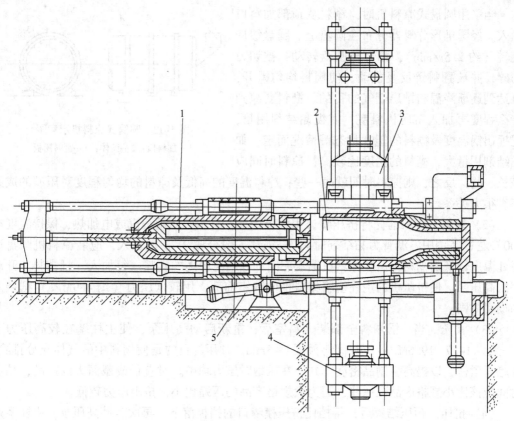

图 5-10　3500t 电极挤压机
1—真空排气管；2—料室；3—压实真空罩；4—托板缸；5—旋转油缸

5.3.4　挤压成型操作

挤压成型一般分为五道工序，即凉料、装料、预压、挤压和生制品冷却。

（1）凉料。经过混捏好的糊料，一般温度达到 130～140℃，并含有一定数量的气体。凉料的目的是使糊料均匀地冷却到一定的温度，并充分排出夹在糊料中的烟气。目前多数挤压机配备了圆盘式凉料机（图 5-11）。比较先进的有圆筒式凉料机（图 5-12）。

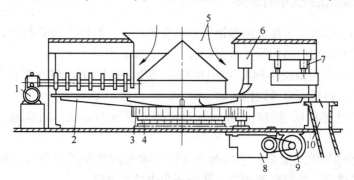

图 5-11　圆盘式凉料机示意图
1—电动铲块装置；2—可转动的圆盘；3—大齿轮；4—大型平面滚珠；5—进料口；
6—固定翻料铲；7—气动卸料装置；8—减速机；9—电动机；10—出料口

当采用圆盘式凉料机时，糊料从顶部加料口加入，经圆锥形分料器分布在圆盘上。圆盘缓慢旋转（约 2.5r/min），糊料随圆盘转动，被切刀切碎，并被翻料铲反复翻动，使糊料均匀摊开，以达到逐渐降温和排出烟气的目的。糊料要凉到什么程度再加入挤压机料室，需视黏结剂用量、混捏出锅温度及糊料的塑性状态等情况而定。如黏结剂用量大，糊料的温度比较高，凉料时间应

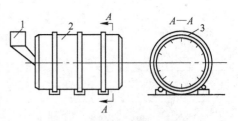

图 5-12　圆筒式凉料机示意图
1—加料口；2—筒体；3—刮料翅板

该长一些；反之，则凉料时间就短一些；凉料温度的高低及凉料的均匀程度对压型的成品率有很大关系。

（2）装料。下料前先将挤压嘴口用挡板挡上，料室四周用蒸汽或电加热，保持温度在 100℃ 左右（用中温沥青为黏结剂时）。一锅料一般分成 2~3 批加入，应装凉料机圆盘边缘处温度较低的糊料，后装凉料机圆盘中间部分温度较高的糊料。每加入一批糊料，开动一次高压泵，使挤压机的主柱塞将糊料推向料室前部，用较低压力（约 4.9MPa）把装入的糊料捣固。

（3）预压。当一锅糊料全部装入料室后，重新启动高压泵，使主柱塞在较高压力下（一般为 14.7~19.6MPa），对糊料预压 1~3min。预压的目的是使糊料中的气体充分排除，并趋于紧密，以提高生制品密度，并使在压型时压力均衡。对直径或截面大的产品，预压时间应该比小规格产品长一些，因为大规格产品的压缩比小，挤出压力较低。

（4）挤压。预压结束后，将挡住挤压模嘴口的挡板落下，再次启动高压泵，主柱塞迫使糊料通过挤压嘴口挤出来。一般情况下，大规格石墨电极的压出压力为 7.8~14.7MPa，小规格石墨电极的压出压力要达到 14.7~22.6MPa。挤压模嘴用蒸汽加热，但在出口处 150mm 左右的一段要求加热到 150~180℃，甚至在 200℃ 以上，因此这一段要用电加热。其目的是使挤出的生制品获得光滑的表面。

（5）冷却。挤出的生制品达到所需长度后，停止压型，进行切断。离开挤压嘴的生制品要马上淋水冷却并浸泡在冷水中，以防止生制品弯曲或变形。当水温为 20℃ 时，大规格制品在水中浸泡 3~5h，中小规格产品浸泡 2~4h，制品就可以充分冷却。

5.3.5　挤压时影响压力大小的因素

挤压压力的大小取决于糊料的塑性，挤压变形程度，料室中糊料数量，挤压速度，生制品横截面形状和模嘴的结构及其表面状况，分述如下：

（1）挤压压力主要取决于糊料的塑性状态。糊料的塑性好，糊料对料室壁和挤压模嘴壁的摩擦阻力小，挤压压力可以低一些。

（2）当挤压变形程度增加时，糊料通过模嘴所需压力增加，相应地，挤压压力也就大了。

（3）料室中糊料数量愈多，它与料室及挤压嘴壁的摩擦阻力愈大，所需挤压压力也大。随着挤压的进行，糊料逐渐减少，挤压压力也随之下降。

（4）作用于主柱塞上的变形力必须超过糊料的流动极限应力才能使糊料变形。糊料的挤压速度愈快，所需变形力愈大，相应的挤压压力也愈大。

（5）圆形截面具有较小的周边长和平滑的外形，因而具有较小的摩擦表面和摩擦阻力，所需挤压压力较小；方形和异形截面都具有较大的摩擦表面和摩擦阻力，因此需较大的挤压压力。

（6）挤压模嘴锥形部分最佳顶角为45°，采用此角度时，所需挤压压力要比采用小顶角时小30%左右。增大顶角也会增大成型压力，同时，料室到圆弧部分的转变处会出现较大死角，此处糊料停滞不动，糊料逐渐变硬，容易造成故障及废品。挤压嘴的圆筒部分约为模嘴全长的1/3~1/2，增加圆筒部分长度会显著增大挤压压力，而对生制品的密度增加并不显著。

5.3.6 影响挤压制品质量的因素

5.3.6.1 糊料塑性

糊料塑性的好坏直接影响着挤压制品的成品率。塑性好的糊料易于成型，且糊料间黏结力强，糊料与模壁间摩擦力小，如上所述，可在较小挤压压力下把生制品挤出，其弹性后效小，产品不易开裂。若糊料塑性不好，散渣，糊料间黏结性差，加压时，糊料与模壁间摩擦力大，必须加大挤压压力把生制品挤出，其弹性后效大，较易出现裂纹。为了提高挤压的成品率，必须改善糊料的塑性，首先要保证适量的黏结剂，控制适宜的混捏温度和足够的混捏时间，以使骨料与黏结剂均匀混合。其次可以加入适量的石墨碎，以降低糊料间摩擦力。但糊料的流动性也不宜过大，否则，会导致挤压出的生制品在自重作用下变形。

5.3.6.2 温度制度

温度是影响生坯电极内部结构和生坯电极质量的重要因素，温度场均匀分布的生坯电极内部结构不容易出现裂纹。决定生坯电极温度场分布均匀性的挤压温度制度包括下料温度、压机料室温度和模嘴温度。

（1）下料温度。要选择适宜的下料温度。下料温度过低，糊料发硬，使挤压压力增高；下料温度过高，糊料间黏结力减弱，易产生裂纹。某一制品在使用软化点为70℃的中温沥青时，糊料下料温度与挤压压力的关系列于表5-2。在实际生产中，下料温度要根据来料情况、制品规格、挤压嘴子温度和外界气氛条件来确定。一般情况下，多灰糊料的下料温度在115~125℃；少灰糊料的下料温度在110~120℃。大规格制品的下料温度可略低，小规格制品的下料温度要偏高一些。

表5-2　糊料温度与挤压压力的关系

下料温度/℃	60	70	80	90	100
挤压压力/MPa	23.5~41.2	19.6~29.4	17.6~23.5	15.7~19.6	15.7~19.6

（2）料室温度。糊料下到料室后，要经过捣固、预压和挤压三个阶段，糊料在料室中停留时间较长，所以会发生糊料和料室内壁间的热交换作用。若料室温度低于下料温度，表层糊料就把热量传给料室，使糊料本身温度降低，可塑性变差。若料室温度太高，会使糊料表层温度升高，降低了表层糊料的黏结力，使裂纹废品率增多。$\phi 300mm$ 电极的成品率与料室温度的关系示于图5-13。一般情况下，料室温度比下料温度稍低一些，为80~100℃。

（3）模嘴温度。合适的模嘴温度可使生制品表面光滑，减少裂纹废品。模嘴温度过高，会使糊料表面变软，减小糊料间黏结力，容易产生横裂纹和生制品接头断裂。模嘴温度太低，会增大糊料和模壁间摩擦力，使糊料内外层压制速度相差太大，产生分层，并导致生制品表面出现麻面。$\phi500mm$ 石墨阳极挤压成品率与模嘴温度的关系示于图 5-14。一般情况下，模嘴温度要略高于下料温度，为 130~160℃。

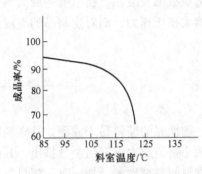

图 5-13　$\phi300mm$ 电极成品率与料室温度的关系

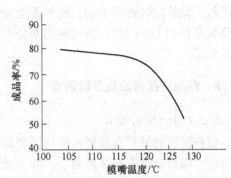

图 5-14　$\phi500mm$ 石墨阳极的挤压成品率与模嘴温度的关系

5.3.6.3　糊料状况与预压

糊料内各部分的温差不应超过4℃，糊料内的干料、油块、硬块等都应除去。这样才能使糊料在压型时正常流动，保证生制品顺利压出。

预压能使糊料紧密，提高制品质量。用同一配方的糊料，经过预压和不经过预压所挤压出同规格生制品的物理机械性能有差别。如对 $\phi400mm$ 的石墨电极，糊料经 1min 预压的电极与未经预压的电极相比，抗压强度高 12%，体积密度大 2%，气孔率降低 15%。预压压力对产品的性能也有较大影响，见表 5-3。由表可见，适当提高糊料的预压压力，可以增加体积密度，降低气孔率及提高抗压强度。但预压压力也不是愈高愈好，若预压压力过大，超过了原料颗粒的强度时，会引起原料颗粒的破裂，打乱原来配料时的粒度组成，并产生未能被沥青润湿的颗粒断面，反而降低了机械强度，严重时会使生制品内部产生裂纹。

表 5-3　预压压力对不同产品理化性能的影响

预压压力/MPa（预压 1.5min）		14.7	24.5
体积密度/g·cm⁻³	生制品	1.62	1.68
	焙烧品	1.55	1.58
气孔率/%（焙烧品）		21.5	19.2
抗压强度/MPa		28.6	29.0

5.3.6.4　模嘴的选择

压制品的成品率及质量与模嘴的形状及尺寸有着密切的关系。

（1）模嘴出口的尺寸。糊料挤出模嘴后产生弹性后效，生制品截面积有所增大，但生制品在焙烧和石墨化过程中又有所收缩，产品机械加工时也需要留有加工余量，因此，模嘴出口端内壁尺寸要比成品所要求的尺寸略大，一般应大 5%~10%。成品尺寸与相应模嘴口尺寸的例子示于表 5-4。

表 5-4 成品尺寸与相应模嘴口尺寸 （mm）

成品直径	模嘴口直径	成品截面尺寸	模嘴口截面尺寸
75	85	51×51	53×53
100	110	38×180	40×186
150	164	50×180	52×186
200	215	50×250	52×256
250	267	75×180	77×186
300	317	400×400	415×418
350	368	400×415	410×420
400	424		
500	525		

（2）模嘴的长度。挤压直径或截面大的制品时，模嘴应当长一些，这不仅为了使糊料受挤压过程缓和一些，减少生制品中心部位与表面部位的质量差异，也是为了使生制品经过直线定型段的时间长一些，使压出后制品的弹性后效小一些。

（3）模嘴变形部分的圆弧半径。圆弧半径愈小，糊料通过挤压模嘴的阻力愈大。在挤压小直径制品时，由于料室直径和模嘴口直径的比值大（即挤压比大），圆弧半径比较小，糊料通过模嘴的阻力大，所需挤压压力大。当挤压大直径制品时，挤压比小，圆弧半径大，变形部分长，糊料通过模嘴阻力小，所需挤压压力小。但若圆弧半径过大，则将会失去挤压作用而影响制品的质量。

另外，制造模具时还应要求内壁表面光滑，模嘴结构的各部分对称性好，过渡部位圆滑、平整。

5.4 振 动 成 型

在炭素工业中，有时要求生产大尺寸的产品，例如，铝电解槽用的大规格阳极，高炉用炭块等。若沿用挤压法生产，挤压机的功率要很大，这类大型挤压机的结构复杂，投资大，经济上不尽合理，而且无法压制异型的制品。在 20 世纪 60~70 年代发展了振动成型方法，并得到了应用。选择适宜的工艺条件和振动成型的参数条件下，振动成型可以生产出符合质量标准的产品。我国自制振动成型设备试制产品与挤压成型产品的质量对比见表5-5。

表 5-5 振动成型与挤压成型制品的质量对比

品 种	截面规格	成型方法	真密度 /g·cm^{-3}	体积密度 /g·cm^{-3}	气孔率 /%	抗压强度 /MPa	电阻率 /Ω·m	备注
预焙阳极	400mm× 600mm	振动成型	2.04	1.53	25.0	39.1	48.5×10^{-6}	少灰焙 烧制品
		挤压成型	2.04	1.50	27.2	34.3	52.9×10^{-6}	
底炭块	400mm× 400mm	振动成型	1.87	1.56	16.9	38.6	56.7×10^{-6}	多灰焙 烧制品
		挤压成型	1.86	1.54	17.2	29.9	64.6×10^{-6}	

5.4.1 振动成型的原理

振动成型时，成型模具固定在振动台上，糊料加入模具内，料面用重锤加上少量压力。振动台启动以后，由于台面强烈振动，使模具及模具内的糊料都处于强烈的振动状态。这种振动的振幅不大，但频率高（2000~3000 次/min）。糊料颗粒在振动下产生惯性力，由于颗粒质量不同，它们产生的惯性力也不同，因而使颗粒界面上产生应力。当这种应力超过糊料的内聚力时，引起糊料颗粒的相对位移。同时，在强烈振动下，物料颗粒间内摩擦力及糊料对模具内壁的外摩擦力急剧下降。几乎呈流动状的糊料迅速填充到模具的每个角落。在重锤的压力作用下，糊料内部空隙不断减少，密度逐渐提高，形成外表规整的生制品。

5.4.2 振动成型工艺的特点

（1）黏结剂用量及糊料状态。使用同样配方，生产同一规格的制品时，振动成型所需的黏结剂用量可较挤压成型所需量减少 1%~3%。振动成型时，糊料要求基本上不呈团块，一经倒入成型模，大多数呈散粒状、流动性好。

（2）温度制度。振动成型基本上不必凉料，出锅的糊料在 130℃ 左右，可直接加入成型模内。这是因为糊料温度高，使糊料在振动时，内摩擦力小，流动性好，有利于密实，而糊料中夹带的烟气也可以在振动过程中陆续排出。模具温度应与糊料温度大致相似，或高出 5~10℃，使生制品表面比较光洁。

（3）振动时间。振动成型是间歇式生产，振动时间是指重锤下降到接触料面时开始到振动结束为止的时间间隔。重锤接触料面后的开始阶段，重锤下沉速度较快，1min 后渐趋缓慢，5min 后下沉量愈来愈小，接近平衡状态。使用双轴振动台时，较合适的振动时间为：小规格产品，细长比不太大，重锤比压又大，则振动 3~4min；中等规格产品，可振动 5~6min；大规格产品，如比较高，应振动 8~10min，如不太高，振动 6~8min 即可。

（4）激振力及振幅。当振动频率一定时，被振动物体的惯性力随振幅大小而变化。因此，首先确定振幅值。最适宜的振幅，应使被振动的糊料获得一定的交变速度和加速度，去克服糊料内部内聚力及内、外摩擦力，这才有利于糊料的振实。对一般炭和石墨制品来说，振幅在 1mm 左右就够了，大一些的产品可提高到 1.5mm。激振力一般由克服被振动物体的质量（包括振动台本体、成型模和糊料的质量）以及反共振弹簧预紧力等的惯性力所决定。被振物体的质量愈大，惯性力也愈大。因此，小型振动台所需的激振力比较小，大型振动台的激振力则大得多。

（5）成型压力。由于强烈振动能使糊料的内聚力和内、外摩擦力急剧降低，因此，振动成型压力只有挤压成型所需压力的 1%~3%，大约在 0.05~0.29MPa。重锤比压选择的原则为：小规格，不太高的制品，重锤比压在 0.1MPa 左右；中等规格，比较高（如高度为 1~1.5m）的制品，重锤比压应取 0.15~0.24MPa；如密度不能满足时，比压可提高到 0.29MPa 左右；大规格、高度在 1m 以上的产品可用 0.1~0.15MPa 的比压，高度在 1m 以内的可略小一些。

细长的制品所用重锤比压比粗短的制品要大一些。这是因为炭素糊料对压力的传递能力较差，对形状细长的制品，若重锤比压小，则重锤对糊料的压力自上而下衰减，会使中下部的密度变小。

5.4.3 振动成型的设备

振动成型机组包括振动台、加压装置、模具和脱模装置、加料和称量装置等。图5-15为振动成型机示意图。

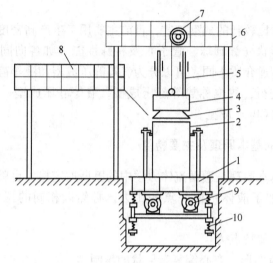

图5-15 双轴振动台振动成型示意图

1—双轴振动台；2—成型模；3—上压盖；4—重锤；5—重锤导向杆；6—卷扬机平台；
7—升降重锤用卷扬机；8—凉料平台；9—振动器；10—减振弹簧

（1）振动台。振动台可以有单轴（单个偏心振动子）和双轴（两个平行的、质量相同而回转方向相反的偏心振动子）两种。单轴振动台的结构比较简单，振动器为偏心轴及轴两端的附加配重盘组成，其偏心力矩大小可用配重盘内的扇形铁调整。单轴振动台的稳定性较差，负荷也较小，所以使用不多。双轴振动台有一对方向相反、同步旋转的振动器。每个振动器由两根相同尺寸的旋转轴通过万向联轴器而传动。每一根轴支持在一对装有单列向心球面轴承的轴承座上，轴上装有一组振动子。振动子是由两片相同尺寸的扇形钢板组成，每片扇形钢板上按照给定位置钻有九个孔。调整重合孔的位置，即可调节振动台台面的振幅及激振力的大小。双轴振动台的结构比较合理，稳定性较好。

（2）成型模。成型模一般用厚度为8～16mm的钢板焊成。为了便于脱模和保持产品表面光洁，成型模四周都焊有蒸汽加热夹套。成型模的尺寸必须考虑制品在焙烧及石墨化过程中的体积收缩及加工余量。为了便于脱模，做成一定斜度，上口略小于下口，斜度一般为直径或边长的1%。成型模必须与台面牢固地固定在一起，以防止成型模在振动台上跳动而减小振幅，从而降低制品的质量。

5.4.4 振动成型的操作

（1）在加料前，把模具固定好，并加热到130～140℃，抬起重锤，使之与模具相距300～400mm，在模具内壁涂上一层润滑油（机油与石墨粉的混合物）。

（2）开电动机使振动台振动，振动频率为2000～3000次/min，振幅为0.5～1.5mm，待振动台运转正常，往模具内加入糊料（温度在130℃左右），边加料边振动。

（3）模具内加满糊料后，放下压盖，落下重锤，当重锤不再下沉时，停止振动。

（4）将模具就地倒下，或吊到近处脱模，且迅即用水冷却。

5.5　等静压成型

等静压成型是一种比较新的成型工艺，目前主要用于生产高密度、结构均匀的特种石墨。对生产一些特殊形状（如圆球、管子）及特殊性能（如各向同性）的制品来说是很有发展前途的。根据传递介质不同，可以分为气等静压成型和液等静压成型。气等静压成型一般在加热状态下进行，故也称热等静压成型。液等静压成型一般在非加热状态下进行，故又称冷等静压（CIP）成型。

5.5.1　冷等静压成型的基本原理及主要特点

冷等静压成型的基本原理是遵循流体力学中的巴斯加定律，也就是说，在一个充满液体的封闭容器中，施加于液体中任一点的压力，必然以相同的压力传递到容器中任一部位。

冷等静压成型的主要特点为：

（1）能够压制具有凹形、空心等复杂形状的生制品。

（2）能够压制各向同性结构的制品。

（3）可以制造高密度的制品，而且制品各部位的密度比较均匀。

（4）所得生制品的强度较高。

（5）生制品的外形尺寸和表面光洁度不易得到保证，要留有充分的加工余量。

5.5.2　冷等静压成型的设备

冷等静压机是一种超高压成型设备，它主要由压力容器、压盖和框架、成型模、高压密封，压力系统、控制台和辅助装置等组成。图5-16为冷等静压装置的示意图。

（1）压力容器、压盖和框架。压力容器、压盖和框架是冷等静压机本体结构的主要部分，它们的设计反映了冷等静压机的技术水平。压力容器通常采用整体、双层或多层套环或钢丝缠绕结构。如用高强度合金钢浇铸后加工而成的厚壁筒体。但由于整体及组合结构的容器热处理工艺复杂，制造费用相当昂贵，工作处于张力状态易于损坏。所以，瑞典ASEA公司于1960年代初研制成功钢丝缠绕结构的压力容器，具有抗疲劳性能好，使用寿命长，制造方便和安全可靠等优点。

目前，冷等静压机一般采用螺纹式或非螺纹式压盖，近年来还研制了一种弹性螺纹（或称变距螺纹）压盖，可使应力分布更均匀。冷等静压机的框架结构有：钢丝缠绕式、叠板式和钢带缠绕式。

（2）成型模。为了满足成型模具有高抗磨损性和高硬度、高弹性和高破裂强度又易于制造的要求，成型模最早使用天然橡胶和聚氯乙烯料浆制作；之后，发展了以天然橡胶和氯丁橡胶作为原料；最近几年，又有聚氨基甲酸酯作为原料。聚氨基甲酸酯具有高抗磨性、高硬性、高破裂强度、高柔韧性与高弹性相结合特性，是一种理想的成型模材料。

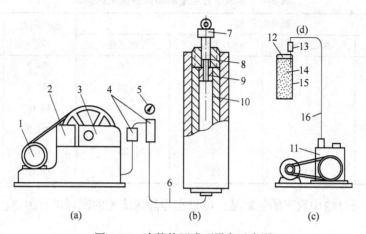

图 5-16　冷等静压成型设备示意图

(a) 高压泵；(b) 高压容器；(c) 真空泵；(d) 弹性模具

1—电动机；2—油箱；3，11—泵体；4—单向阀；5—压力表；6—高压管路；7—放压阀；8—螺栓；9—塞头；
10—容器本体；12—橡胶塞；13—注射针头；14—受压物料；15—橡胶袋；16—真空管路

(3) 压力系统。一般是通过高压液压泵，可选用单柱塞曲轴柱塞泵，比较先进的是以增压器和液压泵联合使用。当工作压力低于 392MPa 时，可用水加 5% 溶性油的乳化液作为液压介质。当工作压力高于 392MPa 时，都采用变压器油。

5.5.3　冷等静压成型的操作

将需压制的材料装入成型模内，装料时应同时振动，使在模具内初步密实。装料完毕后对模具略加整形，然后将模具口密封。为了使被压物料中的气体能在受压时充分排出，还应在物料中插入排气管，并接真空泵抽气。模具可以悬挂，也可以自由沉底。然后将压力容器入口封闭。启动高压泵，将液体介质注入压力容器。加压应分阶段进行。例如先将压力升至 4.53MPa，保持一段时间，使模具内气体排出。此时，因受压物料体积收缩，压力容器内压力有所下降。再次升压到 19.61MPa，待排出气体后，再一次升高到预定工作压力，并在此压力下保持 20~60min 左右，减压，放出部分介质油，待压力降至常压后，打开压力容器，取出模具，从模具中取出已成型的生制品。

5.5.4　冷等静压成型的规律

冷等静压成型的规律为：

(1) 在其他条件相同的情况下，等静压成型所得生制品的体积密度与加压压力成正比，其实验数据列于表 5-6。

(2) 等静压成型升压过程中，模具内气体排出量对生制品的体积密度有很大关系。如排气不够，不仅体积密度低，而且在放压及取出生制品时，往往发现制品开裂现象。这是因为保留在制品微孔中的气体具有很高压力，从而使制品胀裂。为了达到排气目的，采用真空泵，真空泵的真空度应达到 $-9.6×10^4$Pa。

表5-6 加压压力与生制品体积密度的关系

原料配方/%				加压压力	生制品体积密度
生焦粉	煅后焦粉	石墨粉	沥青	/MPa	/g·cm⁻³
90			10	294.2	1.17
90			10	147.0	1.14
90			10	98.0	1.12
	55	20	25	294.2	1.53
	55	20	25	147.0	1.47
	55	20	25	98.0	1.39

（3）为了获得结构致密的生制品，可以在等静压成型的同时进行加热，使糊料在塑性状态下受压。

（4）在高压下保持的时间对提高生制品的体积密度也有一定关系。保持高压的时间长一些，有利于提高生制品的体积密度，实验数据列于表5-7。

表5-7 保持高压时间与生制品体积密度关系

原料配方/%		成型压力	保持高压时间	生制品体积密度
煅后石油焦	沥青	/MPa	/min	/g·cm⁻³
78	22	294.2	20	1.65
78	22	294.2	60	1.98

复习思考题

5-1 炭素制品成型方法有哪几种，它们各适用于何种制品？

5-2 影响模压成型制品质量的因素有哪些？

5-3 什么是帕斯卡定律？试述挤压机的工作原理。

5-4 如何进行凉料操作，控制凉料温度？

5-5 成型过程中的"择优取向"是如何产生的，它们与制品的各向异性程度有何关系？

5-6 什么是弹性后效，如何防止？

5-7 挤压废品产生的原因是什么？

5-8 挤压生坯密度不均匀是如何产生的，如何控制？

5-9 振动成型的优缺点是什么？

5-10 等静压成型有何特点和规律？

6 炭制品的焙烧

焙烧是压制后的生制品在隔绝空气和介质保护条件下，按一定升温速度进行加热得到炭制品的过程。在焙烧过程中，压制后的生制品（用煤沥青作黏结剂时）一般会排出约10%的挥发分，黏结剂进行炭化，在骨料颗粒间形成焦炭网络，将不同粒度的骨料牢固地黏结成一个整体，从而使焙烧后的制品具有一定强度并获得所需要的物理化学性质。焙烧后炭制品的性能虽然与原料的品种、配料、混捏和成型有关，但焙烧过程对炭制品的性能有着重要的影响。焙烧工序的调节和控制就是为了使炭制品具有均匀的结构、正确的几何尺寸和防止内外缺陷（如内外裂纹、制品截面密度不均匀、空洞、气孔等）的生成。

6.1 焙 烧 原 理

6.1.1 焙烧过程

在焙烧时，黏结剂的分解、缩聚和成焦随着温度的升高呈现出一定阶段性，大致上可分为四个阶段。

（1）低温预热阶段（明火温度约350℃前，制品温度约200℃前）。当生制品由常温加热到200℃期间，生制品主要进行预热，排出吸附水，还没有发生明显的化学和物理化学变化。当生制品加热到约120℃时，黏结剂开始软化，生制品呈现塑性状态。这时，由于制品体内的温差和压力差，黏结剂产生迁移。温度接近200℃时，黏结剂的迁移速度达到最大值。这阶段的升温速度要快一些。

（2）黏结剂成焦阶段（明火温度350~800℃，制品温度200~700℃）。在此阶段，黏结剂开始分解，排出大量挥发分，与此同时分解产物进行缩聚，形成中间相。当制品温度达到450~500℃时，形成半焦。再进一步加热，半焦转变为黏结焦。为了提高沥青析焦率，改善制品理化性能，该阶段必须均匀缓慢地升温。若升温过快，挥发分急剧排除，制品内外温差加大，产生过大热应力，就会导致制品出现裂纹。此外，在这阶段排出的大量挥发分充满着整个炉室，这些气体在炽热的制品表面分解，而产生固体碳，沉积在制品的气孔中和表面上，提高了产焦率，并使制品的孔隙封闭，强度提高。

（3）高温烧结阶段（明火温度800~1100℃，制品温度700~1000℃）。制品达到700℃以上，黏结剂焦化过程基本结束。为了进一步提高制品的理化性能，还要继续升温到900~1000℃。这时，化学过程逐渐减弱，内外收缩逐渐减小，而真密度、强度、导电性都持续增加。在高温烧结阶段，升温速度可以提高一些，在达到最高温度后，还要保温15~20h。

（4）冷却阶段。冷却时，降温速度可以比升温速度稍快一些，但由于制品热导率的限制，制品内部降温速度小于表面的降温速度，因而从制品中心到表面形成温度梯度及热应力梯度。若热应力梯度过大，会引起内外收缩不均匀而产生裂纹，所以降温也要有控制地进行。

6.1.2　焙烧时黏结剂的迁移

焙烧过程中，黏结剂的迁移是使焙烧制品密度产生轴向和径向不均匀的一个主要因素。根据有关专家研究，黏结剂迁移有下列规律：

（1）黏结剂的迁移有两个阶段，第一阶段在混捏过程中发生，第二阶段在焙烧过程中发生。

（2）在120℃左右，黏结剂就开始迁移，在120℃之后黏结剂的迁移速度急剧增加，在180~200℃时达到最大值，温度高于230℃，黏结剂的迁移过程就停止了。

（3）黏结剂迁移过程中，有选择性迁移现象，即黏结剂中的轻质组分更易于迁移。

（4）黏结剂迁移与重力有关系，液态黏结剂都是从上端向下端迁移。

（5）在相同温度条件下，骨料的粒度组成愈粗，黏结剂就愈容易迁移。

（6）加热时，升温速度愈慢，迁移程度愈大，这就更说明焙烧过程的低温阶段，升温速度应该适当加快，以减少黏结剂的迁移。

6.1.3　黏结焦的生成

焙烧的主要目的是使黏结剂焦化为黏结焦，把骨料颗粒联结成一个整体。黏结剂焦化的实质是炭化反应。一般炭素制品都用煤沥青作为黏结剂，煤沥青的成焦过程即是煤沥青进行分解、环化、芳构化和缩聚等反应的综合过程。煤沥青的炭化是液相炭化，在350~400℃之间形成中间相小球体，这种小球体随加热温度提高进行融并、长大，最终生成可石墨化炭。但黏结剂的炭化过程与单纯沥青的炭化过程有着一定的差异，这一方面是因为黏结剂沥青中含有10%~20%的游离碳，它会妨碍中间相小球体的融并和长大，另一方面，更为重要的是因为黏结剂沥青填满骨料的间隙，以薄膜形态受到热处理，从而使它的炭化有以下特点：

（1）黏结剂是在与骨料表面接触的情况下进行炭化，所以不能忽视骨料表面活性的影响。实际上，黏结剂沥青在焙烧过程中的炭化具有氧化脱氢的特征。骨料表面在与黏结剂混合前已不同程度地吸附了 O_2、CO 和 CO_2 等，在加热到300℃时，就对黏结剂中各组分进行有选择的化学吸附，这些骨料具有与黏结剂分子或官能团进行氧化—还原反应的活性。图 6-1 为石油焦粉和中温沥青混合物及单纯沥青加热的差热分析曲线。由图可见，石油焦和中温沥青混合物在 270~300℃ 的范围内有很强的放热峰，而单纯沥青在此温度范围内的峰很弱，证明在这一温度区间内，骨料表面与黏结剂之间有放热反应的化学结合。

骨料表面吸附的氧和碳氧化物将促进黏结剂

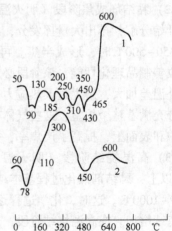

图 6-1　骨料–沥青混合物与单纯
沥青的差热分析曲线
1—单纯沥青；2—30%煤沥青与煅后焦的混合物

分子的脱氢缩聚作用，也将促使骨料表面和黏结剂交叉键的形成和沥青提前固化。这种反应将妨碍中间相小球体的生成，从而降低黏结剂焦的可石墨化程度。

黏结剂氧化脱氢缩聚反应的结果是使析焦量增加，焙烧品的密度和强度提高。

（2）黏结剂与骨料接触面呈薄膜状，所以反应面积大，反应（热分解和热缩聚）速度快，影响中间相小球体的融并与长大。

（3）黏结剂填满骨料间隙，流动性受限制，逸出气体（气泡）引起液相搅拌不均匀。

以上这些原因，都使黏结剂焦的石墨化性较骨料焦差。

6.1.4 生制品在焙烧阶段的变化

在焙烧过程中，生制品的体积收缩，其物理化学性质发生了一系列变化。

6.1.4.1 生制品的体积变化

在焙烧过程中，生制品的外表尺寸一直在变化。总的来说，它的体积是收缩，但有时尺寸也可能出现增大。生制品体积的不均匀收缩会导致内外缺陷的产生，直到形成裂纹。收缩与压型时的压实程度，压制方法，黏结剂质量和用量，骨料的煅烧温度、加热速度和煅烧程度等有关。这些因素通常是交织在一起的。

收缩是随着焙烧温度的升高而逐渐产生的。冷压成型制品出现收缩的温度低，热压成型和气孔率低的生制品在开始加热时不产生收缩，在100℃时体积开始增加，到400℃达到最大值，从400℃起开始收缩，随后收缩速度急剧增加，直到800℃之后，收缩速度下降。

制品的收缩与压型时压实程度的关系列于表6-1。生制品的体积密度愈低和压型时单位压力愈小，则制品的收缩愈大。

表6-1 制品收缩与压实程度关系 （冷压制品）

压型时压力 /MPa	生制品体积密度 /g·cm⁻³	焙烧品体积密度 /g·cm⁻³	焙烧时平均体积收缩 /%
6.4	1.348	1.440	12.3
32	1.425	1.467	11.9
96	1.554	1.536	9.2
127	1.594	1.541	8.0
192	1.633	1.560	7.0
256	1.654	1.564	6.2

制品收缩与黏结剂含量呈线性关系。生制品中含黏结剂量过大时，收缩加大，易于产生变形并出现裂纹。黏结剂的性质对收缩也有影响，轻质黏结剂的挥发分析出量大，收缩也大。沥青中不溶物质含量增加，收缩则减少。

收缩与粒度组成也有一定的关系，混合料的粒度组成愈细，收缩就愈大。

制品收缩在很大程度上与焙烧条件有关，如装入生制品的炉室尺寸和生制品在炉室中的分布位置，填充料的物理性质和粒度组成，燃气介质等。这些都是各种焙烧品和同一根制品不同部位产生不均匀收缩的重要原因。

6.1.4.2 生制品物理化学性质在焙烧过程中的变化

对生制品在焙烧过程中物理化学性质的变化进行了定量分析, 其结果列于表6-2。焙烧制品与生制品相比较, 真密度由 $1.76g/cm^3$ 提高到 $1.97 \sim 2.10g/cm^3$; 体积密度由 $1.65 \sim 1.70g/cm^3$ 下降到 $1.50 \sim 1.60g/cm^3$; 电阻率由大于 $1 \times 10^{-2}\Omega \cdot m$ 下降到 $(3.5 \sim 7.0) \times 10^{-5}\Omega \cdot m$; 气孔率由 $3\% \sim 4\%$ 上升到 $20\% \sim 30\%$; 重量损失为 $9\% \sim 13\%$; 体积收缩为 $2\% \sim 3\%$。

表6-2 焙烧过程中生制品物理化学性能的变化

焙烧温度 /℃	挥发分 /%	真密度 /g·cm⁻³	体积密度 /g·cm⁻³	气孔率 /%	重量损失 /%	电阻率 /Ω·m
15	13.69	1.76	1.68	3.06	0	
100	13.49	1.76	1.66	5.78	0.17	1.66×10^{-2}
200	13.16	1.78	1.58	11.09	2.05	1.42×10^{-2}
300	11.20	1.78	1.55	13.19	3.43	9.97×10^{-3}
400	6.06	1.81	1.49	17.82	7.73	5.68×10^{-3}
500	1.26	1.84	1.47	20.29	9.59	2.71×10^{-3}
600	0.96	1.87	1.46	21.99	9.77	1.39×10^{-3}
700	0.79	1.89	1.48	22.08	9.89	1.77×10^{-3}
800	0.60	1.92	1.49	23.14	9.89	9.2×10^{-5}
900	0.32	1.95	1.49	23.63	10.06	8.2×10^{-5}
1000	0.28	1.96	1.50	23.67	10.32	6.5×10^{-5}
1100	微量	1.97	1.50	23.76	10.71	6.0×10^{-5}
1200	微量	1.99	1.50	23.79	10.78	5.5×10^{-5}

6.2 焙烧的工艺制度

生制品的焙烧工艺制度包括很多方面, 如温度曲线, 烧成温度, 保温时间, 负压, 热载体数量等。对多室炉而言, 还有焙烧系统的炉室数以及炉室停止加热和开始加热的操作等。

6.2.1 升温曲线

为了在合理的燃料消耗及焙烧时间的条件下, 得到质量尽可能高的制品, 必须根据理论分析和焙烧炉的具体情况, 通过试验来制定焙烧温度曲线或升温曲线。温度曲线既要考虑制品在焙烧过程中各种理化指标变化的情况, 也要考虑产品的品种、规格, 本体或接头, 填充料种类, 炉体结构和运转炉室个数等因素。

(1) 焙烧温度曲线要适应沥青的挥发分析出速度和沥青焦化的物理化学变化, 应该遵循 "两头快, 中间慢" 的原则。在200℃以前, 制品还没有显著的物理化学变化, 加热速度可以快一些。700℃以后, 黏结剂大量吸热剧烈反应的过程结束, 升温速度也可加快。在 200~500℃ 之间, 挥发分大量析出, 黏结剂也经历复杂的物理化学变化, 这期间升温速度应严格控制。

（2）根据产品种类和规格不同，温度曲线也不同。大直径的制品内外温差大，升温速度要慢些。小直径制品的升温速度可以快一些。图6-2为用于人造石墨电极生产的焙烧典型温度曲线（不包括冷却阶段）。如在环式焙烧炉内焙烧时，直径 200mm 以下的制品用 200h；直径 350 ~ 500mm 的制品要增加到 300h 左右，对特大规格（如直径700~900mm）的制品，加热总时间要延长到 500~600h。

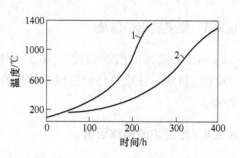

图6-2 人造石墨电极的焙烧曲线
1—快速升温；2—慢速升温

（3）升温曲线对不同焙烧炉也是不同的。我国环式焙烧炉多采用 300 ~ 360h 达到 1300℃（指炉拱下火焰温度）的升温曲线。倒焰窑在升温初期及中期，加热的火焰温度与制品实际温度相差很大，而且焙烧最高温度一般也达不到环式焙烧炉那么高，所以倒焰窑的升温曲线另有其特点。

（4）炉体结构对焙烧温度曲线也有较大影响。如 ϕ500mm 电极生制品装入有火井带盖焙烧炉，用 280h 的温度曲线，比装入无火井带盖焙烧炉，用 300h 的温度曲线焙烧所得制品的质量要好。把 ϕ600mm 的电极生制品放在容器内焙烧，用 280h 获得了良好的质量。不论是哪种结构的焙烧炉，炉室尺寸大，每一炉装的制品数量多，升温速度应慢一些。因为炉室大，各点温差大，要减少温差，需要一定的时间。

（5）生制品体积密度较大时，升温速度要慢些；生制品中骨料粒度较小的，升温时间要长些，粒度较大的，升温时间可短些。

6.2.2 焙烧最高温度及保温时间

焙烧制品应该达到的最高温度（又称烧成温度）与产品种类有关。一般不需经石墨化的炭制品的焙烧最高温度要高一些，而要经石墨化处理的制品，焙烧最高温度可低些，炭电极类制品的焙烧最高温度更低。如炭块不经石墨化，其烧成温度为1300℃；石墨电极需经石墨化，烧成温度为1200℃；炭电阻棒要求电阻率高，故焙烧最高温度控制在1000℃。

在大型焙烧炉中，难以直接测定制品周围的温度，故多测定炉盖下的燃气温度。在炉盖下和焙烧箱上下各点之间存在着较大的温度差。作为生产实例，表6-3列出了某带盖环式焙烧炉炉盖下温度与焙烧箱不同部位间的温度差。在炉盖下温度达到最高温度后，适当延长保温时间，有利于焙烧箱内温度的均衡。一般，对大型焙烧炉需保温 20h 以上，小型焙烧炉保温 8~12h。

表6-3 炉盖下与焙烧箱不同部位的温度 （℃）

炉盖下	440	585	665	765	920	980	1145
焙烧箱上层	340	—	660	700	745	790	935
焙烧箱中层	230	445	515	565	640	690	800
焙烧箱下层	195	425	500	545	600	685	740
炉盖下与下层的温差	245	160	165	220	320	295	405

6.2.3　焙烧后出炉温度

焙烧后制品的出炉温度应该低一些为好。直径 300mm 的焙烧品出炉温度不应高于 200℃。目前，环式焙烧炉的出炉温度在 400℃ 以下，应根据制品的规格的不同进行优化控制。

6.2.4　焙烧炉的操作因素

在焙烧炉内，炽热的燃气与炉壁接触，把一部分热量传给炉壁，通过炉壁传给制品的热量与燃气的流速有关。所以，应该给定各炉室的负压，以确定燃气的流速，才能正确制定温度曲线。在环式焙烧炉中，一个火焰系统的炉室数以及炉室开始加热和停炉操作对焙烧炉的热气流利用和其流速都有影响，所以，所有的操作都应保证稳定地、最大限度地把燃气的热量传递给焙烧制品。

焙烧炉的技术状况影响着进入炉室的冷空气量，因此，必须对砌体的密闭性、炉盖的严密性等加以控制。

6.3　焙烧设备及其操作

在炭素工业中，焙烧工序所用炉窑有倒焰窑、隧道窑、环式焙烧炉和车式焙烧炉等。在我国除车式焙烧炉用得少外，其他三种炉窑均有广泛使用。在这些窑炉中，倒焰窑、车式焙烧炉为间歇操作，隧道窑和环式焙烧炉为连续操作。

6.3.1　倒焰窑

倒焰窑是在砖瓦、陶瓷及耐火材料工业中发展起来的，其外形有长方形和圆形两种。炭素厂使用的倒焰窑以长方形窑为多。它的优点是：结构比较简单，不用形状复杂的异形耐火砖，投资少，建设周期短；炉体尺寸可大可小，使用燃料和焙烧制品规格有较大灵活性，操作也较易掌握。一般小型厂采用此炉窑较多。但其单窑生产能力低，热效率低，劳动强度大，环境条件差。

6.3.1.1　倒焰窑的结构

倒焰窑由燃烧室、装料室、窑底、窑顶和烟道等构成。图 6-3 为长方形倒焰窑的示意图。一座长方形倒焰窑内部可分隔为 3~4 个装料室，窑体的两侧各有 2~3 个燃烧室。燃烧室由炉膛、炉栅、挡火墙、喷火口等组成。挡火墙的作用是使火焰具有一定的方向和流速，合理地送入窑内，且能防止一部分燃料灰进入窑内玷污制品。喷火口则使火焰喷入窑顶和窑中心。倒焰窑一般用煤作加热燃料，也可以用重油或燃气作燃料。高温燃烧气体沿挡火墙自下而上流动，经喷火口进入窑顶空间。在烟囱吸力引导下，热气流自窑顶向下，经过装料室之间的火墙，把热量传给装料室中的制品与填充料。气体经通道集中到支烟道，再汇集到主烟道而进入烟囱。

6.3.1.2　倒焰窑的操作

倒焰窑采取间歇操作。每次装窑前对窑体进行检查，并作必要的修补。装入生制品前

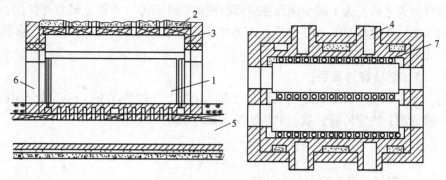

图 6-3 长方形倒焰窑示意图

1—窑室；2—窑顶；3—窑墙；4—烧火口；5—烟道；6—窑门；7—上升火道

在窑底铺一层约 20mm 厚的木屑（避免制品与窑底砖粘连），然后再铺一层 50mm 厚的填充料（一般为 0~6mm 的冶金焦，其中小于 0.5mm 的粉焦不大于 15%）。装入的生制品应垂直于窑底，制品间应保持 60~100mm 以上的距离，制品与窑门的距离应在 100mm 左右。装入制品的同时加入填充料，制品周围填满后再铺制品顶部，制品顶部填充料厚度不应小于 200mm。装入制品时，窑温不应高于 60℃，以防产品变形。装窑后砌上窑门。倒焰窑必须按升温曲线逐步提高窑温。倒焰窑焙烧直径为 100~250mm 的电极生制品时的升温曲线见表 6-4 和表 6-5。

表 6-4 小直径产品焙烧升温曲线（倒焰窑）

阶　段	升温范围/℃	升温速度/℃·h⁻¹	持续时间/h
1	点火到 350	40	8
2	350~550	5	40
3	550~800	2.5	104
4	800~900	6.2	16
5	900~1200	12.5	24
6	1200~1250	保温	24
合　计			216

表 6-5 中直径产品焙烧升温曲线（倒焰窑）

阶　段	升温范围/℃	升温速度/℃·h⁻¹	持续时间/h
1	点火到 350	40	8
2	350~590	5	48
3	590~760	1.25	136
4	760~800	2.5	16
5	800~900	6.2	16
6	900~1200	12.5	24
7	1200~1250	保温	32
合　计			280

倒焰窑停火之后，为了减少制品在冷却阶段的内外温差，不能立即打开炉门，应让其自然冷却。电极在冷却 80h（10 个班）左右才出炉。空窑还要冷却 16~24h，降温至 60℃ 以下，才能进行下一个操作循环。

6.3.1.3 倒焰窑的选型

目前，30t、40t、50t 级倒焰窑的设计已基本定型。一般情况下，不必做全面设计，只需根据产量选型，决定所需台数。倒焰窑的台数可根据下式计算：

$$N = \frac{G}{nV\gamma\eta} \tag{6-1}$$

式中　N——所需倒焰窑台数；

G——每年所需焙烧成品的数量，t；

n——每台倒焰窑运转次数，次/年；

V——倒焰窑的有效容积，m^3；

γ——装炉密度，t/m^3；

η——年平均成品率，%。

倒焰窑的年运转次数 n 取决于运转周期，装炉密度取决于制品规格和装炉方式，成品率则与影响焙烧质量的多种因素有关。

【例 6-1】 已知某焙烧车间所需焙烧制品为 2200t/年；装炉密度为 0.5t/m^3，焙烧成品率为 87%。由于产量较大，可选用 50t 级的倒焰窑。该类倒焰窑的工艺参数如下：

窑有效长度	8580mm
窑高	3500mm
装料室数	3 个
装料宽度	1000mm
运转周期	22 天

可作如下计算：

（1）有效容积 $V = 8.58 \times 3.5 \times 1.0 \times 3 = 90.0 m^3$；

（2）若年工作日按 335 天计，则每年单窑运转次数

$$n = 335/22 = 15.2 \approx 15 \text{ 次}$$

（3）由式（6-1）计算所需倒焰窑台数

$$N = \frac{2200}{15 \times 90 \times 0.5 \times 0.87} = 3.75 \approx 4 \text{ 台}$$

按上述计算，该焙烧车间需选用 4 台 50t 级倒焰窑。

6.3.2 隧道窑

隧道窑在我国生产小规格制品的电炭工业中用得比较多，而在生产大规格制品如石墨电极的工厂只作二次焙烧用，但由于隧道窑有其独特的优点，所以在新型炭素工业中正日益得到重视并被采用。

隧道窑的加热方式是被加热的制品在位置固定的温度带中移动，所以具有以下特点：

（1）由于隧道窑任何一个截面的温度恒定，故其热损失少。高温气体可以到预热带加热制品，在冷却段制品放出的热也可以利用，热量得到充分利用，有利于节省燃料。

（2）制品放在匣钵内，均匀分布在窑车上，可以从各个方向接触热气流，使制品受热均匀，温差较小，焙烧制品的质量稳定。

（3）由于连续作业，可以大大缩短生产周期，而且装出窑均在窑体外进行，劳动条件有所改善。

（4）窑内温度制度、气氛、压力能精确控制，易于实现自动化。

（5）窑的使用寿命长，占用厂房面积小。

隧道窑的主要缺点在于一次性投资大；对于不同制品必须全面改变焙烧工艺制度；生产控制技术要求严格；窑车易损坏，维修工作量大等。

6.3.2.1 隧道窑的结构

图 6-4 为隧道窑的示意图。隧道窑是一条用耐火材料和隔热材料沿纵向砌筑的窑道，内有可移动窑车的行车轨道。在窑的上方及两侧有燃料管道及排出废气通道。还配备有向冷却带鼓入冷风的鼓风机及排走废气的排烟机。窑的两端中有一端设有窑车顶堆机，另一端设有窑车牵引机。还配备有一定数量的窑车，在窑车上砌有装料箱，制品装入箱内，并用填充料保护。

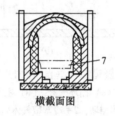

横截面图

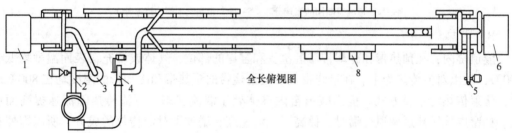

全长俯视图

图 6-4　隧道窑示意图

1—进料室；2—1 号排风机；3—焦油分离器；4—2 号排风机；5—3 号冷风机；
6—出料室；7—窑车衬砖；8—燃烧室

6.3.2.2 隧道窑的操作原理

在隧道窑内按温度分布可分为三个带，即预热带、焙烧带（或称烧成带）、冷却带。隧道窑内所需高温是由喷入焙烧带的燃料，与由于燃料高压喷入时产生的负压而吸入的一次空气混合后燃烧产生的。由窑尾进入窑内冷却带的冷空气与制品热交换而提高温度后作为二次空气助燃。燃烧后的高温气流从焙烧带向预热带流动，把位于预热带的制品加热。废气最后在窑头进入废气通道，由排烟机抽走。

A　气体流动

由于窑室有一定高度，存在一定的位压头。位压头使窑内热气流产生浮力，由下往上流动。另一方面，焙烧带温度高，热气流自焙烧带上部流向预热带和冷却带，而较低温度气体则自预热带及冷却带下部回流到焙烧带形成两个循环，如图6-5（a）所示。

与此同时，由于排烟机和烟囱作用，隧道窑内气流方向是由冷却带到焙烧带，再到预热带。所以，如图6-5（b）所示，在预热带上部，主气流和循环气流方向一致，在下部，主气流和循环气流方向相反，这样就造成预热带垂直断面上总的流速是上部大，下部小。同样道理，在冷却带总的流速则是上部小而下部大。所以，冷却带应从上部鼓入冷空气，迫使冷空气多向上流动。预热带热气流应从下部抽出，迫使烟气往下流。这样就可使隧道窑内上下气流均匀，温差减小。

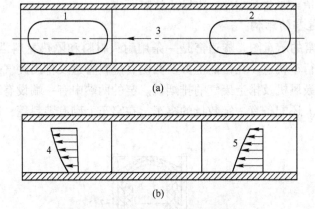

图 6-5　隧道窑内垂直断面的气体流速分布

（a）循环气流；（b）主气流

1—预热带气体循环；2—冷却带气体循环；3—气体主流；
4—预热带垂直断面的流速分布；5—冷却带垂直断面的流速分布

B　传热

隧道窑内，在预热带和冷却带靠近窑头和窑尾的部位，气体或填充料表面温度均低于800℃，故以对流传热为主。在焙烧带及邻近焙烧带的预热带和冷却带的温度均在800℃以上，辐射传热为主要方式。但因隧道窑内气体处于湍流状态，对流传热随流速提高而增加。如窑内采用高速调温烧嘴时，提高了气流速度，增加了对流传热的成分，所以即使在高温部位，对流传热也起重要作用。

在冷却带，制品一方面以辐射方式把热传给窑炉的壁和拱顶；一方面靠空气对流从制品表面带走热量。

C　温度制度

在生产中，根据升温曲线调整好隧道窑内的温度分布，并规定窑车在窑内的运行速度。为了使生制品在200~700℃温度段的加热速度慢，隧道窑的预热带要比焙烧带长得多，约占全长的40%~50%。表6-6列出了一个80m燃煤隧道窑的焙烧温度曲线。

表 6-6　80m 隧道窑的焙烧温度曲线

车位号	1	6	9~10	13~14	15~16	18~19	22~23	26
窑上部温度/℃	220~230	445	455	640	705	800	930	1100
车位号	27~28	28~29	29~30	30~31	33	35~36	39	出口
窑上部温度/℃	1170	1210	1220	1220	730	485	485	300

根据测温所知，隧道窑内气流呈水平方向分层流动，使上下存在温度差，一般是上部高，下部低。图6-6为已装料窑车在窑内各部位的温度曲线。由图可见，中部和下部最高温差可达300℃。

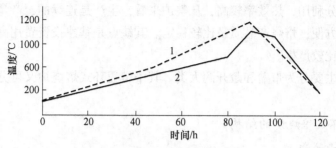

图6-6 隧道窑各部位的温度曲线
1—装入料中部；2—装入料下部

为了减少气流分层现象，除了调节隧道窑内压力分布外，在冷却带强制通入空气，加大流速，又分段设有气幕，有利于减少气流分层。也可以在预热带长度范围的某些点装设高速调温烧嘴，以调节二次空气量，使燃烧产物达到适合该点的温度，并从窑车台面处高速喷入窑内，引起窑内气体激烈扰动，使窑内上下、左右温度均匀。

D 压力制度

在隧道窑内，冷却带因大量冷空气鼓入，焙烧带因燃烧生成大量热气，所以均形成正压。预热带由于排烟机和烟囱吸力形成负压。压力制度主要确定正压和负压间的零静压位置（零压车位）和最大正压和最大负压的绝对值。一般情况下，零压车位在预热带与焙烧带分界处或其附近。其目的是保证焙烧带微正压，使冷空气不会进入，也没有较多的热气流漏出。最大正压和最大负压的绝对值与窑长和气流通道截面有关。在实际生产中，希望这些绝对值比较小，即低压（差）操作，以减少窑内外窜气。

6.3.2.3 隧道窑的生产能力计算

隧道窑焙烧制品的能力 G(t/h) 可用下式计算：

$$G = \frac{V\gamma\eta}{\tau} \tag{6-2}$$

式中　V——隧道窑有效容积，m³；

γ——装料密度，t/m³；

η——焙烧成品率，%；

τ——制品在窑内停留时间，h。

6.3.3 环式焙烧炉

在我国大中型炭素厂中，环式焙烧炉是用得最多的焙烧设备。它由若干个结构相同的焙烧室组成，每个焙烧室按运行图表顺序进行装炉、加热、冷却和出炉。一座环式焙烧炉的所有焙烧室可以分成两个或两个以上首尾相接的火焰系统。每个火焰系统都按运行图表不断逐室向前移动，移动中的火焰系统串联起来在全炉形成环式加热。高温焙烧室排出的烟气进入低温焙烧室，加热其中制品。燃烧所需空气则经过一系列制品需要冷却的焙烧室，与制品进行换热，使空气得到了预热，而制品冷却下来。在环式焙烧炉中，制品始终处于静止状态，只是火焰按焙烧进程移动。环式焙烧炉的优点是具有多炉室串联生产的特点，热量得到充分利用，热效率较高；从整炉来看，生产是连续的，产量高；焙烧温度的控制和调节比较方便；焙烧产品质量比较稳定。其缺点是基建投资费用高；工程地基条件和工程结构要求比较严格。

环式焙烧炉主要分为带盖和敞开两大类。其中带盖环式焙烧炉又可分为有火井和无火井两种。

6.3.3.1　环式焙烧炉的结构

A　带盖环式焙烧炉

图 6-7 为带盖有火井环式焙烧炉的示意图。图 6-8 为带盖无火井环式焙烧炉的示意图。带盖环式焙烧炉由焙烧室、废气烟道、煤气管道及炉盖等组成。

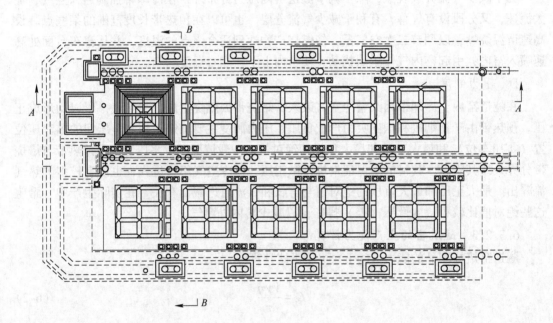

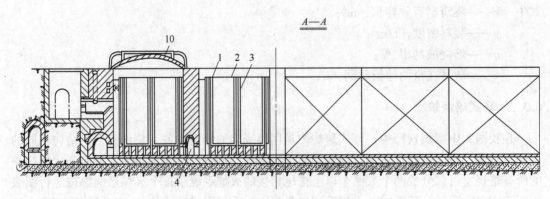

$B—B$

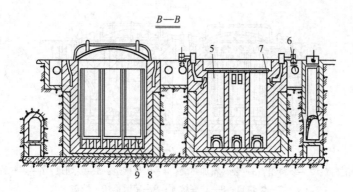

图 6-7 带盖有火井环式焙烧炉

1—焙烧室；2—装料箱；3—装料箱加热墙；4—废气烟道；5—上升火井；6—煤气管道；

7—煤气燃烧口；8—炉底坑面；9—砖墩；10—炉盖

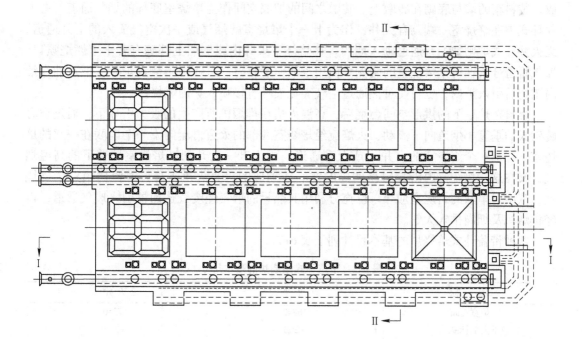

$I—I$

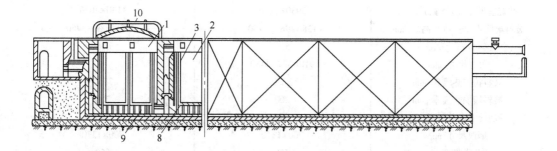

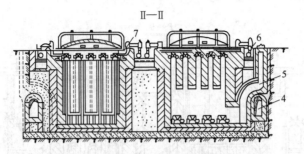

图 6-8 带盖无火井环式焙烧炉

1—焙烧室；2—装料箱；3—装料箱加热墙；4—废气烟道；5—斜烟道；6—煤气管道；
7—燃烧口；8—炉底坑面；9—砖墩；10—炉盖

焙烧室为偶数，分成两排配置，为了减少炉体热损失和便于操作，一般都砌筑在地平面下。每个焙烧室分成 3 个或 6 个相同尺寸的装料箱。装料箱的四壁由异型空心耐火砖砌成。装料箱的墙与底砌在砖墩上。砖墩之间的炉底空间作为焙烧室底部的烟气通道。有火井环式炉在焙烧室一端砌有火井，作为上一个焙烧室的烟气或一次空气流入的上升通道。无火井环式炉则把上升通道砌入墙内。在焙烧室火井内或侧墙上部砌有若干个燃烧喷口。煤气管道分布在每排焙烧室的两侧。使用重油作燃料时，可在炉一侧设炉灶，把重油在灶内燃烧后引入炉内，也可使重油通过空气雾化喷嘴直接喷入炉内燃烧。

燃料在炉盖下的拱形空间燃烧后，高温火焰在排烟机所产生的吸力引导下，通过空心砖砌成的垂直小烟道向下流动，火焰流经焙烧室底部的火道再流向下一个串联在一起的焙烧室，在下一个焙烧室的火井（或上升通道）内上升。上升到该焙烧室炉盖下的高温烟气，又在这一焙烧室内沿装料箱四周的空心砖砌成的垂直火道下降，并流向第三个焙烧室，依次对串联的焙烧室加热。已充分利用其热量的烟气经废气连通器引入废气通道，再经排烟机及烟囱排入大气。

两种带盖环式焙烧炉的基本尺寸列于表 6-7。

表 6-7　带盖环式焙烧炉的基本尺寸

名　称	有火井式	无火井式
炉宽/mm	16840	17350
炉子上部标高/mm	+200	+200
炉子最低标高/mm	−5115	−5480
相邻焙烧室中心距/mm	4813	5262
两列焙烧室中心距/mm	7000	7560
焙烧室尺寸（长×宽）/mm	3930×3230	4130×4030
装料箱尺寸（长×宽×高）/mm	1380×960×3750	1740×1060×3750
装料箱容积/m³	5.0	6.9
火井尺寸/mm	910×397×4430	—
装料箱加热墙高/mm	3750	3750
装料箱加热墙厚/mm	200	200
炉底砖墩砌砖高度/mm	545	545
烟道尺寸/mm	700×1370	700×1370
炉盖拱高度/mm	550	550

B 敞开式环式焙烧炉

敞开式环式焙烧炉一般由16~38个焙烧室组成，但也有68室的，每个焙烧室有3~6个装料箱。一台38室焙烧预焙阳极的敞开式环式焙烧炉的基本尺寸列于表6-8。敞开式环式炉由于不需要炉盖，省去了吊炉盖的大吊车，厂房土建结构相应简化，因此，基建投资也比带盖式炉少。敞开式炉装料箱内上下温差较小，可以采用较快的焙烧曲线，但使用同样燃料条件下，敞开式炉达到的最高温度比较低，焙烧制品的质量也不如带盖式焙烧炉焙烧制品的质量好。由于没有炉盖，可能有一些挥发分从填充料中冒出，因此厂房内劳动条件差。

表6-8 三十八室敞开式环式焙烧炉基本尺寸

尺 寸 名 称	参 数
炉室总数/个	38
每炉室料箱数/个	6
设计装入预焙阳极规格/mm	740×410×530
每炉室装入预焙阳极块数/块	336
炉体尺寸（长×宽×高）/mm	89900×271000×4680
两排炉室中心距/mm	13220
相邻炉室中心距/mm	4320
相邻火道中心距/mm	1320
料箱尺寸（长×宽×深）/mm	3880×860×3950
料箱容积/m³	13.18
火道墙宽/mm	460
横墙宽/mm	440
连通火道（宽×高）/mm	1510×4050

6.3.3.2 环式焙烧炉生产能力的计算

环式焙烧炉的生产能力与每个焙烧室的装炉量、升温曲线及一个火焰系统包括的加热焙烧室数有关。其月产量可按下式计算：

$$Q = \frac{TMBn\eta}{t} \tag{6-3}$$

式中 Q——月产量，t/月；

T——该月的日历小时数，h；

M——每个火焰系统中包括的加热焙烧室数，个；

B——每个炉室平均装炉量，t；

n——每台炉的火焰系统数，个；

η——焙烧成品率，%；

t——所采用升温曲线规定的焙烧时间，h。

6.3.3.3 带盖式焙烧炉的运行和生产操作

一台由24~32个焙烧室组成的带盖环式焙烧炉一般分成两个系统加热。每个系统中包括正在维修或处于准备状态的炉室，以及处于装炉、加热、带盖冷却、开盖冷却、出炉状态的炉室。按照规定的运行时间表，每隔一定时间，有一个装好生制品的炉室进入加热系统，同时有一个已经完成加热过程的炉室离开加热系统。加热系统就是这样不断逐室向前移动，循环生产。

　　A　环式焙烧炉的炉室运转

　　图 6-9 为环式焙烧炉的运转示意图。从图中可以看到，这是一台 30 个焙烧室组成的环式炉。4 号~1 号和 30 号~20 号焙烧室组成一个加热系统，19 号~5 号焙烧室组成另一个加热系统。由第一个加热系统可见，4 号正在出炉；3 号正在准备或维修；2 号正在装炉；1 号刚进入加热，处于低温状态；30 号~24 号正在加热；23 号处于高温加热状态；22 号和 21 号在带盖冷却；20 号正在开盖冷却。另一个加热系统也以相同的顺序进行生产。

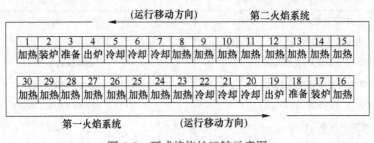

图 6-9　环式焙烧炉运转示意图

　　高温加热的焙烧室由燃料燃烧产生的高温废气供给热量。如上所述，高温焙烧室的废气通过空心砖砌成的通道，炉底及上升火道（或火井）依次流入正在加热的各焙烧室。根据升温曲线，当热量不够时，可点燃部分燃烧器以补充热量。废气在进入最后两个加热焙烧室（即刚进入加热系统的焙烧室）30 号和 1 号后，经废气连通器进入废气烟道。前后两个炉子进入加热系统的间隔时间，由所采用的升温曲线规定时间及每一个火焰系统中加热炉室的数量来决定。例如，采用 360h 的升温曲线，若每个火焰系统有 9 个焙烧室处于加热状态，则每隔 40h，有一个装炉完毕的炉室进入加热状态。为了避免各火焰系统在同一时间各有一台炉室进入高温，而需要大量燃料，以致造成燃料负荷不均衡，各相邻火焰系统的运行时间表应该有一个滞后时间差。滞后时间差的长短视相邻炉室进入加热状态的时间间隔以及火焰系统的数量而定。相邻火焰系统滞后时间差 τ_1（h）可按下式计算：

$$\tau_1 = \frac{\tau}{n} \tag{6-4}$$

式中　τ——相邻炉室进入加热状态的间隔时间，h；

　　　　n——一台环式炉中火焰系统的个数。

　　按上述例子，一台环式炉有两个火焰系统，而相邻炉室进入加热状态的间隔时间为 40h，则第二个火焰系统的运行时间表应比第一个火焰系统滞后 20h。

　　B　制品的装炉

　　环式焙烧炉装料箱高度在 3.7m 左右，一般可装 2~3 层制品。为了便于出炉和减少废品，直径 200mm 以下的生制品应装在上层。装炉时，炉内温度应不高于 60℃。炉底铺 10~20mm 厚的木屑和 50mm 厚的填充料。生制品应与装料箱壁保持 40~60mm 距离，产品间保持 10~15mm 距离。上下层制品间填充料的厚度为 30mm 左右，在上层产品上面覆盖的填充料厚度应不少于 200mm，最好能达到 400mm。

C 热工制度

环式炉的热工制度包括温度制度和压力制度。

温度制度应符合两头快、中间慢的原则。环式炉的升温曲线应视产品规格而定，大规格产品应选 400~500h 的升温曲线；中小规格产品可选 300~400h 的升温曲线。比较常用的 320h 和 300h 两种升温曲线分别举例列于表 6-9 和表 6-10。

环式炉的压力制度主要控制煤气管的压力和加热焙烧室的吸力。我国带盖环式焙烧炉的压力制度一般规定：煤气支管压力不得低于 49.0Pa，最高温度焙烧室的负压约 4.9Pa。

炉温通过调节燃料供应量、空气量及系统负压来加以控制。助燃空气由冷却炉室进入，与制品进行热交换后，成为热空气进入高温焙烧室。当热空气量不足时，可打开炉室两侧的二次空气口。吸入冷空气来补充。负压来源于烟囱和排烟机的吸力，通过调节排烟机的挡板和废气连通罩来控制。

表 6-9　环式焙烧炉 320h 升温曲线

阶　段	温度范围/℃	升温速度/℃·h^{-1}	持续时间/h
1	130~350	4.4	50
2	350~400	2.0	25
	400~500	1.3	75
	500~600	2.5	40
3	600~800	4.0	50
4	800~1000	6.0	30
5	1000~1300	10.0	30
6	1300	保温	20
小　计			320

表 6-10　环式焙烧炉 300h 升温曲线

阶　段	温度范围/℃	升温速度/℃·h^{-1}	持续时间/h
1	130~350	4.4	50
2	350~400	3.5	15
	400~500	1.4	70
	500~600	2.5	40
3	600~800	4.0	50
4	800~1000	6.6	30
5	1000~1300	8.0	25
6	1300	保温	20
小　计			300

D 环式焙烧炉的焙烧品质量不均匀性

在环式焙烧炉内，由于装料箱较深，同一焙烧室上下温差较大，可达 150~300℃，而且上下部位的升温速度也不一样，从而使焙烧室内上层制品由于升温速度过快而质量变差。即使同一根制品，上下两端也会出现焙烧质量不均匀的现象。表 6-11 为当装料箱内装有两层制品时，上下层制品两端的升温速度。由表可见，上层制品的升温速度快，同一制品中也是上端升温速度快，即使装在下层制品也有同样的情况。

表 6-12 为上下层制品及同一制品两端的质量对比，从表可见，同一制品上下端的质量相差极为显著，这说明除升温速度的原因外，还有黏结剂迁移的影响。

为了克服焙烧炉上下温差较大，减少上层制品上端部位升温速度过快的影响，可以采用加厚顶部覆盖填充料厚度的方法。表 6-13 为装直径 300mm 的石墨电极制品，用不同厚度填充料时上层制品升温速度。

表 6-11　上下层制品两端的升温速度

温度范围/℃	升温速度/℃·h⁻¹				
	炉盖下	上层制品		下层制品	
		上端	下端	上端	下端
20~400	3.57	3.22	2.23	2.23	1.87
400~600	1.25	1.32	1.65	1.65	1.68
600~800	3.13	3.10	1.90	1.90	1.48
800~1150	7.29	7.05	4.27	4.27	3.70

表 6-12　上下层制品两端的产品质量对比

在装料箱内位置	取样部位	体积密度/g·cm⁻³	气孔率/%	电阻率/Ω·m	机械强度/MPa		
					抗压	抗折	抗拉
上层	上端	1.509	25	57×10⁻⁶	25.4	7.2	2.5
	下端	1.535	23	49×10⁻⁶	30.8	8.8	2.9
下层	上端	1.510	24	55×10⁻⁶	25.5	8.1	2.9
	下端	1.542	23	52×10⁻⁶	30.2	8.9	3.5

表 6-13　不同上层填充料覆盖厚度对升温速度的影响

温度范围/℃	升温速度/℃·h⁻¹			
	炉盖下	上层填充料覆盖厚度/mm		
		200	400	600
20~400	3.57	3.22	2.83	2.23
400~600	1.25	1.32	1.37	1.50
600~800	3.13	3.10	2.47	0.87
800~1150	7.29	7.05	5.50	3.86

6.3.4　车式焙烧炉

车式焙烧炉首先由美国开发，随后被日本、欧洲和中国相继引进。这是一种既能用于一次焙烧，又能用于二次焙烧的窑炉。

车底式炉是多个单体设备联合使用的，每一台炉结构相同，组合起来共用一个烟气焚烧装置及烟囱。每一台炉可以独立操作，相互之间没有直接的影响，是一个周期性生产的热工设备，每一种产品升温降温的全过程为其生产周期。其优点是组织生产方便，可以按照每一炉的装炉量来组织产品，按照产品的规格不同而采用不同的温度曲线，而且一次焙烧和二次焙烧可以随时转换，产品在炉内温差较小，一般在30℃以内，有利于提高整批制品均质性。缺点是吨产品能耗较高，操作控制精度要求较高。

6.3.4.1　窑炉系统

车底式炉窑炉系统由炉体、燃烧、温度及气氛控制、排烟与焚烧等系统构成。

A　炉体

车底式炉是一个长方形炉体，炉底是一台活动车，装电极的匣钵放在车上进行焙烧，炉的顶部设有轴流风机，炉的前端有可开闭的密闭炉门。其结构示于图6-10。

炉体的外墙装有钢板，钢板的内表面上喷涂有耐热涂层，炉墙的衬里、顶部及门均由耐高温的轻质耐火保温陶瓷纤维模块组成，窑体外壳由钢结构组成。窑车采用特种轻质耐火材料设计，在每一个生产周期可大大减少炉体及窑车蓄热，降低燃料消耗，显著降低吨产品单耗。

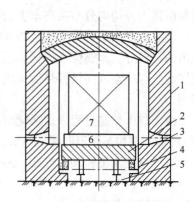

图6-10　车式焙烧炉示意图

1—炉体；2—台车；3—燃烧器；4—砂封；
5—轨道；6—支架；7—匣钵（内装生制品）

炉门采取双重安全保障机构，使炉压在瞬间升高时可以冲开弹簧，起到泄压的目的。如果瞬间压力过高，即便冲开弹簧也不足以泄压，则剪断定位螺栓，使整个炉门处于自然悬垂状态，大大减少因压力过高或局部爆炸造成炉体结构损坏。

B　燃烧系统

车底式炉的燃烧系统由合理排布在装载空间周围的若干组混合式高速等温烧嘴构成。每组烧嘴由特种耐火材料烧嘴砖、助燃空气控制阀、控制燃料电磁阀、限流阀、脉冲阀、调节阀、自动高压点火器和火焰安全保护系统组成。每一组烧嘴的助燃空气由脉冲控制阀控制，燃料与助燃空气的比例由调节阀调节。烧嘴将可根据焙烧工艺要求的频率和周期调控输入热量与窑炉温度。由于燃烧系统具有高速喷射和气流循环搅拌功能，可以有效控制炉内温度均匀性及最佳传热效果，所以可以在基本没有过剩空气的情况下完成燃烧，有效控制使焙烧烟气中的氧含量。

燃烧系统由计算机过程控制管理系统进行调控与监测。当选择好设定温度曲线后，计算机过程控制管理系统的集成程序控制器可自动比较设定温度与炉内实际温度的差别，来调控烧嘴的热工状态和热能输入量。

C　温度及气氛控制系统

高速等温烧嘴强力喷射所产生的强大喷射效应，带动炉内气体形成良性搅拌循环，在搅拌风机作用下，保证炉内温度均匀分布。烧嘴组成多个独立的测温区以进行精确的温度场调控，并在搅拌风机的作用下产生良好的对流循环效应，提高传热效率。除了控制炉内的温度、烟气的氧含量外，该系统还可以通过排烟风机的变频电机调节风机的转速来控制炉内的压力，通过调节冷却水喷淋量来控制强制冷却速度，自动存储窑炉工艺信息，打印窑炉运行报告，并可编制存储及运行多种焙烧工艺曲线。

D 排烟与焚烧系统

排烟与焚烧系统设置了焚烧炉和余热锅炉，属于车底式炉的烟气净化与余热回收设施。该系统采用防腐材料制造，阀门能够自动操作调节炉压。外排烟气先经过焚烧炉温度不低于760℃的焚烧净化，然后进入余热锅炉换热后再排空。

6.3.4.2 焙烧工艺

与隧道窑类似，车底式炉也是以移动台车为底部的窑炉，所以必须将制品放在保护容器如匣钵内，均匀分布在窑车上进行焙烧。

制品是在预热炉中预热至200℃，再送至焙烧炉室中焙烧。每一炉室中由沥青焙烧时析出的挥发分，被燃烧气体稀释后，用引风机抽出至炉外燃烧室内，再加上燃料后燃烧。燃烧废气与冷空气间接换热后排出炉外，热空气一部分送到预热炉预热制品，一部分作助燃用。

由于整个焙烧过程采用强化对流加热，因而炉内温度分布均匀，制品上下温差可控制在±10℃，在均热保温时可达5℃。制品质量高，一般废品率只有1%~2%。炉体严密性好，可严格控制燃料和空气比，避免了挥发分在炉内燃烧，从而保证了预定升温曲线。焙烧最高温度为900~920℃，周期一般为350h。在小型厂用此炉代替倒焰窑较为合适。车式炉的主要缺点是能耗较高。

车底式炉用于一次焙烧时，生产中炉内温度相对较高，采用的保护容器投资较大，容器及窑内设备损坏严重，运行及维修成本较高，因此，车底式炉主要用于二次焙烧工序。

当数量较多的车底式炉联合，按照一定的时间间隔连续生产时，根据环保的要求，需要在对每台炉尾烟气进行净化处理，目前主要采用燃烧法。若是单台炉生产，采用燃烧法需要大量外加燃料，从经济上是不可取的。

6.3.5 匣钵焙烧

国内外的生产实践证明，将制品装入匣钵内进行焙烧，无论是应用于隧道窑，还是环式炉均收到了降低焙烧温度和能耗，减小制品上下温差和提高焙烧品质量的效果。

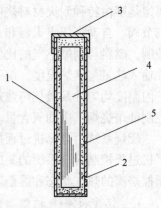

匣钵焙烧的工艺要点为将生制品装入截面比制品截面稍大的匣钵内（圆形或方形截面），匣钵顶部加盖，匣钵下部留有排气孔，制品与匣钵内壁之间填以填充料，再将装好的匣钵放到隧道窑台车上或环式炉的炉室内进行焙烧。匣钵示意图见图6-11。

匣钵所用材质有普通钢材或特殊金属材料，应根据焙烧温度、炉内气氛确定。我国研制的铝硅球墨铸铁材质的匣钵可在900℃焙烧温度下使用80次，比普通钢材匣钵寿命长1.2倍，而生产成本与普通钢材匣钵相当。

图6-11 匣钵焙烧示意图
1—匣钵；2—排气孔；3—钵盖；
4—制品；5—填充料

匣钵焙烧能取得良好效果的原因在于：

（1）因匣钵与匣钵之间不需要保温料，烟气与匣钵直接接触，使焙烧的传热方式以热传导为主变为以热对流为主，因此，强化了焙烧过程的热量传递。

（2）金属匣钵的导热系数远大于填充料，使匣钵整体易于达到温度均匀，可在较快的升温速度下，保证制品的均匀焙烧。

（3）匣钵加盖，虽未密封，但仍阻碍了挥发分的自由析出，使匣钵内形成一个相对封闭的微正压区域，具有一定加压焙烧作用，因此，沥青析焦量和制品体积密度均有所提高。

6.4　影响焙烧制品质量的因素

焙烧制品的质量不仅与配料、混捏、压型等前工序有关，而且受到焙烧工序的炉内气氛、压力、升温制度、最终温度、填充料性质以及装炉方法等多种工艺因素的影响。

6.4.1　焙烧体系中气氛的影响

焙烧时，生制品装在焙烧箱内，周围覆盖着填充料，热量通过填充料层传给生制品，这一个空间就构成一个焙烧体系。如果焙烧是在倒焰窑中进行，则整个窑室是一个焙烧体系；如果焙烧是在环式炉中进行，由于热气流顺序通过各个炉室，所以一个火焰系统的各炉室连成一个焙烧体系。

在焙烧过程中，由于生制品中黏结剂的热分解和热缩聚反应，在生制品内部及周围形成一定的焙烧气氛。如果焙烧体系是一个封闭体系，则黏结剂热分解产生的气体从生制品中逸出，扩散到整个炉室，使分压逐渐增大，直到一个极限，即黏结剂的饱和蒸气压。这时，在生制品表面逸出的分子数与凝结的分子数达到平衡。但实际的焙烧过程并不在封闭体系中进行，黏结剂分解生成的气体不断地通过制品内部和填充料间隙，随热气流进入烟道而排出，致使制品内外层和填充料内外层之间都存在着分解气体的浓度梯度，使气体不断向外扩散。若填充料和炉室上部空间的分解气体浓度低，则分解气体从制品中向外扩散的速度快，促进了黏结剂热分解反应的进行，使黏结剂的析焦量相应减少。反之，若分解气体排出速度慢，则析焦量就增加。

另外，在焙烧体系中存在着氧。氧除了来源于混捏前干骨料和填充料吸附的氧以外，主要是从燃料气中来。一般热气流中含氧量占 10% ~ 16%，此外，还有从炉墙泄漏处侵入的空气。黏结剂焦化具有氧化脱氢缩聚反应的特征，黏结剂氧化有利于析焦量的增加。但受氧侵入的生制品表层收缩率降低，造成内外收缩不一致，就会产生硬壳型废品，这种制品的表层和内层之间出现裂纹，如图 6-12 所示。这种废

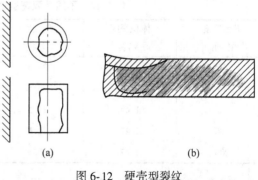

图 6-12　硬壳型裂纹

（a）圆柱形制品；（b）方块制品剖面

品往往在靠近炉室壁和砖槽壁一侧出现较多，这是因为靠近炉室壁处氧的浓度最高。为了减少硬壳型废品率，就需要采取使制品与氧隔绝的措施，例如及时修补炉墙，保证填充料的覆盖厚度等。

6.4.2 压力的影响

当焙烧体系达到 300~400℃时，黏结剂的分解反应和缩聚反应同时进行，如果此时增加体系的压力，反应将向缩聚方向移动。同时，提高焙烧压力还可减少分解产物的浓度梯度，使第一次反应产物在焙烧体系中延长停留时间，有利于参与缩聚反应，既可以提高析焦量，又有利于中间相小球体的生成。

在焙烧前期，当黏结剂还处于低黏度的熔融状态时，增加体系压力，可使黏结剂渗入骨料内部的微孔及微裂纹中，增强了骨料颗粒间的结合，使制品进一步致密化。由于在一定压力下焦化，液体的表面张力使新生成的气孔内壁呈平滑的圆形，避免了在常压焙烧时生成的多角形气孔而产生应力集中的现象。因此，在相同体积密度的情况下，加压焙烧制品的机械强度高，抗压强度比常压焙烧的制品增加 30%，抗折强度提高 40%左右。

在压力下焙烧，可以减缓生制品的应力弛放过程，同时加压焙烧必然是一个密闭系统，可以防止生制品氧化。在加热过程中，制品内外收缩均匀，避免造成硬壳型裂纹。由于收缩均匀，就可以适当提高升温速度，缩短焙烧时间。如 ϕ100mm 的制品常压下焙烧需150~200h，而采用高压焙烧仅需 50h，提高了生产效率。因此，加压焙烧是一项有前途的焙烧新技术。

6.4.3 加热制度的影响

升温速度对黏结剂的析焦量及制品的密度有很大影响。升温速度较慢时，黏结剂有足够时间进行分解及缩聚，所以析焦量增加，制品的密度增大，力学性能也有所提高。同时，升温速度较慢，可以在焙烧体系内形成更加均匀的温度场，减小制品内外温差，防止制品裂纹的生成。反之，升温速度过快，在同一个制品中就同时进行着不同阶段的焦化反应，引起生制品内外收缩不均匀，而产生过大的内应力。这种内应力在 300℃以内将使制品变形，在 500℃以上，制品外层黏结剂已固化，内应力将使制品开裂。表 6-14 为不同升温速度对焙烧品物理性能的影响。

表 6-14 不同升温速度对焙烧品物理性能的影响

升温速度 /℃·h^{-1}	体积密度 /g·cm^{-3}	气孔率 /%	电阻率 /Ω·m	抗压强度 /MPa	体积收缩 /%
15	1.52	22.6	60.9×10^{-6}	54.7	2.20
25	1.50	23.5	64.7×10^{-6}	50.9	2.70
50	1.48	24.5	65.8×10^{-6}	50.5	4.57
100	1.47	26.7	77.3×10^{-6}	40.8	6.57
200	1.47	27.5	78.2×10^{-6}	39.3	7.93

但在 400℃以前的升温速度不宜过慢，否则就延长了黏结剂可能氧化的时间，将使带硬壳型裂纹的废品增加。表 6-15 为室温至 400℃升温时间与开裂废品的关系。

表 6-15　室温至 400℃升温时间与开裂废品的关系

20~400℃平均加热时间/h	带硬壳型裂纹制品/%	20~400℃平均加热时间/h	带硬壳型裂纹制品/%
57	0.30	134	6.91
77	3.22	151	11.11
97	4.00	178	11.97
115	5.47	216	27.97

冷却速度一般比升温速度快，但也不能太快，否则制品内外温度梯度过大，也会造成制品开裂。一般将降温速度控制在 50℃/h 以下，到 800℃ 以下则可任其自然冷却。

6.4.4　填充料的影响

在焙烧时，为了防止制品氧化，并使制品均匀受热及避免变形，在制品周围装填和覆盖了填充料。

对填充料的基本要求是：在焙烧最高温度下不熔化，不烧结；在高温下不与制品和耐火材料起化学反应；有较好的导热性；在加热过程中单位体积的变化很小。为了保证焙烧质量，所采用填充料的质量及粒度组成都应稳定。

填充料的吸附性对焙烧质量有很大影响，这是因为填充料和生制品处于同一体系内，从生制品中挥发出来的气体在通过填充料的过程中，一部分被吸收，另一部分在热的填充料颗粒表面形成热解炭膜。填充料的吸附性愈强，挥发分吸收愈多，黏结剂的析焦量就愈低，焙烧后失重就愈大。实践证明，当采用新鲜冶金焦或活性炭做填充料时，焙烧制品的质量明显下降。

填充料的吸附性、透气性及热导率均与其粒度组成（表现为堆积密度）有关。填充料的堆积密度大，可以使其热导率增大，透气性降低。

常用作填充料的材料可以是冶金焦、石油焦、无烟煤、高炉渣、硅沙、河沙等。各种填充料的特性列于表 6-16。利用不同材料作填充剂时，焙烧所得电极的性质列于表 6-17。由表 6-16 和表 6-17 可知，河沙是比较好的填充料，它的热导率高，吸附性低，而且比较便宜，但若用纯河沙时，因为它具有很大的流动性，会通过焙烧炉缝隙流到炉底的空隙中去。由表 6-16 和表 6-17 也可见，这些材料各有优缺点，通常是将两种或两种以上的材料分别破碎加工，然后再按一定比例混合起来，制备成合乎要求的填充料。例如常用的填充料为等体积的冶金焦和河沙的混合物，或煅烧无烟煤与河沙以等体积混合后使用。对于高纯制品必须用石油焦等这些少灰材料作填充剂，以免增加制品的灰分。

表 6-16　各种填充料特性

材料名称	堆积密度/kg·m⁻³	热导率/W·(m·K)⁻¹	比热容/kJ·(kg·K)⁻¹
冶金焦	—	0.06~0.12	0.88
煅烧无烟煤	600	0.18	0.92
锅炉渣	1000	0.29	0.75
粒状高炉渣	500	0.14	0.75
河沙	1900	2.30	0.84

表 6-17　不同材料作填充料时，焙烧电极的性质

填充料名称	填充料性质		黏结剂析焦率/%	体积密度/g·cm⁻³	电阻率/Ω·m	抗压强度/MPa
	粒度/mm	吸附性/mg·g⁻¹				
石英砂	<1.5	6.0	63	1.58	36×10⁻⁶	68.7
煅烧无烟煤	0.5~2	7.3	61	1.55	41×10⁻⁶	65.7
	0.5~2	6.9	62	1.56	40×10⁻⁶	67.0
冶金焦	0.5~6	11.0	59	1.50	49×10⁻⁶	53.9
	0.5~2	11.7	60	1.53	42×10⁻⁶	60.1
石墨化冶金焦	0.5~2	14.6	50	1.46	48×10⁻⁶	49.0
	—	21.3	51	1.48	47×10⁻⁶	50.0

在焙烧操作中，为了防止填充料对焙烧制品质量的不利影响，应做如下控制：

（1）不使新鲜补充的填充料与生制品接触，为弥补损失而补充的新鲜填充料，可作为上层覆盖的填充料。

（2）填充料的材料和粒度组成应保持稳定。每隔一定时间要将填充料中小于 0.5mm 的细粉筛去，也应避免有大于 6mm 的颗粒。由于 0.5mm 以下细粉的存在，会使填充料表面积增大，而提高吸收能力。6mm 以上的大颗粒热导率高，当它与生制品表面接触时，局部传热快，使该部位制品提早结焦固化，不随制品的整体收缩，从而形成凸起的气泡。

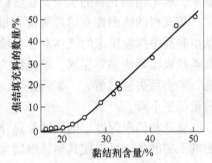

图 6-13　配料中黏结剂含量与焦结填充料数量的关系

焙烧炉在运行中，有时会出现填充料焦结现象，从焙烧室中取出焦结的填充料很困难，而清除焦结在电极表面的填充料也是十分困难的操作。焙烧时填充料焦结的原因可以解释为：当生制品加热时，黏结剂软化而变为流体状态，当它向外溢出时，引起填充料焦结。填充料愈细，焦结愈严重。由此可见，填充料焦结与电极配料中黏结剂含量有关，见图 6-13。由图中可见，当黏结剂含量小于 20% 时，填充料焦结现象几乎消失。

6.5　二 次 焙 烧

6.5.1　二次焙烧的目的

在石墨电极、石墨阳极和高密度高强度石墨制品的生产过程中，为了减少气孔率，提高产品的密度和强度，需在焙烧后对半成品进行浸渍。若把浸渍后产品直接送入石墨化炉，就会降低石墨化工序的生产效率，增加电耗，还要污染环境和恶化劳动条件。所以，有必要把浸渍后制品再次装入焙烧炉内，以便浸渍剂在缓和的条件下进行炭化。实践证明，对浸渍后制品进行二次焙烧有利于提高石墨化产品的质量和企业的经济效益。

表 6-18 为浸渍后制品直接石墨化与经过二次焙烧后再石墨化的技术经济比较（以直径为 250mm 的接头生制品为例）。

表 6-18　浸渍后石墨化与经二次焙烧后石墨化的技术经济指标

项　　目	浸渍后直接石墨化	二次焙烧后石墨化
每炉石墨化所需时间/h	120	72
每吨石墨化制品耗电量/kW·h	6200	5000
石墨化成品率/%	85~90	96
产品体积密度/g·cm⁻³	1.64~1.68	1.65~1.70

6.5.2　二次焙烧的特点

二次焙烧与一次焙烧的主要不同之处在于二次焙烧的制品是经过了一次焙烧而再浸渍的制品，几何形状已经固定，在二次焙烧时，不会发生整体变形。另外，浸渍制品的热导率要比原来的生制品大，所以二次焙烧比一次焙烧的热处理过程要快，其最终温度只要达到 700℃。因此，若一次焙烧曲线为 320h，那么二次焙烧曲线一般为 138h。另一个特点是二次焙烧时不用填充料。

浸渍电极二次焙烧存在的主要技术特点是，当焙烧品达到 400~500℃时，浸渍电极中将会有部分沥青受热而熔化并流出，若用一般隧道窑焙烧时，就会流淌到窑车台面上，另有一部分则挥发成可燃气体逸出。由此带来的问题是：

（1）逸出物易在窑内着火，如不能有效控制，则窑温失控，还可能造成窑体、窑车的损伤，缩短匣钵的使用寿命。

（2）制品在预热过程中不易实现均热，上下温差大。

（3）严重污染环境。

为此，有必要采用能使电极中逸出可燃物有控制地在窑内直接燃烧的焙烧装置。

6.5.3　二次焙烧装置

二次焙烧一般都在隧道窑内进行，比较先进的是美浓式隧道窑。

6.5.3.1　美浓式隧道窑的结构

A　窑本体的主要结构

窑本体的结构示意图示于图 6-14。整个窑分为预热带、烧成带（焙烧带）和冷却带三个温度带，根据其外形、尺寸和功用不同，又可细分为八段。

B　窑顶部结构

为了满足不同的热工需要，隧道窑各段设计了不同的窑顶结构。

（1）弧形拱窑顶。这是隧道窑传统的结构，在部分区段采用。

（2）"上拱下平"组合拱顶。其外拱圆弧半径与相应段的弧形拱顶圆弧半径相同，而下沿是平的。共设有 16 组组合拱顶，把窑顶分成了不同的小区段。该拱顶下沿与窑车上匣钵盖间保持较小的均匀间隙（63~93mm）。这些组合拱顶起着分隔窑顶区段，阻挡窑顶气流，控制窑温的作用。

（3）悬挂式整体浇注平窑顶。这种设窑顶在预热带。此平窑顶与匣钵盖之间保持均匀

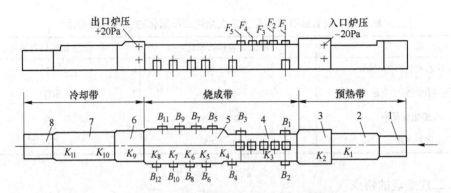

图 6-14　美浓式隧道窑的窑本体示意图

1—入口段；2—预热带（1）；3—预热带（2）；4—均热升温区；5—均热区；6—冷却带（1）；7—冷却带（2）；
8—出口段；$B_1 \sim B_{12}$—1～12号燃烧室；$K_1 \sim K_{11}$—测温热电偶位置；$F_1 \sim F_5$—风机

的较小间隙（约74mm），避免了传统窑拱顶部热烟气的"流动现象"，使入窑制品得到充分预热。

（4）内拱带槽中空外平窑顶。这种特殊结构（图6-15）窑顶设在冷却带（2），是为了对焙烧品实施间接冷却而设计的。窑内拱顶用两端带牙口的25块楔形耐火砖间断砌筑，每两圈拱顶间留出空槽。在楔形砖两端牙口上，用不锈钢板制成的隔焰盖板封盖。在拱顶砖上用红砖和耐火砖分隔砌成横向和纵向水平气体通道。气体通道用长条耐火砖封盖后，再铺红砖得平窑顶。不锈钢的隔焰盖板为窑内与通道中空气进行热交换的传热板。

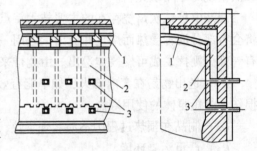

图 6-15　内拱带槽中空外平窑顶
1—隔焰盖板；2—垂直烟道；3—直接冷却进风管

（5）内拱中空外平窑顶。设在冷却带（1）、（2）的进、排气口部的窑顶。主要在拱顶上留出水平通道，目的是在窑顶构成气体输送的通道。

C　燃烧室

在美浓式窑烧成带两侧各设置6个燃烧室，对匣钵内制品进行间接加热。当采用煤气加热时，通过"外部混合式烧嘴"，即煤气和空气在烧嘴外部以扩散方式混合并燃烧。美浓式窑有两种不同结构的燃烧室。在烧成带的均热升温区，左右对称设置一对隔焰炉结构的燃烧室（图6-14中 B_1、B_2）。其结构为在燃烧室与窑本体间设有隔焰墙，燃烧室火焰不能进入窑内。在烧成带的均热区，左右错开设置五对半隔焰炉结构的燃烧室（图6-14中 $B_3 \sim B_{12}$）。其结构为在燃烧室与窑本体间也设有隔焰墙，但在隔焰墙上留有上、中、下三排，每排三个共九个火口。通过这些火口，对窑内匣钵可实施分散的间接式加热。

D　冷却带窑侧壁结构

为了使焙烧制品在冷却带得到充分冷却，在冷却带采用了间接冷却和直接冷却并用的循环冷却方式。其结构为在窑侧壁设置多个垂直烟道，通过窑外壁的吸入口吸入冷空气，通过侧壁与窑内进行热交换，实现间接冷却。空气再进入窑顶烟道，通过窑顶的隔焰盖板进行间接冷却。进行热交换的空气由窑顶冷却风机抽出，冷却后再从窑出口段的窑顶及窑两侧多组风管鼓入窑内，对匣钵内焙烧品进行直接冷却。

6.5.3.2 美浓式隧道窑的设计参数

美浓式隧道窑的设计参数见表6-19。

表6-19 美浓式隧道窑的设计参数

名　　称	参　　数
窑总长（本体长）/m	117.6（109.7）
窑内有效尺寸（宽×高）/mm	2490×2200
窑内台车数（总数）/台	35~36（50）
窑车台面尺寸（宽×长）/mm	2290×3006
每台窑车装匣钵数/个	6
匣钵尺寸/mm	φ820×2200
每个匣钵平均装电极量/kg	约725
窑车总重（包括匣钵及制品）/t	约15
送车速度/台·d^{-1}	6.37
使用燃料（升压后压力、发热量）	发生炉煤气（6000Pa，5309kJ/m^3）
煤气消耗/m^3·h^{-1}	约636
焙烧温度（窑顶气氛温度）/℃	700~750
窑内停留时间/h	约133
产品及规格/mm	石墨电极及接头，φ(200~600)×(1800~2060)
年处理量/t	≥8922
炭化率（残炭率）/%	40
合格率/%	97
制品温差（在烧成区上下温差）/℃	≤60
制品出窑温度/℃	≤350

6.5.3.3 为焦油沥青的可控内燃所采取的措施

（1）为使可燃物尽可能在窑内燃烧，设置了助燃送风系统。每侧有三根助燃空气喷管，设置在烧成带均温区每两个燃烧室之间，将助燃空气从窑车台面高度吹入窑内，帮助流淌到窑车台面上的沥青残留物燃烧。

（2）为了对窑内温度进行调整和控制，进行燃烧的自动控制。

（3）窑内窑车用液压顶推机送入窑内。窑车送进的速度与窑内焦油沥青的燃烧之间有着密切的关系。要根据被焙烧品的状况（包括尺寸大小、浸渍增重、浸渍剂的性能、浸渍品表面挂沥青量等）来设定和调整窑车的送进速度，使之与焦油沥青的可控内燃、外加热量的供给、焙烧温度的调节相协调。在美浓式窑的设计中，设有能精密调节窑车送入速度的调速装置，窑车送进速度可在1车/1h~1车/8h之间任意调节。

6.5.3.4 减少制品温差和余热回收措施

（1）通过安装在预热带（1）窑顶部的风机把烧成带均热升温区的热气流经窑侧壁的

预热烟道，再经由与预热烟道连通的 B_1、B_2 燃烧室升温后，从窑顶部和窑两侧进入窑内，使制品均匀预热。

（2）通过安装在烧成带窑顶的风机，将冷却带进行热交换后的热气流，经增压后，从均热升温区的窑顶和窑侧壁倾斜向下打入窑内。窑顶向下打入的热气流起到搅拌窑内气流作用，从窑侧壁进入的热气流进入窑车上中心部位的匣钵空隙之间。既利用了这部分余热，又使易于产生温差的地方得到均匀加热。

（3）在易于产生温差的均热升温区，还在窑顶设置热风机，迫使上升到窑顶的热气流向下流动，对窑内气流起到强制搅拌作用，以保证制品的均匀加热升温。

6.5.3.5　美浓式隧道窑的热工参数

（1）二次焙烧温度曲线。美浓式隧道窑设定 $\phi500\times2060$mm 电极的二次焙烧温度曲线示于图 6-16。该曲线是按 226min/台的送车速度确定的。在焦油沥青燃烧区，由于沥青在窑内燃烧，窑温会有瞬时升高现象。按照焙烧温度分为三个温度带，入口段及预热带（1）、（2），约为 9.5 个车位，长约 29m，在预热带末端，窑顶温度约 300℃。烧成带约占 15 个车位，长约 45.5m。其中均热升温区约为 9 个车位，制品在此将被均匀加热到接近电极二次焙烧所需温度；均热区是窑的最高温度段，约占 6 个车位，是使制品中浸渍剂充分炭化的区段。在均热区的沥青燃烧区为 3 个车位，由于沥青及挥发分燃烧，可能出现窑温波动及瞬时温度超过设定温度最高值。其主要控制目标为可燃物在窑内预定区间内完全燃烧。冷却带及出口段为 12 个车位，长约 36m。

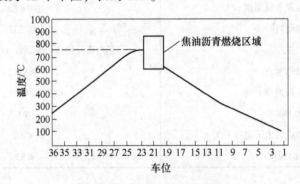

图 6-16　二次焙烧温度曲线

该隧道窑共设有 27 个测温点，有记录显示系统，其中 4 个测温点还设有超温报警装置。相应地还设置了多种温度调节装置。

（2）炉内压力。主要监控的是烧成带前后的压力，烧成带入口部压力设定为 -20Pa；出口部压力设定为 +20Pa。相应地设置了各点的监测装置，对气体循环输送管路系统的四组可调风门采用有线遥控的方法进行间接控制。

（3）煤气压力。美浓式隧道窑要求供给煤气压力为 6000Pa，并保持稳定。为此在煤气输送系统设置两台煤气升压机及自动调压阀装置。

6.6　加压焙烧工艺

生产高密度、高强度的炭和石墨制品，需要经过多次浸渍及多次重复焙烧，因此生产周期很长。研究表明制品在一定压力下加热，可以大大缩短焙烧周期，即使以很高速度（如 50~100℃/h）升温，也很少导致制品出现裂纹，而且如 6.4.2 节所讨论，加压焙烧还可以提高黏结剂的析焦率并有利于提高产品密度及强度。加压焙烧有气体加压和气体与机械同时加压等多种形式。

6.6.1 气体加压焙烧

如冷压成型的生制品（$\phi 100 \times 290$mm）在 4~5MPa 下焙烧，只用 12h 就使温度达到 750℃，产品烧损只有 6.49%~7.79%，而一般制品烧损为 10%~11%，黏结剂析焦率达 74%~78%。加压焙烧产品石墨化时，烧损较小，体积收缩较大（因为焙烧最终温度较低）。

加压焙烧的试验装置见图 6-17。试样装在铁筒内，周围用焦粉填充，将铁筒口焊住，在筒盖上焊两根管子，一根充氮气加压用，一根测压用。铁筒放在电炉内加热，氮气因在密封铁筒内加热到高温，发生体积变化而产生高压。

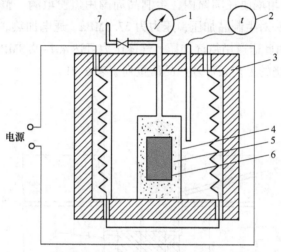

图 6-17　加压焙烧试验装置示意图

1—压力表；2—测温仪表；3—炉壳；4—密封铁筒；5—焦粉；6—制品；7—放气管

这种加压焙烧试验的工艺条件及试验结果见表 6-20。由表可见，加压焙烧能提高沥青析焦率，但压力以 2.9~4.9MPa 为宜，压力过高，效果并不显著。

表 6-20　加压焙烧工艺条件及试验结果

炉　次	加压焙烧工艺条件/MPa	烧损/%	沥青残碳量/%
	不加压	11.1	44.4
	加压 0.19	9.27	53.7
1	加压 0.49	7.5	62.9
	加压 3.92	4.27	78.5
	加压 9.80	4.27	78.7

续表 6-20

炉 次	加压焙烧工艺条件/MPa	烧损/%	沥青残碳量/%
2	不加压	12.5	37.6
	加压 1.47	7.72	61.6
	加压 1.96	7.07	64.3
	加压 2.94	6.51	67.5
	加压 9.80	5.27	73.7

6.6.2 气体压力与机械压力同时加压的焙烧

有一种双重加压的试验装置，可在 8min 内将制品焙烧到 1400℃，这种试验装置见图 6-18。该装置用一个内衬陶瓷的厚壁钢筒，在陶瓷内壁再放一个炭质圆筒，装有生制品（φ50×62mm）的石墨坩埚放在圆筒内，生制品周围用焦粉填满。整个试验装置放在一台立式压机上，用上压头对生制品加压，压力为 27.5MPa。通电加热。在上压头一侧有供挥发分逸出通道，也可由此通道用氮气加压，气体压力可达 4.1~9.8MPa，最高温度达 1000~1400℃。双重加压焙烧的工艺条件及产品质量列于表 6-21。

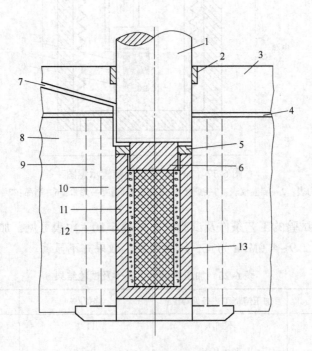

图 6-18　气体加压与机械加压同时进行的加压焙烧试验装置
1—上压头；2—密封圈；3—钢质盖；4—密封垫；5—接触垫；6—石墨活塞；
7—挥发分逸出及氮气加压通道；8—钢筒；9—陶瓷内衬；10—炭质筒；
11—石墨坩埚；12—填充料；13—生制品

表 6-21　双重加压焙烧的工艺条件及产品质量

焙烧工艺条件		试 验 编 号						
		1	2	3	4	5	6	7
生制品中沥青量/%		10	10	10	20	20	20	20
焙烧总时间/h		45	52	46	36	35	81	46
焙烧最高温度/℃		1200	1400	1000	1100	1100	1250	1100
气体加压压力 /MPa	开始	0	0	4.1	0	0	4.1	6.9
	最大时	0	3.4	6.86	0	6.86	11.3	10.3
机械加压压力/MPa		27.5	27.5	27.5	22.4	22.4	22.4	22.4
焙烧品质量	体积密度/g·cm⁻³	1.565	1.569	1.576	1.549	1.649	1.652	1.629
	电阻率/Ω·m	$75×10^{-6}$	$61.4×10^{-6}$	$57×10^{-6}$	$64.5×10^{-6}$	$63.5×10^{-6}$	$61.0×10^{-6}$	$63.5×10^{-6}$
	抗折强度/MPa	8.3	11.3	12.8	14.9	16.3	18.1	17.9

　　总之，加压焙烧有明显的效果，获得了常压焙烧不能得到的制品的密度及强度，解决了许多新型产品的需求。但高温耐压构件制造上的困难是这种工艺尚未能大型化的主要原因。

复习思考题

6-1　什么是焙烧，焙烧的目的是什么？

6-2　黏结剂成焦与沥青单独焦化有何异同？

6-3　石墨电极焙烧品的质量指标是如何要求的？

6-4　什么是填充料，其性质对焙烧品的质量有什么影响？

6-5　如何制定焙烧曲线，该曲线与制品质量有何关系？

6-6　焙烧过程可以分为哪几个阶段，各个阶段的升温速率有什么不同？

6-7　焙烧过程中煤沥青的物理迁移是如何进行的，对焙烧品的质量有什么影响？

6-8　美浓式隧道窑与普通隧道窑有何差别？

6-9　隧道窑分哪几个温度带？试结合温度带绘制隧道窑的物质流示意图。

6-10　带盖环式焙烧炉主要由哪几个部分构成，各部分的作用是什么？

6-11　环式焙烧炉是如何运行的？试编制环式焙烧炉的上盖和起盖时间表。

6-12　根据化学反应平衡移动的原理，解释匣钵焙烧与加压焙烧对煤沥青析焦率影响的原因。

6-13　二次焙烧与一次焙烧的不同之处是什么，二次焙烧的技术要求是什么？

6-14　焙烧工序产生废品的原因是什么？

6-15　查阅有关煤气安全规程，试分析焙烧炉可能发生煤气爆炸的原因。

6-16　试分析焙烧炉烟气的污染因子，提出合理的烟气净化方案。

7 ◆ 浸　渍

浸渍是将制品置于高压釜内，在一定的温度和压力下，使液体浸渍剂渗透到制品的气孔中，从而改善制品某些理化性能的一种密实化加工过程。它是炭和石墨生产中一个辅助加工工序。

7.1　浸渍的基本概念

7.1.1　浸渍的意义

炭和石墨制品属于多孔材料，其中的气孔来自两方面。首先，炭和石墨制品都是用固体炭素原料颗粒作为骨料，其本身就是多孔材料，虽然经过压制、焙烧、石墨化处理，而形成了不会熔融的密实整体，但仍然以颗粒状存在于制品中，所以，颗粒之间或颗粒内部就留有一定的孔隙。其次，炭和石墨制品都是以煤沥青为黏结剂，经过焙烧后，有相当部分的沥青成分以挥发物逸出，而留下大量的气孔。在炭和石墨制品中，前者造成的气孔占 10%～19%，后者留下的气孔占 10%～11%，故总孔隙率可达到 20%～30%。

大量气孔的存在，必然会对制品的理化性能产生一定的影响，如使制品的体积密度下降、机械强度减小、电阻率上升，在一定温度下的氧化速度加快，耐腐蚀性变差，使气体和液体易于渗透，从而不能满足使用的要求。为此，必须采取浸渍工艺，甚至采取多次浸渍-焙烧处理，尽可能填实这些气孔，提高制品的性能。

7.1.2　浸渍对象及浸渍剂种类

在炭素制品中，需要浸渍的产品有以下几种：

（1）需要较高密度和机械强度以及较低电阻率的制品。如超高功率电极，各种接头坯料、石墨阳极、机械用炭制品等。

（2）化工设备要求的不透性石墨。如热交换器、泵类、化工管道及管件、化工设备上用的密封圈、密封环等。

（3）用于生产耐磨材料的制品。如活塞环、轴承、定向环、滑动电触点等。

（4）特殊要求的制品。如高密高强度石墨等。

所用的浸渍剂一般有煤沥青、石油沥青、合成树脂、金属、润滑剂、无机化合物等，还有特为炭素材料浸渍研发的低 QI（喹啉不溶物）净化沥青，专用高性能浸渍剂沥青等，可视浸渍对象的不同性能要求而选用。在选用浸渍剂时，必须注意浸渍后制品不应削弱其主要功能。例如，作为导电材料的炭制品，浸入物不应影响其导电性能；作为化工机械结构材料的制品，浸入物不应降低其导热性、耐热性和热稳定性等。

7.1.3 评定浸渍效果的方法

评定浸渍效果的方法一般有以下三种。

（1）用浸渍后产品的理论增重与实际增重的比率（浸渍率）来表示：

$$\eta = (W_p / W_t) \times 100\% \tag{7-1}$$

式中　η——浸渍率，%；

　　　W_p——制品浸渍后的实际增重，kg；

　　　W_t——制品浸渍后的理论增重，kg。

W_t可用式（7-2）进行计算：

$$W_t = \rho \cdot \sum_{d_i} \Delta V \tag{7-2}$$

式中　ρ——浸渍剂在浸渍温度下的相对密度；

　　　d_i——浸渍剂所能渗透的最小孔径，μm；

$\sum\limits_{d_i} \Delta V$——大于孔径$d_i$的所有气孔组成的气孔体积分布函数。

（2）用浸渍前后制品的增重率来表示：

$$G = \frac{W_1 - W_0}{W_0} \times 100\% \tag{7-3}$$

式中　G——增重率，%；

　　　W_0——制品浸渍前质量，kg；

　　　W_1——制品浸渍后质量，kg。

（3）用浸渍后制品中气孔的填充率来表示，即浸渍剂进入气孔所占据的体积与开口气孔总体积之比。

$$F = (G / \rho \cdot P) \times 100\% \tag{7-4}$$

式中　F——填充率，%；

　　　G——制品浸渍后的增重率，%；

　　　ρ——浸渍剂的相对密度；

　　　P——被浸渍制品的开口孔隙率，%。

7.1.4 浸渍前后制品气孔的变化

炭和石墨制品中的气孔可以分为开气孔和闭气孔两种。在浸渍过程中，浸渍剂只能进入开气孔。而且由于浸渍剂大部分为高分子化合物，浸渍剂只能进入那些孔径大于或者相当于浸渍剂分子直径的开气孔，对孔径小的微气孔则无法进入。

表7-1列出了某石墨制品（真密度为2.22g/cm^3，体积密度为1.53g/cm^3）用煤沥青浸渍前后，制品孔隙率的变化。由表可见，未经浸渍时，孔隙率为31.24%，经一次浸渍后降为23.52%，二次浸渍后降为18.00%，孔隙率下降了43%；体积密度则由1.53g/cm^{3}提高到1.79g/cm^3。图7-1为两种制品（一种为粗粒原料，另一种为细粒原料）经一次浸渍后气孔分布的变化。由图可见，两种制品浸渍前气孔体积分布主要集中在半径为2.5~5.0μm的气孔处，而浸渍后气孔为2.5~5.0μm的气孔明显减少，而半径为0~2.0μm的气孔体积百分数增加。说明浸渍只对半径大于2.5μm的气孔有效。

表7-1　浸渍后制品气孔的变化

指　　标	未经浸渍	经一次浸渍	经二次浸渍
体积密度/g·cm^{-3}	1.53	1.68	1.79
气孔平均半径/μm	5.26	3.74	4.53
孔隙率/%	31.24	23.52	18.00
理论孔隙率/%	32.41	25.66	20.57
未填满孔隙率/%	1.17	2.16	2.57

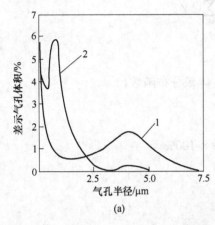
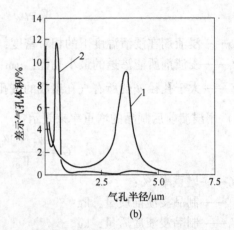

(a)　　　　　　　　　　　(b)

图7-1　浸渍前后气孔体积分布变化
（a）粗粒原料制品；（b）细粒原料制品
1—浸渍前；2—浸渍后

7.2　浸渍的工艺与设备

7.2.1　浸渍工艺

7.2.1.1　浸渍工艺操作

由于浸渍目的和选用的浸渍剂不同，各种炭素制品的浸渍工艺也有差别，但其基本操作步骤是一致的。首先，将待浸渍制品在预热炉内加热至规定温度，目的在于脱除吸附在制品气孔中的气体和水分，并使之与浸渍剂的加热温度相适应。预热后，立即装入浸渍罐内，在保持一定温度的条件下，抽真空以进一步除去气孔中的空气。达到一定真空度后，加入浸渍剂。在加压情况下，将浸渍剂强制浸入制品的气孔中去，维持加压一定时间后，取出被浸制品。必要时立即进行固化处理，以防止浸渍剂反渗而流出。

常用的各种浸渍工艺条件如表7-2所示。

7.2.1.2　浸煤沥青工艺

浸煤沥青用以降低制品的气孔率，提高制品的强度，是最常用的浸渍工艺，可分为一般间歇浸渍工艺和高真空高压浸渍工艺两种。

表 7-2 各种浸渍工艺条件

浸渍剂	酚醛树脂	糠醇树脂	中温沥青	易熔合金	润滑剂	聚四氟乙烯
制品预处理	105℃烘干	在 18%~25% 盐酸中 24~48h			105℃烘干	105℃烘干
预热温度/℃	30~40	30~40	300	300	30~40	30~40
抽真空/MPa	>0.098 (30~35min)	>0.098 (60min)	>0.093 (30~40min)	>0.1 (60min)	>0.095 (30~60min)	>0.1 (60min)
输入浸渍剂	50%浓度树脂	中等黏度树脂	软化点65~70℃中温沥青	熔融金属	铝基或铅基润滑剂	60%聚四氟乙烯乳液+ (5%~6%) 的 TX-10 乳化剂水溶液
加压/MPa	0.5~2.0 (1~4h)	0.5~2.0 (1~4h)	0.5~2.0 (5~8h)	5.0~10.0 (氩或氮中 5~10min)	0.5~1.0 (1h)	0.5~1.0 (2h)
后处理	5%NaOH 清洗	在 20%盐酸中浸 24h	冷水冷却		汽油清洗	在 120℃烘干 1h
热处理	热压罐内压力 0.4~0.5MPa 室温约130℃, 10℃/h, 120, 130℃分别保温 1h	热压罐内压力 0.4~0.5MPa 20~80℃ 5℃/h, 80~130℃, 2℃/h, 130℃保温 10h	二次焙烧至 1000℃以上		在 200℃烘干 30min	在真空炉内 20~250℃自由升温, 250℃保温 30min, 300℃保温 30min, 320~330℃50℃/h, 330~380℃保温 60min, 380℃保温 60min

A 一般间歇浸渍工艺

图 7-2 为煤沥青一般间歇浸渍工艺的流程图。

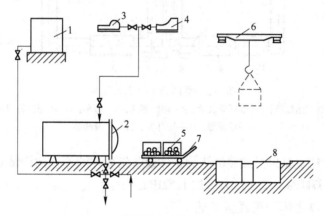

图 7-2 煤沥青一般浸渍工艺流程

1—浸渍剂贮罐；2—浸渍罐；3—真空泵；4—空压机；5—制品；
6—吊车；7—装罐平车；8—预热炉

焙烧后半成品经清理表面后装入铁筐内，称重，放入预热炉内，在 240~300℃的温度下预热，并保温 4h 左右，预热后制品和铁筐一同取出，迅速装入浸渍罐，关闭罐盖，开始抽真空，真空度要求不低于 0.08MPa，抽真空时间为 30~60min。抽真空结束后，向浸渍罐内加入加热到 160~180℃的煤沥青，沥青在罐内的液面应比制品顶面高 100mm 以上。用压缩空气或氮气对沥青液面加压，加压时间视制品规格而异，一般在 0.4~0.5MPa 压力下保持 2~4h。此时，浸渍罐内温度应保持 150~180℃。加压结束后，煤沥青返回贮罐，然后向浸渍罐内通入冷却水以冷却制品，并吸收沥青烟气。冷却结束后放出冷却水，检查浸渍罐无压力负荷后，打开罐盖，进行出罐操作。

　　有时为达到较好的效果，可以多次浸渍，即每次浸渍后进行焙烧，焙烧后再浸渍。为降低沥青的黏度，也可在沥青中加入少量煤焦油或蒽油。浸渍后的沥青可重复使用，但如果重复使用的时间太久，沥青中的游离碳含量和悬浮杂质将不断增加，从而影响浸渍质量，因此必须定期更换煤沥青，并定期清理煤沥青贮罐。

　　B　双回路系统高真空、高压浸渍工艺

　　该工艺由日本公司开发，工艺流程见图 7-3。浸渍作业时，将待浸制品 4 用吊车装到一个干净的 U 形托架 6 上，利用辊道式运输机 1 运送至加热炉 7 中。在加热炉中待浸制品被送来的热风加热到 220~230℃。待浸制品从加热炉卸出后，通过辊道式运输机 1 运到自动换托架装置 3 处，将托架 6 上的待浸制品装到接触过浸渍剂的托架 8 上。托架 8 被送到浸渍罐 9 内，经过高真空、高压浸渍处理后，再进入冷却室 10，直接喷水冷却到室温，然后再由辊道式运输机 2 运到堆放场地附近，利用吊车卸下已浸渍制品。在整个过程中，托架 6 循环使用于加热回路中，而托架 8 则循环使用于浸渍-冷却回路中。

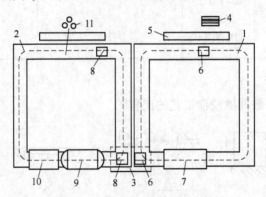

图 7-3　双回路浸渍工艺流程

1，2—辊道式运输机；3—换托架装置；4—待浸制品；5—吊车；6，8—托架；7—加热炉；
9—浸渍罐；10—冷却室；11—已浸渍品

　　该系统的主要特点是以卧式浸渍罐为主体设备组成连续作业的浸渍自动生产线。浸渍罐真空度可达 0.097MPa，浸渍压力可达 1.5MPa。

　　C　高压浸渍与液体加压浸渍工艺

　　在浸渍工序中，浸渍压力是影响浸渍效果的一个重要因素。目前世界上科技发达国家的炭素工业和我国吉林炭素厂等企业都采用了高真空高压浸渍技术。高真空高压浸渍的真空度不低于 0.086MPa，以氮气加压，压力达到 1.2MPa。该装置的工艺流程示于图 7-4。将待浸制品装入专用筐，用吊车将筐装到带有起落架的装料车上，装料车停在台车面轨道上，台车开到预热炉，装料车开进预热炉中，起落架由高位降至低位，使制品筐落到炉内

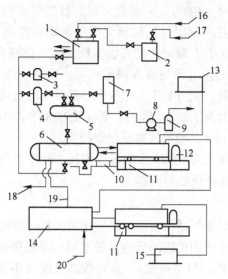

图 7-4 高压浸渍工艺流程

1—沥青搅拌罐；2—蒽油罐；3—压力罐；4—氮气贮罐；5—副罐；6—高压浸渍主罐；7—压力三层管；

8—水环-大气喷射泵；9—气水分离器；10—罐门接轨车；11—横拖台车；12—装料车；

13—浸后产品；14—预热炉；15—待浸产品；16—原料沥青；17—原料蒽油；

18—废气去烟囱；19—余热去浸渍；20—二次焙烧余热

托架上，装料车退出。制品预热到 260~320℃ 后，再将装料车开入，把预热后的制品托起拉出，再以类似方法将台车开到浸渍罐旁，经罐门接轨车，装料车开入罐内，将产品落到托架上后，装料车退出，关闭罐门，用氮气封门，先抽真空 45min，向罐内放浸渍剂，至副罐液位 1/3 时，停止真空泵。然后以氮气加压，保压时间视产品而异，浸渍结束后，卸压、返油、放散、吹洗，并以冷水放进罐内冷却，而后以装罐相反顺序将产品出罐。

早些年，国内外曾经研究过浸渍剂直接加压浸渍的方法。吉林炭素厂提出对氮气加压浸渍装置进行改造，去掉气体加压系统，改用沥青加压泵及液体加压管路系统（见图 7-5）。

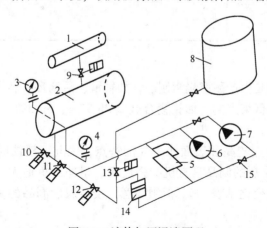

图 7-5 液体加压浸渍原理

1—副罐；2—浸渍罐；3—沥青膜片压力表；4—远接电接点膜片压力表；5—沥青溢流阀；

6，7—沥青加压泵；8—沥青高位贮槽；9~13—液动旋塞阀；14—沥青过滤器；15—旋塞阀

在进行液体加压浸渍时，200℃左右的液体沥青首先靠高位沥青贮罐的位差及抽真空的负压而注满浸渍罐后，关闭副罐与浸渍罐之间的液动旋塞阀，启动沥青加压泵进行加压。当加压压力超过工作压力上限时，沥青溢流阀溢流，使罐内压力稳定在规定范围内，直到规定保压时间。其余工艺过程与常规浸渍相同。系统中电接点压力表除显示压力值外，超压时能自动控制停泵，压力低于工作压力下限时又能自动开泵。

试验表明，当浸渍压力为 1.0~1.2MPa，真空度在 85% 以上时，升压时间 15~30min，制品一次浸渍增重率大于 16%，与氮气高压浸渍相当。

液体加压浸渍可提高作业安全性，节省氮气消耗，减少废气污染，但必须进一步解决沥青中杂质过滤，管路与泵体保温等问题。

7.2.1.3 浸树脂

浸树脂的主要目的是制造不透性石墨，用作化工设备的结构材料和机械密封材料。浸后制品的化学稳定性取决于所用树脂的性能。最常用的是浸酚醛树脂（耐酸），浸糠醇树脂（耐碱）或环氧树脂（提高机械强度）。对在较高温度（不超过 260℃）下使用的耐磨密封材料，可用聚四氟乙烯乳液浸后进行焙烧，浸后制品除具有气体、液体不渗透性外，还具有更好的润滑性和耐磨性。

浸酚醛树脂前后石墨制品理化性能的变化见表 7-3。

表 7-3 浸渍酚醛树脂前后石墨制品的理化性能比较

理化性能	浸 前	浸 后
真密度/g·cm^{-3}	2.20~2.27	2.03~2.07
体积密度/g·cm^{-3}	1.4~1.6	1.8~1.9
布氏硬度	10~12	25~35
热导率/W·(m·℃)$^{-1}$	116~127	104~127
抗压强度/MPa	19.6~23.5	58.8~68.6
渗透性	有压即漏	0.6MPa 不透
增重率/%		15~18
浸渍深度/mm		12~15

7.2.1.4 浸金属

浸金属的主要目的是生产耐磨炭素制品，如轴承、活塞环、转子发动机刮片、滑动电触点等。常用的金属是低熔点的，如铅锡合金（Pb 95%，Sn 5%），巴氏合金，铜锡合金和铝锡合金等。

一般金属均具有熔点较高和表面张力大的特点，因此，浸渍时要求压力为 1.0MPa，温度 400~1000℃。浸金属的制品具有机械强度高、耐冲击负荷大，抗磨性高等特点。金属浸渍前后制品性能的变化见表 7-4。但须注意，浸金属后制品的使用温度不能超过所浸金属的熔点。

7.2.1.5 浸润滑剂

浸润滑剂的目的是提高制品的抗磨性，降低摩擦系数，用于含油轴承、滑动触点、高空或水下用电机的电刷等。浸润滑剂通常是在制品机械加工后进行。

表 7-4　金属浸渍前后石墨制品性能比较

指　标	浸 Al-9		浸 62-1 铅黄铜	
	浸渍前	浸渍后	浸渍前	浸渍后
抗压强度/MPa	1765	460	49	133
抗弯强度/MPa	54	108	24	46
孔隙率/%	15	0.5	20	2.5

　　选用润滑剂时，需根据所浸对象的使用条件而定，如青铜含油轴承用 15 号机油浸渍，防潮电刷和电触点用石蜡的煤油溶液（50%）浸渍，特殊电机电刷（如飞机上的电机电刷）可用硬脂酸铅或硬脂酸铝的机油溶液浸渍。

7.2.2　浸渍设备

7.2.2.1　浸渍罐

　　浸渍罐是浸渍过程中的主体设备。它是一个带有加热夹套的耐真空、耐压力容器。形状为圆筒形，由钢板制成，根据浸渍制品的尺寸、加热方式和浸渍方式的不同，浸渍罐有多种规格。从结构上分，又有立式和卧式浸渍罐两种。

　　图 7-6 为卧式浸渍罐结构简图。卧式罐的底部设有轨道，与罐外轨道连接，罐的一头或两头设有罐盖，罐盖与罐体之间一般采用卡紧固定装置和密封。立式浸渍罐结构与卧式罐基本相同。我国炭素行业常用的浸渍罐规格及性能列于表 7-5。

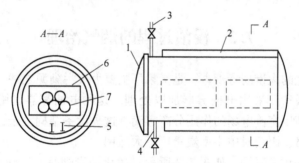

图 7-6　卧式浸渍罐结构简图

1—罐盖；2—加热夹套；3—接抽真空或压缩空气管道；4—接浸渍剂贮罐；

5—轨道；6—产品筐；7—被浸制品

表 7-5　常用浸渍罐的规格及性能

型式	规格尺寸 /mm	工作压力 /MPa	试验压力 /MPa	真空度 /MPa	工作温度 /℃	产　量
立式	φ400×800	>0.6	>0.9	>0.098	>200	
立式	φ1000×2000	>0.6	>0.9	>0.098	>200	
立式	φ1000×2500	>0.6	>0.9	>0.098	>200	1040t/年（2.2t/日）
立式	φ1100×1700	>0.6	>0.9	>0.098	>200	1500t/年
立式	φ1200×2200	>0.6	>0.9	>0.098	>200	1500t/年
立式	φ1600×3700	>0.6	>0.9	>0.098	>200	4.5t/罐

型式	规格尺寸 /mm	工作压力 /MPa	试验压力 /MPa	真空度 /MPa	工作温度 /℃	产 量
卧式	φ1500×3000	>0.6	>0.9	>0.098	>200	4.5~5t/日
卧式	φ1600×3000	>0.6	>0.9	>0.098	>200	5t/日
卧式	φ1700×4100	>0.6	>0.9	>0.098	>200	
卧式	φ2200×8300	>1.2	>1.8	>0.093~0.098	>200	

浸渍罐的加热方式有蒸汽加热、电加热、燃料燃烧直接加热、废气加热及有机热载体加热等多种。浸渍罐内加压可以使用压缩空气或高压氮气等。

7.2.2.2 沥青熔化槽与贮罐

商品煤沥青通常都是固体，在使用前必须在熔化槽中熔化为液体，经过脱水，加焦油或蒽油调整黏度后，保存在贮罐中待用。

沥青熔化槽实质上是一个钢质换热器，形状为圆筒形或立方形，内设加热排管或螺旋管，外壁衬有保温层。工作时，固体沥青从槽顶加料口加入，蒸汽或其他载热体流过加热管时，通过管壁间接给热，使固体沥青受热而熔化。

沥青贮罐又称为搅拌罐，外形有圆筒形和立方形两种。其容积视生产规模而定，我国常用的圆筒形沥青贮罐有 φ2500×3360mm 和 φ4100×8500mm 两种，后者多与大型浸渍罐配套使用。贮罐内搅拌装置可以用机械搅拌，也可以用压缩空气搅拌，但压缩空气搅拌易导致沥青氧化。

7.3 浸渍过程的烟气治理

浸渍作业时产生的大量沥青烟雾，是炭素厂主要大气污染源之一。对于浸渍工序的烟气净化，国内大型炭素厂采用电捕雾器加以处理。这种电捕雾器也用以净化焙烧炉的烟气。该设备是利用高压直流电场的作用分离雾滴。这种设备结构复杂，耗电量大，操作费用高，技术要求严格，因而对中小型炭素厂不太适用。

也有采用湿法净化沥青烟，如图 7-7 所示。净化沥青烟时，启动油泵 1，将贮油罐内洗油或蒽油，经管道 2 注入洗涤文氏管 6 内，此时泵的工作压力为 0.34~0.39MPa。洗涤文氏管的作用是将油雾化，在文氏管内造成 588~686Pa 的负压。当沥青烟气经管道进入文氏管内，与被雾化了的油雾接触，沥青烟充分溶解于洗油之中，凝聚成液滴，沉降至贮油罐 8 内。气体经洗涤塔 5，用洗油（或蒽油）进行洗涤后，经放散管 4 放空。

日本日空工业株式会社开发的 DNP 预涂层式烟气净化装置，具有效率高、节约能源、安全可靠，滤袋寿命长，不产生二次污染等特点，其工作原理示于图 7-8。

当含焦油的烟气被吸入过滤器 1 通过滤袋时，烟气中的黏性烟雾便被滤袋上的多孔质活性白土粉末滤除。当滤袋上多孔层粉末吸附的焦油雾滴达到一定数量时，外层粉末就会由于自重而脱落下来，定期排出过滤器外。滤袋上裸露出来的新鲜粉末又可继续吸附烟气中的焦油。当过滤袋壁上的粉末逐渐脱落，达到允许的极限厚度时，必须重新涂敷粉末。图中过滤器 2 正处在涂敷粉末的状态。风机将料斗中的活性白土粉末（粒度约 1mm）经管道送至过滤器，借滤袋两侧的压力差涂敷到过滤袋壁上，直到规定的厚度为止。根据生

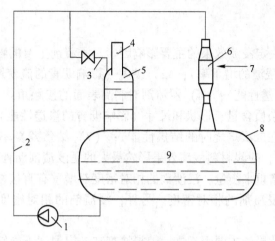

图7-7 沥青烟气净化示意图

1—油泵；2—压力管道；3—冲洗管；4—放散管；5—洗涤塔；6—洗涤文氏管；

7—沥青烟气管道；8—贮油罐；9—洗油（或蒽油）

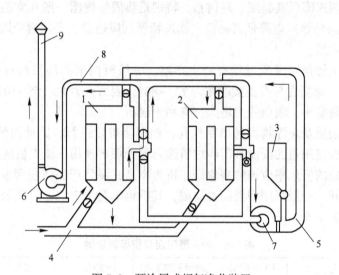

图7-8 预涂层式烟气净化装置

1—正在净化操作过滤器；2—正在涂敷粉末过滤器；3—活性土粉料斗；4—沥青烟气管道；

5—敷料管道；6—抽风机；7—输送敷料风机；8—净化后气体管道；9—放空管

产时烟气净化的要求，可定时控制各自动阀门，使一个过滤器进行烟气净化作业，而另一个过滤器进行粉末涂敷作业，交替进行，使整个装置连续运行。

该套装置对沥青熔化槽，沥青、焦油贮罐，混合罐，浸渍罐等设备逸出的沥青烟气都适用，净化效率可达98%以上，净化后烟气中沥青排放浓度为 $10mg/m^3$ 以下。

7.4 影响浸渍效果的因素

影响浸渍效果的因素是相当复杂的，可以归纳为三个方面。

7.4.1 浸渍剂的性能

浸渍剂的性能是决定浸渍效果的主要影响因素。浸渍剂主要的物理性质包括 7 项，即 (1) 相对密度 (影响浸渍的增重率)；(2) 黏度 (影响沥青的流变性能)；(3) 表面张力 (影响沥青的润湿和渗透性能)；(4) 浸渍剂对制品表面的接触角；(5) 沥青中以 QI (喹啉不溶物) 为代表的杂质含量、形状和尺寸 (影响沥青的渗透性能)；(6) 热处理后浸渍剂的变化 (影响沥青在二次焙烧时的结焦性能)；(7) 结焦残炭率 (影响炭材料产品性能)。在以上诸因素中，对炭材料浸渍效果影响最大的是浸渍剂沥青的黏度和 QI 含量。

浸渍效果通常用增重来衡量，浸渍剂的相对密度对增重有直接影响。计算理论增重及填充率也都必须利用浸渍剂的相对密度。另外，浸渍剂的相对密度愈大，结焦残炭率愈高，浸渍效果愈好。

黏度是影响浸渍效果的主要因素之一。浸渍剂在一定温度下能够进入炭素制品的气孔中，主要靠黏滞流动。所以，使用低黏度的浸渍剂在达到同样增重时，所需浸渍压力及时间可适当减少。对煤沥青，加热到一定温度后浸渍，也可降低其黏度。有时也可加入蒽油或煤焦油等稀释剂来降低其黏度。对树脂，特别是热固性树脂一般在常温下浸渍，常加入一些稀释剂 (如酒精等) 以降低其黏度。添加稀释剂应适量，必须避免因添加稀释剂过多而减少树脂的析焦量。

表面张力及接触角对浸渍过程有一定影响。一般浸渍剂润湿炭和石墨的接触角小于 90°，在 200℃ 时，煤沥青与石墨接触角为 72°~80°，表面张力为 $(55\sim102)\times10^{-7} \mathrm{N/m}$。降低黏度，使接触角变小，表面张力增大，有利于浸渍。

浸渍剂中的杂质及悬浮物容易堵塞气孔，使浸渍难以进行，因此浸渍用沥青的 QI 要比较低，对于多次使用过的浸渍剂需经过清除杂质处理再使用，或更换新的浸渍剂。

浸渍剂焦化后的析焦率应该愈高愈好。析焦率高，浸后产品体积密度大、强度高、气孔率低、导电性好。一般都用中温沥青浸渍，其析焦率高于 50%。一些公司所用专用浸渍沥青的指标列于表 7-6。

表 7-6　专用浸渍沥青指标的示例

沥青号	软化点/℃	甲苯不溶物/%	喹啉不溶物/%	固定碳/%	灰分/%	硫含量/%
1	85.0	22.5	0.20	51.9	0.01	0.5
2	86.0	13.0	<0.20	>52.0	0.01	<0.6
3	83.6	15.5	0.05	53.9	0.02	0.5

7.4.2 制品的结构及状态

浸渍只能对开气孔起作用，因此对开气孔率高的制品，易于达到较好浸渍的效果。被浸制品具有较大外表面积时，浸渍剂与气孔接触机会多，可达到较好的浸渍效果，为此，在设计制品形状时应考虑这个因素。例如采用不规则形状、车成空心圆、尽量采用小规格制品等。另外，在浸渍作业时，制品可采用不规整的堆积方式以扩大浸渍剂与制品的接触面。对已浸渍、焙烧过的制品在再次浸渍前，为提高浸渍效果，经常把外层硬壳加工除去。

7.4.3 浸渍的工艺条件

7.4.3.1 浸渍温度

当用沥青作浸渍剂时，需在一定的浸渍温度下进行。适当提高温度，有利于降低沥青的黏度，提高沥青的流动性，提高浸渍增重率，并使表面粘附浸渍剂层的厚度减小。但若温度过高，由于沥青产生热解，影响沥青的组成，且分解产生的气体进入制品气孔内，妨碍了沥青的渗透。表7-7为浸渍温度对浸渍质量的影响（浸渍时不加压，浸渍时间均为1h）。

表7-7 浸渍温度对浸渍质量的影响

浸渍温度/℃	待浸制品的体积密度/g·cm^{-3}	浸渍增重/%	二次焙烧后制品的体积密度/g·cm^{-3}	焙烧后体积密度增加/g·cm^{-3}
180	1.654	12.1	1.741	0.087
210	1.677	11.9	1.754	0.080
250	1.666	7.4	1.744	0.078

由表7-7可见，过分提高浸渍温度反而会降低浸渍效果，故用中温沥青浸渍时，温度维持在180~200℃为宜。为保证制品与浸渍剂有相同温度，制品在浸渍前必须进行预热。

7.4.3.2 浸渍前真空度与浸渍时压力

为减少浸渍剂向气孔内渗透时的阻力，浸渍前必须在浸渍罐内抽真空，以排除气孔内空气。试验结果表明，真空度愈大，增重率愈大，浸渍效果愈好，如表7-8所示。

表7-8 真空度对浸渍效果的影响

罐内余压/kPa	待浸制品的体积密度/g·cm^{-3}	浸渍增重/%	二次焙烧后制品的体积密度/g·cm^{-3}	焙烧后体积密度增加/g·cm^{-3}
8.0	1.674	11.9	1.754	0.08
21.3	1.659	7.3	1.719	0.06
28.0	1.670	4.75	1.710	0.04
101.3	1.659	3.56	1.697	0.038

为促使浸渍剂更好地渗透到制品内部，在浸渍时，需施加一定压力。随着压力升高，浸渍效果显著提高，使浸渍深度增加。但当压力增加到一定值时，浸渍量将达到饱和状态。一般小规格的制品，浸渍压力可低一些，规格较大的制品或高密度制品，需要较高的浸渍压力。目前使用的浸渍压力一般为0.5~1.5MPa，对于一些高密度制品，浸渍压力需提高到1.96MPa以上。

浸渍完成后经过卸压，会造成浸渍剂的反渗。降低抽真空的绝对压强是达到降低完全反渗率的最有效途径。

7.4.3.3 浸渍时间

浸渍时间是指加压时间，不包括制品预热和浸后冷却所需时间。浸渍时间取决于浸渍压力、浸渍前真空度及制品的尺寸等因素。浸渍前真空度大，浸渍压力高及被浸制品尺寸小，都可以缩短浸渍时间；反之，应延长浸渍时间。当浸渍压力为0.5MPa时，浸渍时间不应少于2~4h。

复习思考题

7-1　什么是浸渍，哪些炭素材料需要浸渍？

7-2　炭素材料有哪几种气孔，浸渍对哪些尺寸的气孔起作用？

7-3　如何测定炭素材料的气孔分布，如何测定和计算孔隙率？

7-4　如何评价浸渍效果和浸渍质量？

7-5　专用浸渍沥青与黏结剂沥青的质量要求有何不同？

7-6　如何确定浸渍温度和浸渍剂的熔化温度？

7-7　影响浸渍制品的质量有哪些因素，如何控制？

7-8　各种浸渍沥青的工艺有何特点？

7-9　高真空度、高压浸渍系统有什么优点？

7-10　为何浸渍前要对焙烧品进行预热处理，浸渍后又要及时进行冷却处理？

8 石 墨 化

8.1 石墨化原理

8.1.1 石墨化目的

焙烧制品的石墨化是生产人造石墨制品的主要工序。所谓石墨化，就是使热力学不稳定的非石墨质碳通过热活化作用转变为石墨质碳的高温热处理过程。

石墨化工艺通常采用少灰分的可石墨化碳，如石油焦、沥青焦等的焙烧品作为石墨化原料。焙烧品与石墨制品在结构上的最主要差别在于其碳原子排列的有序程度不同。石墨化就是为了通过改变碳原子排列的有序性，从而达到如下目的：

(1) 提高制品的导电性、导热性。

(2) 提高制品的耐热冲击性和化学稳定性。

(3) 改善制品的润滑性。

(4) 排出杂质，提高制品的纯度。

石墨化后，制品理化性能的变化列于表 8-1。从表 8-1 可知，焙烧品经石墨化后，电阻率降低 70%~80%，真密度提高约 10%，导热性提高约 10 倍，线膨胀系数降低，氧化开始温度提高，而机械强度有所下降。

表 8-1　焙烧品与石墨制品的理化性质

项　目	焙　烧　品	石墨化制品
电阻率/$\Omega \cdot m$	$(40 \sim 60) \times 10^{-6}$	$(6 \sim 12) \times 10^{-6}$
真密度/$g \cdot cm^{-3}$	$2.00 \sim 2.05$	$2.20 \sim 2.23$
体积密度/$g \cdot cm^{-3}$	$1.50 \sim 1.60$	$1.50 \sim 1.65$
抗压强度/MPa	$(24.50 \sim 34.30) \times 10^{-6}$	$(15.68 \sim 29.40) \times 10^{-6}$
气孔率/%	$20 \sim 25$	$25 \sim 30$
灰分/%	0.5	0.3
热导率/$W \cdot (m \cdot K)^{-1}$	$3.60 \sim 6.70(175 \sim 675℃)$	$74.53(150 \sim 300℃)$
线膨胀系数/$℃^{-1}$	$(1.6 \sim 4.5) \times 10^{-6}(20 \sim 500℃)$	$2.6 \times 10^{-6}(20 \sim 500℃)$
氧化开始温度/℃	$450 \sim 550$	$600 \sim 700$

8.1.2 石墨化度

碳网层面有序排列的几率 r 称为石墨化度。它是炭素制品在晶体结构上与理想石墨接近程度的定量表征。通常应用粉末 X 射线衍射方法来测定其晶格参数，并由此计算石墨化度。

理想石墨晶格的层间距 d_{002} 为 3.354×10^{-10} m，各种人造石墨的 d_{002} 均大于此值。仅经 1200~1300℃ 热处理的非石墨质可石墨碳，其碳原子基本上仅呈二维有序排列，层间距 d_{002} 为 3.440×10^{-10} m。随着石墨化热处理温度的提高，可石墨碳的层间距将逐渐减小，趋向理想石墨的层间距。被测试样的层间距与理想石墨愈接近，说明其石墨化度愈高。

1951 年，英国罗莎琳·埃尔西·富兰克林（Rosalind Elsie Franklin）博士提出，在可石墨碳中至少存在着如图 8-1 所示的四种层面空间，并通过实验得到了 d_{002} 与石墨化度 r 之间的关系：

$$d_{002} = 3.354 + 0.086(1 - r)^2 \quad (8-1)$$

由式（8-1）可见，对于理想石墨，d_{002} 为 3.354×10^{-10} m 时，石墨化度 $r=1$；对于完全未石墨化的可石墨化碳，d 为 3.440×10^{-10} m 时，$r=0$。一般人造石墨材料均处于这两者之间。

随后，英国原子能研究中心 G. E. 贝康以金刚石为内标，对四种石墨化度很高的石墨样品进行了 X 射线衍射测定，并据此对式（8-1）提出了修正，其式如下：

$$d_{002} = 3.440 - 0.086r - 0.064r(1 - r)$$
$$(8-2)$$

根据贝康等人的研究，当 $r \geqslant 0.6$ 时，可采用式（8-2）；当 $r < 0.6$ 时，则采用式（8-1）为宜。

除了层间距 d_{002} 外，可用来表征石墨化度的指标还有激光拉曼光谱强度比 R，磁阻 $\Delta\rho/\rho$ 等。我国习惯采用下式来计算石墨化度：

$$r = \frac{3.440 - d_{002}}{3.440 - 3.354} \times 100\% \quad (8-3)$$

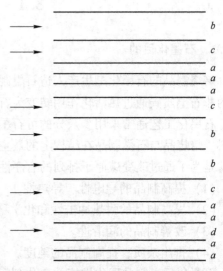

图 8-1 可石墨化碳中的四种层面空间
（箭头表示未定向位置）
a—已定向层间距，3.354×10^{-10} m；
b—未定向层间距，3.440×10^{-10} m；
c—已定向层两边的未定向层间距，3.397×10^{-10} m；
d—两个已定向层中间的未定向层间距，3.374×10^{-10} m

8.1.3 石墨化机理

关于石墨化的转化机理，前人已提出各种不同的理论，其中影响较大的有以下三种。

8.1.3.1 碳化物转化机理

碳化物转化理论是美国碳化硅公司（Carbonrundum Co.）的艾奇逊（E. G. Acheson）以在合成碳化硅时，发现了结晶粗大的人造石墨为依据而提出来的。他认为碳物质的石墨化首先是通过与各种矿物质（如 SiO_2、Fe_2O_3、Al_2O_3）形成碳化物，然后再在高温下分解为金属蒸气和石墨。这些矿物质在石墨化过程中起催化剂的作用。由于石墨化炉的加热是由炉芯逐渐向外扩展，因此，焦炭中所含的矿物质与碳的化合首先在炉芯中心进行。以生成金刚砂为例，发生如下化学反应：

$$SiO_2 + 3C \xrightarrow{1700 \sim 2200℃} SiC + 2CO$$

$$SiC \xrightarrow{2235 \sim 2245℃} Si(蒸气) + C(石墨)$$

高温分解产生的金属蒸气又与炉芯中心靠外侧的碳化合成碳化物，然后又在高温下分解。这样下去，少量的矿物质可使大量的碳转化为石墨。

在石墨化炉中，确实可以发现许多碳化硅晶体，在人造石墨制品表面也常发现有分解石墨和尚未分解的金刚砂。但已有研究证明，这种由碳化物分解形成的石墨与可石墨化碳经结构重排转化形成的石墨在性质上是不同的。少灰的石油焦比多灰的无烟煤可以达到更高的石墨化度。如预先对石油焦或无烟煤进行降灰处理，则它们更易于石墨化。

事实上，当石墨化度较低时，某些矿物杂质对石墨化确有催化作用，但催化机理不仅局限于生成碳化物这一种形式。当石墨化度较高时，矿物杂质的存在往往会使石墨晶格形成某种缺陷，妨碍石墨化度的进一步提高。因此，碳化物转化理论对分解石墨来说是正确的，但对非石墨质碳的石墨化来说，就不符合实际了。

8.1.3.2　再结晶理论

当 X 射线衍射技术出现之后，人们在研究石墨粉末的衍射谱图时发现石墨化度与晶体长大有密切的关系。例如石油焦在石墨化过程中，当温度达到 1500℃ 时，晶格开始变化，随着温度升高，这种变化愈趋剧烈，特别在 1600～2100℃ 之间，晶体的增长最快。但到 2100℃ 以后，晶体的增长逐渐变慢，到 2700℃ 基本停止。由于上述过程与金属在高温热处理时的再结晶现象基本类似，德国化学家塔曼（Gustav Tammann）据此引申出了石墨化的再结晶理论，该理论有下列主要论点：

（1）炭素原料中原来就存在着极小的石墨晶体，在石墨化过程中，由于热的作用，这些晶体通过碳原子的位移而"焊接"在一起成为较大的石墨晶体。

（2）石墨化时，有新的晶体形成，新晶体是在原晶体的接触界面上吸收外来的碳原子而生成的，这种再结晶生成的新晶体保持了原晶体的定向性。

（3）石墨化度与晶体的生长有关，但主要取决于石墨化温度，维温时间的影响有限。

（4）石墨化的难易与炭材料的结构性质有关。多孔和松散的原料，由于碳原子的热运动受到阻碍，使"焊接"的机会减少，所以就难于石墨化。反之，结构致密的原料，由于碳原子热运动受到的空间阻碍小，便于互相接触和"焊接"，所以就易于石墨化。

（5）石墨晶体的尺寸随着温度升高而增大，但只是数量上的变化，而无本质上的转变。

再结晶理论在一定程度上解释了晶体的成长与石墨化温度的关系，原料性质对石墨化度的影响，比碳化物转化理论有所进步。但它对原料中存在的微小石墨晶体的本质没能给以解释和说明。此外，石墨化是一种比再结晶理论所描述的过程复杂得多的多阶段过程，原料在石墨化过程中既有晶体尺寸的增大，也有原子价键的改变和有序排列等质的变化。

8.1.3.3　微晶成长理论

1917 年，荷兰物理化学家德拜（P. J. W. Debye）和他的研究生谢乐（J. A. Scherrer）在研究无定形碳的 X 射线衍射谱图时，发现它的石墨的谱线有相似之处，有些谱线两者可以重合。因此，他们认为无定形碳是由石墨微晶组成的，无定形碳与石墨的区别，主要在于晶体大小的不同。在此基础上，德拜和谢乐提出了石墨化的微晶成长理论。由于以后研究者的充实和发展，这一理论已为较多的研究者所接受。

该理论认为，石墨化原料的母体物质都是稠环芳烃化合物，这些化合物在热的作用下，经过在不同温度下连续发生的一系列热解反应，最终生成巨大的平面分子的聚集，即杂乱堆砌的六角碳网平面，这就是所谓"微晶"。这些微晶在二维空间是有序的，但在三维空间却无远程有序性，属于乱层结构。因此，微晶并不是真正的晶体。但是，在石墨化条件下，由于碳原子的相互作用，微晶的碳网平面可作一定角度的扭转而趋向于互相平行。显然，微晶是无定形碳转化为石墨结构的基础。

绝大多数无定形碳中都含有微晶，但并不是所有这些无定形碳都可以在一般石墨化条件下转化为石墨。这是因为对于不同化学组成、分子结构的母体物质，炭化生成的无定形碳中微晶的聚集状态不同，可石墨化性也大不一样。微晶的聚集状态以基本平行的定向和完全杂乱交错的定向为其两个极端，其间还存在一些定向程度不同的中间状态（图1-4）。例如，石油焦、无烟煤等由于微晶基本平行定向，所以易于石墨化，称为可石墨化碳（或易石墨化碳）；相反，糖炭、骨炭等由于微晶随机取向，杂乱无序，又多微孔，并含大量氧或羟基团，所以难于石墨化，称为难石墨化碳。介于以上两种情况之间的有沥青焦、冶金焦等。

1600℃以前，无定形碳通过微晶成长向石墨的转化是不明显的，当温度达到1600~1800℃时，微晶的成长明显加速。此时，微晶边缘上的侧链开始断裂，或是挥发，或是进入碳网平面。微晶的结构发生两个方面的变化，一方面一些大致处于同一平面的微晶层片逐渐结合成新的平面体，碳网平面迅速增大；另一方面，在垂直于层面的方向上进行层面的扭转重排，从而使有序排列的层数增加。这一过程一直延续到约2700℃，即当微晶基本转化为三维有序排列，最终形成石墨晶体时才基本结束。

必须指出，由于各种原料的石墨化难易程度不同，它们的石墨化温度以及在一定温度下所能达到的石墨化度也是不同的。

总之，石墨化机理比较复杂，有许多问题还在探索之中，有待于今后不断充实。

8.1.4 石墨化的热力学和动力学分析

为了了解石墨化原料的性能随石墨化温度的变化，寻求最佳加热制度，需要研究两方面的问题：一是石墨化热力学，即在一定的外部条件下，炭-石墨体系中的热力学平衡状态；二是石墨化动力学，即原料的性能在石墨化过程中变化的速度。

8.1.4.1 炭-石墨材料的焓

根据化学热力学理论，物质的焓 H 是物质内能 U 和容积能 pV 之和，即：

$$H = U + pV \tag{8-4}$$

在任何过程中发生的焓变为

$$\Delta H = \Delta U + \Delta(pV) \tag{8-5}$$

石墨化过程基本上为恒压过程，容积的变化也很小。因此，炭素材料在石墨化过程中的焓变近似等于其内能的变化。

$$\Delta H \approx \Delta U \tag{8-6}$$

对于炭向石墨转变的全过程，焓变可表示为：

$$\Delta H \approx \Delta H_{石墨} - \Delta H_{炭} \tag{8-7}$$

在恒压时，过程缓慢放出的热等于其焓变，即：

$$q = \Delta H \tag{8-8}$$

为了判断 ΔH 的大小，可将炭向石墨的转变近似地表示为：

$$C(炭) \xrightarrow{\Delta H} C(石墨)$$

$$q_炭 \searrow \quad \swarrow q_{石墨}$$

$$CO_2$$

由式（8-7），应有

$$\Delta H = q_炭 - q_{石墨} \tag{8-9}$$

放热应为负值，故上式可为

$$\Delta H = -|q_炭| + |q_{石墨}| \tag{8-10}$$

湖南大学陈蔚然等曾测定了几种煅后石油焦及其石墨化产物的燃烧热，所得结果如表8-2所示。

表8-2　石油焦燃烧热及其他物理性质

石油焦	燃烧热/$kJ \cdot mol^{-1}$			d_{002} /nm	石墨化度 /%	X射线密度 /$g \cdot cm^{-3}$	体积密度 /$g \cdot cm^{-3}$	电阻率 /$\Omega \cdot m$
	煅后	石墨化后	差值					
A（釜式焦）	411	402	−9	0.3382	48.8	2.240	1.67	30.5×10^{-6}
B（延迟焦）	415	402	−13	0.3384	46.6	2.241	1.69	25.7×10^{-6}
C（延迟焦）	411	406	−5	0.3381	50.0	2.242	1.69	22.7×10^{-6}
D（釜式焦）	404	401	−3	0.3387	43.3	2.240	1.63	31.6×10^{-6}
E（延迟焦）	402	400	−2	0.3394	36.2	2.234	1.61	24.8×10^{-6}

由表8-2可知，对各种石油焦均有$|q_炭| > |q_{石墨}|$，因此$\Delta H < 0$，说明石墨化过程总的来说是一个放热反应和内能降低的过程。

但是应该指出，在整个石墨化过程中，燃烧热的变化（也即焓的变化梯度）曲线并不是单调的（图8-2）。

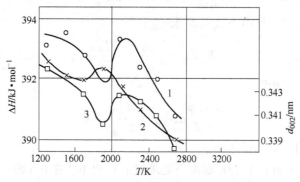

图8-2　焦炭的燃烧热与热处理温度的关系
1—沥青焦；2—石油焦；3—材料的层间距

由图8-2可见，曲线的变化有升有降，说明焦炭在热处理过程中，既有吸热也有放热过程。在2000K左右，焦炭吸热，焓变增加，层间距也相应有所增大。

8.1.4.2　碳-石墨体系的熵变

熵是另一个重要的热力学参数，通过熵的计算可以了解石墨化进行的方向，过程中体系的能量变化以及石墨化进行的限度等有关问题。

熵值可通过测定材料在不同温度下的恒压热容 c_p，用下式求出，

$$S_T^o = S_{298}^o + \int_{298}^{T} c_p \mathrm{d}T/T \qquad (8-11)$$

式中　S_T^o，S_{298}^o——材料在 T、298K 时的绝对熵值，J/（mol·K）；

　　　　c_p——材料的恒压热容，J/（mol·K）。

碳和石墨的 c_p 与 T 的关系，由梅尔—凯里热容多项式表示：

$$c_p = a + bt + cT^{-2} \qquad (8-12)$$

式中，系数 a、b、c 由实验确定。

经不同温度处理后的石油焦基块体的热容公式中系数如表 8-3 所示。

表 8-3　石油焦基块体的热容系数

热处理温度/K	b /J·(mol·K)$^{-1}$	$-c$ /J·K·mol^{-1}	热处理温度/K	b /J·(mol·K)$^{-1}$	$-c$ /J·K·mol^{-1}
1473	$3.68×10^{-3}$	$1.67×10^{6}$	2473	$3.68×10^{-3}$	$1.17×10^{6}$
1723	$3.77×10^{-3}$	$1.12×10^{6}$	2673	$3.60×10^{-3}$	$1.24×10^{6}$
1923	$3.56×10^{-3}$	$1.26×10^{6}$	2773	$3.43×10^{-3}$	$1.34×10^{6}$
2123	$3.18×10^{-3}$	$1.31×10^{6}$	天然完善石墨	$4.27×10^{-3}$	$0.88×10^{6}$
2273	$3.60×10^{-3}$	$1.22×10^{6}$			

注：在所有温度下，$a = 17.17 \mathrm{J}/(\mathrm{mol·K})$。

在石墨化过程中，碳-石墨体系向环境放热，自身并不孤立，但可将该体系与环境一起看作一个孤立体系。其熵变可表示为：

$$\Delta S_{孤立} = \Delta S_{体系} + \Delta S_{环境} \qquad (8-13)$$

应用克劳修斯不等式，应有

$$\genfrac{}{}{0pt}{}{不可逆}{可逆} \Delta S_{体系} + \Delta S_{环境} \geqslant 0 \qquad (8-14)$$

当环境温度不变时，可由下式求得 $\Delta S_{环境}$：

$$\Delta S_{环境} = \frac{Q_{环境}}{T_{环境}} = -\frac{Q_{体系}}{T_{环境}} \qquad (8-15)$$

代入式（8-14），即得

$$\genfrac{}{}{0pt}{}{不可逆}{可逆} \Delta S_{体系} - \frac{Q_{体系}}{T_{环境}} \geqslant 0 \qquad (8-16)$$

对于上式的应用，举例说明如下：

【例 8-1】　设有一种在 1473K 温度下处理过的石油焦，在 0.1MPa 压力下，自 298K 升温至 1700K，求下列条件下的熵变 ΔS 和石墨化过程的不可逆程度：（1）电阻料温度为 2000K；（2）电阻料温度为 1800K。

解：（1）由表 8-3，经 1473K 煅后石油焦的热容多项式系数为：$a = 17.17$；$b = 3.68 × 10^{-3}$；$c = -1.67 × 10^6$。代入式（8-11）

$$\Delta S_{体系} = S_{1700} - S_{298} = \int_{298}^{1700} c_p \frac{\mathrm{d}T}{T}$$

$$= \int_{298}^{1700} (17.17 + 3.68 × 10^{-3} T - 1.67 × 10^6 T^{-2}) \frac{\mathrm{d}T}{T}$$

$$= 28.68 \text{J}/(\text{mol} \cdot \text{K})$$

而环境的熵变为：

$$\Delta S_{环境} = -\frac{Q_{体系}}{T_{环境}} = \frac{\int_{298}^{1700} c_p \mathrm{d}T}{-T_{环境}}$$

$$= \frac{\int_{298}^{1700} (17.17 + 3.68 \times 10^{-3}T - 1.67 \times 10^6 T^{-2}) \mathrm{d}T}{-2000}$$

$$= -13.00 \text{J}/(\text{mol} \cdot \text{K})$$

将以上结果代入式（8-16），得：

$$\Delta S_{体系} - \frac{Q_{体系}}{T_{环境}} = 28.68 - 13.00 = 15.68 \text{J}/(\text{mol} \cdot \text{K}) > 0$$

（2）因 ΔS 为状态函数，仅决定于过程的始态与终态，所以 $\Delta S_{体系}$ 仍为 28.68J/(mol·

K)。此时，$T_{环境} = 1800$K，计算可得：$\dfrac{Q_{体系}}{T_{环境}} = 14.44 \text{J}/(\text{mol} \cdot \text{K})$，代入式（8-16）：

$$\Delta S_{体系} - \frac{Q_{体系}}{T_{环境}} = 28.68 - 14.44 = 14.24 \text{J}/(\text{mol} \cdot \text{K}) > 0$$

计算结果表明：（1）石墨化过程为不可逆过程；（2）温度愈高，不可逆程度愈大。

应该指出，由于电阻料不仅与碳-石墨体系有热交换，而且还向石墨化炉炉壁、保温料以及大气散热，因此，严格说来，电阻料与碳-石墨体系并不能组成一个热力学孤立体系，所以上例的计算只是一种近似的处理。

8.1.4.3 石墨化过程的热力学条件

在石墨化炉中，炉芯由碳-石墨制品和电阻料组成，保温料虽然将炉芯与外界隔离开来，但炉芯与外界仍然有一定的热交换。因此，熵变不能作为石墨化过程进行方向和程度的严格判断。

石墨化一般在恒压下进行，若在其过程中截取很短一段时间和很窄一段温度区间来研究，石墨化过程就可以看做在恒温恒压下进行的。因此，可以引入等温等压位 G（又称自由焓、自由能、吉布斯函数）的概念，其定义为：

$$G = U - TS + pV$$

或 $\qquad\qquad\qquad\qquad G = \Delta H - TS \qquad\qquad\qquad\qquad (8\text{-}17)$

因为恒温恒压： $\qquad\qquad\qquad \Delta G = \Delta H - T \Delta S \qquad\qquad\qquad\quad (8\text{-}18)$

根据热力学理论，在有相变的化学反应中，相平衡的条件是 $\Delta G = 0$。反应自发进行，也即不可逆的条件为 $\Delta G < 0$，其数学表达式为：

$$\Delta G = \Delta H - T \Delta S \underset{平衡}{\overset{自发}{\leqslant}} 0 \qquad\qquad\qquad\qquad (8\text{-}19)$$

前已述及，碳-石墨体系的焓在石墨化过程中总的趋势是减少的，而熵则一直随温度升高而增大，温度愈高，$T\Delta S$ 值愈大。当温度升高到某一定值时，$T\Delta S$ 将大于 ΔH，使 $\Delta G < 0$，在该温度以上，石墨化将自发而不可逆地进行。

例如，石油焦基制品在 2473K 时的等温等压位 ΔG 可计算如下：首先，由表 8-3 可查出热容多项式中的各项系数，按 $c_p = a + bT + cT^{-2}$ 计算 ΔH 和 ΔS：

$$\Delta H_{2473} = \int_{298}^{2473} c_p \mathrm{d}T = 44987\mathrm{J/mol}$$

$$\Delta S_{2473} = \int_{298}^{2473} c_p \frac{\mathrm{d}T}{T} = 38\mathrm{J/(mol \cdot K)}$$

代入式（8-19），得到：

$$\Delta G = 44987 - 2473 \times 38 = -48996\mathrm{J/mol}$$

等温等压位有相当高的负值，说明此时石墨化能自发进行，放出内能，体积收缩，发生了以晶型转变为特征的相变。这里所说的自发进行，并不等于工艺上不必考虑加热。首先，运行中的石墨化炉是一个巨大的散热体，为了石墨化能进行到一定程度，必须保持炉温；其次，在某一温度下的维温时间不能过长，否则，ΔG 将等于零，即相变达到平衡。为了进一步提高制品的石墨化度，必须提高炉温。因此，即使温度已达到石墨化能自发进行的数值，也还要按一定的送电曲线继续给石墨化炉送电加热，直至制品质量达到工艺规定的指标为止。

8.1.4.4　石墨化过程的动力学

石墨化过程进行的速度取决于两种相反因素（有序化和由于原子热运动引起的无序化）的比例关系，这是动力学研究的范畴。研究石墨化动力学，是确定在一定温度和时间条件下，碳向石墨转化的速度，以便正确制定石墨化的温度制度，达到保证产品质量、节约能源和生产费用的目的。从理论上讲，可以进一步研究碳-石墨材料的结构和物性变化，探索石墨化机理。不同类型的碳，其石墨化动力学是类似的，但并不完全相同。

A　温度对石墨化的影响

高温加热是无定形碳转变为石墨的主要条件。实践表明，在 2273K 以下，石墨化速度很小，2273K 以上才显著增大。这种现象说明石墨化过程的活化能并不是恒定的，而是随着石墨化度的增大而增大。制品的石墨化度愈高，使其进一步石墨化所需要的能量也愈大。按照石墨化微晶成长理论，在石墨化初期，有序化首先发生在微晶周围，微晶的质量很小，因此只需消耗较少的能量就能使其碳网平面长大，层面扭转平行堆砌，生成三维有序的小石墨晶体。但随着小晶体的长大，层面增加，质量变大，它们互相结合或扭转堆砌就比较困难了。所以，要进一步提高制品的石墨化度，势必需要更大的能量。

有序排列的活化能，可以是外部传给体系的热量，也可以是体系内部放出的潜热。由阿累尼乌斯（Arrhenius）经验公式：

$$K = K_0 \mathrm{e}^{-\frac{E}{RT}} \tag{8-20}$$

或

$$\ln K = -\frac{E}{RT} + \ln K_0 \tag{8-21}$$

可以导出求活化能 E 的方程式：

$$\ln \frac{K_2}{K_1} = \frac{E}{R}\left(\frac{T_2 - T_1}{T_2 T_1}\right) \tag{8-22}$$

式中　K_1，K_2——温度 T_1、T_2 时的反应速度常数，可由实验确定；

　　　　E——表观活化能（对石油焦，$E = 37620\mathrm{J/mol}$）；

R——气体常数，8.314J/(mol·K)；

T_1，T_2——绝对温度，K。

根据式（8-22），可以计算出与石墨化各温度阶段相对应的表观活化能 E_1、E_2、E_3、…。

图 8-3 为石墨化过程中碳-石墨体系的焓与活化能的关系。曲线 AB 段表示升温阶段初期，体系吸热，使体系含有过量的能量（活化能 E_1）。这些能量一部分使气体和低沸点杂质挥发，一部分转化为碳原子或分子平动、转动和振动的动能，以克服能峰 B。在 BC 段，一部分旧键破坏，新键生成，碳网平面长大，并向三维有序排列过渡，体系放出内能达到 C 点。在 2100K 以上，随着三维有序程度的提高，活化能不断增大，直到吸收活化能 E_2，曲线越过能峰 D。最后，随着降温冷却，体系的能量由 D 降到 F，成为性能稳定的人造石墨。E_3 为逆反应的活化能，E_3 大于 E_2 与 E_1，说明在温度不断升高的条件下，石墨化过程不可逆。

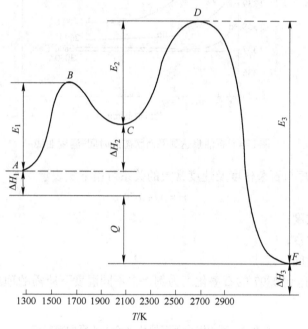

图 8-3　石墨化过程中焓与活化能的关系

Q—过程的热效应

如将式（8-21）微分，可得

$$\frac{\mathrm{d}\ln K}{\mathrm{d}T} = \frac{E}{RT^2} \tag{8-23}$$

即 $\ln K$ 随 T 的变化率与 E 成正比。这意味着活化能愈高，则随着温度的升高，石墨化速度愈快，高温对活化能高的炭素材料的石墨化有利。例如，石油焦为易石墨化的可石墨化碳，一般在 1700℃就开始进入石墨化；沥青焦则为相对较难石墨化的可石墨化碳，需要在 2000℃左右才能进入石墨化阶段。显然，这是因为沥青焦的石墨化活化能大于石油焦的缘故。

B　维温时间对石墨化的影响

关于维温时间对石墨化的影响，其一般规律是：在一定温度下，有一个石墨化极限；而维温时间的长短与温度有关，石墨化温度愈高，达到极限的时间就愈短，几分钟或十几分钟就可能达到平衡状态。石墨化温度与维温时间相比，前者占有主导地位。图 8-4 为某石油焦在不同温度下达到平衡状态（d_{002} 基本不再变化）的时间曲线。

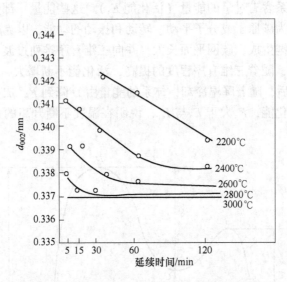

图 8-4　石油焦达到平衡状态的时间-温度曲线

维温时间的长短与石墨化度及速度常数的关系可用下式表示：

$$r = 1 - e^{-Kt} \tag{8-24}$$

式中　r——石墨化度；

　　　K——速度常数；

　　　t——维温时间，s。

以某石油焦需达到 0.97 的石墨化度为例，在不同温度下所需的理论维温时间如表 8-4 所示。

表 8-4　不同温度下石墨化理论上所需加热时间

持续加热温度/℃	1900	2150	2420
所需加热时间	1 个月	13h	2h

C　催化剂对石墨化的影响

无定形碳的石墨化是一种固相反应，其原子迁移、结构重排的阻力很大，使得石墨化工艺成为一种突出的高能耗工艺。若能采取适当的催化剂，在较低的温度下达到一定的石墨化度，或在不继续提高温度的情况下，使石墨化度提高，对节约能源，提高产品质量和产量都有重大的意义。

作为石墨化催化剂的材料，在元素周期表上有一定规律。I_B 和 II_B 族金属无催化活性，其他过渡金属元素和金属元素有催化效应（表 8-5）。

表 8-5　各种金属的催化效应

能促进均质石墨化的	B
能催化形成石墨的	Mg　Ca　Si　Ge
能催化形成石墨和乱层结构的	Ti　V　Cr　Mn　Fe　Co　Ni　Al Zr　Nb　Mo Hf　Ta　W
没有催化作用的	Cu　Zn Ag　Cd　Sn　Sb Au　Hg　Pb　Bi

石墨化催化机理大致可分为以下两类：

（1）不溶-淀析机理。无定形碳溶解于有催化作用的添加物如 Fe、Co、Ni 中，形成熔合物，通过熔合物内部的原子重排，碳从过饱和熔体中作为石墨晶体而析出。如熔铁的碳析出时，可得到单晶。

（2）碳化物形成-分解机理。无定形碳与有催化作用的添加物形成碳化物，碳化物在更高的温度下分解，生成石墨和金属蒸气。这种机理与石墨化的碳化物转化理论是类似的。

催化剂一般是以极细的粉末或溶液加入。催化剂的加入量有其最佳值，过多的添加不仅没有催化作用，反而会成为妨碍晶体生成的杂质。目前，在石墨电极中常添加铁粉或铁的氧化物作催化剂。图 8-5 为 Fe_2O_3 的加入量与石墨化度的关系。

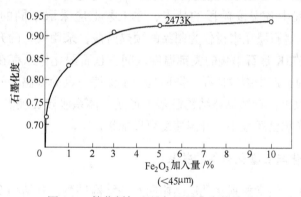

图 8-5　催化剂加入量与石墨化度的关系

由图 8-5 可见，在同一温度下，催化剂的少量加入，促进了石墨化度的提高，但当 Fe_2O_3 加入量超过 3% 时，曲线趋向水平。其原因在于石墨化度愈高，活化能愈大，而 Fe_2O_3 降低活化能的效果不足以克服活化能的增大。

8.1.5　石墨化过程

在石墨化过程中，炭-石墨体系既有吸热也有放热，大致可以分成以下三个阶段：

第一阶段（1273~1700K）：在比焙烧更高的温度下，制品进一步排除挥发分，所有残留的脂肪族碳链，C—H、C≡O 键都在此温度范围内先后断裂。乱层结构层间的 C、H、

O、N、S 等原子或简单分子（CH_4、CO、CO_2 等）也在这时排出。这一温度区间主要是吸热过程，化学反应在继续，同时也有物理变化，表现在一部分微晶边界消失，界面能以热的形式放出，成为促进碳网平面长大的动力。X 射线测定表明，在此温度区间内，层面堆砌厚度没有明显的增大，有序排列是在二维平面上进行的，二维平面尺寸不超过 80×10^{-10} m，大分子仍为乱层结构。

第二阶段（1700~2400K）：这一阶段有两种情况，一是随温度上升，碳原子热振频率增加，振幅增大，受最小自由能规律的支配，碳网层面距缩小，向石墨结构过渡。与此同时，碳原子沿层面方向的振幅增大，晶体平面上的位错线和晶界消失。到 2000℃ 时，体系的熵变达到最低值，三维有序排列基本形成。这是一个放热过程；二是在 2000~2400K 有碳化物（主要是碳化硅）生成，并随之在更高温度下分解。当温度接近 2400K 时，碳的蒸气压开始增大，出现热缺陷。由于碳化物的生成和分解反应在此温度区间进行较多，故体系需吸热，表现为熵变重新增大。

第三阶段（2400K 以上）：一般石油焦、沥青焦等可石墨碳当温度达到 2400K 以上时，晶粒的 a 轴方向平均已长大到 10~15nm，c 轴方向堆砌约达 60 层（约 20nm）。由于 2400K 以前的有序化，引起晶粒收缩，晶粒界面间隙有所扩大，此时，石墨化度的提高主要靠再结晶过程。一方面以吸热为动力，碳网平面内和层面间的碳原子发生迁移，进行结晶的完善和三维排列。另一方面，碳的蒸发率随温度的升高而呈指数地增大。此时，在石墨化体系中充满着 C、C_2、C_3、C_4 等碳原子及分子气体，在固相和气相间进行着极其活跃的物质交换–再结晶。这一阶段主要为吸热过程。

根据石墨化过程中各温度阶段的特点，在工艺上应采取不同的升温制度。室温至 1573K 为重复焙烧，对石墨化来说仅为制品的预热阶段，采用较快的升温速度，制品不会产生裂纹；1573~2073K 是石墨化的关键温度区间，且石墨化体系存在着放热效应，为了防止热应力过于集中，产生裂纹废品，同时也为了保持一定的维温时间，必须严格控制升温速度。在 2073K 以上，石墨晶体结构已基本形成，体系吸热促使石墨化度进一步提高，此时，维温时间的影响已经很小，升温速度可以加快。

8.1.6　材料结构变化与石墨化条件的关系

在石墨化过程中，炭素材料从乱层结构向石墨结构过渡，其结构变化，从宏观上可用真密度来描述，微观上可由层间距 d_{002} 来表征。这些结构参数的变化方向与速度，都要受到温度、维温时间、压力以及气氛等石墨化条件的影响。

8.1.6.1　真密度

真密度的大小表征了材料基质的致密程度及排列规整化的程度。对于石墨材料，也可以间接表征石墨晶体的完善程度。理想石墨的真密度为 $2.266g/cm^3$，其他炭素材料的真密度均小于该值。若真密度与 $2.266g/cm^3$ 愈接近，表明该材料的石墨化度愈高。

如前所述，温度是石墨化的主要条件。以石油焦为例，温度对其真密度的影响示于图 8-6。伴随着真密度的提高，制品的体积也发生明显的收缩。例如，以 25% 沥青焦和 75% 石油焦为骨料的电极制品，在石墨化过程中，长度收缩率为 0.4%~1.0%，直径收缩率为

1.0%~1.6%，体积收缩率为2.0%~3.8%。

催化剂对石墨化的催化效果，也可从真密度的提高表现出来。例如，当其他条件不变时，在制品中添加1%的Fe_2O_3粉，可使其真密度从$2.165g/cm^3$提高到$2.180g/cm^3$。

8.1.6.2 层间距

温度与层间距d_{002}的关系见图8-7。维温时间对层间距的影响可参见图8-4。在制品上（如电极两端）施加机械压力也可促进其石墨化（图8-8）。

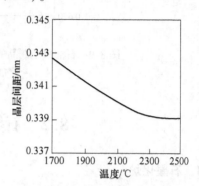

图8-7 温度与晶层间距关系

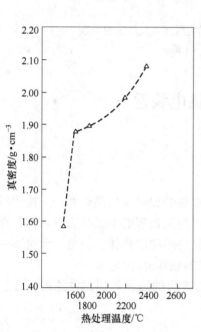

图8-6 石油焦在石墨化过程中真密度的变化

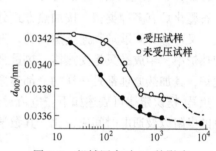

图8-8 机械压力对d_{002}的影响
（时间为对数坐标）

由图8-8可见，施加外负荷不仅可以加速d_{002}的减小，而且可以减小平衡时的d_{002}，提高制品的石墨化度。已有研究表明，易石墨化的石油焦、沥青焦等受压加热与不受压相比，可在较低温度下达到较高的石墨化度。即使难石墨化的玻璃炭，也可在受压石墨化条件下，达到相当高的石墨化度。施压能够促进石墨化与施压有利于材料的体积收缩有关。在外压作用下，材料发生蠕变，其结果使受压层的质点产生具有择优取向的相对滑动，这种相对滑动促进了微孔等结构缺陷的消除，为碳网层面的三维有序堆砌创造了有利的条件。

环境气氛对于石墨化制品的结构也有一定的影响。炭材料在含有少量氧、碳氧化物或碳氢化合物的中性气氛中石墨化时，层间距的变化十分显著。其原因是气相中的碳原子可以生成热解炭，由于定向沉积的缘故，这种热解炭三维排列的规整性比无定形转化而来的更高。

环境气压对d_{002}的影响如图8-9所示。由图8-9可知，如果石墨化在真空或低气压的条件下进行，则难以达到大气压下能够达到的石墨化度。

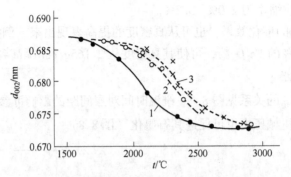

图 8-9　石油焦基制品的层间距与石墨化温度和大气压的关系
1—大气压；2—低气压；3—真空

8.2　石墨化炉与供电装置

8.2.1　石墨化炉

8.2.1.1　石墨化炉的分类与加热原理

石墨化炉有多种类型。按加热方式分类有直接加热炉和间接加热炉两种。按运行方式分类，又可分为间歇炉和连续炉两类。直接加热炉以受热处理的半成品为发热体；而在间接加热炉中，半成品只是受热体，热量来自于半成品外围的发热体。但是，无论哪一种石墨化炉，其加热原理都是一样的，都遵循电-热转换的焦耳-楞次定律。

焦耳-楞次定律可表述如下：电流通过导体时所产生的热量与通过电流的平方、导体本身的电阻以及通电时间成正比。其数学表达式为：

$$Q = I^2 Rt \tag{8-25}$$

式中　Q——热量，J；

　　　I——电流，A；

　　　R——电阻，Ω；

　　　t——时间，s。

石墨化炉在运行中，电流、电阻都是时间的函数，随时间而变化。因此，在 $0 \sim t$ 时间内，导体产生的热量可采用下式计算：

$$Q = \int_0^t I^2 R \mathrm{d}t$$

或　　　　　　　　　　　　$$Q = \overline{P}t \tag{8-26}$$

式中　$\overline{P}$——$0 \sim t$ 时间内的平均功率，$\overline{P} = I^2 R$。

8.2.1.2　石墨化炉的结构

A　艾奇逊石墨化炉

艾奇逊石墨化炉是艾奇逊（E. G. Acheson）在 1895 年提出的第一种石墨化工业炉。该炉采用直接加热间歇生产方式，其结构如图 8-10 所示。

艾奇逊石墨化炉主要由炉体和炉芯两大部分组成。炉体一般包括炉头端墙、导电电极、炉侧墙、炉底槽、槽钢支柱等几个部分。位于炉槽两端的导电端墙，称为炉头端墙。炉头端墙的外墙常用多灰炭块砌筑，也可以用耐火黏土砖、高铝砖等砌筑。内墙用石墨块砌筑。内外墙之间有一定的空间（350~550mm），用捣固法密实地填充石墨粉，以达到密封和保温的目的。石墨粉要求粒度在 0~5mm 之间，灰分低于 1.5%，水分低于 0.5%，粉末电阻率不大于 $350 \times 10^{-6} \Omega \cdot m$。某些厂采用氧化铝粉替代石墨粉作填充料，由于氧化铝粉导热系数较小，基本无烧损，故使用效果很好，端墙表面温度可低于60℃。

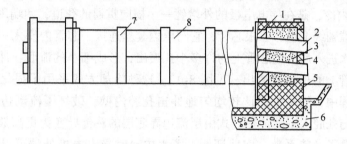

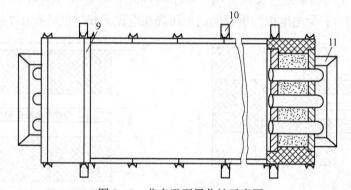

图 8-10 艾奇逊石墨化炉示意图

1—炉头内墙石墨块砌体；2—导电电极；3—填充石墨粉的炉头空间；4—炉头炭块砌体；
5—耐火砖砌体；6—混凝土基础；7—炉侧槽钢支柱；8—炉侧活动墙板；9—炉头拉筋；
10—吊挂移动母线排的支承柱；11—水槽

为了加强炉头的保护，使其在热膨胀和机械力的冲击下，不致引起大的变形和损坏，炉头两侧设有用拉筋固定的槽钢或角钢支架。

导电电极贯穿内外墙，与炉头端墙构成一个整体。导电电极的内端是与炉芯连接的接触面，外端与导电铜板连接。导电电极可采用石墨电极或炭电极。石墨电极有很高的导电系数，其允许电流密度可达 $10~12A/cm^2$，可适应直流石墨化工艺的要求，所以目前多采用石墨电极。导电电极的截面形状有圆形和方形两种，为使组并方便，采用 $400 \times 400mm$ 的居多。按 YB/T 4088—2015 规定，石墨电极的电阻率应不大于 $8.5~11.0 \mu\Omega \cdot m$，抗折强度不小于 $6.4~10.0MPa$。为了保证将电流均匀地送到炉芯的整个截面上去，一般由多根电极组成电极组，电极组的电极数量和配置形式视石墨化炉的大小而定。

石墨化炉的炉温，在运行末期高达 2300℃ 以上，导电电极的内端就是在这样的高温下工作。而外端暴露在空气中，必须使其保持尽可能低的温度，以防止氧化，并尽可能减小导电电极与导电铜板之间的电压降。因此，导电电极必须进行强制冷却。目前，我国一般采用通水内冷冷却方式，近期发展起来的还有喷水内冷技术：

（1）通水内冷，是在导电电极外端端面中心镗一圆孔，然后用带有进出水管的丝堵堵上，即构成冷却水循环通道（图8-11）。这种冷却方式对于交流石墨化炉是适用的，但对于强化送电的直流石墨化炉冷却效果不太理想，电极外端温度可达200℃左右，电极与铜板间的电压降可能达到1~1.5V，严重时可使孔腔内的水局部沸腾，生成汽水混合物，发生气阻而使冷却水断流。此外，由于水冷孔腔深入到端墙内，孔腔内的水有可能通过毛细孔隙向外渗漏，使导电电极中部发生氧化，缩短使用期，甚至产生断裂。

（2）喷水内冷，是在导电电极的外端镗一个横向贯通的孔道，两端用压盖封闭，形成水冷孔腔。孔腔轴线上设有一根芯管，它与压盖套丝连接。芯管内塞入一个丝堵，将它分为两段。冷却水进入后，经芯管上的许多小孔喷出，形成细小的流股，冲击孔腔内壁，然后冷却水经芯管上的出水口流出，见图8-12。这种冷却方式采用了强化对流换热的新技术。在冷却过程中，细小流股比较均匀地冲击孔腔内壁，破坏了流动边界层与传热边界层，使冷却水与孔腔内壁的传热方式由层流边界底层的热传导变为更高效的直接对流，因此大幅度地提高了换热系数。实践证明，喷水内冷时导电电极外端可以冷却至出水温度（一般不大于60℃），导电电极与铜板间的电压降在电流满载时也只有0.2~0.4V。

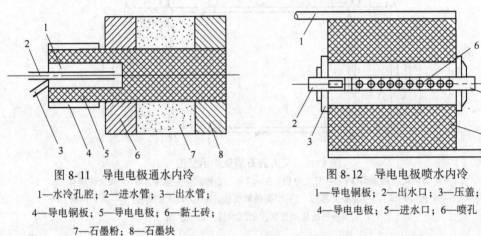

图 8-11　导电电极通水内冷
1—水冷孔腔；2—进水管；3—出水管；
4—导电铜板；5—导电电极；6—黏土砖；
7—石墨粉；8—石墨块

图 8-12　导电电极喷水内冷
1—导电铜板；2—出水口；3—压盖；
4—导电电极；5—进水口；6—喷孔

应该指出，上述两种冷却方式对操作管理要求较高，严禁断水，否则导电电极外端温度升高后再通入冷却水，易产生水爆，十分危险。

石墨化炉的侧墙有固定墙、活动墙和混合墙三种形式。固定式炉墙采用耐火砖砌筑，每隔一定间隔都要留一个排气孔。这种墙保温效果好，使用寿命长，但造价较高，冷却较慢。活动式侧墙由耐火混凝土预制板构成，墙上亦留有排气孔。使用时，吊装于炉体两侧的槽钢支柱间，冷炉时，又可逐步吊出炉外。其优点是经济省工，冷炉方便。缺点是墙板耐机械冲击和热冲击的性能较差，一旦破损不能修补。混合式侧墙在炉体下半部为固定式，上半部为活动式，兼顾了两者优点，使用效果比较好。

槽钢支柱一方面起固定炉侧墙，抵抗炉体向外的侧压力的作用，另一方面还悬挂活动母线的支架。

炉芯由被加热制品以及制品间填充的电阻料组成。为保温和绝缘起见，炉芯四周由保温料和炉底料所包围。

B 卡斯特纳石墨化炉

美国卡斯特纳（HY. Castner）1896 年发明的卡斯特纳石墨化炉与艾奇逊石墨化炉有着几乎同样长的发展历史，它是一种不用电阻料的直接加热间歇生产电阻炉，其结构示于图 8-13。

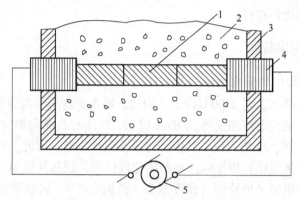

图 8-13 卡斯特纳石墨化炉示意图
1—装入半成品；2—保温料；3—炉头墙；4—导电电极；5—电源

这种石墨化炉的特点是将待石墨化的半成品直接夹持在导电电极之间，在保温料或在惰性气氛中进行石墨化。由于不用电阻料，焦耳热完全由半成品内部产生，所以制品的温度分布比较均匀，成品质量比较均一，产生裂纹的可能性也小得多。但是，为了降低半成品端头之间的接头电阻，必须对半成品的端面预先进行精加工，同时还要选择柔软而电阻率较小的材料如炭布或柔性石墨填充在电极端面间。

卡斯特纳石墨化炉已成为发展内热串接石墨化和加压石墨化工艺的基础。

C 间热式石墨化炉

间热式石墨化炉多为管式电阻炉。炉管的截面可以是圆形的，也可以是矩形的。炉管的数量可以是一根，也可以是多根。有的炉管只是一个通道，供待石墨化的半成品通过，而在管外用焦粒等电阻料作发热体。有的炉管本身就是电阻发热体。最简单的用焦粒作电阻发热体管式炉的结构如图 8-14 所示。该炉的炉管为石墨管，导电电极通电后，由于焦粒的发热，石墨管中心部位的温度可达 2500℃，待石墨化的半成品在外力的推动下，以一定的速度通过石墨管而实现石墨化。

间接加热式石墨化炉由于发热体的电阻基本不随时间变化，因此可以进行恒功率供电，供电操作比较简便，炉内有一个固定的

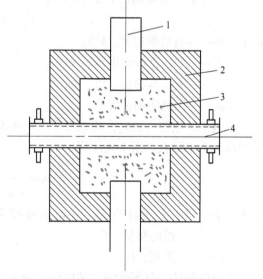

图 8-14 间接加热的管式石墨化炉
1—导电电极；2—炉体外墙；
3—焦粒电阻料；4—炉管

高温区，温度易于控制，成品的质量比较稳定。其主要的缺点是炉管内径必须与制品的尺寸相匹配，局限性较大。此外，炉管因机械磨损、烧损而寿命较短，限制了设备的生产能力，故仅适用于生产小批量、小规格产品。

在以上介绍的各种炉型中，艾奇逊石墨化炉因结构简单，坚固耐用，稳定可靠，维修方便等优点，一百多年来，一直是炭素工业的主要石墨化设备。因此，以下各节的讨论，主要围绕艾奇逊石墨化炉进行。

8.2.2 石墨化炉的供电装置

8.2.2.1 石墨化炉的供电特点

石墨化炉的温度必须达到 2500℃以上，因此，导入炉内的电流强度是很大的。比较大的石墨化炉，通电后期的电流强度可达 10^5 A 以上。每一组石墨化炉（一般由 5~8 台炉组成）共用一套供电装置，生产中只对其中一台石墨化炉供电。因此，石墨化炉的电气特性与供电装置的供电参数直接互相影响。在石墨化过程中，制品从低温到高温，需要有一定的升温速度，而且炉阻又呈负特性（温度愈高，炉阻愈小）。这就要求供电装置能够按照石墨化工艺的要求，对电流和电压进行频繁的调整，以达到调节负荷，控制炉温的目的。

根据输入石墨化炉电流形式的不同，石墨化炉可分为交流石墨化炉和直流石墨化炉两种，相应的供电装置也可分为交流石墨化供电装置和直流石墨化供电装置。交流供电装置设备简单，投资较少，操作方便，易于维护，但成品工艺电耗较高，功率因数低。而且交流石墨化炉多为单相供电，对电网的三相平衡有影响。直流供电装置设备复杂，投资较多，管理要求严，维护费用高，但成品工艺电耗低，并为三相供电，不影响电网三相平衡。从我国的实践来看，直流石墨化的各项技术经济指标明显优于交流石墨化。

8.2.2.2 交流石墨化供电装置

石墨化炉交流电路的有效电功率为：

$$P_t = EI\cos\varphi \tag{8-27}$$

式中　P_t——有效电功率，kW；

　　　E——变压器输出电压，V；

　　　I——变压器输出电流，A；

　　$\cos\varphi$——网路的功率因数。

在电压、电流一定时，输入石墨化炉的有效电功率决定于功率因数的大小。石墨化炉全网路的功率因数可用下式计算：

$$\cos\varphi = \frac{R}{\sqrt{R^2 + X^2}} = \frac{R}{Z} \tag{8-28}$$

式中　R——网路（包括炉芯、导电电极和导电母线）的总电阻，Ω；

　　　X——网路的感抗，Ω；

　　　Z——总阻抗，Ω。

在通电初期，石墨化炉炉芯电阻比较高，随着炉温的升高，炉芯电阻逐渐下降。到通电后期，炉芯电阻只有初期的 1/20~1/10，而总阻抗的变化较小。因此，通电后期的功率因数下降很多，有时降至 0.5 左右，使有效电功率相应降低。对于交流石墨化炉，可以采用装设电容补偿器的方法，提高网路的功率因数。

交流石墨化供电装置有调压变压器调压和分接头调压两种供电方式。

A 调压变压器调压的供电装置

供电装置主要由主变压器、自耦变压器和炉用变压器等构成。主变压器是三相交流供电的电力主降变压器，同时载有几组石墨化炉和炭素厂其他负荷。因石墨化炉的用电量一般占全厂用电量的70%~80%，故主变压器通常与石墨化炉供电系统合并布置在一起，或布置在其附近。自耦变压器和炉用变压器是直接向石墨化炉提供单相交流电的专用设备。

自耦变压器是炉用变压器的电源变压器，它的一次线圈与二次线圈合并为一个线圈。由于输出端的一个接头可在线圈上滑动，使输入和输出的线圈匝数不同，从而达到调压的目的。自耦变压器原理可见图8-15。

炉用变压器实际上是一个低电压、大电流的变压器。根据石墨化炉的供电要求，它具有二次侧输出电流大、电压低、电压多级调压，并且可以串、并联使用的特点。

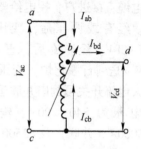

图8-15 自耦变压器原理图

B 分接头调压的供电装置

分接头调压的供电装置将自耦变压器的功能适当简化，然后与炉用变压器结合起来，实际上省去了自耦变压器。炉用变压器的电压采用分接头调压，即在一次线圈上采用抽头的方式，改变一次线圈与二次线圈的匝数比，从而在相同的电源电压下，得到不同的输出电压。

8.2.2.3 直流石墨化供电装置

直流石墨化供电与交流供电相比，有如下不同的特点：

（1）交流供电是单相供电，对高压电网和厂主降变压器的电源所造成的三相不平衡负序分量可达5%~8%，严重影响了供电质量；直流供电为三相供电，可基本消除对电源三相平衡的影响。

（2）直流供电时，母线和炉体不存在感抗，无功损耗为零，功率因数可稳定地高达0.89~0.98，用电效率大为提高，同时可省去电容补偿器。

（3）直流供电不存在磁滞涡流和集肤效应损耗，克服了交流供电时产生的母线发热现象，同时网路压降下降，最终压降仅为交流网路的1/3~1/4，节约了电能。

（4）直流供电由于功率因数高，电效率高，对于相同容积的石墨化炉，变压器的容量可比交流供电时小。但是，由于增加了整流设备，直流供电装置的一次投资较大，这一缺点可由减少耗电，降低生产成本得到弥补。

我国直流石墨化供电装置的种类很多，如按容量大小，可大致分为大、中、小三种类型：

大型：12160、13500、16000和17959kV·A；

中型：9322kV·A；

小型：3340和3000kV·A。

下面以16000kV·A机组为例，简单介绍直流石墨化供电装置：

这种大功率直流石墨化供电装置主要由一台 16000/60 型整流变压器（27 级有载调压），八台平衡电抗器，两台 62500A 硅整流柜和六台 30000A 大电流开关组成。图 8-16 为其供电系统示意图。

66kV 高压电从中央变电所经 110kV 高压电缆直接进户，授电给整流变压器高压套管。经有载调压后，变压器二次电压为 145~38V。经整流后，直流电压为 170~45V，送到石墨化炉。变压器二次电压经六台大电流开关可倒串并联运行，串联时，直流电压为 340~90V。输出直流电流为 125000A（并联）及 62500A（串联）。

8.2.2.4 短网

一般将交流石墨化炉炉用变压器或直流石墨化炉整流柜的输出端到炉头导电电极之间的母线称为短网。

石墨化炉的母线由铜材或铝材制成。铜材的机械强度较大，导电性较好，耐磨蚀性也较强。铝材的价格便宜，质量较轻，资源

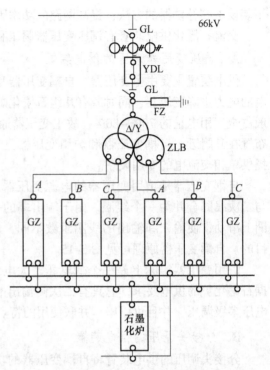

图 8-16　16000kV·A 直流石墨化供电系统图
GL—隔离开关；YDL—油开关；
ZLB—三相整流变压器；GZ—硅整流柜

丰富，但导电性较差，电流密度相同时，铝材的截面几乎是铜材的两倍。表 8-6 列出了这两种材料的有关性质。

表 8-6　铜和铝的有关性能数据

材　料	密度/g·cm⁻³	极限强度/MPa	电阻率/Ω·m	电阻温度系数/℃⁻¹
紫铜	8.9	220	17.5	0.00395
铝	2.7	110	29.5	0.00422

石墨化炉使用的母线一般为矩形。

由于石墨化炉的炉阻较小，尤其是送电后期炉阻更小，使短网压降增大，电耗增加。因此，石墨化炉能否安全经济地运行，与短网特性有密切关系。

最基本的原则是尽量减小短网阻抗，使整个短网保持较小的压降。引起短网阻抗的因素有接触电阻、母线电阻、磁滞涡流、集肤效应和邻扰效应等。交流石墨化炉的短网存在以上各种阻抗，而直流石墨化炉的短网基本上只有接触电阻和母线电阻。

8.2.3　石墨化炉与供电装置的匹配

8.2.3.1　石墨化炉与供电装置的配置

一台石墨化炉的生产操作包括装炉、送电、冷却、出炉和清理维护，一个周期一般要 12~15 天。但是有效送电时间仅仅 40~60h（直流），最长也不超过 70~90h（交流）。因

此，要充分利用供电装置，就得有 5~8 台炉子轮流使用。这就是石墨化生产中通常采用的"单机单炉"运行方式。由于石墨化炉与供电装置匹配等方面的原因，我国有些炭素厂还采用过"双机单炉"和"三机二炉"等运行方式。但就石墨化炉与供电装置的配置关系来说，无非是石墨化炉是否移动的问题。由此，石墨化炉就形成固定式和移动式两种形式。

A　固定式石墨化炉

固定式石墨化炉直接砌筑在车间地坪上，它与供电装置有两种配合方式。

(1) 炉子与供电装置两者都固定。炉子排成一排，每台炉子与供电装置之间均用母线连接。供电装置通过刀闸开关和移动母线可与任何一台炉子接通送电。这种配置方式操作方便，运行可靠，但需用主母线最长，耗用大量的有色金属，并增加电能损耗。

(2) 炉子固定，但变压器移动。这种配置方式主要适用于交流供电。变压器安装在可沿轨道移动的平板车上，送电之前，将变压器移到待送电炉子的炉头，用刀闸开关连接送电。这种配置方式主母线较短，但操作麻烦，变压器因经常移动，维护保养工作量较大。

B　移动式石墨化炉

这种配置方式是供电装置固定，石墨化炉移动。将石墨化炉砌筑在可沿轨道移动的炉车上，生产时，根据工艺需要，按顺序将炉子依次送往装炉间、通电间、卸炉间等。由于各个生产工序的操作位置固定，有利于污染的治理，改善了操作环境，同时主母线大为缩短。但是，要制造载重近百吨的炉车，钢材消耗和一次投资增加较多。此外，由于炉温高达 2500℃以上，炉车的材质选择也较困难，维护工作量比较大。所以，移动式石墨化炉仅适用于中小型炭素厂及电炭行业。

8.2.3.2　石墨化炉与供电装置的参数匹配

各种规格的艾奇逊石墨化炉虽然结构基本相同，但尺寸却差别很大。一般说来，石墨化炉的炉长和炉芯截面积取决于企业的生产能力，并受供电设备能力的制约。在所要求的生产能力情况下，石墨化炉的尺寸与供电装置的参数匹配是否合理，是能否减少一次投资，顺利生产合格产品和降低生产费用的关键。

A　参数合理匹配的衡量尺度

与匹配有关的石墨化炉参数主要有：

炉芯长（即有效炉长）L，m；

炉芯截面 S，m^2；

单元炉芯功率 P_t，kW/m^3；

单元炉芯电流密度 I_t，A/m^2；

单元炉芯电压降 V_t，V/m；

单元炉芯电阻 R_t，$\Omega \cdot m$。

所谓"单元炉芯"，是指截面积 $1m^2$、长 $1m$ 的炉芯。在上述六个参数中，炉芯长 L 和炉芯截面 S 是匹配问题的主要研究对象。其他四个单元炉芯参数中，只有两个是独立参数。如能确定其中两个参数，另外两个参数也随之确定。

供电装置的主要参数有：

有效容量 P，kW；

二次输出电流 I，A；

二次输出电压 V，V。

这三个参数中，也只有两个是独立参数。

为了获得良好的经济效益，必须使供电装置的容量、电流和电压都能得到充分的利用，即使石墨化炉与供电装置的容量匹配、电流匹配和电压匹配。

此外，实践证明，石墨化生产采用大功率、高电密是节电、优质、高产的必要条件。对于艾奇逊石墨化炉，单元炉芯功率在 160kW/m² 左右为大功率，单元炉芯电流密度在 1.6×10^4A/m² 左右为高电密。当电密为 $(0.9 \sim 1.1) \times 10^4$A/m² 时，炉芯温度可达 2100~2300℃，电流密度为 $(1.6 \sim 2.0) \times 10^4$A/m² 时，炉芯温度可达 2600~2800℃。根据石墨化原理，高温有利于提高产品质量。因此，石墨化炉与供电装置的匹配应该有利于采用大功率、高电密的石墨化生产工艺。

B　参数匹配的计算

首先确定石墨化炉的单元炉芯参数，按照我国石墨化生产的实践经验，它们可取如下数值：

$$P_t = 100 \sim 200 \text{kW/m}^3$$
$$I_t = (1.4 \sim 2.5) \times 10^4 \text{A/m}^2 \text{（直流）}, \quad (11 \sim 15) \times 10^4 \text{A/m}^2 \text{（交流）}$$
$$V_t = 6 \sim 10 \text{V/m} \text{（直流）}, \quad 10 \sim 15 \text{V/m} \text{（交流）}$$

单元炉芯参数确定之后，石墨化炉尺寸与供电设备参数之间的关系可由下列各式确定：

$$V = V_t \times L \tag{8-29}$$
$$I = I_t \times S \tag{8-30}$$

应该指出，由式（8-29）计算得到的电压只是供电装置的最高二次电压。按照石墨化工艺要求，供电装置还必须有一个合适的最低二次电压。最低二次电压主要取决于最小炉阻。为了防止发生"死炉"，最低电压不能过高。所谓"死炉"是指调压变压器输出的二次电压已处于最低电压，输出电流已达最大允许值，炉阻还在下降，而送电量尚未达到规定值，产品的石墨化过程尚未完成，但由于电压无法继续下降，变压器的额定功率使电流不能再加大，为了保护供电设备的安全，不得不停止送电的情况。死炉的结果将产生全炉性的电阻率不合格废品。为可靠起见，在考虑参数匹配时，应将最低电压的理论计算值除以 1.2，以备电网电压升高时留有一定的余地。

最低二次电压可由最小炉阻求得。最小炉阻 R_{min} 的计算式为：

$$R_{min} = R_{tk} \times L/S \quad (\Omega) \tag{8-31}$$

式中　R_{tk}——石墨化终了时的单元炉芯电阻，$\Omega \cdot m$，可由经验数值确定（见表 8-7）。

求得最小炉阻之后，供电装置的最低二次电压 V_{min} 按下式计算：

$$V_{\min} = \frac{R_{\min} I_t S}{1.2} = \frac{R_{tk} I_t L}{1.2} \quad (\text{V}) \tag{8-32}$$

表 8-7　各类电极的单元炉芯电阻

编　号	产品规格 $\phi \times L / \text{mm}$	开始单元炉芯电阻 $R_{t0} / \Omega \cdot \text{m}$	炉终单元炉芯电阻 $R_{tk} / \Omega \cdot \text{m}$
1	$\phi 500 \times 1880$	2.205×10^{-3}	0.200×10^{-3}
2	$\phi 400 \times 1640$	2.625×10^{-3}	0.210×10^{-3}
3	$\phi 350 \times 1880$	3.180×10^{-3}	0.212×10^{-3}
4	$\phi 300 \times 1880$	9.075×10^{-3}	0.275×10^{-3}

此外，大规格产品的炉阻小，要求低电压、大电流；小规格产品炉阻大，要求高电压、小电流。为使石墨化炉有生产多种规格产品的灵活性，应该采取适当措施，使参数匹配尽可能适用于多种规格产品。这些措施有：

（1）供电装置应具有串联、并联运行的功能，以适应大、小规格产品的不同炉阻情况。

（2）对供电装置的设计提出大电流与高电压不同时出现的要求，使其保持一段恒功率，兼顾各种规格制品的生产。

国内常见的直流石墨化整流变压器容量与炉芯长度的匹配关系列于表 8-8。

表 8-8　国内常见直流石墨化整流变压器容量及配置炉芯长度

变压器容量/kV·A	炉芯长度/m	最大电流/kA
17959	18	125
16000	19	125
13500	18	70
12160	16	80
9322	11.5	75
6300	13	50
3340	12	30

8.2.3.3　石墨化生产能力的计算

在参数匹配合理和生产正常的前提下，由供电装置的容量可以计算出石墨化炉的产量。

图 8-17 为某一炉产品的通电功率曲线。设总用电量为 W，则：

$$W = \int_0^t P \mathrm{d}t = \int_0^t \overline{P} \mathrm{d}t = \overline{P} t \tag{8-33}$$

式中　W——总用电量，kW·h；

　　　$\overline{P}$——平均功率，kW；

　　　t——通电时间，h。

若以 w 表示产品单位电耗（kW·h/t），G 表示单炉产量（t/炉），则：

$$G = \frac{W}{w} = \frac{\overline{P} t}{w} \tag{8-34}$$

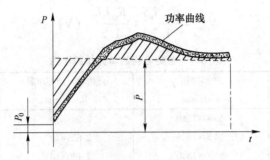

图 8-17　通电曲线实例

P_0—开始功率；$\overline{P}$—平均功率；t—通电时间

令供电装置的容量 P_t 与平均功率 $\overline{P}$ 之比为 K，即：

$$P_t = K\overline{P} \tag{8-35}$$

然后计算石墨化生产能力：

$$G_1 = \frac{365 \times 24 \times A}{Kw} \times P_t \tag{8-36}$$

$$G_2 = BG_1 \tag{8-37}$$

$$G_3 = CG_2 \tag{8-38}$$

式中　G_1，G_2，G_3——石墨化制品、石墨化合格品、加工合格品产量，t/a；

　　　A——石墨化作业率，一般可取 92%；

　　　B——石墨化工序产品合格率，大厂取 96%；中小厂取 91%；

　　　C——加工工序合格率，大厂取 82%，中小厂取 76%~80%；

　　　P_t——供电装置容量，kV·A。

8.3　石墨化生产工艺

石墨化生产工艺包括石墨化炉的装出炉方法，供电制度以及炉温测量，电平衡和热平衡等内容。

8.3.1　石墨化炉的生产操作

8.3.1.1　石墨化炉的运行

每一台石墨化炉的生产操作由装炉、通电、冷却、卸炉、清炉及小修等环节组成，并按此顺序进行循环生产。同一组炉中的各炉分别处于不同的操作状态中。石墨化炉的循环运行见图 8-18。

8.3.1.2　石墨化炉的装炉

在石墨化生产过程中，装炉操作是一个关键环节。如果装炉装得好，炉阻大小合适、分布均匀，电能利用效率就高，产品质量也好。

目前，石墨化炉主要有四种装炉方法：立装法、卧装法、混装法和间装法。装炉方法

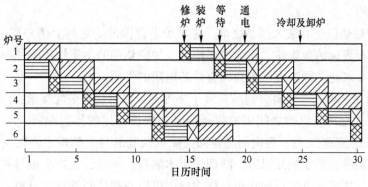

图 8-18　石墨化炉运行图

的选择主要由产品的品种、规格所决定。通常，大中规格电极采用立装，小规格电极或板材采用卧装。有时电极较短，也可采用混装。

A　立装法

制品长度方向垂直于炉底平面的装炉方法叫立装法，见图 8-19。装炉顺序为：铺炉底、围炉芯、放下部垫层、装入制品、填充电阻料、放上部垫层、填充两侧保温料和覆盖顶部保温料。

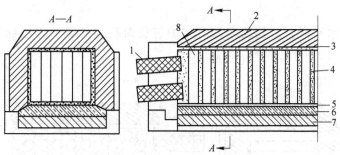

图 8-19　立装炉示意图

1—炉头导电电极；2—保温料；3—覆盖电阻料；4—电阻料；
5—垫底电阻料；6—炉底料；7—石英砂；8—制品

（1）铺炉底。新投产的炉子，炉底应首先铺上炉底料，以防止漏电和减少热损失。炉底料分上下两层，下层铺石英砂，上层铺石英砂与冶金焦粉的混合料（体积比为（30～40）：（60～70））。炉底应铺平夯实。炉底料的铺垫厚度视制品长度而定，原则上应保证炉芯上下与导电电极端墙对应。

（2）围炉芯。石墨化炉中，被制品和少量电阻料所占据的空间称为炉芯。根据装炉制品的规格和对周围电阻料的要求，先用钢板围住将形成炉芯的四个周边，这个操作叫做围炉芯。

围炉芯的目的是固定炉芯位置，使之与导电端墙的宽度相对应；便于填充电阻料；保证整炉制品装炉整齐；使炉芯与保温料分开，防止保温料混入炉芯。

围炉芯用的钢板分炉头板和炉侧板。炉头板与端墙的距离视炉型而异，大型炉为150～200mm。炉芯的宽度应保证两侧保温料的厚度均不小于 400mm，高度不超过端墙内侧石墨块的上缘。

（3）放炉底垫层。在装入制品之前，先在炉芯范围的炉底料上铺一层100~150mm厚的冶金焦粒和石墨化冶金焦粒，作为炉底垫层。炉底垫层的主要作用是使制品与炉底料分开，以避免制品氧化，同时也可起到调整炉芯电阻的作用。

（4）装制品、填充电阻料。制品立装于垫层上，横排制品彼此靠紧，两侧与炉侧板保持80~100mm的距离。纵排之间用木隔板隔开，保持一定的排间距离（一般为制品直径的20%）。制品全部装完后，再向制品排间空隙以及制品与炉侧板之间的空隙中加入电阻料。在装入电阻料，固定制品以后，随即拔出木隔板。同时，在炉头板与导电端墙之间也要装入电阻料。这部分电阻料的作用是作为导电电极与制品间的导电材料，使电流均匀通过炉芯；作为制品与导电电极之间的缓冲层，防止因热膨胀而损坏炉头；作为炉芯与导电电极间的隔热层，减少端墙的散热损失。

（5）放上部垫层。装好填充料后，要在炉芯上面铺一层100~150mm厚的石墨化冶金焦作为上部垫层，以防止制品与保温料中的石英砂接触，同时可起到一定的引流和调温作用。

（6）覆盖保温料。覆盖保温料时，先装炉芯两侧的保温料，同时将围炉芯的钢板逐渐拔出，最后在顶部覆盖厚度不小于700mm的保温料。

B　卧装法

制品在炉内水平放置，其长度方向与炉芯长向垂直的装炉方法称为卧装法，见图8-20。

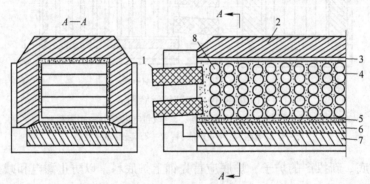

图8-20　卧装炉示意图

1—炉头导电电极；2—保温料；3—覆盖电阻料；4—电阻料；

5—底垫电阻料；6—炉底料；7—石英砂；8—制品

卧装法与立装法的操作顺序基本相同，不同之处在于：

（1）小规格制品可以成组吊入炉内。组间留出80~100mm的空隙，每装完一个水平排，即向组间空隙填入电阻料，然后装第二个水平排。

（2）炉底料中的石英砂略少于立装法，两者相差5%左右。

（3）保温料一般选用含有50%旧料的第二配方（见表8-11），以便使保温料在高温下结成硬壳，保护制品在冷却时不被氧化。

C 混装法

有些电极比较短，为了充分发挥炉子的生产能力，可以在卧装制品的一侧，再立装一部分电极，如图 8-21 和图 8-22 所示。但此时两种规格电极的尺寸不要相差过大，否则容易产生双炉芯，出现电流和温度偏移现象。如果用图 8-22 所示的交叉组合混装法，可避免这种情况的发生。

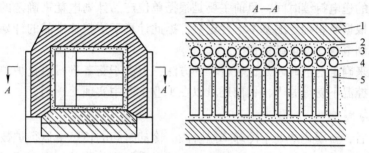

图 8-21 混合装炉示意图

1—侧部保温料；2—侧部电阻料；3—电阻料；4—立装制品；5—卧装制品

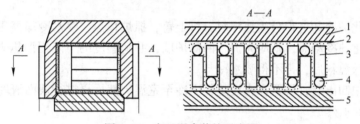

图 8-22 交叉混合装炉示意图

1—保温料；2—电阻料；3—卧装制品；4—立装制品；5—保温料

D 间装法

电极的直径愈大，在石墨化过程中愈容易产生裂纹废品，这主要是由于升温过快或温升不均引起的。炉芯不同部位的升温与电阻有关，电阻愈小，电流愈容易通过。在正常情况下，电流走捷径。如图 8-23 (a) 所示，电流从 A—A 处通过较多，温度 $t_1 > t_2$。因此，在 A—A 处温升快，容易出现裂纹。如果改用图 8-23 (b) 所示的装炉法，即两种规格的电极间装（如 $\phi 500mm$ 和 $\phi 250mm$），用小直径电极来分散电流，亦即分散大直径电极的热应力，不仅可以减少废品的产生，而且可以适当提高送电功率，加快送电速度。

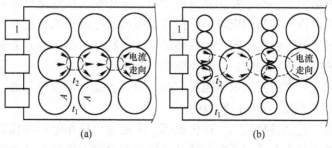

图 8-23 间装法装炉示意图

(a) 原装法；(b) 间装法

8.3.1.3　石墨化炉的通电、冷却与卸炉

A　通电

送电之前要做好以下准备工作：将炉体两侧母线排挂好，各个接点擦光，与导电电极连接紧；检查回路上是否有开路和接地情况，冷却水是否畅通等。检查完毕，盖上排烟罩后，即可通知送电。

石墨化炉的送电持续时间，目前主要是根据单位产品计划电耗来确定的。即每种规格的产品有一个根据经验确定的基本电耗定额，据此计算下达整炉产品的计划电量，若累计耗电量达到计划电量，即可结束送电。

根据炉温来确定送电时间是比较科学的方法，但由于艾奇逊石墨化炉炉芯温度分布不均匀，高温下控温不易等原因，目前还难以在工业生产中实现。

B　冷却与卸炉

结束送电后，石墨化炉处于冷却降温阶段。冷却时间的长短由运行炉数和工艺要求决定，一般为96~150h。冷却方法分自然冷却和喷水强制冷却两种。大型石墨化炉由于运转周期短，一般都采用喷水强制冷却。此时，应注意少喷、勤喷，严禁向炉内局部灌水，以防止产品氧化。

立装石墨化炉冷却过程分为抓浮料，打上盖，抓炉顶焦，喷水冷却等几个步骤。

卧装石墨化炉冷却时，则应先拆除两侧炉墙，并随温度的下降逐渐扒去保温料，露出产品。但扒去保温料后，再不得喷水冷却。

产品从炉中卸出后，放置在水泥垫板上冷至室温，然后再进行表面清理和质量检查。

C　清炉与小修

经过一炉的生产，炉底料的绝缘性变差，炉头端墙内的石墨粉有烧损，其他部位也可能有小毛病，因此有必要清炉与小修。清炉时，要将已烧结成硬块的炉底料清除掉，或按规定全部更换新料。同时，清除炉头端墙内侧表面烧结的金刚砂。端墙内要添加石墨粉并捣实。清炉和小修后的炉子即进入待装炉状态。

8.3.2　电阻料与保温料

8.3.2.1　电阻料

电阻料的电阻率远大于制品，约有98%的炉芯电阻是由电阻料产生的。因此，电阻料的电阻及其变化对炉芯电阻、升温速度及最高温度有重大影响。从提高炉芯温度角度来说，希望电阻料的电阻大一些，特别是送电后期，变压器二次电流已达到最大值，此时若炉芯电阻较大，可以保持较高的电效率。但若电阻料的电阻过大，也有不利之处：一是与制品的电阻相差过于悬殊，电阻料产生的热远远大于制品内部的热，造成制品内外温差和热应力过大，而使产品出现裂纹；二是不能按时将规定功率馈入炉内，延长了送电时间。

目前，在石墨化生产中常用的电阻料有冶金焦、石墨化冶金焦及混合焦，粒度一般为10~25mm，少数也有用25~40mm粒级的。

中小规格制品，包括各种接头、阳极板等，采用冶金焦作电阻料比较适宜，此时即使采用较高的开始功率和上升功率送电，产品一般也不会因内外温差过大而产生裂纹。

大规格制品宜采用混合焦或石墨化焦作电阻料，这样制品与电阻料的电阻率相差较

小，石墨化的开始功率和上升功率可提高 2~3 倍，送电时间可缩短 15%~25%。

由于混合焦是冶金焦与石墨化焦的混合物，所以应保证混合均匀，否则会在制品周围产生局部电阻差和局部温度梯度，极易产生裂纹。

石墨化炉常用电阻料的理化性能如表 8-9 所示。不同配比电阻料的电阻率见表 8-10。

表 8-9　常用电阻料的理化性能

指　标	石墨化焦 10~25mm	冶金焦	
		10~25mm	25~40mm
灰分/%	≤15	≤15	≤15
电阻率/Ω·m	450×10⁻⁶		
小于规定粒度含量/%	≤10	≤10	≤10
大于规定粒度含量/%	≤5	≤5	≤5
其他	不允许有外来杂质		

表 8-10　不同配比电阻料的电阻率　　　　　　　　　　（10⁻⁶Ω·m）

电阻粒配比（体积比）生焦：石墨化焦	湿　测		干　测	
	自然堆积	振实后	自然堆积	振实后
100：0	81608	54733	97737	68416
80：20	37201	27489	48869	34208
70：30	36651	25656	44470	31765
60：40	27122	14111	43982	29321
50：50	32070	20158	37629	28099
40：60	29321	17959	34208	20036
30：70	24740	16493	27122	19547
20：80	20158	15577	26878	17104
0：100	10849	8674	24434	

8.3.2.2　保温料

保温料性能对石墨化生产也有很大影响。在没采取保温措施时，要把炭制品加热到 3000℃的高温，必须要有 1000A/cm² 以上的电流密度才能实现，而实际上石墨化炉炉芯的电流密度仅有 1~4A/cm²。因此，必须要有良好的保温条件，尽量减少炉芯的散热损失，才能达到规定的石墨化温度，实现经济的能耗与降低成本。

保温料的选择原则，首先是应具有良好的保温性、绝缘性以及 2000℃以上的高温不熔融性；其次是资源丰富、价格低廉。

影响保温料性能的因素有物料组成、粒度组成和水分等。保温料一般由冶金焦粉、石英砂和木屑组成。添加木屑可降低保温料的热导率和导电率，这是因为木屑在石墨化过程中变成了木炭，其电阻率远大于保温料中的其他成分，同时使保温料堆积密度降低。有些生产电炭制品的小型石墨化炉还经常用炭黑作保温料。

在保温料中，焦炭的粒度愈小，热导率和电导率就愈小。这是因为焦炭的基本结构被破坏，加大了颗粒间的接触电阻，这样接触电阻比焦炭基体电阻要大得多。目前，保温料中焦炭粒度一般为 0~10mm。

如果保温料的水分过高，热导率会增大，石墨化工艺电耗也增加。

常用保温料的配比如表 8-11 所示。保温料中的冶金焦粉和石英砂的质量应符合表 8-12 和表 8-13 所列的技术指标。

表 8-11 常用保温料配比 (%)

配 方	焦 粉	石英砂	木 屑	旧 料
1	70~65	30~35		
2	30~40	10~20		60~40
3	60	30	10	
4	30	10	10	50

表 8-12 冶金焦粉技术指标

项 目	指 标
水分/%	≤15
灰分/%	≤15
粒度/mm	0~10
大于 10mm 粒度含量/%	≤10
外来杂质	无

表 8-13 石英砂质量指标

项 目	指 标
SiO_2/%	≥95
粒度/mm	0.5~3.0

保温料在使用一次后，其绝热性尚未被破坏，为减少材料消耗，可按一定比例掺入新料中二次使用，但不允许反复使用。

8.3.3 石墨化炉供电制度

8.3.3.1 石墨化送电功率曲线

目前，炭素厂多采用定功率配电的功率曲线来进行石墨化。所谓定功率配电，就是根据给定的开始功率和上升功率进行电量分配，以累计电量达到计划电量为停电依据的配电方法。开始功率是指通电开始时功率的大小，上升功率是指通电后每小时功率递增的快慢。

开始功率和上升功率的选择对石墨化产品的质量和电耗有直接的影响。开始功率大，上升功率快，石墨化炉升温就快，通电时间也短，热损失较小。但升温过快容易增加裂纹废品，大规格产品更为突出。在石墨化生产中，开始功率和上升功率是根据变压器或整流装置的特性、石墨化炉的大小、装炉制品的规格、电阻料种类和石墨化温度特性等因素综合考虑后确定的。经验表明，选择开始功率时，应保证每吨制品有 10~30kW 的功率负荷。上升功率主要取决于石墨化温度特性，一般以实测温度来推算，并经反复验证，才能确定比较合适的上升功率值。某 19m 直流石墨化炉的送电制度见表 8-14。

表 8-14　某 19m 石墨化炉的开始功率与上升功率

产品规格 /mm	电阻料为冶金焦		电阻料为石墨化冶金焦	
	开始功率 /kW	上升功率 /kW·h⁻¹	开始功率 /kW	上升功率 /kW·h⁻¹
φ500	1500~2500	80~120	1500~2500	150~250
φ400	1500~2500	80~120	1500~2500	150~250
φ350	1500~2500	150~250	3000~4000	200~400
φ300	1500~2500	200~300	3000~4000	200~400

从表 8-14 可以看出，规格较小的制品开始功率和上升功率都较大，用石墨化焦作电阻料时，这种情况更为明显。

变电所依据给定的送电制度，作出标准配电曲线。但在实际操作时，完全按标准曲线来控制功率是比较困难的，在满足产品质量要求的前提下，常控制功率在一定范围。一般允许实际功率曲线上不高于标准曲线的 10%，称做正线；下不低于标准曲线的 5%，称做负线。正常操作时，在正线和负线之间配电就可以了。

8.3.3.2　电流、电压、功率及功率因数（cos φ）

石墨化炉的通电与一般工业电炉有所区别。无论是交流，还是直流供电，石墨化炉在通电过程中的电压、电流和功率都在较大的范围内变化。交流供电时，功率因数也有较大变化。这些变化都是互相关联、互为因果的（图 8-24）。

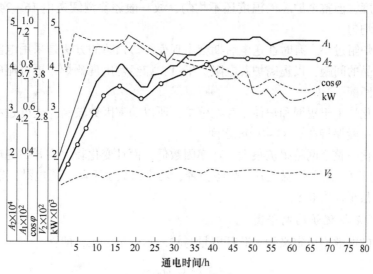

图 8-24　交流石墨化炉通电曲线图
A_1—一次电流（A）；A_2—二次电流（A）；cos φ—功率因数；
V_2—二次电压（V）；kW—炉子电功率

通电开始时，炉芯电阻较大，必须用较高的电压供电，炉芯才能通过规定的电流。有时开始功率较大，也需要靠较高的电压来保证。因此，在送电前期，为适应炉阻较大的特点，常采用串联送电。在这一阶段，炉温较低，炉阻变化不大，主要靠提高电压来满足功率曲线的要求。此后，随着炉阻不断下降，电流逐渐增大，为使变压器不致过载，要及时降低电压。当电压值接近或等于并联时的最高电压时，应及时改为并联送电。显然，供电装置的额定二次电压应为串联运行时的最高电压，额定二次电流应为并联运行时的最大电流。

用自耦变压器调压的大型石墨化炉由串联倒并联后，对于炉阻较大的炉次，自耦变压器往往先倒升压二次运行，待炉阻下降后再恢复正常，其目的主要是获取较高的二次电压，以输入规定的功率。倒升压运行时，还要受电容电压的限制，有时倒升压仍不能满足功率曲线上升的要求。在这种情况下，只能待炉阻进一步下降，功率才能升上去，这时功率曲线就会出现一个马鞍形（图 8-25）。此外，串联过早改为并联，也会出现马鞍形。

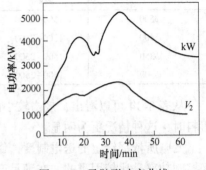

图 8-25　马鞍形功率曲线

直流石墨化炉配置的变压器一般容量较大，同时炉阻较小，因此功率曲线一般不会出现马鞍形。但有时也会有较小的凹形，这也是串联过早倒并联引起的。

功率曲线出现马鞍形破坏了送电制度。延长了送电时间，增加了热损失，对产品质量也不利。生产中应掌握好串联倒并联的时机，尽量避免马鞍形或凹形功率曲线的出现。

石墨化炉送电后期，随着电流的增大，炉温逐渐升高。当电流达到额定值时，炉温也接近了最高温度，但整个炉芯的温度还不均匀，故一般还要继续送电 16~24h，才能保证全炉产品质量均匀。

如果装炉炉阻过小，有时在送电后期会出现死炉。预防的方法是采用电阻率较大的电阻料或加大制品的间距，以提高炉芯电阻。不过，如经常出现死炉，更可能的是石墨化炉与供电装置不匹配。

直流石墨化炉由于短网和炉体不存在感抗，所以功率因数较高，送电过程中变化也不大，功率因数一般保持在 0.89~0.98 之间。

交流石墨化炉整个网路感抗很大，功率因数低，而且变化较大。开始通电时，炉阻很大，$\cos\varphi$ 接近于 1。随着炉温上升，炉阻下降，功率因数也下降。通电结束前，$\cos\varphi$ 可降到 0.6~0.7，甚至仅为 0.5。

8.3.3.3　石墨化炉的电平衡

石墨化炉的电效率可定义为炉芯耗电量与输入总电量之比，即：

$$\eta_{电} = \frac{W_2}{W_1} \times 100\% \tag{8-39}$$

式中　$\eta_{电}$——电效率,%；

　　　　W_1——输入供电装置总电量，kW·h；

　　　　W_2——炉芯耗电量，kW·h。

供电装置、短网、炉头导电电极等部分的电损耗对 $\eta_{电}$ 都有直接的影响。变压器正常运行时的电损耗一般较固定，而短网、导电电极的电损耗在一定程度上可以人为降低。石墨化炉的电平衡例见 16m 交流石墨化炉的电平衡表（表 8-15）。

表 8-15 交流石墨化炉电平衡表

供 电				耗 电			
符 号	项 目	电 量		符 号	项 目	电 量	
		kW·h	%			kW·h	%
W_1	总供电量	$26×10^4$	100.0	W_{21}	调变和炉变损耗	42848	16.5
				W_{22}	短网损耗	13981	5.4
				W_{23}	炉头电极损耗	15459	5.9
				W_{24}	炉芯耗电	187713	72.2
				W_{25}	其他（误差）	-1	0
$\sum W_1$		$26×10^4$	100.0	$\sum W_2$		$26×10^4$	100.0

由式（8-39），表 8-15 例子中的电效率应为：

$$\eta_{电} = \frac{W_2}{W_1} × 100\% = \frac{187713}{260000} × 100\% = 72.2\%$$

8.3.3.4 每吨产品的耗电量

5000kV·A 的交流石墨化炉，每吨焙烧品石墨化时的电耗为 4500kW·h。中小规格产品耗电量比大规格产品稍低一些。小型石墨化炉，电效率和热效率都比较低，所以耗电量要高得多，有的炉子每吨产品要耗电 8000～9000kW·h。

石墨化炉是耗电量很大的设备，如何在保证产品质量前提下节约电力消耗，是降低生产成本的主要措施。根据理论计算，每吨纯炭加热到 2400℃，只要 1000kW·h。但一般工业石墨化炉通入电能转化为热量，只有 30%～40% 用在加热炉芯上，其他则耗费在加热保温料和炉底及炉四周的热量损失等方面。从供电设备分析，变压器、母线排、导电电极及炉头母线等各部位都要消耗电力。交流石墨化炉还有一个功率因数问题，所以交流石墨化炉每吨产品电耗要比理论推算大 5 倍左右。节约电力不仅要对降低供电设备及供电网路的电损失采取措施，也要从装炉方法、保温料的保温效果以及提高成品率等方面着手。

8.3.4 石墨化炉的温度特性

8.3.4.1 炉芯温度分析

石墨化炉由于炉芯的电流分布存在不均匀性，因此炉芯断面上的温度分布也是不均匀的。通电结束时，炉芯及其周围温度分布见图 8-26。由图可见，最里圈的圆面温度最高，此即所谓的高温圈。高温圈的位置与炉头导电电极基本对应，正常稳定生产的炉中制品均应在此高温圈内。若高温圈太靠上，热损失将增大，若太靠下，容易烧坏炉底。

炉芯温度分布的不均匀性表现在：炉芯上方和两侧因散热较大，电流密度较小而温度较低，中部偏下处温度最高；在一根电极的断面上，中心温度较低，周边温度较高，而且周边上的温度也不均一，靠炉芯下方一侧温度较高，上方一侧

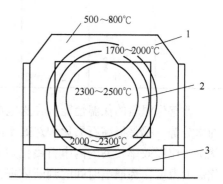

图 8-26 石墨化炉温度分布
1—保温料；2—炉芯；3—炉底料

温度较低。前者是因为制品本身产生的热远小于电阻料的热，后者是由于炉芯温度分布的影响。靠炉头处的炉芯，因导电电极组的断面一般小于炉芯断面，而电流具有选择小电阻方向的特性，使靠近炉头处的炉芯四角成了电流难以通过的死角，是炉芯温度最低的部位。这种炉芯温度分布的不均匀性是艾奇逊石墨化炉的特征之一。

8.3.4.2　石墨化炉的热平衡

石墨化炉的热效率可定义为：

$$\eta_{热} = \frac{Q_2}{Q_1} \times 100\% \qquad (8\text{-}40)$$

式中　$\eta_{热}$——热效率，%；

$\quad Q_1$——总热收入，kJ/t；

$\quad Q_2$——有效热支出，kJ/t。

根据热平衡测试和理论计算，可作出石墨化炉的热平衡表（表8-16）。

由表8-16可知，该炉的热效率很低，仅为：

$$\eta_{热} = \frac{Q_2}{Q_1} \times 100\% = \frac{4.848}{18.297} \times 100\% = 26.5\%$$

显然，这是由于热损失大所致。热损失大是艾奇逊炉的又一特征。

表 8-16　16m 石墨化炉热平衡表

热 收 入				热 支 出			
序号	项　目	kJ/t	%	序号	项　目	kJ/t	%
1	电热	14.855×10⁶	81.19	1	产品显热	4.848×10⁶	26.50
2	碳氧化热	3.442×10⁶	18.81	2	保温料显热	2.855×10⁶	15.60
				3	电阻料显热	1.712×10⁶	9.37
				4	烟气显热	1.432×10⁶	7.82
				5	短网蓄热	1.930×10⁶	10.55
				6	水分蒸发热	0.720×10⁶	3.94
				7	表面散热	1.834×10⁶	10.02
				8	地下传热	0.913×10⁶	4.99
				9	误差	2.053×10⁶	11.21
	合计	18.297×10⁶	100		合计	18.297×10⁶	100

改善保温料的保温性能；在送电后期快速升温，缩短高温时间；降低保温料与电阻料的水分等，都是提高石墨化炉热效率的重要措施。但要从根本上改变石墨化炉的能源利用状况，应以效率较高的内串石墨化炉取代艾奇逊炉。应开发准确性好的测温方法，用石墨化炉的温度作为通电时间的判断依据，改变用累计电量来决定停电时间，在通电时间上留有较大余地，大量浪费能源的情况。

8.3.4.3　石墨化炉的测温技术

在石墨化过程中，温度是影响产品石墨化度的关键因素。虽然目前石墨化过程的控制实际是用开始功率和上升功率进行的，但试验新的功率曲线需测温，而且如能准确及时测出炉温，就为用温度控制石墨化过程创造了条件。

我国目前采用的石墨化炉测温技术是把热电偶和光学高温计结合起来的技术，在1300℃以下用铂-铂铑热电偶，在1300℃以上采用光学高温计。一般都采用石墨测温管，如图8-27所示。石墨管一般用 ϕ150mm 电极加工而成，其纵向钻有两个孔道，并在端部连通。下面一个孔为测温孔，上面的孔为排烟孔。测温时，从测温孔通入氮气，吹扫渗入烟气和测温管端部氧化产生的烟气。这种测定方法在用热电偶测温时较准确，但在1300℃以上用光学高温计测量时的测值准确度不高，且不能实现在线测量。

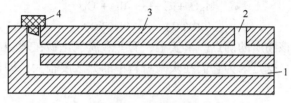

图 8-27　石墨测温管

1—测温孔；2—排烟孔；3—石墨棒；4—石墨塞

国外已研制成的一种以炭素材料为基体的膨胀温度计，能够满足石墨化炉的测温要求。该温度计是根据固体受热膨胀的原理设计的，其膨胀量可用小位移发送器加以记录，同时又可转换成电信号，实现遥测和自动记录。

8.4　高纯石墨化

一般石墨化产品的杂质含量为 0.3% 左右，高纯金属冶炼以及半导体材料制备所使用的石墨坩埚及石墨加热器，要求使用杂质含量低达 0.01%~0.05% 以下的高纯石墨。而核能工业使用的反应堆核石墨更要求硼的含量不大于 0.5×10^{-6}。

在石墨制品中，杂质元素均呈高度分散状态，一般都是以氧化物或碳化物的形态存在于制品中。这些杂质的熔点和沸点都非常高，即使在一般石墨化温度、气氛条件下也难以全部排除。它们在制品中的含量与原料中的杂质含量有直接关系。所以，高纯石墨的生产首先必须采用低灰原料，然后采用通气纯化石墨化生产工艺，使制品中的杂质元素大部分排除。

8.4.1　纯化石墨化原理

炭素材料中的无机杂质主要有 SiO_2、Al_2O_3、Fe_2O_3、MgO、CaO、K_2O、Na_2O、S、B 等，其中含量较多的是 SiO_2、Al_2O_3 和 Fe_2O_3。在石墨化过程中，无机杂质在高温下可不同程度地分解逸出。其分解温度见表8-17。

表 8-17　石墨化过程中无机杂质的分解温度

杂　质	B	SiO_2	Fe_2O_3	Al_2O_3	MnO_2	MgO
温度/℃	2000~2400	2000~2200	1800~2200	1650~2200	1700~1950	1480~1800

杂质的排除主要有以下四种形式：

（1）还原-汽化。许多金属的熔点和沸点并不高，但其氧化物的熔点和沸点却很高。

例如，Ca 的沸点为 1440℃，CaO 的沸点却为 2850℃。类似的金属还有 Mg、Al 等。这些金属氧化物之所以能在一般的石墨化温度下被排除，是因为它们首先被还原为单质金属，然后气化逸出，例如：

$$CaO + C \longrightarrow Ca + CO$$
$$(2850℃) \qquad (1440℃)$$

$$Al_2O_3 + 3C \longrightarrow 2Al + 3CO$$
$$(3500℃) \qquad (2057℃)$$

$$MgO + C \longrightarrow Mg + CO$$
$$(3600℃) \qquad (1107℃)$$

括号中的数字是该物质的沸点。事实上，有些金属氧化物在煅烧或焙烧过程中即可部分被还原并气化逸出，这是因为它们在炭素材料中的分散度很大，即使温度低于沸点，也可能挥发。

（2）生成-分解。氧化物中的 Si、Fe 等元素在某一温度下能与 C 反应生成碳化物，并在以后的高温下分解为石墨和杂质元素的蒸气逸出，如：

$$SiO_2 + 3C \longrightarrow SiC + 2CO$$
$$\qquad\qquad\qquad\Big\downarrow 2240℃$$
$$\qquad\qquad\qquad\longrightarrow Si\uparrow + C(石墨)$$

（3）直接气化。某些不能与 C 化合的金属单质或化合物，如果它们的分散度很大，在石墨化温度下能直接气化而排出，如：

$$Cu \xrightarrow{2595℃} Cu\uparrow$$

（4）化合-气化。大多数金属卤化物都具有很低的熔点和沸点。因此，某些难以气化的杂质如 B、V、Ti、Mo、Si 等，可以通过氟化或氯化的方法排出。

在工业上，化合-气化的具体方法是向高温炉芯通入氯气、四氯化碳、氟利昂等，与杂质化合为卤化物。这就是人们把高纯石墨的主要生产方法称做通气纯化石墨化的原因。

炭素材料中杂质的排除都是扩散过程，排除速度受到气体扩散速度的限制。杂质气体首先从制品内部扩散到外部，在温度较低处冷凝而被保温料吸收。在一定温度和压力下，杂质在制品内外有一个平衡浓度。如果能使制品外的杂质气体不断排走，蒸气分压降低，则平衡将向杂质继续从制品内部排出的方向移动，直至达到新的平衡。

8.4.2 通气纯化工艺与通气石墨化炉

8.4.2.1 通气纯化工艺

在石墨化过程中，向石墨化炉内通入净化气体以降低制品中的杂质，提高其碳纯度的过程，称做通气纯化。

通气纯化石墨化的工艺条件，除使用低灰分的电阻料、保温料，采用高达 2600～2800℃的石墨化温度之外，主要的特点是需要向炉内通入净化气体。通气一般在 1800℃ 以后进行。首先通入的是氮气，主要起清扫管道和炉芯，降低电阻料和保温料的杂质含量的作用。1900℃ 以后，开始送氯气。此时送入氯气而不送氟利昂的原因在于：在这一温度区间若送入氟利昂，将与碳生成四氯化碳气体，使制品受损。当炉温达到 2400℃ 左右时，才开始通入氟利昂，一直持续到石墨化炉结束送电并且炉温降到2000℃以下时，再重新改送氮气。炉温降到2000℃以下后还通入氮气的目的，是防止杂质向制品内部反向扩散。制造核石墨时，通氮气后还需通入氩气，一直通到出炉，以防止石墨吸附氮。

通气纯化可使产品的灰分总残留量降低到0.01%以下，如果不通气，而仅仅将温度提高到通气纯化石墨化的炉温水平，产品灰分的总残留量不高于0.1%。因此，通气是制品纯化的有效方法，其效果可由表8-18说明。

表8-18 使用净化气体降低灰分效果

灰分杂质名称	石墨灰分		
	石墨化前	一般方法石墨化	石墨化同时通入净化气体
总灰分	$1600×10^{-6}$	$540×10^{-6}$	$5×10^{-6}$
硅	$94×10^{-6}$	$46×10^{-6}$	$<1×10^{-6}$
铁	$310×10^{-6}$	$10×10^{-6}$	$<2×10^{-6}$
钒	$30×10^{-6}$	$25×10^{-6}$	$<0.2×10^{-6}$
钛	$34×10^{-6}$	$11×10^{-6}$	$1×10^{-6}$
铝	$40×10^{-6}$	$2.5×10^{-6}$	$0.1×10^{-6}$
钙	$320×10^{-6}$	$147×10^{-6}$	$1.4×10^{-6}$
硼	$0.5×10^{-6}$	$0.4×10^{-6}$	$0.06×10^{-6}$
硫	$175×10^{-6}$	$19×10^{-6}$	$10×10^{-6}$

制品的密度和规格对通气纯化的效果有显著的影响。密度低、直径小的制品，容易通入纯化气体，杂质也容易扩散出来；反之，密度高、直径大的制品，其石墨化温度和高温下的通气时间都要相应增加。

通气纯化石墨化的工艺条件举例如下：

炉温	炉芯温度>2500℃
工艺电耗	8000~9000kW·h/t 产品
净化气体	氯气、氟利昂
通气温度	(1800±50)℃通氮气
	(1900±50)℃通氯气
	(2350±50)℃氟利昂、氯气共吹
净化气体消耗液氯	40~60kg/t 产品
	氮气 20~30kg/t 产品
	氟利昂 15~30kg/t 产品

8.4.2.2 通气石墨化炉

通气石墨炉也是艾奇逊炉，与一般艾奇逊炉相比，不同之处在于通气石墨化炉需要在炉底放置数排通气石墨管。石墨管的表面有许多小孔，净化气体通过石墨管渗入炉芯。炉外供气系统由高压贮气罐、流量计、管道及阀门等组成。

为了使炉温达到工艺要求的2600~2800℃，必须提高炉芯的电流密度。因此，通气石墨化炉的炉芯截面比一般石墨化炉要小。同时，保温料的导热系数要小，厚度要适当增加，以减少热损失。为了防止有毒气体从炉体两侧逸出，炉墙必须是用耐火砖砌成的严密的固定侧墙。在通电期间，通气石墨化炉一定要盖上炉罩，使多余的净化气体与烟气一道进入吸收净化系统，经处理后再经烟囱排入大气。此外，通气石墨化炉的炉底料、电阻料和保温料应采用石油焦或沥青焦，而不能用多灰的冶金焦。

8.5 强化石墨化与内串石墨化

8.5.1 强化石墨化

所谓强化石墨化，是指在艾奇逊炉上采用强化工艺制度的石墨化生产过程。强化石墨化以大功率、高电密为特征，其目的是实现石墨化生产的高产、优质和低耗。

强化石墨化的技术核心是加大变压器容量，提高炉芯电流密度。一般说来，单元炉芯功率达到 160kW 以上，炉芯电流密度达到 $2.0A/cm^2$ 以上的石墨化过程，才能称为强化石墨化。在强化石墨化工艺条件下，在变压器的输出功率达到最高功率以前，炉芯温度已达到 2700~2800℃ 的高温，此时只需要再持续送电几个小时，石墨化过程即可完成。强化石墨化与通常石墨化相比，通电时间可缩短 20h 以上，电耗节约 1/5，成品电阻率可降低 $(2~3)×10^{-6}\Omega·m$。

用大直流整流机组与石墨化炉组相匹配，采用大小规格电极间装和错位 1/2D 装炉法，选择低电阻率的电阻料和低热导率、低导电率的保温料，实现装出炉机械化以及缩短石墨化炉的冷却时间，是强化石墨化的主要技术关键。

错位 1/2D 装炉法是将炉芯相邻电极横排的相对位置互相错开电极直径（D）的一半，见图 8-28。采用这种装炉法，一方面充分利用了石墨化炉的容积，另一方面对于每根电极来讲电流分布在两条支路上，同时存在着四个等温加热带，改善了制品周边的加热条件。

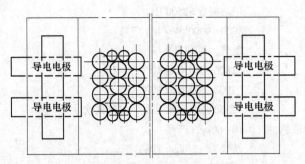

图 8-28　错位 1/2D 石墨化装炉平面图

强化石墨化用低电阻率的石墨化焦作电阻料，可使等温区变宽，进一步提高了电极加热的均匀性。当保温料的热导率和导电率较低时，可以减少散热损失，提高热效率。强化石墨化不仅送电采用快曲线，冷却和装出炉操作也应实行快节奏。如用专用装载机进行保温料的装出炉作业，在石墨化炉的炉底设置通风孔道，进行强制通风冷却等。

强化石墨化尽管能达到高产、优质、低耗的效果，但它仍以艾奇逊炉为基础，未能根本消除由电阻料加热制品的缺点。理想的方法还是采用内热串接石墨化新工艺。

8.5.2 内热串接石墨化

内热串接石墨化是目前世界上最先进的工业石墨化工艺。"内热",就是不用电阻料,电流直接在电极内部由轴向通过电极,电极本身既是热加工的对象,又是提供热量的发热体。"串接",就是若干根电极按照一定的排列顺序沿其轴线首尾相连。内热串接石墨化有时也简称为内串石墨化。与强化石墨化相比,内串石墨化不仅通电时间更短,石墨化温度更高,电耗更低,而且电极质量也更均匀。

A 内串石墨化的原理与特点

内串石墨化与艾奇逊法的主要区别是内热,所以带来一系列的特点,主要有加热速度快、产品质量好;散热少,电耗低;串接柱需保持一定压力,使电极之间的接触面保持紧密接触等。

(1) 加热速度。采用内串石墨化方法,每炉通电时间只需 9~16h,仅为艾奇逊石墨化方法的 1/5 左右。这是由于制品通过相当高的电流密度被直接加热。试验表明,由于采用内热加热,串接柱中的电流分布均匀。以直径 500mm 电极为例,电极内最小电流与最大电流之比在通电初期大于 0.99,在结束通电之前仍大于 0.80。电流分布均匀必然带来温度分布均匀,因此,在电极抗热震性允许的前提下,尽快加热是可行的。

(2) 能量消耗。内串石墨化不用电阻料,工艺用电除了加热制品外,其余部分用于弥补热损失。内串石墨化炉的热损失主要取决于制品的散热性和隔热保温条件。热导率一定时,比侧表面是影响制品散热的主要因素。比侧表面是指单位质量制品所具有的侧表面积。对于圆柱形制品,比侧表面可由下式计算:

$$F = 4/(D \times \rho) \tag{8-41}$$

式中　F——比侧表面,m^2/t;

　　　D——电极直径,m;

　　　ρ——电极体积密度,t/m^3。

当体积密度一定时,比侧表面与电极直径成反比。比侧表面愈大,单位质量的散热面愈大,损失热量愈多。因此,内串石墨化的工艺电耗,大规格制品小于小规格制品。

内串石墨化与艾奇逊法相比,能量利用效率提高一倍以上,主要节能因素有不用电阻料、电损失和散热损失小等。从炭素制品比热容的温度关系可以计算出石墨化的理论能耗约为 1600kW·h/t,如内串石墨化炉的能量利用效率达到上限,即 50%~65% 时,工艺用电单耗应为 3200~2500kW·h/t,与艾奇逊石墨化炉比较,每吨石墨化品电耗下降约1000kW·h/t。

(3) 电极间的加压接触。内串石墨化时,串接柱应是一个电气性能尽可能均匀的整体,为此,电极端面间要求较低的电阻。电极柱串接前,各电极的两端面都进行了精加工,看起来似乎很平,但实际上只接触了若干点。在这些接触点上形成了电流电路束集,由此产生狭窄点电阻。采用石墨布或柔性石墨片垫在接触面间,并通过加压装置施以一定压力,使之密实,可以有效地降低这种狭窄点电阻。

串接柱常用液压机一端或两端加压,其液压柱头可进可退,能在适应串接柱因膨胀或收缩发生长度变化的同时，使串接柱保持一定的接触压力。例如德国某公司使串接柱保持49kPa 的接触压力，即可得到质量均匀制品。

    B   内串石墨化炉

20 世纪 70 年代以来，内串石墨化发展十分迅速。开始时为使用保温料的卧式炉，后来出现了不用保温料而用氮气等惰性气体作保护气体的卧式炉和竖式炉。装炉方法也从单柱、双柱发展为多柱排列的大室炉。

（1）卧式内串石墨化炉分为串接型和 Π 型。串接型卧式内串石墨化炉的配置为两台炉串联起来，设备系统由炉体、供电装置、加压机构和测定调整装置组成。填充料的作用除防止电极氧化外，同时使装炉电极保持在一条直线上。Π 型卧式串接石墨化炉的一台炉有两个炉芯，中间用耐火砖空心墙隔开，炉尾用石墨块将两个炉芯串联起来。加压装置设在炉尾，供电装置设在炉头。这种炉型可适应加长电极柱受场地限制的场合。

内串石墨化炉采用固体颗粒材料作填充剂时，存在冷却时间长、辅料消耗大的缺点。如能用惰性气体代替固体颗粒材料，可克服此缺点。图 8-29 为惰性气体保护卧式内串石墨化炉示意图。其工艺参数为：电极柱由三根 ϕ600mm，长 2100mm 的电极串接而成，机械加压压力为 98kPa，保护气为氮气，通电加热时间 4.5h，冷却时间 1.5h，单位电耗 2500~3000kW·h。

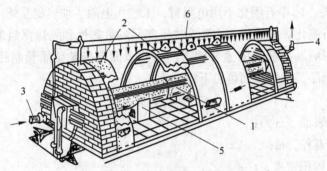

图 8-29   惰性气体保护的卧式内串石墨化炉

1—电极；2—绝缘拱顶；3—保护气体入口；

4—废气出口；5—石墨载体；6—冷却水

（2）竖式内串石墨化炉。该型炉最早是在 1986 年投产的，主要由炉体、钢支座、炉室、炉底和炉盖等部分组成，见图 8-30。这种石墨化炉的最低能耗也为 2500kW·h/t，最短石墨化周期 7h，单炉产量可达 60t 左右。

无论是卧式还是竖式内串石墨化炉，其装炉方式都有单柱、双柱乃至多柱等形式。但就加压而言，最好能对每个串接柱分别进行，以提高产品质量的均匀性。

8.5.3 连续石墨化

传统的艾奇逊炉或是新型的内串石墨化炉，一般都采用间歇法生产，其共同特点是制品装炉后位置不移动，而炉温随着送电功率的变化而变化，因此，达到石墨化终温后炉体（包括炉芯）所积蓄的大量显热不能利用。此外，装炉、降温、出炉期间石墨化炉不能通电进行有效生产，设备利用率低。若采用连续石墨化，可以克服上述不足。匈牙利开发了一种连续石墨化炉，也采用电极串接方法，利用正反向压头，使压向压头压力大于反向压力的方法，使电极柱按给定速度定向移动。电极一经装入电极柱便开始预热，进入炉体后，先在石墨化区被加热到预定的石墨化温度，然后到冷却区逐步冷却，出炉后从电极柱中卸下。电极柱在炉内运行时，一直处于颗粒保温料的保护下。炉内各截面的温度是恒定的。该专利指出，对于炉长 18m 的连续石墨化炉，电极通过炉子时间为 12h，每小时电极石墨化处理量为 500kg（对 529mm 电极而言），电耗 3.5kV·A/kg，所产石墨电极的电阻率为 $8.5 \times 10^{-6} \Omega \cdot m$，体积密度 $1.61 g/cm^3$，抗弯强度 9.5MPa。

连续石墨化保持了串接石墨化电耗低的优点，与相同直径电极相比，其石墨化周期缩短约 70%，大大提高了生产效率；各工艺操作环节均可定点进行，便于实现机械化和自动控制，也有利于改善环境。若能将这类工艺与设备用于大规格、高品位电极的石墨化，将是一种有发展前途的选择。但在实现工业化时，尚有一些技术问题需解决。

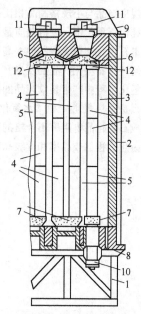

图 8-30　气体保护的竖式内串石墨化炉
1—炉子支座；2—炉体；3—炉室；4—电极；
5—串接柱；6，7—导电石墨块；8—炉底；
9—炉盖；10—接头；11—压紧装置；
12—球头状垫块

复习思考题

8-1　什么是石墨化，石墨化的目的是什么？

8-2　什么是易石墨化碳和难石墨化碳？

8-3　什么是石墨化度，如何表征炭素材料的石墨化度？

8-4　如何理解石墨化机理？

8-5　石墨化过程分为哪几个阶段，如何控制各阶段的升温速率？

8-6　石墨化过程产生"气胀"的原因是什么，如何抑制这种"气胀"？

8-7　用热力学观点解释石墨化进行到温度达 2473K，计算 $\Delta G < 0$ 之后，石墨化炉仍需通电加热的原因。

8-8　石墨化炉有哪几种主要类型，它们的加热原理有什么不同？

8-9　某直流石墨化炉组采取强化石墨化措施，每台炉的通电时间从 72h 缩短为 60h，已知每台炉的修炉、装炉、等待、冷却与卸炉时间分别为 24、48、24、264h，试求该炉组的炉台数，并绘出一个周期的炉组运行图。

8-10　何谓"死炉"，如何防止？

8-11　电阻料与保温料的主要作用是什么，对它们有哪些质量要求？

8-12　何为"两快一慢"送电曲线，为什么可以做到"两快一慢"？

8-13 大规格制品与小规格制品相比，其石墨化工艺有何不同，为什么？

8-14 在纯化石墨化中，无机杂质是怎样排除的？

8-15 内串石墨化能否无限制地提高加热速度？

8-16 如何评价石墨化产品的质量？

8-17 石墨化过程中产生裂纹废品的原因有哪些，如何控制？

8-18 什么是"风氧化"和"水氧化"，产生氧化废品的原因有哪些？

8-19 造成石墨化品电阻率不合格的原因有哪些，如何控制？

8-20 石墨化过程的成品率和优级品率是如何计算的？

$\boldsymbol{9}$　新型炭素材料

新型炭素材料是指根据使用目的，通过原料和工艺的改变，控制所得材料的功能，而开发出新用途的炭材料及其复合材料。本章主要介绍以碳为主要构成要素与树脂、陶瓷、金属等组成的各种复合材料以及基本上利用碳结构特征，由碳或碳化物形成的各种功能材料和结构材料。

图 9-1 归纳了新型炭素材料的控制技术、特性及应用领域。图中把控制材料功能的各种技术作为树根，通过这些技术所制得炭素材料的各种特性（如机械性能、电磁性能、化学性能、耐热性能、光学性能及生物化学性能）作为树干，从而导出了这些新型炭素材料的新的应用领域，如作为电子工业、化学工业、新能源工业、生物工程、结构材料、耐磨润滑材料及人体生理补缀材料方面的应用例子。

新型炭素材料目前仍处在发展阶段，新品种不断涌现，应用范围不断扩大，并与科技发展和技术进步紧密相连。尽管新型炭素材料从产量上讲占炭和石墨材料总量的比例还不大，但其价值却是无可限量的。

9.1　炭纤维及其复合材料

炭纤维（carbon fiber，CF）是一种质轻、耐高温、抗拉强度高、弹性模量大、可弯曲的柔性材料。它是由有机纤维在惰性气体保护下，通过一系列阶段性的热处理，使其保持原来纤维形态炭化制成的。按生产原料分类，炭纤维可分为人造丝基炭纤维，聚丙烯腈基（PAN）炭纤维和沥青基炭纤维等。目前，人造丝基炭纤维已用得很少，用量大的是 PAN 基炭纤维，沥青基炭纤维则由于其收率高、成本低而得到重视。

9.1.1　炭纤维的制备

9.1.1.1　PAN 基炭纤维的制备

在各种可使用的纤维中，PAN 纤维是最适合于作炭纤维的原丝。这是因为 PAN 原丝在热解时可以保持原先的择优取向。聚丙烯腈纤维为丙烯腈在引发剂作用下聚合后纺丝而成。一束 PAN 原丝中纤维的根数称为孔数。目前有几千至几万孔数的不同规格的 PAN 纤维束，一般认为孔数为 1500~3000 的纤维束操作方便，质量较好。

根据目前的工艺技术水平，最佳的 PAN 原丝应该是：

（1）采用均聚 PAN 或高丙烯腈含量的聚合体为原料。

（2）纤维截面为圆形。

（3）直径要细，但不小于 $8\mu m$。

（4）表面洁净无缺陷。

（5）高度取向但又未拉伸过度。

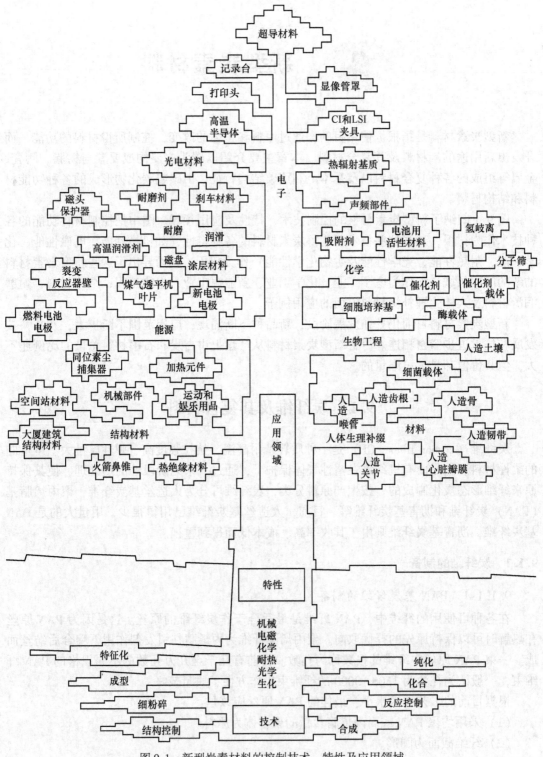

图 9-1 新型炭素材料的控制技术、特性及应用领域

（6）数均分子量在 30000~100000 之间。

（7）断裂应变 13%~18%。

（8）抗拉强度 0.7~1.2GPa。

PAN 基炭纤维的制备过程示于图 9-2。它包括预氧化（稳定化）、炭化、石墨化和表面处理等阶段。

图 9-2 PANCF 生产流程简图

PAN 原丝首先进入低温氧化炉使其稳定化，这一步也称为不熔化处理，其目的是使纤维由热塑性转变为热固性，避免在后续高温处理过程中纤维丝发生熔融黏结。不熔化处理通常采用气相氧化，亦可采用液相氧化或气液相混合氧化的方法。第二步是炭化，纤维在较高的炭化温度下由聚合链状结构转变为连续的六元环结构，并脱除非碳元素，使微晶沿纤维轴向择优取向排列。第三步是石墨化处理，CF 经过 2500~3000℃ 的高温处理后，微晶尺寸增加，取向性增强。最后 CF 经表面处理即得到 PANCF 成品。CF 的表面处理可采用气相或液相氧化法、化学溶液处理法、气相沉积法、等离子体法等多种方法。作为成品的 CF 一般还应进行上胶保护。

9.1.1.2 沥青基炭纤维的制备

（1）沥青的预处理。从沥青可以制得通用级和高性能的炭纤维，两者的差别主要由原料沥青的性质所决定。各向同性沥青一般只能制成通用级炭纤维，而各向异性沥青（中间相沥青）则可制成高性能炭纤维。

炭纤维的原料沥青可以是石油沥青、煤沥青、聚氯乙烯沥青（PVC）和四苯基吩嗪沥青（PZ）等。近年来主要使用石油沥青和煤沥青。

各向同性沥青的调制比较简单，只要除去原料沥青中 4μm 以上的颗粒，并经调制到具有 180℃ 或更高的软化点。

中间相沥青的预处理则相当复杂，预处理的目的是除去杂质及原生喹啉不溶物，使其分子量分布均匀化且分布范围变窄，使分子结构中带有环烷基，流变性符合纺丝的要求。所以，中间相沥青的制备方法很多，但也有一些共性的过程。它们是原料的预分离，原料的改性（如煤沥青进行加氢处理等）以及热缩聚反应以脱除轻组分。图 9-3 分别列出石油沥青和煤沥青预处理流程各一例的简图。

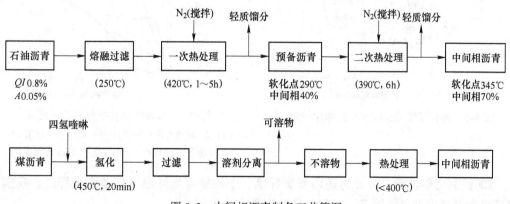

图 9-3 中间相沥青制备工艺简图

（2）沥青基炭纤维的生产工艺。调制后的沥青进行纺丝，纺丝可用喷射法（制造短纤维）及挤压法（制造长纤维）。喷射法（或称离心纺丝）一般用于各向同性沥青基炭纤维。纺丝后所得沥青纤维必须经过不熔化处理，其实质是使沥青表面由热塑性变为热固性。不熔化处理也可采用气相氧化、液相氧化或混合氧化的方法，以防止高温热处理时的熔融变形。然后进行炭化及石墨化。

以中间相沥青为例的生产流程示意图列于图 9-4。

炭纤维的产品质量首先取决于其原料的质量，其次也受制备工艺条件的影响。关键性的工艺因素主要有：热处理温度、气氛、纤维的走丝速率、牵伸程度、环境的清洁程度等。

图 9-4　中间相沥青基炭纤维的生产流程示意图

9.1.2　炭纤维的特性

炭纤维具有独特的力学、电学、热学和化学性能。

（1）炭纤维的力学性能。炭纤维的质量很轻，为铝合金的 1/2，还不到钢的 1/4。但它的抗拉强度比钢大 4 倍，比铝合金大 6 倍。所以它的比强度比钢大 16 倍，比铝合金大 12 倍。炭纤维与其他纤维比强度与比弹性模量的比较示于图 9-5。由图可见，在各种纤维中，炭纤维具有最佳比强度与比弹性模量的综合性能。而且在非氧化气氛中，炭纤维的强度在 2000℃ 以上也基本不变。炭纤维的断裂应变在 0.5%~1.3% 之间，它和各种材料的应力与伸长率的关系如图 9-6 所示。

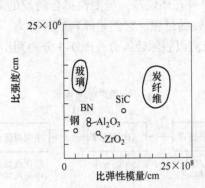

图 9-5　各种纤维的比强度与比弹性模量

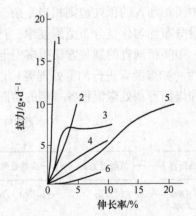

图 9-6　各种纤维在拉力下的伸长率
1—CF；2—玻璃纤维；3—钢；4—粘胶；5—尼龙；6—棉
（d 为旦，1 旦为长 450m，质量 50mg 的纤度）

CF 按其力学性能，可分为通用型炭纤维、中性能型炭纤维、高强型炭纤维、高模型炭纤维和超高模型炭纤维等，它们的特性列于表 9-1。

表 9-1 CF 的种类及特性

类　别		代　号	弹性模量/GPa	抗拉强度/MPa
通用型		GPCF	40~100	800~1100
中性能型		IMCF	150~200	1600
高性能型	高强型	HTCF	186~245	2458~4500
	高模型	HMCF	350~450	2000~2600
	超高模型	UHMCF	500~750	1900~2100

（2）炭纤维的热学性质。炭纤维在常温下导热性能较好，随着温度升高，其导热性降低，在高温时，炭纤维是一种良好的高温隔热材料。炭纤维既能耐低温，又能耐超高温。在 -180℃ 的低温下能保持柔软性，又能耐 2500~3000℃ 高温。炭纤维的线膨胀系数很低，它在 10^{-5}~10^{-7}/℃ 之间。它的线膨胀系数是各向异性的，平行于纤维轴方向为（0.72~0.92）$\times 10^{-6}$/℃；而垂直于纤维轴方向为（3.2~2.2）$\times 10^{-5}$/℃。

（3）炭纤维的电学性质。炭纤维有较好的导电性，随着炭化温度上升，它的导电性增加。炭纤维对电波的反应也随热处理温度而不同，炭纤维为电波吸收材料，而石墨纤维为电波反射材料。

（4）炭纤维的化学性质。在惰性气氛中，炭纤维能耐 2500~3000℃ 高温，在空气中，炭纤维在 300℃ 以下长时间稳定，在 400℃ 以上则很快氧化。在水蒸气中，炭纤维能用到 550~600℃。炭纤维除能被强氧化剂氧化外，一般酸、碱对它不起作用。它还有耐油、抗放射性照射及核裂变时减速中子速度的作用。

9.1.3　炭纤维及其复合材料的用途

炭纤维的用途主要可分成作为非结构材料和结构材料两个方面。

9.1.3.1　炭纤维用作非结构材料

在用作非结构材料时，CF 通常以纤维束、炭毡、炭絮、炭布和 CF 编织绳的形态加以利用。如炭毡可作为高温绝热材料，炭布可作为耐腐蚀材料等。CF 经活化后得到的活性炭纤维近来得到重视。活性 CF 最大的特点是微孔多，表面积大（可以达到 2500m²/g），具有很大的吸附能力，又有较快的脱附速率。另外，它还具有粒状活性炭所没有的导电性，又易于成型。活性 CF 可用于空气净化、SO_x、NO_x 和 O_3 的脱除；溶剂、稀有金属、放射性元素的回收；一次性防毒面具、香烟过滤嘴；并可用作电极和电容器等。

9.1.3.2　炭纤维用做结构材料

CF 虽然有很多优越的性能，但本身在工程上却是无用的材料。这是因为 CF 存在抗折强度和抗冲击性差，没有结构材料应有的塑性屈服性能，纤维之间也没有足够的摩擦力，不能将荷载均匀地分布到每根纤维丝上等缺点。因此，作为结构材料，往往把炭纤维作为增强材料与其他基体复合成为复合材料。

A　炭纤维复合材料

CF 复合材料通常是将 CF 以一定排列方式分散于另一种材料中组成的多相材料。CF 称为增强相，另一相则称为基体相。按照复合材料力学理论，对于复合良好，不同相间空隙可以忽略不计的 CF 复合材料，其主要力学性能均符合复合材料的混合律，即

$$X = X_f \varphi_f + X_m \varphi_m \qquad (9\text{-}1)$$

式中　X——可分别为密度 ρ、应力 σ、应变 ε 和弹性模量 E；

　　　φ——体积分数；

　f，m——分别为增强相、基体相。

因此，通过复合技术将炭纤维与基体制成复合材料，就可综合两者的优点，弥补各自的不足，使 CF 的优良力学性能得到充分发挥。

炭纤维复合材料种类很多，如炭纤维增强树脂基复合材料（CFRP），炭纤维增强金属基复合材料，炭纤维增强水泥基复合材料（CFRC），炭纤维增强炭基复合材料（即 C/C 复合材料），炭纤维增强陶瓷基复合材料，石墨烯-炭纤维复合材料和碳纳米管-炭纤维复合材料等。

CF 在形成过程当中，要在惰性气体中经过较高温度下的碳化处理，伴随着其他非碳元素的逸出以及碳原子晶格的重新排列，其表面变得较为光滑，缺少具有活性的官能团。因此，在制备复合材料时，需要对 CF 表面进行改性处理，使纤维表面粗糙度增加、极性基团增多，降低表面能，改善与树脂的亲和性。到目前为止，对 CF 进行表面改性的方法主要有等离子体处理、超声处理、表面接枝处理、聚合物涂层处理和表面氧化处理等。

传统的碳纤维复合材料有多种成型工艺，如喷射成型、手糊成型、缠绕成型以及模压成型工艺等。近来，树脂转移模塑（RTM）及其派生的真空辅助树脂传递模塑和树脂浸渍模塑工艺受到越来越广泛的关注。

B　炭纤维复合材料的应用

炭纤维复合材料的应用领域很广泛，举例如下：

航空航天器的结构件：人造卫星和火箭的机架、天线构架、飞机的机翼、直升飞机的旋翼等；

船舰的结构件：潜艇艇身、气垫船推进器、传动轴等；

高速运动部件：织机箭杆、织机梳栉、磨床零件、轴承、齿轮、印刷机滚筒等；

生物体补缀材料：人工关节、人工韧带、假肢、齿根材等；

运动器材：赛车、赛艇、滑雪板、滑水板、网球拍、高尔夫球棒等；

其他用途：化工压力容器、机器人手臂、核反应堆中铀棒的幕墙、薄型高层建筑物的建筑材料等。

9.2　热解炭和热解石墨

9.2.1　概述

热解炭（pyrolytic carbon，PC）和热解石墨（pyrolytic graphite，PG）是以碳氢化合物为原料，在高温下进行热分解，沉积在石墨基体表面而制成的。其结构和性能因热解沉积温度的不同而有很大差异。一般在 1800℃ 以下沉积的称为热解炭，在 2100℃ 左右沉积的称为热解石墨。如将热解石墨在 3000℃ 以上进行加压热处理，还可以得到高定向热解石墨。这种石墨的晶体结构已经非常接近理想石墨晶体了。

9.2.2 原料气和基体

沉积热解炭和热解石墨用的原料，一般为气态或在热解温度下呈气态的碳氢化合物。最经济的是天然气，也可以使用甲烷、丙烷、四氯化碳、六氯苯、汽油等。前人的研究表明，对于所有的碳氢化合物而言，热解反应是类似的，通过调整工艺条件，用不同的原料可得到结构类似的热解产物。因此，原料气体的种类对热解制品的性能没有很大的影响。为了减少炭黑的生成，通常在原料气中混入氮气、氩气等，适当降低碳氢化合物气体的浓度。

沉积用的基体一般是细结构石墨，加工成所希望的形状，并抛光表面和除掉表面的细粉。

9.2.3 制备方法

如按照基体的加热方式来分类，热解炭和热解石墨的制备方法可以分为以基体材料为发热体的直接加热法和由外发热体进行辐射加热的间接加热法。此外，还可采用流化床法。

9.2.3.1 直接加热法

采用电阻加热或高频感应加热，使石墨基体发热后，将原料气体导入炉内，热解产物便沉积在基体表面上。

利用直接加热法，易于生产小型的热解炭和热解石墨制品，但热解产物在厚度方向上不均质，随着沉积厚度的增加，发热体的电阻逐渐降低，要想保持表面温度，就必须逐渐增大电流，故难于制造厚的热解制品。在工业上采用直接加热法时，多是采取感应加热，在管状基体内壁制备热解炭或热解石墨的薄层或涂层。

9.2.3.2 间接加热法

间接加热法通常采用中频感应加热方式，例如将管状中频感应发热体置于石英管内，在发热体的内侧装入适当的基体，基体受发热体内表面的热辐射而被加热到要求温度，使热解产物沉积到基体上。因此，热解产物即使沉积很厚，基体内部也不会升温至表面温度以上，从而大大改善了沉积产物厚度上的不均质性，可以制造出较厚的热解制品。

热解炭或热解石墨与石墨基体的热膨胀系数不同，故将基体与热解产物置于常温下冷却后，热解产物就容易从基体上剥离。采取间接加热法，可以制造板状、管状、坩埚、舟状产品。

9.2.3.3 流化床法

流化床法与前两种方法的不同之处，主要在于沉积反应区中的基体不是位置固定不变，而是与流化颗粒（例如氧化锆）一起在气流的作用下呈流化态。通过改变工艺条件，如流化床的温度、气体的组成与流量、床的表面积、沉积速度等，可以制得柱状、各向同性和层状热解炭。

生产热解炭与热解石墨的工艺条件与炭黑的生产条件有许多类似之处，如在热区没有固-气界面便生成炭黑，如有高温界面存在时则在固体表面上生成热解炭或热解石墨。实践表明，采取较低炉压（12.9kPa 以下），并在原料气中混入惰性气体，有利于减少炭黑的生成。

9.2.4 热解炭和热解石墨的性能

热解炭和热解石墨非常致密，其体积密度可高达 2.1g/cm³ 以上，透气率非常小，可以与玻璃相比拟。它们的抗拉强度比一般石墨材料高 10 倍以上，且随温度上升而增大，即使在 2500℃ 以上也不存在强度降低的现象。

大部分热解石墨具有高度各向异性，在垂直于沉积面方向上的电阻率比平行方向高 1000 倍左右。沉积温度在 1600℃ 以上时，沉积温度越高，电阻率的异向性越明显。热解石墨在平行方向的导热性可以与铜媲美，为热的良导体，而在垂直方向却为绝热材料。垂直方向的热膨胀系数也为平行方向的 3~100 倍。

由于结构致密，热解石墨还具有良好的耐氧化性，在 700℃ 以下时，其耐氧化性比普通石墨高 10 倍以上；在 800℃ 以上，则和普通石墨相差无几。

此外，热解炭和热解石墨还是少有的抗磁性很高的材料。

9.2.5 热解炭和热解石墨的用途

热解炭和热解石墨的用途比较广泛，其主要应用领域有：利用其不透气性、高度异向性、耐氧化性、耐冲击性和抗磁性，可用作空间材料，如火箭的喷管喉衬、导弹及宇宙飞船的头锥和防热罩、人造卫星的姿态控制阻尼部件等；利用其高密度、高纯度和不透气性，可用作核工业被覆材料，如反应堆核燃料的包壳层、核设施的套筒及管道的表面涂层等；利用其导电异向性，可用作电子和半导体工业的高功率电子管栅极，氩离子激光器的放电腔、高温热电偶以及加工半导体材料用的舟皿、坩埚等；利用高定向石墨的单晶性，可用于制作 X 射线衍射仪和中子晶体光谱仪单色器；利用其生物相容性，还可以制成人造心脏瓣膜、人造关节和人造骨。此外，热解炭和热解石墨用作高温密封材料、隔热屏、冶金模具及坩埚的涂覆材料也有良好的效果。

9.3 石墨层间化合物

石墨的碳原子在其层面内是通过共价键牢固地连接在一起的，而在层间则靠较弱的范德华力结合。因此，在石墨的层间插入各种分子、原子和离子，而不破坏其二维晶格，仅使层间距增大，可以制成一种石墨特有的化合物称为石墨层间化合物（graphite intercalation compound，GIC）。

9.3.1 石墨层间化合物的分类

石墨层间化合物可以分为两类，即共价键型 GIC 和离子键型 GIC。

共价键型 GIC 是由层面内的碳原子与插入物组成共价键而形成的。在这种 GIC 中，碳原子通过 sp^3 杂化构成正四面体，层面发生弯曲，失去了石墨原有的导电性而变成绝缘体，故又称为非传导性 GIC。属于此类的有氧化石墨和氟化石墨等。

离子键型 GIC 的插入物与石墨层面间的碳原子是通过由电子得失而产生的静电引力而结合的，因结合力较弱，石墨层面仍保持平面状和芳香性。对于离子键型 GIC，插入物有两种，一种为供电子型，如碱金属、碱土金属、某些过渡元素和稀有元素；另一种为受电子型，如酸类、卤族、金属卤化物等。有时还有 K/THF（四氢呋喃）两种物质插入的情况，称为三元 GIC。离子键型层间化合物的导电性很强，有的还有超导性，故又称为传导性 GIC。

在这类层间化合物中，插入物并不是无序地插入各层中，而是每隔一层、每隔二层、每隔三层……有规则地插入。这个规则性常用"阶数" n 来表征，n 表示每隔 n 层插入，并存在与之相对应的插入物浓度等级。GIC 的阶数结构模型示于图 9-7。

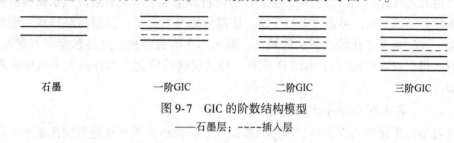

| 石墨 | 一阶GIC | 二阶GIC | 三阶GIC |

图 9-7　GIC 的阶数结构模型

——石墨层；----插入层

离子型 GIC 很不稳定，大多数仍处在实验室研究阶段，在工业上广泛应用的主要是柔性石墨（膨胀石墨）。

9.3.2　石墨层间化合物的合成

GIC 常用的合成方法主要有气相反应法、液相反应法、溶剂法和电解生成法。

气相反应法亦称双室法，就是将气态待插物或待插物受热后产生的蒸汽与石墨进行反应。例如，氟化石墨就是在高温下使氟与石墨直接发生反应而生成的。

液相反应法适用于液相插入物，如将石墨浸于硫酸中，加入浓硝酸、高锰酸钾等强氧化剂，即可制成氧化石墨。

溶剂法是将插入物溶解在溶剂中，然后与石墨接触进行插入反应。这种方法合成的产品种类有限，但有可能制成没有残留酸根的高纯 GIC。

电解生成法用强酸或金属的有机溶剂作电解液，以石墨为阳极，通过电化学反应进行插层。

9.3.3　石墨层间化合物的性能与用途

GIC 来自于鳞片石墨，但由于结构上的改变，GIC 已是完全不同于母体石墨的一种新物质。根据插入物和插层阶数的不同，GIC 增加了许多有别于鳞片石墨的性能。主要有：高导电性、高效催化性、高吸附性、压缩复原性和自润滑性等。因此，GIC 可以用作高导电材料、电池电极、高效催化剂、贮氢材料等。如氟化石墨的润滑性、防水性好，可以作为润滑剂加入润滑脂、润滑油中或添加到充当防水涂料的石蜡中，还可作为脱模剂和电镀共析剂，近期，氟化石墨与锂组合的高能干电池引起重视。又如氧化石墨（也称石墨酸）在 150℃ 以上急剧加热时，会引起爆发性分解，可制成荧光屏用炭膜或特殊的黏结剂。

9.3.4　柔性石墨

在层间化合物中已得到工业上广泛应用的是柔性石墨。柔性石墨又称膨胀石墨，是石墨层间化合物的残留化合物在高温下快速热分解而产生蒸气压力克服范德华力，使石墨层间隔沿与层面垂直方向膨胀 300~400 倍，而形成蠕虫状的石墨粉末。

9.3.4.1 柔性石墨的制造

柔性石墨以天然鳞片石墨为原料，工业规模制造有两种方法：一为化学浸渍法，把石墨粉末浸泡在 100℃浓硫酸 90%和浓硝酸 10%的混合液中反应，生成 H_2SO_4-GIC，经水洗、脱水、干燥、热处理等过程制成柔性石墨。该工艺主要缺点为间歇生产，消耗大量水和氧化剂中产生有害气体。另一个为电解法，该法为将石墨置于水质酸溶液或水质盐溶液中进行电解氧化，生成 GIC，再通过电解还原，使部分化合物分解，再经高温膨胀处理而制得柔性石墨。该法克服了化学浸渍法的缺点，但内部还溶有酸根，对接触金属有腐蚀作用。因此，有人提出以 K/THF 三元 GIC 作原料，将其层间残留化合物在高温下快速膨胀制造柔性石墨。

9.3.4.2 柔性石墨的特性及应用

柔性石墨晶体属于六方晶系，其形状貌似蠕虫，大小在零点几毫米到几毫米之间，又称为蠕虫石墨。柔性石墨的表观容积达 250~300mL/g 或更大，在内部具有大量独特的网络状微孔结构。柔性石墨不仅具备了天然石墨本身的耐高温、耐腐蚀、耐辐射、导电、自润滑等优良特性，还具备了天然石墨不具备的轻质、柔软、多孔、可压缩、回弹等性能。特别是对柔性石墨进行功能化修饰后合成的新型复合膨胀石墨材料，具有比碳纤维、石棉、橡胶等材料更加优异的性能和广泛的用途。用柔性石墨制成的各种板、带、片等型材以及各种电子、机械器件已得到的应用，并表现出成本低、寿命长、效果好等优点。

将柔性石墨粉末轻微压缩可作为精炼炉、高温炉的绝热材料。一般把柔性石墨用模压或辊压成型法制成板、带、环或垫圈，广泛用做密封材料。柔性石墨对机油、柴油、润滑油、煤油等的吸附能力都很强，吸油倍率可高达 70~80 甚至更高，可用于在海上、河流、湖泊水中或废水处理中吸除浮油。膨胀石墨对醋酸正丁酯、醋酸苄酯、富马酸二甲酯、季戊四醇双缩苯甲醛和丙烯酸甲酯的合成具有很高的催化能力。柔性石墨粉碎成微粉，对红外波有很强的散射吸收特性，在军事领域是很好的红外屏蔽材料。柔性石墨在生物医学材料上用作医用敷料替代医用纱布，具有吸附性强、创面引流完全、无刺激、不染黑、不吸收、不影响伤口愈合的特点，作为传统纱布的替代物具有一定优势。为了提高柔性石墨板的抗拉强度和抗氧化性，必要时可在柔性石墨中加入氧化石墨、硼酸、热固性树脂、无机物胶体等黏合剂。此外，柔性石墨还被用做核装置的抗辐射内衬材料、高温炉中杂质扩散挡栅材料和热屏蔽材料等。

9.4 玻 璃 炭

1961 年，英国的 Davidson 首次以纤维素为原料制备出一种非渗透性炭，且命名为"纤维素炭"。1962 年，日本的 Yamada 和 Sata 用酚醛树脂制备出类似的不透气性炭，因其抛光后外形像玻璃一样光亮，兼有炭材料和玻璃的特性，改称为"玻璃炭（glassy carbon，GC）"。玻璃炭有时也称为玻态炭或类玻璃炭。玻璃炭具有机械强度高、化学性能稳定和导电性良好等突出特点，被广泛应用在电子工业、半导体工业、化学工业等各个领域。

9.4.1 玻璃炭的结构

玻璃炭（GC）是各向同性的难石墨化炭，具有大量随机排列的石墨片层堆积而成的网络结构，层间距随热解温度而变，一般约3nm。用高倍电子显微镜可观测到2~3片六角碳网面重叠碳层杂乱交叉，看不到石墨层的成长，在二维方向表现出一种长程有序的带状结构，互相缠绕的芳香族分子以C—C间的共键连接在一起，既有sp^2杂化，又有sp^3杂化，其中一些键被高度扭曲。这些缠绕、扭曲和交联键的组合使石墨层之间形成了大量的超微孔，这些微孔呈瓶颈型的闭孔结构，气液难以渗透（透气率仅10^{-7}~10^{-12}cm^2/s），同时玻璃炭也因此具有比石墨（2.26g/m^3）低得多的表观密度，约为1.5g/m^3。

9.4.2 玻璃炭的性质

玻璃炭是外观呈玻璃状光泽并具有平滑表面的炭材料。它兼有炭和玻璃的一些性能，如既具有炭材料耐高温、耐腐蚀的特点，又具有孔隙率极小（一般在2%以下，经石墨化后在5%左右），几乎不透气的玻璃的特色。它属于难石墨化炭。玻璃炭的机械强度高（如抗折强度为普通石墨的4~5倍）；热稳定性好；热导率低，为不良导热体，在600℃以下可以在氧化介质中正常工作，不论是浓酸、稀酸或碱对它都不起作用，也不与氟化物、硫化物及其他物质的熔融物起化学反应。

9.4.3 玻璃炭的制备

酚醛树脂是发现最早、最先实现工业化的树脂，其玻璃炭收率高达52%，成为制备玻璃炭最常用的材料。此外，糠醇树脂、丙酮糠醛树脂、糠醇苯酚共缩合树脂等也可用于制备玻璃炭。制备玻璃炭的关键就是固化和炭化两大过程的合理控制。

固化是使树脂原料由液相加热到固相成型、得到玻态炭前驱体的过程。热塑型酚醛树脂在加入固化剂后可发生固化，转变为三维网状的体形结构。热固性酚醛树脂固化是受热由A阶或B阶转变为体形结构C阶的过程，加入酸性催化剂可加快其固化速度。在加热过程中，树脂在不同温度下的反应剧烈程度不同，必须确定合理的升温方式，否则，易使制品产生气孔，甚至开裂。

炭化热解是高聚物固化胚体在惰性气体保护下，缓慢升温至1000℃以上，非碳成分基本去除，转变为低透气性玻态炭的过程。聚合物形成玻态炭的热解过程一般分为四个阶段：

（1）预炭化阶段，该阶段所有过量单体或溶剂被去除，重量损失快，碳碳键的线性体系开始形成。

（2）炭化阶段，典型的温区是300~500℃，杂原子被去除，聚合物网状结构中键与键之间相互连接增多，使分子的应变能增加。

（3）脱氢阶段，一般在500~1200℃，随着氢原子不断以氢气形式被排出，芳香结构形成。

（4）退火阶段。

酚醛树脂的炭化首先是两个苯环上的羟甲基反应生成醚键，以及酚基和亚甲基桥缩合生成二苯基甲烷结构，400℃以上两个酚基缩聚和环化生成环乙醚二苯基。

炭化初期，树脂分子脱水缩聚降解形成了芳核结构，但由于固化的 C 阶酚醛树脂呈三维交联结构，造成空间障碍，难以择优取向，最终基本芳核排列为紊乱的三维网络结构。在更高温度下，形成难石墨化的玻态炭。在炭化期间，内部气体向外排出困难，材料经常发生断裂、鼓泡和变形。解决此问题的一般方法是降低反应与升温速度，例如，采用模压、挤压或多次涂敷的方法成型后，经长达数月的时间硬化，然后以很慢的升温速度（如 5℃/min）进行炭化，需要时再进行石墨化。由于脱水的原因，玻璃炭的厚度一般都在 5mm 以下。近年来，还发展了以石墨等作充填剂的玻璃炭以及多孔体玻璃炭、玻璃状炭微粒等。

玻璃炭的硬度很高，脆性也很大，机械加工比较困难，故大部分玻璃炭制品在炭化前即已定型，少量必须机械加工的特殊制品则应采用硬脆性材料（如红宝石）的加工技术进行加工。

9.4.4　玻璃炭的用途

玻璃炭的用途广泛：在半导体工业中，可作为单晶硅外延炉的发热体和晶体管的微型夹具；在化学工业中，可做成处理强酸用的容器和化学分析用的坩埚，处理腐蚀性介质的管道，耐腐蚀耐高温的温度计保护管、气体导入管等；在冶金工业中，可制作坩埚与舟、皿，金属熔融用电极（其寿命比石墨电极长 100~200 倍）；在机械工业中，可制成玻璃工业用的芯轴，各种高温腐蚀性介质中工作的轴承和密封件；在人体补缀材料方面，可制成人造齿根、人造关节以及心脏瓣膜等。多孔质玻璃炭则可用作隔热材料、过滤材料、催化剂载体等。此外，玻璃炭还可制成分析用电极（发光光谱、极谱、电位滴定仪用电极），磷酸型燃料电池的隔板，电子辐射用狭缝，计算机用高速轮印机的活字，磁记录器的磁头等。

9.5　泡　沫　炭

泡沫炭（foam carbon，FC）以前也称为泡沫石墨或多孔石墨，具有密度低、耐高温、导电性高、耐酸碱及导热系数高等特点，在生物医学、节能建筑、军事及储能等领域有着广阔的应用前景。其结构一般呈现蜂窝状，孔径基本为微米级范围，主要由孔泡及韧带连接构成，孔泡主要为五边形的十二面体和球形气孔状两种结构形式。

9.5.1　泡沫炭的制备

原料的种类和制备方法对于泡沫炭的结构及性能影响很大，通常使用的原料包括聚合物及其前驱体单体、煤、沥青、中间相沥青等物质，制备过程大致可以分为三个主要步骤：发泡、泡沫固化和炭化（石墨化）。发泡是制备泡沫炭最为关键的一步，常常按发泡方式的不同进行制备方法分类：压力释放法、自发泡法、超临界法、添加发泡剂法及模板法等。

（1）压力释放法。将碳源置于反应器中，升温至发泡温度，通入一定量的惰性气体，溶入熔融的碳源中形成气泡核，形成初步的泡沫炭，再进行固化或预氧化、炭化或石墨化等热处理过程。此方法应用较早，但是需要高压条件，并且工艺相对复杂。

（2）自发泡法。利用碳前驱体中易气化组分生成大量气体形成泡沫，借助外部压力抑制泡沫无限增大。因此，碳源中的挥发分、流变性等会直接影响孔泡的结构；而碳源的分子性质会影响后续热处理过程的石墨化转化程度及最终产物的性质。在发泡过程中，通常通过控制发泡时间、发泡温度及发泡压力来调节孔结构。

（3）添加发泡剂法。原理与自发泡法相似，不同点是需要在碳前驱体中引入发泡剂，借助发泡剂产生的大量气体来形成泡沫。

（4）超临界法。在超临界状态下，超临界溶剂可以与熔融态或液态的前驱体达到更为均匀的混合。发泡过程需要惰性气体保护，并维持一定的压力，再升温至超临界温度保持一定时间至均相平衡，然后快速释放压力并降低温度。由于材料黏度随温度降低而升高，可以维持已成型的泡沫结构。

（5）模板法。采用具有泡沫结构的有机泡沫为模板，将碳前驱体配成溶液进行浸渍，通过预氧化或固化形状后，进行炭化或石墨化处理。这一过程不再需要高压，只需维持惰性气氛即可。

以上所描述的方法所适用的原料有所差异，方法（1）和（2）主要用于煤、中间相沥青等碳源，但是实验条件较为苛刻；方法（3）主要用于糖、纤维素类及有机聚合物等；方法（4）由于研究时间较短，目前应用还不是很多；方法（5）由于反应条件要求较为简单、操作简便易行，逐渐得到广泛的研究与应用。

9.5.2 泡沫炭的结构

泡沫炭的结构因原料及制备方法的不同而有所区别，主要有两种典型的结构，即五边形十二面体结构（图 9-8a）和球形气孔状结构（图 9-8b）。

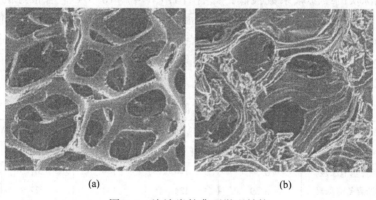

(a)　　　　　　　　　　　　　(b)

图 9-8　泡沫炭的典型微观结构

（a）五边形十二面体结构；（b）球形气孔状结构

五边形十二面体结构的泡沫炭又可称为网状玻璃态泡沫炭。这种泡沫炭为非石墨化结构，具有很大的开孔和柱状韧带，柱状韧带交联组成大量五边形的十二面体，决定了它良好的保温性。早期以聚合物为原料所得泡沫炭的结构大多如此。

另一种较为常见结构为中间相沥青基泡沫炭的球形气孔状结构。此类泡沫炭为典型韧带式网状球形开口结构，多数气泡是由开口且相互连通的孔洞相连。在气泡的生长过程中，因为沿着孔壁两个轴向方向存在较高的压力，使得中间相沿孔壁方向排列，形成韧带结构。石墨化后韧带形成规则排列，这种高度有序的排列方式明显不同于典型的网状玻璃态泡沫炭。然而，在某些区域，如韧带间的结点处，压力最小，中间相很少产生重排，所以其局部结构排列较为无序，具有更多的叠层结构。在炭化与石墨化过程中，气孔壁会产生脆性裂纹，裂纹会在一定程度上影响泡沫炭的机械性能，但对热性能的影响并不大。

9.5.3 泡沫炭的性质

有关泡沫炭性能的研究主要集中在材料的密度、导热性能以及机械强度上，在其吸波和减震等性能方面的研究也有一些报道。

9.5.3.1 热性能

根据热处理温度的不同，泡沫炭的导热性能有很大的差异。未经石墨化的泡沫炭和传统泡沫材料在热性能方面表现出了相同的低导热特性，但石墨化的泡沫炭却表现出了与之相反的热特性，具有较高的导热性能。

石墨化泡沫炭在低密度下的高热导率使其成为一种非常具有潜力的工程材料。通常，我们将热导率大于 $200W/(m \cdot K)$ 或比热导率远大于金属的材料称为高导热材料。泡沫炭的密度一般在 $0.1 \sim 0.8g/cm^3$，在未石墨化时热导率为 $1.2W/(m \cdot K)$，是很好的绝热材料；而石墨化后由于其石墨层面沿孔壁方向的规则排列，构成了孔泡均匀分布的内联立体石墨化网状结构，决定它必然具有各向同性的导热性能。泡沫炭孔壁的传导、孔中对流以及黑色碳的热辐射三者结合使得它具有高的热传导性，其热导率可达 $50 \sim 200W/(m \cdot K)$。由表9-2可见，泡沫炭的密度与泡沫铝相当，呈各向同性，比热导率是铜的 6 倍、铝的 5 倍。石墨化后的泡沫炭是一种优良的轻质高导热材料，其各向同性的热扩散能力远优于只能在一维和二维方向传热的各向异性的炭纤维和 C/C 复合材料。

此外，泡沫炭的线膨胀系数很低，只有 $(1.15 \sim 4) \times 10^{-6}/℃$，有很好的尺寸稳定性。在惰性气氛下，泡沫炭可以承受 3000℃ 的高温；空气中 400℃ 的温度下仍可使用。其耐火性能包括：即使暴露在所有聚合物体系都已点燃的热通量条件下也不燃；几乎没有烟；不产生有毒副产物；热释放效率和释放的总热量较低。这些特殊的热性能，使得它有望在热学应用方面发挥巨大的作用。

表 9-2 泡沫炭同其他材料的热性能比较

材 料	密度 /g·cm⁻³	热导率/W·(m·K)⁻¹		比热导率/W·(m·K)⁻¹	
		平面内	平面外	平面内	平面外
ARA-中间相沥青基泡沫炭	0.57	149	149	261	261
Conoco-中间相沥青基泡沫炭	0.59	134	134	227	227
典型二维碳-碳材料	1.88	250	20	132	10.6
铜	8.9	400	400	45	45
铝	2.77	150	150	54	54
泡沫铝	0.5	12	12	24	24
蜂窝状铝	0.19	—	10	—	52

9.5.3.2 力学性能

相对于聚合物基泡沫炭，中间相沥青基泡沫炭具有更高的机械强度，具备作为结构材料使用的基本要求。从理论上说，中间相沥青基泡沫炭在低达 $0.1g/cm^3$ 的密度下具有高达 2GPa 的压缩模量，实属难得。对于密度介于 $0.4\sim0.5g/cm^3$ 之间的中间相沥青基泡沫炭材料，可以检测到的典型力学性能为：抗压强度 $15\sim20$MPa，抗压模量 550MPa；抗拉强度 $2\sim7$MPa，抗拉模量 $689\sim1379$MPa。泡沫炭同其他材料的力学性能比较见表 9-3。而通过改性处理（添加剂掺杂或 CVI 技术等手段）后，可以使泡沫炭的力学性能得到进一步的提高。

表 9-3 泡沫炭同其他材料的力学性能比较

性 质	玻璃质泡沫炭	石墨化后泡沫炭	炭纤维	普通石墨
密度/g·cm^{-3}	0.04	$0.25\sim0.65$	1.77	1.79
抗拉强度/MPa	0.8	$0.7\sim1.6$	3.53×10^3	—
抗压强度/MPa	0.7	$1.0\sim3.5$	—	138

9.5.3.3 其他性能

泡沫炭具有易加工性，可以通过控制发泡过程将其制成任何所需形状，其密度、孔径、热导率、电导率等性能也可以根据不同的需要调整。因此，传统的机械加工作业即可满足用于生产形状复杂的泡沫炭材料的要求。

泡沫炭独特的孔泡结构在电磁辐射下扮演了微波暗室的角色，这将有助于泡沫炭对微波的高吸收。泡沫炭产品还可以用做夹芯材料的芯材，这样的产品具有更好的吸波性能。

泡沫炭具有网状孔泡结构和较高的孔隙率，研究表明用泡沫炭制备的电极材料在长时间循环下，仍然表现出稳定的电极特征。

9.5.4 泡沫炭的应用

泡沫炭具有密度小、强度高、抗热震、易加工等特性和良好的导电、导热、吸波等物理和化学性能。这些优异的性能使泡沫炭在化工、航空航天、电子等诸多技术领域极具应用潜力。

目前，关于泡沫炭的应用研究主要集中在中间相沥青基泡沫炭。

9.5.4.1 热学性能应用

随着电子器件的集成度提高，要求其散热能力越来越高。而采用具有高热导率的石墨化泡沫炭制成散热材料可以及时带走热量，还可大大减轻装置的重量。此外，以铜、铝等金属为载板，泡沫炭为填充材料可以制成导热性能优异的夹层材料。在炭纤维增强复合材料中，由于纤维仅在一维方向上有高的热导率，限制了它的广泛应用。泡沫炭材料是各向同性的材料，用做增强复合材料母体将在三维方向具有良好的热传导性，在热交换器、热控材料方面也有极大的应用潜力。

9.5.4.2 作为电极材料应用

泡沫炭具有较高的电流密度、较低的流体阻力、很小的电量损失、防腐、高比表面积以及可以根据需要任意调控孔径大小等诸多特性，是优良的三维电极材料，并可延长电池的使用寿命。利用泡沫炭制作的电极材料，可以将污水中的重金属离子沉积在泡沫炭的孔道中，与离子交换、溶液抽提、沉淀等传统处理方法相比，具有效率高和成本低的优势。此外，与现在的石墨电极以及其他一些易碎的电极相比，泡沫炭制作的电极具有良好的柔韧性，抗震力也很突出，因而还可应用在车辆及一些需在强震动场合使用的器械中。

9.5.4.3 电磁性能应用

泡沫炭可以通过其多孔结构产生的散射和吸收使内部的反射波减弱，是很好的电磁屏蔽及吸收的材料，可消除自然界同时存在的机械力与电的影响。可用于电子仪表内部，既防止外来电磁波的进入，又可降低内部电磁波的相互干扰。利用这种材料的特性和吸收电磁波的能力，也可制成高层建筑的外壁砖，电波暗室内的电磁吸收体，飞机内装饰壁板、电磁屏蔽及雷达吸波壁板等的芯材。还可以利用泡沫炭的电磁屏蔽性将其作为夹层结构的芯材，外面覆以碳纤维制成的夹层板，用于军舰上层建筑前部的驾驶室、作战情报中心和信息控制中心等需要电磁屏蔽的部位。

9.5.4.4 其他应用

泡沫炭具有良好的力学性能，如抗压、抗冲击性和优良的阻隔效果。通过在其内部掺杂钨、硅等金属元素，使得该材料的耐磨性能大大提高。因此，可用做摩擦剂，对如阴极射线管的玻璃等要求高度抛光的物品进行打磨；以泡沫炭材料为母体采用浸渍法或 CVD 法制成的碳-碳复合材料，可具有耐磨、质轻、导热性好和自润滑等性能，是制造刹车片的优良材料；泡沫炭由于具有较低的热扩散系数和较高的比硬度，可以用来制备硬度较高、重量较轻的光具座；泡沫炭具有相当大的冲击吸收和减震能力，可用于赛车、赛艇等快速运行机动工具的端部，使它们在突发的撞击事故中受到保护。此外，泡沫炭可以应用于催化剂载体、气体吸附剂、过滤装置、生物材料等领域，是一种具有极大开发潜力和应用前景的新型炭材料。

9.6　金刚石薄膜

9.6.1　概述

金刚石薄膜（diamond film，DF）是一种人工合成的以 sp^3 杂化的 C—C 键为主体的薄膜，通常是以甲烷等烃类气体为原料，在低温低压气相中合成的。这样合成的薄膜，并非都是完善的结晶状金刚石，对于那些除 sp^3 C—C 键外，sp^2 C—C 键和 sp^1 C—C 键仍占相当比例的非晶质薄膜，则一般称之为类金刚石薄膜（Diamond-like carbon，DLC）。常规金刚石薄膜晶粒尺寸为微米级，表面较为粗糙，且晶粒间存在较为明显的空隙，给后续的加工及应用带来了很大困难。所以，越来越多的学者致力于研究晶粒尺寸更小的纳米金刚石薄膜。纳米金刚石（Nanocrystalline Diamond，NCD）薄膜一般是指晶粒尺寸为几个至几百纳米的金刚石薄膜。但也有研究者将具有纳米级厚度（1~100nm），而且超过 70%碳原子键合方式为 sp^3 C—C 键的 DLC 称之为纳米金刚石薄膜。

DLC 是处于亚稳态的非晶碳膜，含有较多数量的 sp^3 键组分。薄膜中 sp^2 键和 sp^3 键的比例根据沉积工艺的不同，可以在很大范围内改变。薄膜的力学性能由薄膜中 sp^3 键组分的比例决定，包括硬度和耐磨性等，相应地，sp^3 比例高的 DLC 薄膜显示出与金刚石薄膜很接近的性能；而薄膜的物理性能由 sp^2 键组分调控，包括电学性能和光学性能等。

与常规金刚石薄膜相比，NCD 薄膜表面光滑，摩擦系数小，硬度低于常规金刚石薄膜，这为 NCD 薄膜的后续处理带来了便利。同时，由于纳米效应，NCD 薄膜在很多方面的性能都比常规金刚石薄膜要优异。

由于金刚石的特殊性质和应用价值，自20世纪80年代以来，金刚石薄膜成了世界各工业发达国家竞相研究的热门课题，在我国，它也是新型炭材料重要的研究方向之一。

9.6.2 金刚石薄膜的制备

金刚石与石墨一样，都是碳的同素异构体；但从石墨向金刚石转变的条件比较苛刻，一般工艺难以实现。

金刚石薄膜的制备有物理气相沉积、化学气相沉积和液相法沉积等众多方法，但较多采用化学气相沉积（CVD）法。CVD法的要点是将金刚石晶种放在反应管内，CH_4和H_2混合物进入反应管在高温下热解而沉积。这时沉积物中金刚石所占比例不到1%，其余均是石墨。沉积一段时间后，通入H_2在1030℃下反应若干小时，由于H原子浸蚀石墨的速率大于浸蚀金刚石的速率，故可除去沉积石墨，基片上只留下沉积金刚石，然后再进行第二轮沉积循环。采用这种方法金刚石的产率很低，一般完成一个沉积循环需17h，而沉积一个完整的膜需80个循环，而且沉积基片上非得有金刚石晶种。显然，用CVD法来制备DF在实用上有很大的困难。

等离子体化学气相沉积（PCVD）法是一种新的制备方法，它实际上是一种冷等离子体促进的CVD。与一般CVD相比，它有两个重要的特点，其一是可以在非金刚石基片上沉积，即不需要金刚石晶种；其二是由于等离子体活性离子的作用，沉积效率大大提高。PCVD法制备金刚石薄膜的具体技术主要有下述三种。

9.6.2.1 射频等离子体CVD法（R.F. PCVD）

射频等离子体CVD法一般采用13.56MHz的高频电流使反应气体等离子体化，其装置如图9-9所示。典型工艺条件为：反应气体：CH_4+H_2，压强8~15kPa，温度约700℃。这种技术具有沉积温度较低，沉积速度较快（可达60μm/h）的优点，但沉积物既有金刚石薄膜也有类金刚石薄膜。

9.6.2.2 微波等离子体CVD法（M.W. PCVD）

这是近年来研究较多的DF制备技术，其装置如图9-10所示。M.W. PCVD通过2.45GHz的微波放电使反应气体等离子化，其典型的工艺条件为：反应气体：CH_4+H_2，压强1~8kPa，温度800~1000℃。

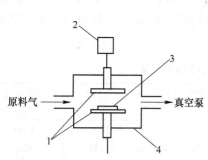

图9-9 R.F. PCVD装置示意图

1—电极；2—射频发生器；3—基片；4—等离子体室

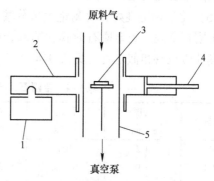

图9-10 M.W. PCVD装置示意图

1—磁控管；2—波导；3—基片；4—短路器；5—等离子体室

M. W. PCVD 具有产生活性粒子效率高（电离度可达 10%），电子动能大（可达 100eV，其他 PCVD 一般是 1~2eV），沉积速度较快（约 3μm/h），合成金刚石薄膜的结晶性好的优点，但也存在放电区域小，难以沉积大面积金刚石薄膜的不足。

9.6.2.3 电子回旋共振等离子体 CVD 法（ECRP）

这种技术首先是在核聚变研究中发展起来的，后来移植到冷等离子体的应用上来。

ECRP 的装置实质上就是在 M. W. PCVD 的基础上外加一磁场。所谓电子回旋共振是指：在外加磁场的控制下，当微波（2.45GHz）频率等于电子回旋频率时，发生电子回旋共振，微波能量通过共振耦合给电子，从而产生高密度等离子体（电离度大于 10%）。ECRP 制备 DF 的典型工艺条件为：反应气体：CH_4+CO_2/H_2，压力约 15Pa，温度 580~650℃。ECRP 具有等离子体密度大（$10^{11} \sim 10^{13} cm^{-3}$），可形成均匀大面积等离子体的特点。因此，ECRP 可实现大面积沉积（DF 的直径可达 80mm），是一种很有希望的实用方法，故而得到迅速发展。

9.6.3 金刚石薄膜的性能

金刚石具有优良的物理和化学性能，长期以来，它就是宝贵的工业材料。人工合成的金刚石薄膜尽管通常只有几微米到十几微米厚，但却具有与天然金刚石相同的结构，因而也具有与天然金刚石相似的性能，主要有：

（1）硬度极高，弹性模量也极高，耐磨性好，摩擦系数小。其硬度是超硬合金的 5 倍以上，弹性模量高达 $11.5×10^{11}Pa$（Al 为 $7×10^{10}Pa$，Ti 为 $1.1×10^{11}Pa$）；与钢接触时摩擦系数只有 0.002~0.2。

（2）热导率极高，线膨胀系数低。20℃ 时的热导率为 2000W/(m·K)（而 Cu 为 400W/(m·K)）；线膨胀系数为 $0.8×10^{-6}/K$（SiO_2 为 $0.5×10^{-6}/K$）。

（3）具有优良的透光和传声性能。除一部分（2.2~6.5μm）红外线外，能透过从紫外线至远红外线大部分波段（0.22~25μm）的辐射线，声波速度高达 18.2km/s（纸为 1~2.4km/s）。

（4）是优良的绝缘体，又可制成具有很高掺杂性的半导体，其禁带宽度为 5.45eV（Si 为 1.10eV）。金刚石薄膜的电阻率在 $10^5 \sim 10^{12}\Omega \cdot cm$ 之间，不同方法制备的金刚石薄膜的电阻率变化的范围很大。

（5）化学稳定性好，可耐绝大部分酸、碱和溶剂的腐蚀，还具有优异的生物相容性。

金刚石薄膜、类金刚石薄膜和纳米金刚石薄膜的结构与组成介于石墨与金刚石之间，所以其性质也有相似之处，见表 9-4。

表 9-4 金刚石、石墨、类金刚石性能对比表

材料	密度 /g·cm⁻³	硬度 /GPa	电阻率 /Ω·cm	光学带隙宽 /eV	sp^3 含量 /%	弹性模量 /GPa
DF	3.5	100	1018	5.5	100	1100
DLC	2.9	10~80	$10^5 \sim 10^{12}$	2.1~2.4	40~50	552
NCD	3.1	39~78	半导体特性	4.2	75	384
石墨	2.2	61	0.1	0	0	—

9.6.4　金刚石薄膜的应用

金刚石薄膜作为高硬度、高耐磨物质被用于车削工具、磨削工具、手术刀、牙科切削机、手表部件及光盘和磁盘保护膜。利用其导热性好、传音和光透过性好及绝缘等优点，广泛应用于扬声器的振动板、放热性电路基板、集成电路材料、探测卫星的光学窗口、微波振动元件、高电压高速光开关元件、宽领域光传感器等。另外，金刚石薄膜内掺硼和磷后，可得到禁带宽的优良半导体，其工作温度可达 500℃（一般锗为 70℃，硅 150℃，GaAs 也不高于 350℃）。

（1）机械方面的应用。由于金刚石具有最强的硬度，其耐磨和研磨能力超越了所有的材料，所以，金刚石薄膜可以作为高硬度、高耐磨物质被用于车削工具、磨削工具、手术刀、牙科切削机、手表部件及光盘和磁盘的涂层或渡层。

（2）电子器件方面的应用。金刚石薄膜可能用于制造集成电路芯片，优势是不仅可防止表面机械损伤，还可以采用化学腐蚀性强的洗液清洁，循环利用。

（3）光学方面的应用。金刚石薄膜的光隙带宽 E_g 受到沉积方法和工艺参数的影响，一般在 2.7eV 以下。类金刚石薄膜的折射率一般在 1.5~2.3 之间。金刚石膜的室温下光致发光和电致发光率都很高，在整个可见光范围均有可能发光，这些特点都促成金刚石膜可以成为发光与透光材料。

（4）化学方面的应用。金刚石薄膜具有很强的化学稳定性，这非常有利于提高材料表面的耐腐蚀性能。在铜合金薄片仪表元件上镀类金刚石薄膜，腐蚀试验结果表明在抗酸碱腐蚀、抗有机气体腐蚀、耐湿热等性能方面，类金刚石薄膜均优于钠盐钝化膜。

（5）医学方面的应用。金刚石膜具有生物相容性，再加上其强抗化学腐蚀性可用做人工关节承压面的抗磨层，在医学实验中取得了良好的结果。例如，在 SU316L 血管支架表面制备了 DLC 薄膜，可以降低不锈钢中 Ni、Cr、Mn 和 Mo 等金属离子在血液中的溶出，使 SU316L 的血液相容性得到提高。在 NiTi 合金上镀 DLC 膜，能显著提高 NiTi 合金的血液相容性及耐腐蚀性能。在义齿人造牙表面制备 50nm 厚的纳米 DLC 薄膜后．其耐磨性得到明显改善，几乎接近天然牙釉质。

（6）热学特性的应用。金刚石的熔点在 3000℃ 以上，其热膨胀系数与温度成正比，热导率也极高，是铜的 5 倍，可用于极限温度、压力或其他条件下的操作原件，例如宇航高速旋转的特殊轴承，或者军用导弹的整流罩材料等。

9.7　富　勒　烯

9.7.1　概述

富勒烯（Fullerene）C_n 是碳原子以较大的数目（$n=32$、44、50、58、60、70、76、84、…）呈封闭球形或椭球形笼状排列（其结构见 1.1.1.4 节图 1-3）。它是不同于无定形碳、石墨、金刚石的又一种碳的同素异构体。它的发现是近代化学史上一个具有里程碑意义的重大事件，也为炭素材料增加了一个十分重要、潜力尚难以完全预料的新成员，因此，引起了各国科学家的极大关注。

从富勒烯的发现迄今为止已经三十多年了，富勒烯研究取得了长足的发展，各种类型的富勒烯相继被报道。根据修饰位置的不同，富勒烯可以分为四类：（1）空心富勒烯（empty fullerenes），以最早发现的 C_{60} 代表，这类富勒烯不进行任何的修饰；（2）内嵌富勒烯（endohedral fullerenes），通过内嵌原子、离子和原子簇而形成；（3）外接富勒烯（exohedral fullerenes），富勒烯碳笼进行化学修饰，外接原子或官能团；（4）特殊结构的富勒烯，包括杂原子取代形成的杂环富勒烯和非经典的富勒烯（含有四元环和七元环的富勒烯）。

到目前为止，研究最多的是空心富勒烯 C_{60}、C_{70} 或两者的混合物。

9.7.2　C_{60} 的制备与提纯

1985 年，Kroto、Curl 和 Srmlley 等人提出了笼形碳模型以后，在相当长时间内，科学家未能找到合适的方法来合成或分离出宏观数量的 C_{60} 纯物质。

1990 年，德国马克·普朗克核物理研究所的克拉奇梅（Kratschme）等人在 13332.2Pa（100Torr）的 He 气中，用电阻法使石墨棒加热到高温，石墨随即蒸发进入气相。在蒸发室内设置的基体表面收集冷凝的碳蒸发物，外表呈炭黑状。将此炭黑从基板上刮下，然后溶于苯，无色的纯苯立即转变成酒红色到棕色的液体（颜色因浓度而异），炭黑则沉于器底。将其分离，排除溶剂，得到暗棕色到黑色结晶。这样便从石墨蒸气的冷凝物中分离出了宏观数量的 C_{60}（杂有 10% 的 C_{70}）。

1991 年 7 月，美国麻省理工学院杰克·霍华德（Howard J B）等人采用掺氧苯火焰燃烧法，让纯石墨棒在 He 气中蒸发以产生炭黑状物质，然后将产物在苯中纯化，用 1000g 纯碳制得 3g C_{60}，为大规模制备 C_{60} 样品开辟了道路。

美国 IBM 阿尔马登研究中心的贝森等也用克拉奇梅的方法制备样品，但在精制时采用梯度升温升华法，在冷凝面的不同部位发现不同颜色的沉积膜，也分离出了较纯的 C_{60} 和 C_{70}。

此外，采取色谱仪分离法可以得到 99.9% 纯度的 C_{60} 和 99% 纯度的 C_{70}。中国科学院化学研究所和北京大学均已达到了同等的水平。

富勒烯的制备过程中受到反应区温度、压强、退火温度、催化剂和保护气体等多种因素的影响。在迄今为止研究者采用制备富勒烯的电弧法、激光蒸发石墨法、等离子体蒸发石墨法、苯燃烧法、催化热分解法及爆炸辅助气相沉积法等众多方法中，苯燃烧法的成本优势较明显，是国际上工业化生产的主流方法。分离与提纯是富勒烯生产的关键和难点，目前的分离与提纯方法成本高、效率低，寻找快速有效的富勒烯分离和提纯方法，仍是今后重要的研究方向。

9.7.3　C_{60} 的性质

C_{60} 是非极性分子，外观呈深黄固体，随厚度不同颜色可呈棕色到黑色。密度为 1.678g/cm³，不导电，熔点高于 553K，易升华，易溶于含有大 π 键的芳香性溶剂中。分子中的 60 个碳原子是完全等价的。由于球面的弯曲效应、五元环的存在，使得碳原子的杂化方式介于 sp^2 和 sp^3 杂化之间，从立体构型来看，C_{60} 具有点群对称性，分子价电子数高达 240 个。

9.7.3.1 C_{60}的物理性质

（1）溶解性。非极性分子C_{60}具有高度对称性，虽然在芳香族溶剂中的溶解速度不快，但是在芳香族溶剂中的溶解度却明显大于在脂肪族溶剂中的溶解度。而且C_{60}在脂肪烃中的溶解度存在着一定的规律：随着溶剂分子中碳原子数目的增加，溶解度逐渐增大。

（2）磁性。C_{60}分子球体中的磁流是中性的，但是它的五元环有很强的顺磁性，而六元环具有较为缓和的介磁性。中国科学院化学研究所以C_{60}的溴化物与四硫富瓦烯、C_{60}和多种四烷基取代的四氮富瓦烯化合物为原料，反应均制得了具有较高铁磁转变温度的电荷转移复合物。由于C_{60}分子内部可以容纳各种金属原子和离子，科学家们正致力于研究将Fe^{3+}、Co^{3+}等金属离子加入C_{60}球形笼体对其磁性性质影响。

（3）光学特性。C_{60}的笼形结构内外表面上分布着大量的、三维高度非定域的共轭π电子云。C_{60}在受到光的激发后，会发生光电子的转移，形成电子-空穴对，由此预测C_{60}具有良好的非线性光学性能，是很好的光电导材料。在室温除氧的环境下，在己烷、甲苯和苯中，可以观测到C_{60}的荧光，其荧光光谱来自于相同的激发态。

（4）超导和光电导性。C_{60}分子本身是绝缘体，但其具有很强的电子亲和力，从而使得导电性得到改善。C_{60}和碱金属作用，可以形成稳定的复合型离子化合物。这种复合型离子化合物就会转变成为超导体，而且还具有很高的超导临界温度。超导现象就是在掺有电子的C_{60}中首次发现的。

C_{60}分子还具有光电导性，在260K附近，光电流会随着晶格类型的转变发生一次突越。C_{60}具有吸电子性，易与供电子的有机物结合，生成电荷转移型材料。光的吸收增大会得到更多的电子、空穴载流子，电导率因而增大。这样的材料可以用于光敏器件、静电复印等方面。

9.7.3.2 C_{60}的化学性质

（1）与金属反应。与一般芳烃都具有富电子反应性的特征不同，C_{60}具有缺电子化合物的性质，倾向于得到电子，易与亲核试剂（如金属）反应。C_{60}与金属的反应有两种方式：其一，金属位于C_{60}碳笼的内部，即碳笼内配合物反应；其二，金属位于C_{60}碳笼的外部，即碳笼外键合反应。C_{60}碳笼是中空的内腔，其直径为0.71nm，几乎可以容纳所有元素的阳离子，内部可嵌入原子、离子及小分子。根据包合物的原子种类不同，可分为金属包合物、惰性气体包合物、非金属分子包合物，其中研究最为广泛的是金属包合物。目前金属原子如K、Na、Cs、La、Ba、U、Y、S等碱金属、碱土金属和绝大多数稀土金属都已经成功地包笼到C_{60}碳笼内，形成了单原子、双原子、三原子金属包合物。合成C_{60}金属包合物方法主要有电弧法和离子束轰击法。内包金属富勒烯具有特殊的电子结构，展现出许多优异的性能，随着研究的深入，开发出了超导、核磁造影器、功能分子开关等新型材料。

（2）加成反应。C_{60}具有不饱和性，加成反应主要有C_{60}亲核加成反应和C_{60}亲电加成反应。它可以和胺类、磷酸盐、磷化物等发生亲核加成反应，还可以与CH_3I在格氏试剂作用下反应，生成烷基化物。C_{60}可以与富电子的炔胺类化合物在活性6—6双键上，发生[2+2]环加成反应。在常温条件下，以甲苯为溶剂，C_{60}分别与聚乙烯亚胺和聚[4-(2-氨基亚胺)甲基苯乙烯]发生胺化亲核加成反应，得到了胺基化的侧链型C_{60}聚合物。C_{60}还是一个亲二烯体。可以发生 D-A 反应。在 D-A 反应中，自身的 LUMO 轨道与二烯体的 HOMO 轨道组合，因而发生 D-A 反应，得到球链系结构的产物。除此之外，C$_{60}$还可以羟基化，生成醚类和醇类。

（3）聚合反应。在光照辐射的条件下，C$_{60}$分子可以发生聚合反应。C$_{60}$聚合反应有两种珍球链式和一种链悬挂式。链悬挂式聚合物具有二维和三维的空间结构。Yeretzian 等在激光蒸发 C$_{60}$膜上加氦气冷却，在气相中合成了一个由 5 个 C$_{60}$形成的大分子。如果用紫外光辐射照 C$_{60}$薄膜，C$_{60}$分子之间更容易实现价键结合，经过检测，聚合物高达 20 个 C$_{60}$分子。在某些高分子化合物，如聚苯乙烯长链中，可以嵌入许多 C$_{60}$分子，从而制成新型的以 C$_{60}$分子为骨架的长链高分子化合物，如图 9-11（a）所示。

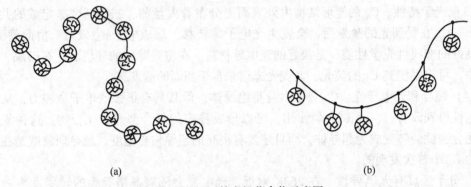

(a)   (b)

图 9-11   C$_{60}$的有机化合物示意图

（4）紫外吸光度的负热效应。在测量 C$_{60}$、黄体酮、苯、甲苯等这类含有 P-P* 电子跃迁吸收的化合物的紫外吸光度的负热效应（UVSDT）时，采用了 UVSD 的方法，从测量的结果可以看出，它们的 UVSDT 谱峰大体相同，它们的 UVSDT 均表现为负峰，温差逐渐增大，谱峰强度反而负向增加。通过实验可以看出，含有 P-P* 电子跃迁吸收的化合物基本都存在负温度效应，分子的能态分布和跃迁几率往往决定它们的分子共振吸收的光谱强度。温度逐渐升高而吸收强度反而降低的原因，可能是改变了分子的能态分布，或者是其他能量转换方式所导致的。

9.7.4   C$_{60}$的应用

9.7.4.1   新型催化剂

从 C$_{60}$分子的特殊结构和特殊的性能，可以看出它极有可能成为有效的新型催化剂。C$_{60}$及其衍生物与过渡金属形成的配合物，许多都是良好的催化剂。例如，在 1-庚烯环化生成 1，2-二甲基环戊烷的反应中，加入独特催化活性的催化剂 C$_{60}$Pd（PPh$_3$）$_2$，能够明显加快反应速率；C$_{60}$和富勒烯黑能显著提高双基推进剂的燃速，而且燃气中 NO$_x$ 含量显著降低。一种 C$_{60}$衍生物为基的 Pt（Ⅱ）配合物，是硅氢加成反应的高效催化剂，对苯乙烯也有独特的催化性能。

9.7.4.2   非线性光学材料

C$_{60}$具有非线性光学性。当光线穿透 C$_{60}$时，光的折射方向依光的强度而变化，这一性质有可能大大促进新一代光学电脑的开发。C$_{60}$/C$_{70}$混合物的非线性光学系数约为 1.1×10^9

esu，可用于制备高速电子或光开关。C_{60} 具有光学限制性，可以作为光学限幅器，保护肉眼不被强光损伤。C_{60} 的这些优良的特性还可以用于光计算、光记忆、光信号处理等方面。

9.7.4.3　半导体与光电导材料

C_{60} 可用于制作新型半导体材料。洛杉矶加州大学首次把 C_{60} 制成半导体，在四种不同的溶剂中都溶解了 C_{60} 富勒烯，测试它们的电性能时，发现 C_{60} 能接受多达 3 个外电子，这种高电子亲和性能使其具备了制作计算机芯片的条件。日本三菱电机公司生产出可达几百纳米厚的膜，可以用来制备光电器件。这种物质的性能要远远高于硅和砷化镓。浙江大学也生产出了富勒烯掺杂酞普化合物，也可用于新光电导材料。

9.7.4.4　太阳能电池、光电传感器

近年来，由于重量轻、成本低、面积大、可弯曲等优点，利用 C_{60} 衍生物和共轭的聚合物来制备薄膜光伏器件——太阳能电池或光电传感器，受到越来越多的关注。合成过程中，C_{60} 是弱电子受体，共轭聚合物是弱电子给体。在光照的外界条件下，会导致激发态电荷发生转移，电子转移给 C_{60} 衍生物，空穴转移给共轭聚合物。球形 π 共轭电子可以提高分子间相互作用。C_{60} 通过加成反应、环加成反应两种方法进行功能化的改性后，所得到的 C_{60} 衍生物 PCBB（［6，6］-苯基 C_{61} 丁酸正丁酯），可用于制成高能量转换效率的太阳能电池，其能量转换效率比目前广泛使用的 PCBM 还要高。

9.7.4.5　人造金刚石

C_{60} 的物理性质极为稳定，可以在 20GPa 的各向同性静压下保持完好的结构，但若受异向高压作用，即使温度为室温，亦可转变为金刚石。这是因为在 C_{60} 的 60 个 C 原子中，有 48 个以 sp^3 杂化轨道成键，而在金刚石中全部碳原子均以 sp^3 杂化轨道成键。当大量 C_{60} 聚集在一起时，这 48 个具有类似正四面体结构的碳原子的空间排列与金刚石中碳原子的空间排列相当接近，这意味着在压力或冲击波作用下，略做结构重排，可导致整个结构变为金刚石。已有实验证明，在常温和 1.52MPa 条件下，C_{60} 可以转变为多晶型金刚石。在温和的条件下，C_{60} 膜也可以直接转变成金刚石膜。在轴承等部件上吸附一层 C_{60} 膜，然后在一定的条件下，转变为金刚石镀层。所形成的金刚石镀层硬度高，用做轴承等部件，其耐磨损性能更好，延长了使用寿命。

9.7.4.6　润滑剂

C_{60} 的抗压强度和弹性模量显著高于金刚石，可能是世界上最硬的物质，其结构如微小的滚珠，可能作为超级润滑剂。Nakagawa 等在 MoS_2 基体上，运用分子束取向生长法，得到了具有高结晶度和最低摩擦系数的超薄 C_{60} 膜。用化学氟化法，制备出白色粉末状的"氟隆球"（$C_{60}F_{60}$）。该物质是一种超耐高温的润滑剂。将 1%（质量分数）的 C_{60}/C_{70} 分散在石蜡油中，可得到极压负荷提高 3 倍、摩擦系数降低三分之一的石蜡油，在较高速度范围内有一定的抗压与润滑作用，表现出了良好的润滑性能。

9.7.4.7　化妆品

众所周知，维生素 C 具有抗氧化性。但富勒烯 C_{60} 的抗氧化能力是维生素 C 的 125 倍，而且 C_{60} 还具有清除活性氧自由基、活化皮肤细胞、预防衰老等作用，已经可以添加在化妆品中使用。近年来，富勒烯 C_{60} 成为日本最热门的肌肤保养成分，尽管价格十分昂贵，

但因为其具有超强的抗氧化效果，因而得到了很多高端消费者的青睐。

9.7.4.8 生物医学应用

C_{60}分子能与生物系统相互作用，在生物化学方面有着广泛的应用。功能化的C_{60}衍生物可以光诱导剪切 DNA，形成具有特殊功能的光诱导电子运输的载体。Toniolo 等报道一种水溶性C_{60}-多肽衍生物，该物质可能可以抑制 HIV-1 蛋白酶，还可能对人类单核白血球存在趋药性。黄文栋等制得对癌细胞也具有很强的杀伤力的水溶性C_{60}-脂质体。台湾科学家报道过一种含有多个羟基的C_{60}衍生物，它能产生超氧阴离子自由基，达到清除破坏能力很强的羟基自由基的目的。若将放射性元素置于C_{60}分子内，再注射到癌变部位，可以增加放射治疗的效果，而且所产生副作用会很小。

除此之外，富勒烯C_{60}在原子级光开关、电泳显示、隧道二极管、双层电容器、光电成像、表面涂层、增强金属强度、气体储存、气体分离等领域也有广泛应用。

富勒烯的研究还只有 30 多年历史，真正大规模进入实用阶段还有相当距离，许多问题仍处在假说或预测阶段。但不管如何，诺贝尔化学奖获得者克莱姆预言"一门新的化学学科将从C_{60}系列物质中产生"。它将开辟炭素化学和有机化学的新纪元。

9.8 碳 纳 米 管

碳纳米管（Carbon nanotubes，CNTs），又名巴基管，是一种具有特殊结构（径向尺寸为纳米量级，轴向尺寸为微米量级，管子两端基本上都封口）的一维量子材料。碳纳米管主要由呈六边形排列的碳原子构成数层到数十层的同轴圆管。层与层之间保持固定的距离，约 0.34nm，直径一般为 2~20nm。

9.8.1 碳纳米管的分类

9.8.1.1 按石墨层数分类

碳纳米管可以看做是石墨烯片层卷曲而成，因此按照石墨烯片的层数可分为：

单壁碳纳米管（或称单层碳纳米管，Single-walled Carbon nanotubes，SWCNTs）

双壁碳纳米管（或称双层碳纳米管，Double-walled Carbon nanotubes，DWCNTs）

多壁碳纳米管（或称多层碳纳米管，Multi-walled Carbon nanotubes，MWCNTs）

其中，单壁碳纳米管只是由 1 层石墨片卷曲而成的，双壁碳纳米管是由 2 层的石墨片层卷曲而成的，而多壁碳纳米管是由 3 层及以上的石墨片卷曲成同轴嵌套的中空的准一维管状纳米碳材料。

多壁碳纳米管按其平均外径分为三类：

1 类，平均外径≤20nm；

2 类，平均外径>20~50nm；

3 类，平均外径>50~150nm。

9.8.1.2 按手性分类

碳纳米管依其结构特征可以分为三种类型：扶手椅形纳米管（armchair form）、锯齿形纳米管（zigzag form）和手性形纳米管（chiral form）。如第 1 章图 1-4（c）所示，碳纳米管的镜像图像是无法与自身完全一致的，因此手性形碳纳米管的石墨层片将会出现螺旋的情况。碳纳米管的手性指数 (n, m) 与其螺旋度和电学性能等有直接关系，习惯上 $n \geqslant m$。当 $n=m$ 时，碳纳米管称为扶手椅形纳米管，手性角（螺旋角）为 $30°$；当 $n>m=0$ 时，碳纳米管称为锯齿形纳米管，手性角（螺旋角）为 $0°$；当 $n>m \neq 0$ 时，将其称为手性形碳纳米管。

9.8.1.3 按导电性能分类

根据碳纳米管的导电性质，可以将其分为金属型碳纳米管和半导体型碳纳米管。碳纳米管的电学特性，与其直径和螺旋度有关，螺旋度对单壁碳纳米管的导电性能发挥主要作用。当 $n-m=3k$（k 为整数）时，碳纳米管为金属型；当 $n-m=3k \pm 1$ 时，碳纳米管为半导体型。此外，碳纳米管会存在一些结构缺陷，而这些结构缺陷将会对碳纳米管的导电性能造成一定的影响。如果把单壁碳纳米管折弯，其弯曲的部分就会表现出与原来碳纳米管不相同的电学性能，因此可制得最小的二极管。

9.8.1.4 按排列状况分类

根据碳纳米管之间排列状况不同分类，将碳纳米管分为有序碳纳米管和无序碳纳米管。碳纳米管具有非常大的长径比，很好的柔韧性，因此碳纳米管很容易发生弯曲而相互缠绕，会对碳纳米管的性能造成影响。因此，通过实验制备得到大面积的、定向性良好的、管身准直的阵列碳纳米管，具有一定的实际意义。近年来，很多科研人员已经可以通过一定的后处理工艺来得到定向性良好的阵列碳纳米管。经过很多实验证明，采用化学气相沉积法（CVD）和等离子增强催化裂解法制备，可以获得大面积的、定向性良好的阵列碳纳米管。

9.8.2 碳纳米管制备

碳纳米管的制备方法基本上都是利用各种外加能量，将碳源分解成原子或离子形态，然后再凝聚成碳的一维结构。目前，碳纳米管主要的制备方法有三种：电弧放电（arc discharge）法、激光烧蚀（laser ablation）法和催化热解（catalytic pyrolysis）法。

9.8.2.1 电弧放电法

电弧放电法是生产碳纳米管的主要方法。1991 年，日本物理学家饭岛澄男就是从电弧放电法生产的碳纤维中首次发现碳纳米管的。电弧放电法的具体过程是：将石墨电极置于充满氦气或氩气的反应容器中，在两极之间激发出电弧，此时温度可以达到 $4000℃$ 左右。在这种条件下，石墨会蒸发，生成的产物有富勒烯（C_{60}）、无定型碳和单壁或多壁的碳纳米管。通过控制催化剂和容器中的氢气含量，可以调节几种产物的相对比例。电弧放电法简便、快速，制备出的碳纳米管石墨化程度非常高，管壁非常平直，结晶度非常高，结构近乎完美。Ebbesen 等人通过提高电弧室的氦气气压，使碳纳米管的产量达到了克量级，大幅度提高了碳纳米管的产量，使得电弧放电法成为批量生产碳纳米管的主要方法之一。

9.8.2.2 激光烧蚀法

激光烧蚀法是利用激光作为热源激发靶物，使靶物表面的材料蒸发为气体的一种方法。与电弧放电法类似，激光烧蚀法主要是将一根含有过渡金属催化剂的石墨靶放置于一长形石英管中间，并将石英管置于加热炉内。当炉温加热至 $1200℃$ 时，向石英管内通入一定量的惰性气体，接着将一束激光聚焦于石墨靶上。在激光照射下，石墨靶表面生成气态碳，气流将这些气态碳和金属催化剂颗粒从高温区带向低温区，在催化剂的作用下生长成碳纳米管。激光烧蚀法的主要缺点是碳纳米管的纯度较低，易缠结，且需要昂贵的激光器，耗费大，产量较低，不利于大规模制备。

9.8.2.3 催化热解法

催化热解法是在催化剂的作用下，将含碳气体或液体碳源加热到一定温度，裂解生成碳纳米管。在催化热解法中应用最广泛的是化学气相沉积法。此外，催化热解法又依催化剂存在方式不同被分为基体法、喷淋法和浮游法。

（1）化学气相沉积法。化学气相沉积法主要是以烃类物质作为碳源，在适当的温度下，当碳源气和石英管中的催化剂相接触时，在催化剂颗粒表面裂解为碳原子团簇，然后它们重新组合形成碳纳米管。用作碳源的烃类有许多种，一般主要包括乙炔、甲烷、乙烯、丙烯、丁烯、正己烷、CO 及苯等。通常采用过渡金属元素（如铁、钴、镍、钼、钇、镧等）作催化剂。制备过程中，金属催化剂颗粒的直径在很大程度上决定了碳纳米管的直径，因此可通过选择控制催化剂种类与粒径，来生长纯度较高、尺寸分布较均匀的碳纳米管。

该法具有反应过程易于控制、设备简单、原料成本低、可大规模生产、产率高等优点；但由于生产的碳纳米管粗产物里含有许多杂质，需进行净化处理。

（2）基体法。基体法用石墨或陶瓷作为基体，将催化剂附着于基体上，高温下通入含碳气体使之分解并在催化剂颗粒一侧长出碳纳米管。此法制备的碳纳米管纯度高，但催化剂均匀颗粒不易控制，产量不高。

（3）喷淋法。喷淋法将催化剂溶解于液态碳源中，在反应炉温度到达生长温度时，利用泵将溶解有催化剂的碳源直接喷洒到反应炉内进行催化生长碳纳米管。该法产量高，但过程中催化剂和碳源比例难以优化，颗粒均匀性也难控制，因而碳纳米管的纯度低。

（4）浮游法。浮游法直接加热催化剂前驱体使其成气态，同时与气态烃被引入反应室，在不同温区完成各自分解，分解的催化剂原子逐渐聚集成纳米级颗粒，浮游在反应空间；分解的碳原子在催化剂颗粒上析出形成碳纳米管。此法的特点是可连续生产，但碳纳米管纯度低。

（5）碳纳米管的纯化。无论何种方法制备合成的碳纳米管均伴有大量杂质，导致其性质的测试受到很大的制约，因此需要选择合适的方法条件将其纯化处理，包括去除催化剂小颗粒、去除杂质碳。

1）去除催化剂小颗粒。大部分的催化剂小颗粒经过酸浸泡法后可被除去，部分因包在碳纳米管中或被纳米碳颗粒所包裹而较难除去，因此需采用合适的温度、酸碱度等条件予以除去。同时金属在碳纳米管内腔的结合形态尚不清楚，所以即使经过酸浸泡也很难保证碳腔内的催化剂被彻底的清除，这也是困扰碳纳米管纯化的一个问题。

2）去除杂质碳。去除杂质碳有物理方法和化学方法。物理方法主要是利用超声波降解、离心、沉积和过渡等来达到杂质碳与碳纳米管分离的目的。化学方法是利用氧化剂对碳纳米管与碳纳米颗粒等碳杂质之间的氧化速率的不一致来去除杂质碳的。

9.8.3 碳纳米管性质

碳纳米管因其独特的化学结构和优异的物理性能，已成为超级电容器、太阳能电池等能源领域重要的研究对象之一。碳纳米管是由石墨层卷曲成无缝中空的管体。碳纳米管具有极高的比表面积（如单壁碳纳米管 $1600m^2/g$）以及优异的力学性能（断裂强度高达 63GPa）和导电性能（室温电导率高达 $10^6S/cm$）。

9.8.3.1　力学性能

由于碳纳米管中碳原子采取 sp^2 杂化，相比 sp^3 杂化，sp^2 杂化中 s 轨道成分比较大，使碳纳米管具有高强度和高模量。它的拉伸强度可达 150GPa，是钢的 100 倍，比常规石墨纤维至少高一个数量级，密度却只有钢的 1/6；它的弹性模量可达 1TPa（$10^{12}Pa$），约为钢的 5 倍，与金刚石的弹性模量相当。结构上碳纳米管与高分子材料虽然相似，但碳纳米管的结构稳定性远远超过高分子材料。与其他材料相比，碳纳米管可制备出具有很高强度的材料，拉伸强度可达 800GPa。以其他工程材料为本体与碳纳米管复合形成复合材料，这样获得的复合材料具有良好的弹性模量、拉伸强度，抗疲劳能力，对改善复合材料力学性能带来极大的方便。

在化学中，σ 键是最强的共价化学键，它们是由原子轨道迎头重叠而成。碳纳米管是由 σ 键构成，因此其被认为是沿轴向方向拉伸强度最大的材料，所以碳纳米管具有很高的杨氏模量和拉伸强度。通过计算获得的（10，10）单壁碳纳米管、多壁碳纳米管、石墨、钢的弹性模量、拉伸强度以及密度做了比较，具体数据如表 9-5 所示。实验与理论基本一致，但不同材料的实验结果差异还是很大，尤其是多壁碳纳米管，因为多壁碳纳米管中的缺陷与合成方法密切相关。

表 9-5　碳纳米管力学性能

材　　料	弹性模量/GPa	拉伸模量/GPa	密度/g·cm^{-3}
多壁碳纳米管	1200	约 150	2.6
单壁碳纳米管	1054	75	1.3
单壁碳纳米管管束	563	约 150	1.3
石墨（面内）	350	2.5	2.6
钢	208	0.4	7.8

9.8.3.2　热学性能

因为碳纳米管具有非常大的长径比，因此具有良好的导热性能。当其沿着长度方向进行热交换时，效率很高；沿垂直方向进行热交换时，效率较低。所以，只要选取合适的取向，碳纳米管便可做成各向异性的导热材料。在复合材料中掺入少量的碳纳米管材料，其热导率将会大大提高。

理论计算结果显示，碳纳米管的导热系数大于金刚石。不过，测量单根碳纳米管的导热系数是一件很困难的事情，目前还没有获得突破。Hone 采用电弧法制备的单壁碳纳米管，将其轧成尺寸为 5mm×2mm×2mm 的方块，室温下测得未经处理的碳纳米管块材的热导率为 35W/(m·K)，该值远小于理论计算值。碳纳米管块材中的空隙和纳米管之间的接触都会大大减小导热率。与石墨相比，碳纳米管沿轴向方向与垂直轴方向的导热能力有很大的区别。因此，该结果不能代表碳纳米管的实际热导率。正如单根纳米碳管的电导率是碳纳米管本体材料的电导率的 50~150 倍一样，如果单根碳纳米管的热导率也是如此，那么它的热导率应为 1750~5800W/(m·K)。通过测量碳纳米管块材的热导率与温度的关系曲线可以推断，碳纳米管的导热是由声子决定的，并就此估计出碳纳米管中声子的平均自由程为 0.5~1.5μm。由于声子的量子化效应，碳纳米管在低温时可能有特殊热学行为。理论和实验都表明，在温度高于 100K 时，单壁碳纳米管管束和多壁碳纳米管中的管间耦合较弱，它们的比热与石墨的比热相近，约为 700mJ/(g·K)。

9.8.3.3 电磁学性能

碳纳米管高度对称的纳米结构赋予了其优异的电学和磁学性能。理论计算和实验测量都证实了碳纳米管具有优异的电学特性。金属性碳纳米管表现出非常强的电流输运能力，半导体性管的特征可以随尺寸和掺杂变化而改变。

由于结构的不同，碳纳米管可能是导体，也可能是半导体。Saito 等人认为，根据碳纳米管的直径和螺旋角度，大约有 1/3 是金属导电性的，而 2/3 是半导体。完美的碳纳米管比有缺陷碳纳米管的电阻要小一个数量级或更多。其径向电阻大于轴向电阻，并且这种电阻的各向异性随着温度的降低而增大。碳纳米管可以和电磁波相互作用，产生吸收效果，表现出较强的电磁波屏蔽性能。

碳纳米管束和单根碳纳米管都可以显示出超导性，后者显示的超导临界温度比前者要低得多。Service 通过计算认为，用富勒烯填充碳纳米管可以达到接近于室温的超导温度。碳纳米管超导性的发现有望解决集成纳米半导体器件中电流发热的问题，可广泛用于超导线、超微开关和纳米级电子线路。

9.8.3.4 光学

无缺陷碳纳米管特别是单壁碳纳米管具有确定的带隙和能带结构，是光学和光电子应用的理想材料。可以采用荧光、拉曼和紫外-红外等光谱手段测量单根单壁碳纳米管的光谱。此外，单根单壁碳纳米管的电致发光和光导性能也在研究中。碳纳米管具有良好的光学性能，它可以吸收和发散光谱，利用碳纳米管的这一特性，可望实现量子密码技术和单分子传感器。在常温条件下，碳纳米管能够吸收频谱较窄的光信号，同时能稳定地辐射光信号，这意味着碳纳米管材料在光信号传输、储存和恢复方面具有应用前景。研究人员发现，利用聚焦激光强烈照射碳纳米管，碳纳米管能够吸收光波，并辐射新频谱光波，这种新频谱携带着碳纳米管材料物理特性的信号。进一步的研究表明，碳纳米管材料可以还原辐射与原来照射的频谱完全相同的光波。利用碳纳米管材料这一新特性，可以在未来实现基于碳纳米管材料的光信号传输、储存和恢复形成的密码新技术，实现量子级密码传输技术。

9.8.3.5 吸附性能

管状结构的碳纳米管，长径比大，具有管内规整的孔结构、多壁碳管之间的类石墨层空隙以及巨大的比表面积，不仅可以作为吸附很多气体分子的位点，应用于气体的储存，而且可以发生液相中离子的吸附以及离子的迁移，从而将其作为吸附剂、超级电容器、电化学电极材料等。

碳纳米管也是最有潜力的储氢材料。成会明等人研究发现，高纯度的单壁纳米管可在常温下储存氢气，约 500mg 的单壁碳纳米管室温储氢量可达 4.2%（质量分数），并且 78.3% 的储存氢在常温下可释放出来，剩余的氢加热后也可释放出来，而且用于储放氢的碳纳米管可重复利用。

9.8.4 纳米管的应用

9.8.4.1 碳纳米管在电子材料方面的应用

碳纳米管的半径和螺旋度共同决定了它的电子结构的导体性质和半导体性质。因其半径和螺旋度的不同，碳纳米管可作为功效电子器件和路线的衔接元件；其中碳纳米管的导电范围在半导体和导体之间，而且尺寸只有纳米级，它本身可以作为开关和记忆元件，用于微电子器件方面；因为碳纳米管的顶端部分的曲率半径小，所以其在电场中会出现较强的局部增强效应，可作为场发射材料；碳纳米管的稳定性好，不易与其他物质发生反应，及较高的机械强度，可以提高稳定性和显示元件寿命；另外，还可作为电子显微镜探针。

碳纳米管可以制成透明导电的薄膜，用以代替 ITO（氧化铟锡）作为触摸屏的材料。碳纳米管手机触摸屏于 2007～2008 年间成功开发，并由天津富纳源创公司于 2011 年实现产业化。其与现有的氧化铟锡（ITO）触摸屏不同之处在于：氧化铟锡含有稀有金属"铟"，碳纳米管触摸屏的原料是甲烷、乙烯、乙炔等碳氢气体，不受稀有矿产资源的限制；其次，铺膜方法做出的碳纳米管膜具有导电异向性，就像天然内置的图形，不需要光刻、蚀刻和水洗的制程，节省大量水电的使用，较为环保节能。工程师更开发出利用碳纳米管导电异向性的定位技术，仅用一层碳纳米管薄膜，即可判断触摸点的 x、y 坐标；碳纳米管触摸屏还具有柔性、抗干扰、防水、耐敲击与刮擦等特性，可以制作出曲面的触摸屏，具有应用于穿戴式装置、智慧家具等产品的极大潜力。

据物理学家组织网、英国广播公司 2013 年 9 月 26 日报道，美国斯坦福大学的工程师在新一代电子设备领域取得突破性进展，首次采用碳纳米管建造出计算机原型，比基于硅芯片模式的计算机更小、更快且更节能。

利用碳纳米管优异的导电性能，使用多壁碳纳米管、碳纳米管导电墨涂覆复印纸、碳纳米管钴酸锂复合材料等都制备出了超导电复合柔性电极，其导电性能比石墨更优异。柔性电极除了不再需要金属集流体外，还避免了电极材料和集流体复合时所需的黏结剂的使用。普通电极中采用的高分子黏结剂会明显阻碍离子在电极中的传输，降低整个电极的离子传输率，从而降低电极的容量。同时，黏结剂还会减小活性物质的有效比表面积，加剧电极的极化现象。柔性电极避免了黏结剂对活性材料导电性和电池容量下降的负面影响，减小电极的电阻，对进一步提升电池放电性能具有重要的发展意义。

9.8.4.2 碳纳米管在储能方面的应用

碳纳米管有很多储能方面的应用。

（1）储氢功能。氢气被很多人视为未来的清洁能源。但是氢气本身密度低，压缩成液体储存又十分不方便。碳纳米管自身重量轻，具有中空的结构，可以作为储存氢气的优良容器，储存的氢气密度甚至比液态或固态氢气的密度还高。经适当加热，氢气就可以慢慢释放出来。研究人员正试图用碳纳米管制作轻便的可携带式的储氢容器。研究发现，在很高的压强下经过处理的碳纳米管，其中两个碳原子与一个氢原子相结合，然后在常温常压下，很多氢原子被释放出来。另外有报道称，碱金属掺杂后的碳纳米管，在室温常压的条件下，储存氢气的质量比达 14%。因此，碳纳米管有望用于储氢。

（2）超级电容器。与活性炭比较，碳纳米管具有良好的导电性能，较大的比表面积，一般被认为是制作超级电容器的理想材料。虽然活性炭的孔隙率更大，但是活性炭的孔径分布范围宽，对存储能量有贡献的孔隙只有约30%。而碳纳米管制备的超级电容器电极，有着由碳纳米管相互交织而成的网状结构，其微孔孔径分布集中在更有效的狭窄范围内，其比表面利用率反而远远高于活性炭。

（3）锂离子电池负极材料。因碳纳米管的内部结构存在有序性，且层间距为0.347nm，比石墨层间距大，利于锂离子的嵌入和迁出，因此碳纳米管对嵌入锂离子的能力比石墨强。另外，碳纳米管独特的圆柱状结构不仅可以使锂离子从外壁和内壁渗入进去，还能阻止负极材料的损坏。掺杂有碳纳米管的电极材料能够提高负极的导电性能，解除极化。实验结果表明，锂离子电池的负极材料单独用碳纳米管，或是用碳纳米管作添加剂，都能明显提高负极材料的嵌入、锂离子的稳定性和容量。因此，碳纳米管负极材料有望应用于锂离子电池。

9.8.4.3 碳纳米管在介孔体系方面的应用

介孔材料因其具有介孔尺寸和高比表面积，可用于过滤分析、环境保护、吸附、分子组装以及大分子催化等，且可作为制备纳米粒子的微型反应器。碳纳米管的内径在3nm左右，层间距为0.347nm，均在介孔尺寸范围之内。由于其制备条件的不同，碳纳米管之间互相缠绕，构成尺寸较均一的介孔体系。碳纳米管作为一种新型的介孔材料，可作为良好的催化剂载体和介孔组装体系。

（1）催化剂载体。碳纳米管具有很大的比表面积，良好的储氢能力，独特的纳米多孔结构，特殊的导体和半导体导电性能，以及对许多化合物、金属的良好负载性能。气体通过碳纳米管载体的速率比其他催化剂载体要高，并且化学处理碳纳米管后，可使碳纳米管形成疏氢或亲氢的表面。所有这些表明，碳纳米管可作为载体材料，脱氢和加氢催化剂。

（2）介孔组装体系。碳纳米管能成为介孔组装体系，是因为其具有良好的化学稳定性及非常大的长径比。用碳纳米管作为模板，能形成很多优异性能的纳米材料。在碳纳米管的内部可以填充金属、氧化物等物质，这样碳纳米管可以作为模具，首先用金属等物质灌满碳纳米管，再把碳层腐蚀掉，就可以制备出最细的纳米尺度的导线，或者全新的一维材料，在未来的分子电子学器件或纳米电子学器件中得到应用。有些碳纳米管本身还可以作为纳米尺度的导线。这样利用碳纳米管或者相关技术制备的微型导线，可以置于硅芯片上，用来生产更加复杂的电路。

9.8.4.4 碳纳米管在化学传感器方面的应用

碳纳米管暴露于某些气体之中，将会吸附气体或与气体发生作用，从而改变其电子结构。研究表明，用碳纳米管制成的化学传感器可以用来检测氧气、一氧化氮及氨气等气体。与其他材料制成的气体传感器比，碳纳米管在室温条件下，对一氧化氮气体具有较高的敏感性，而其他材料的传感器，必须要在400℃以上才可以检测到。因此，对某些气体来说，碳纳米管更适合作为传感器材料。

碳纳米管还给物理学家提供了研究毛细现象机理最细的毛细管，给化学家提供了进行纳米化学反应最细的试管。碳纳米管上极小的微粒可以引起碳纳米管在电流中的摆动频率发生变化, 利用这一点, 1999 年, 巴西和美国科学家发明了精度在 10^{-17} kg 的 "纳米秤", 能够称量单个病毒的质量。随后, 德国科学家研制出能称量单个原子的 "纳米秤"。

9.8.4.5 碳纳米管在光热治疗方面的应用

光热治疗是治疗恶性肿瘤的一种新方法, 通过对光的吸收, 将光能转换成热能, 提高肿瘤部位的温度, 利用局部过热引起的热杀伤作用及其继发效应来治疗癌症。为了有效地提高近红外光的光热转换效率, 需要应用近红外光热转换材料。最近, 碳纳米管作为一种优良的光热材料也得到了广泛的关注与研究。碳纳米管由于特殊的光吸收特性, 在近红外光区域有较强的吸收, 能有效地将光能转化成热能, 实现对恶性肿瘤细胞的局域光热杀伤。此外, 迄今为止的研究显示, 碳纳米管没有明显的细胞毒性, 而且单壁碳纳米管的大小与生物大分子差不多, 能够利用内吞作用穿过细胞膜而有效进入细胞, 因而可以作为一种新颖的药物或生物大分子的传输材料。因此, 碳纳米管应用于光热治疗具有非常好的应用前景, 目前的研究重点是如何实现碳纳米管对于肿瘤细胞的靶向定位和提高其光热转换效率。

9.8.4.6 碳纳米管在复合材料方面的应用

碳纳米管的长径比大, 管径处于纳米量级, 且有很高的轴向抗拉强度, 这些优异的功能使碳纳米管可用作复合材料的加强相。例如, 用碳纳米管材料增强的塑料, 力学性能优良, 导电性好, 耐腐蚀, 能屏蔽无线电波。使用水泥做基体的碳纳米管复合材料, 耐冲击性好, 防静电, 耐磨损, 稳定性高, 不易对环境造成影响。碳纳米管增强陶瓷复合材料强度高, 抗冲击性能好。

碳纳米管上由于存在五元环的缺陷, 增强了反应活性, 在高温和其他物质存在的条件下, 碳纳米管容易在端面处打开, 形成一个管子, 极易被金属浸润, 与金属形成金属基复合材料。这样的材料强度高、模量高、耐高温、热膨胀系数小, 抵抗热变性能强。

碳纳米管具有良好的耐磨性能, 制得的碳纳米管复合材料, 也会有优异的耐磨性能。

将碳纳米管均匀分布到其他材料中时, 因碳纳米管优良的导电性能, 这种材料可用做电磁屏蔽材料。

碳纳米管的主要物性及应用归纳见表 9-6。

表 9-6 碳纳米管的主要物性及应用

物 性	特 点	主 要 应 用
电学性能	单壁碳纳米管既可表现为金属性, 又可表现为半导体性; 电子在碳纳米管中可实现弹道式传输, 无电子散射发生。无能量损失	场效应管、二极管, 单电晶体管、集成电路互连
	碳纳米管的通流能力可以达到 $10^9 \sim 10^{10}$ A/cm^2, 并在较高的温度下稳定地存在而没有电迁移现象	功率电子器件
	碳纳米管的电流传输具有螺旋特征, 使其磁场分布主要集中在碳管的内部	电磁屏蔽材料
	碳纳米管的场发射特性具有相对低的开启电压和阈值电压、良好的场发射稳定性和长的发射周期	场发射器件、平面显示器
	碳纳米管的微波舟电特性使其表现出较强的宽带微波吸收性能	隐形材料、暗室吸波材料

物　性	特　　点	主　要　应　用
力学性能	密度为钢的1倍，强度为钢的100倍，杨氏模量可达1000GPa，比金刚石高好几倍，弹性模量可达1TPa	增强材料、耐磨材料、复合材料
	具有高弹性，高的韧性	电子探针、扫描电镜探针
	通过材料的响应，直接把电能转化为机械能	微型换能器、纳米镊子、STM/AFM探针
热学性能	实验测得单根多壁碳纳米管室温下的热导率可达到3000W/(m·K)。分子动力学模拟预测单壁碳纳米管的轴向热导率室温下可达到6600W/(m·K)，与金刚石相当	散热材料
光学性能	碳纳米管能够吸收与发散光波	光电调节器、传感器、碳纳米管电灯泡
磁学性能	通过金属性碳纳米管的磁通量表现为量子化	新型电子元器件
	金属性和半导体性随磁场强度作周期性振荡	电磁开关
其他性能	尺寸小、比表面积大、表面的活性位置多	催化剂及其载体
	良好的分子吸附能力	储气储能材料
	纳米尺度的空腔可限域化学反应	纳米材料合成模板

9.9　石　墨　烯

石墨烯自2004年首次在实验室中发现以来，其优异的电、热、光以及强度等性质使其显示出在众多领域具有潜在的应用价值，在科学界和产业界掀起了巨大波澜。2010年，研究石墨烯的先驱科学家获得了诺贝尔奖桂冠，又引发了世界新一轮对石墨烯材料的研发和投资热情。近年来，关于石墨烯材料制备的新方法陆续涌现，探索性应用案例不断见诸报端，这标志着石墨烯材料正处于从实验室走向产业化的关键时期。

9.9.1　石墨烯材料的术语、定义与分类

9.9.1.1　石墨烯材料的术语与定义

（1）石墨烯（graphene）。由一个碳原子与周围三个近邻碳原子结合形成蜂窝状结构的碳原子单层。

（2）石墨烯材料（graphene materials）。由石墨烯作为结构单元堆垛而成的、层数少于10层，可独立存在或进一步组装而成的碳材料统称。

（3）单层石墨烯（monolayer graphene），1LG。由1层石墨烯单独构成的二维材料。它可独立存在或附着在某基体上。

（4）双层石墨烯（bilayer graphene），2LG。由2层石墨烯以某种堆垛方式构成的二维材料。堆垛方式包括AB堆垛、AA堆垛、AA′堆垛等。它可独立存在或附着在某基体上。

（5）多层石墨烯（multi-layer graphene），MLG。由3层到10层石墨烯以某种堆垛方式构成的二维材料。堆垛方式包括AB堆垛、AA堆垛、AA′堆垛、ABC堆垛、ABA堆垛等。它可独立存在或附着在某基体上。

（6）功能化石墨烯（functionalized graphene）。通过化学法或物理法在单层石墨烯、双层石墨烯或多层石墨烯中引入原子或官能团后所形成的二维材料。

（7）氧化石墨烯（graphene oxide），GO。在单层石墨烯、双层石墨烯或多层石墨烯的表面和边界连接有含氧官能团的二维材料。

（8）还原氧化石墨烯（reduced graphene oxide），rGO。通过化学法或物理法不完全去除氧化石墨烯中的含氧官能团（基团）后的二维材料。

（9）氢化石墨烯（graphane）。单层石墨烯、双层石墨烯或多层石墨烯中碳原子与一定量的氢原子以 sp^3 成键所形成的二维材料。

（10）氟化石墨烯（fluorographene）。单层石墨烯、双层石墨烯或多层石墨烯中碳原子与一定量的氟原子以 sp^3 成键所形成的二维材料。

（11）石墨烯片（graphene plate），GNP。能够单独存在的单层石墨烯、双层石墨烯或多层石墨烯。按片径，它一般又分为石墨烯纳米片和石墨烯微片。它可以粉体或浆料的形态存在。

（12）石墨烯膜（graphene film）。在一定基体上生长的单层石墨烯、双层石墨烯或多层石墨烯。它可以从生长基体上转移到其他基体上。

（13）石墨烯量子点（graphene quantum dot），GQD。在两个相互正交横向上尺度均小于 10nm 的单层石墨烯、双层石墨烯或多层石墨烯。

（14）石墨烯纳米带（graphene nanoribbon），GNR。在一个横向上尺度小于 10nm、在另一正交横向上尺度远大于 10nm 条带状的单层石墨烯、双层石墨烯或多层石墨烯。

（15）三维石墨烯网络（three-dimensional graphene network）。由石墨烯构成的三维网状的碳材料。它的构建单元可为单层石墨烯、双层石墨烯或多层石墨烯，具有超大比表面积和纳米结构。

9.9.1.2 石墨烯材料的分类

按照描述石墨烯材料特征的三个维度：层数、被功能化形式和外在形态的不同，石墨烯材料可进行如下分类：

（1）按层数，它可分为单层石墨烯、双层石墨烯和多层石墨烯。

（2）按改性或被功能化形式，常见的有氧化石墨烯、氢化石墨烯、氟化石墨烯等。

（3）按外在形态，有石墨烯片、石墨烯膜、石墨烯量子点、石墨烯纳米带或三维石墨烯网络等。

石墨烯材料的类型可以按照三者不同的组合进行命名（图 9-12）。

由图 9-12 可见，石墨烯材料的命名次序为层数–功能化–形态，图 9-12 中实心圆所代表的石墨烯材料名称为"双层氧化石墨烯膜"。

9.9.2 石墨烯制备

制备出高质量的石墨烯，对于石墨烯的研究和产业化至关重要，研究人员发展了多种石墨烯制备方法，主要有机械剥离法、氧化还原法、高温裂解法、化学气相沉积法、电弧法、插层剥离法、化学分散法、有机合成法、液相分散法和碳纳米管剪切法等。而且，新的石墨烯制备方法还在层出不穷地不断涌现。如何能够大规模、低成本、高质量、层数可控地制备出石墨烯，成为石墨烯产业发展的关键因素。在此，仅介绍机械剥离法、氧化还

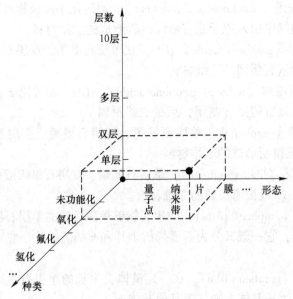

图 9-12　石墨烯材料的命名三维示意图

原法、高温裂解法、化学气相沉积法和电弧法。

9.9.2.1　机械剥离法

机械剥离法（mechanical exfoliation）是通过施加物理机械力（如摩擦力、拉力等），来克服石墨层间的范德华力相互作用，将石墨晶体解理制备石墨烯材料的方法。

2004 年，Manchester 大学安德烈·海姆（A. K. Geim）等人在《Science》上发表论文，以及后续论文，报道了他们用机械剥离法制备得到了最大宽度可达 $10\mu m$ 的石墨烯片。其方法主要是用氧等离子束在高取向热解石墨（HOPG）表面刻蚀出宽 $2 \sim 20\mu m$、深 $5\mu m$ 的槽面，并将其压制在附有光致抗蚀剂的 SiO_2/Si 基底上，焙烧后，用透明胶带反复剥离出多余的石墨片，剩余在 Si 晶片上的石墨薄片浸泡于丙酮中，并在大量的水与丙醇中超声清洗，去除大多数的较厚片层后，得到厚度小于 10nm 的片层。这些薄的片层主要依靠范德华力或毛细作用（capillary forces）与 SiO_2 紧密结合，最后在原子力显微镜下挑选出厚度仅有几个单原子层厚的石墨烯片层。此方法可以得到宽度达微米尺寸的石墨烯片，但不易得到独立的单原子层厚的石墨烯片，产率也很低。因此，该法不适合大规模的生产及应用。

随后，这一方法得到了进一步研究并成为制备石墨烯的重要方法之一。康斯坦丁·诺沃肖洛夫（K. S. Novoselov）等用这种方法制备出了单层石墨烯，并验证了其能够独立存在。随后，Meyer 等将机械剥离法制备的含有单层石墨烯的 Si 晶片放置一个经过刻蚀的金属架上，用酸将 Si 晶片腐蚀掉，成功制备了由金属支架支撑的悬空的单层石墨烯。他们研究后发现，单层石墨烯并不是一个平整的平面，而是平面上有一定高度（$5 \sim 10nm$）的褶皱。

Schleberger 等用该方法在不同基底上制备出石墨烯，将常用的 SiO_2 基底更换为其他的绝缘晶体基底（如 $SrTiO_3$、TiO_2、Al_2O_3 和 CaF_2 等），所制得的石墨烯单层厚度仅为 0.34nm，远远小于在 SiO_2 基底上制得的石墨烯。该方法还有利于进一步研究石墨烯与基底的相互作用。

在液相中超声剥离石墨是另外一种常用的剥离石墨的方法。选用与石墨烯表面能相匹配的溶剂，如1-甲基-2-吡咯烷酮、N，N-二甲基甲酰胺、二氯苯等作为介质，或者在含有表面活性剂的水中，利用超声波所产生的机械力，就能使石墨烯从石墨基体中分离出来。同时，由于石墨烯与溶剂分子的作用力，使分离出来的石墨烯能稳定地悬浮于溶剂中。这种方法得到的石墨烯大多为单层或少层，拉曼光谱及XPS能谱表明所制得的石墨烯基本不含氧化基团，并且缺陷较少。这种方法相比于传统的"胶带型"机械剥离方法更简便，也更有利于对石墨烯的后续加工以及制备石墨烯基材料。但是，这种方法同样面临了产率较低的问题，通常所得的石墨烯溶液浓度在0.01~0.03mg/mL范围内。Coleman等人为了提高液相剥离石墨烯的产率，将超声时间延长到了460h，得到了浓度高达1.2mg/mL的石墨烯溶液，不过如此长时间的超声却不适合应用到实际生产中。

到目前为止的研究表明，机械剥离法制得的石墨烯尺寸不一，不能精确地制造出石墨烯薄片，所需时间长，产率低。

9.9.2.2 氧化还原法

氧化还原法（oxidation reduction）是通过先将石墨氧化成氧化石墨，然后将氧化石墨解理获得氧化石墨烯，进而通过还原来制备石墨烯材料的方法。氧化还原法的实质是通过氧化剂在片层间渗透和氧化作用实现石墨片层的分离，以及通过还原反应恢复六元碳环状共轭体系。

氧化石墨的主要方法有Staudenmaier法、Brodie法、Hummers法，其中Hummers法以氧化时间短、氧化程度高、安全性好等优点在实验室被广泛应用。该方法以石墨粉为原料，将其融入浓硫酸、浓硝酸的混合液中，反应分低温、中温、高温三阶段，依次发生浓硫酸插层、石墨深度氧化、层间化合物水解三个反应，最后通过透析除去大量离子，得到石墨烯氧化物（Graphene Oxide，简称GO）的水凝胶，其结构如图9-13所示。人们从氧化反应的污染性、安全性及氧化效率及对石墨烯结构的破坏程度等方面对其进行了比较，同时也对氧化过程及反应机理等进行了深入的研究，已经找到了比较成熟的氧化石墨的制备方法，即Hummers法及改进的Hummers法。相反，在由氧化石墨还原制备石墨烯时，由于还原的方法及所采用的还原剂与石墨的氧化相比较具有更多的选择，如何由GO制备理想的石墨烯，依然是目前研究的热点。

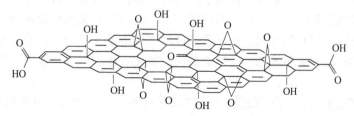

图9-13 氧化石墨烯的结构图

A 氧化石墨烯的制备

石墨本身是一种憎水性物质，在适当条件下能与强氧化剂反应生成大量的羧基、羟基、羰基、环氧基等含氧官能团，这些含氧官能团使得石墨片层间的范德华力明显减弱，也撑开了石墨片层，使石墨层间距明显增大，而得到氧化石墨。将这些氧化石墨分散于水或有机溶剂中，通过超声处理就可以将其剥离成单层或少数几层的氧化石墨烯。自1859年 Brodie 首次发现氧化石墨之后，制备氧化石墨的方法主要有四种：Brodie 法、Staudenmaier 法、Hummers 法和改进的 Hummers 法，其中改进的 Hummers 法最为常用。

（1）Brodie 法。Brodie 法分别采用发烟硝酸与高氯酸钾作为强酸和强氧化剂，将温度控制在0℃左右，搅拌反应24h，过滤洗涤产物至滤液接近中性，重复以上步骤多次，得到氧化石墨烯。这种方法的缺点是单次产物氧化程度较低，需要由处理次数和处理时间来控制石墨的氧化程度，效率较低。此外，氧化过程中使用的强氧化剂高氯酸钾还有一定的危险性。

（2）Slaudenmaier 法。Staudenmaier 法利用浓硫酸和发烟硝酸组成的混合酸体系，同样以高氯酸钾为强氧化剂，反应温度为0℃左右，搅拌反应一段时间，洗涤产物至滤液接近中性。氧化程度也可由搅拌时间来控制，但是该方法严重地破坏了氧化石墨烯的碳层，使用的高氯酸钾具有一定的危险性。

（3）Hummers 法。Hummers 法采用浓硫酸和硝酸钠体系，以高锰酸钾为强氧化剂，反应温度控制在0℃左右，反应结束后用 H_2O_2 溶液还原过量的高锰酸钾和产生的二氧化锰，过滤、离心洗涤产物至上层清液接近中性。该方法优点十分明显：第一，反应条件较温和；第二，所需氧化时间短，产物氧化程度高，产物结构规整且易于在水中溶胀而层离得到单层氧化石墨烯；第三，用高锰酸钾代替有危险性的高氯酸钾。但是该方法也有一定的缺陷，主要是选用的浓硫酸和硝酸钠在反应中会产生有毒性的氮氧化物，污染环境。

（4）改进的 Hummers 法。Hummers 法制备氧化石墨烯会产生污染气体，于是科学家们就尝试着对 Hummers 法进行改进。1999年，Kovtyukhova 和他的团队开发了一种首先将石墨在过硫酸钾和 P_2O_5 的浓硫酸溶液进行预氧化，接下来用高锰酸钾进行氧化的方法。过程中不再需要添加硝酸钠，这样就巧妙地避免了在反应中会产生氮氧化物，而且得到的反应产物质量非常好。

因此，这种改进的 Hummers 法是实验室与商业批量生产中最普及的制备氧化石墨烯的方法。

B　氧化石墨烯的还原

通过化学氧化法会在石墨片层上引入大量的官能团，它们会破坏本征石墨烯原本具有的优异性能，除了将氧化石墨烯直接用于制备复合材料以及功能材料外，欲将氧化石墨烯用作制备石墨烯以及石墨烯基复合材料的前驱体，还需要对氯化石墨烯进行还原和缺陷的修复。常见的还原手段有热还原法和化学还原法，但由于还原的方法及所采用的还原剂与石墨的氧化相比较具有更多的选择，目前如何由氯化石墨烯制备理想的石墨烯依然是研究的热点。

（1）热膨胀还原法。热膨胀还原法是将氧化石墨在短时间内迅速升温到1000℃以上，高温使氧化石墨中的含氧基团迅速分解并释放出二氧化碳气体，与此同时产生的压力能够使氧化石墨层间的距离增大，最终达到分离的目的。

研究发现，当温度达到1000℃时，其片层的压力能达到130MPa。而通过 Hamaker 常数计算表明只需2.5MPa的压力就能使氧化石墨烯分开。用热膨胀还原制备的石墨烯 BET 比表面积能达到 $600 \sim 900 m^2/g$（用甲基蓝吸附实验所得到的比表面积高达 $1850 m^2/g$），原子力显微镜测试表明，其中80%的片层为单层氧化石墨烯。最近，一些研究相继报道了在真空和135~220℃的低温条件下对氧化石墨烯的还原。相比于高温热还原，低温下热还原更节能，而且对于在基体上制备透明导电石墨烯薄膜有重要意义。

热膨胀还原一个显著的影响就是因为释放二氧化碳而对石墨烯结构的破坏，还原过程中，氧化石墨烯重量的损失大约为30%，因此在还原石墨烯的基面上会留下空洞和一些结构缺陷。

（2）化学还原法。化学还原法通常是在加热的溶剂中添加一些还原剂对氧化石墨烯进行还原。常用的还原剂有金属铝还原剂，有机物肼基、对苯-二酚、醇还原剂，无机物硼氢化钠、氢碘酸、强碱和柠檬酸钠还原剂，以及抗坏血酸和没食子酸等绿色化学还原剂等。

2007年，Ruoff等人使用水合肼对氧化石墨烯进行还原，首先是将氧化石墨在水中进行超声并得到稳定分散的氧化石墨烯溶液，再加入水合肼，并在80℃进行回流，发现随着反应的进行，许多黑色固体颗粒从溶液体系中沉淀下来。说明含氧基团去除后，石墨烯层间的π-π共轭的作用更加剧烈，使石墨烯团聚并发生沉淀。同时，也可以通过加入让聚苯乙烯磺酸钠与石墨烯形成非共价作用而防止团聚，得到稳定的石墨烯溶液。

后来，各种表面活性剂，共轭聚合物，共轭小分子等也被用来非共价修饰还原石墨烯。还原氧化石墨烯之前对之进行共价改性也能抑制石墨烯的团聚，如先用异氰酸苯酯对氧化石墨烯改性，再用二甲肼还原，同样得到稳定的石墨烯溶液。用聚合物对氧化石墨烯进行共价改性后再还原，也是目前常用的制备可溶性石墨烯的方法。

虽然水合肼等物质能够除去氧化石墨烯的含氧官能团，但是这些物质的毒性较高，处理废液也需要较大成本。因此，很多研究着力于采用绿色方法，即使用环境友好、无毒无害的还原剂，如抗坏血酸、没食子酸、维生素C、还原性糖类、血清蛋白、糖苷等还原氧化石墨烯。

化学还原法制备石墨烯是最有希望实现工业化宏量生产的方法之一。与其他方法相比，化学还原法具有工艺简单、条件温和、操作容易、成本低廉、单次质量产量最大、所得石墨烯的结构比较完整、产品层数集中（1~3层）、横向尺寸均匀（约2μm）等诸多优点。

9.9.2.3 高温裂解法

在高温（借助催化剂或无催化剂）条件下，将含有碳元素的化合物（如碳化硅SiC等）通过热裂解的方式生成石墨烯。由于常用碳化硅进行作前驱体，所以高温裂解法（high temperature pyrolysis）又称为碳化硅外延法。

热分解碳化硅时，利用硅的高蒸气压，在高温（通常大于1400℃）和超高真空（通常小于10^{-6} Pa）条件下使硅原子挥发，剩余的碳原子通过结构重排在SiC表面形成石墨烯层。采用该方法可以获得大面积的单层石墨烯，并且质量较高。然而，由于单晶SiC的价格昂贵，生长条件苛刻，并且生长出来的石墨烯难以转移，因此该方法制备的石墨烯主要用于以SiC为衬底的石墨烯器件的研究。

9.9.2.4 化学气相沉积法

化学气相沉积法（chemical vapor disposition，CVD）是高温下含碳原子气体（如甲烷、乙烯等）在基底（如金属或非金属等）表面分解并沉积生成石墨烯材料的方法。

通过选择基底的类型、生长的温度、前驱体的流量等参数，可调控石墨烯的生长（如生长速率、厚度、面积等）。此方法已能成功地制备出面积达平方厘米级的单层或多层石墨烯，其最大的优点在于可制备出面积较大的石墨烯片。

CVD法制备石墨烯简单易行，制取的石墨烯品质高，且非常有利于大面积生产，产品直接得到石墨烯薄膜，再加工工艺简单。在石墨烯品质及工艺的简易性方面，CVD法相比其他方法具有明显的优势，目前已成为石墨烯生长领域的主流技术。

CVD法在基底表面形成的石墨烯，用转移法去除基底后即可得到独立的石墨烯片。CVD石墨烯的转移方法有化学腐蚀法、聚合物辅助转移法、直接干法和湿法转移法、电化学气体插层鼓泡法和大面积卷对卷转移法等。其中，大面积卷对卷转移借助了聚合物辅助转移法中的胶黏剂，粘接石墨烯/Cu箔和目标基片，同时结合半导体薄膜工业领域的卷对卷技术，实现了米级尺寸的薄膜转移，提高了制备薄膜的重复性和效率，在经过后续加工（如湿法掺杂、等离子体处理）后，薄膜导电性和透光性基本满足透明导电膜领域的使用要求，开启了石墨烯薄膜新的应用大门，是转移技术重要的发展方向。主要转移方法的对比详见表9-7。

表9-7 石墨烯薄膜主要转移方法对比

转移方法	主要过程	特 征	典型面积/cm	应 用
聚合物辅助法	聚合物复合-腐蚀金属基底-取出目标板-去除聚合物	石墨烯质量优，控制简单，有聚合物残留，成本高	约5×5	实验室研究
直接干法或湿法	胶黏剂-层压贴合、静电力吸附-石墨烯从金属基片剥离	无需聚合物辅助，设备要求高，过程复杂	约5×5	实验室研究
大面积卷对卷法	用金属基底连续黏结大面积石墨烯，叠压目标基板，除去金属基底	高效批量生产，单位面积低成本；要求柔韧的基板，巨大和昂贵的仪器，卓越的先进技术	约10000×23	试验生产线

9.9.2.5 电弧法

电弧法是将石墨电极置于充满氩气、氢气等气体的反应容器中，在两个电极石墨之间通电激发出等离子电弧，此时温度可达4000℃。随着放电的进行，阳极石墨不断消耗，在阴极或反应器内壁上生成富勒烯、碳纳米管、石墨烯等沉积碳。通过调节催化剂及各气体成分的配比及含量，可有效控制几种产物的相对产量。

印度的Rao课题组和上海大学赵新洛等都成功地开发了采用电弧法大量生长2~4层石墨烯的技术，在实验室中实现了石墨烯样品的克级制备。电弧法制备的石墨烯样品具有很高的结晶性和纯度，高达650℃的氧化温度，以及$119.26m^2/g$的比表面积。通过改进电弧炉装置，精确控制生产环节中各种反应过程，合理分配反应产物比例含量，该技术有望放大至公斤级甚至吨级的工业规模。

石墨烯主要制备方法比较详见表9-8。

表9-8 石墨烯主要制备方法比较

制备方法	尺寸	层数	转移难易程度	工艺温度/℃	成本	能否大规模制备
机械剥离法	小	1~10	—	室温	低	难
氧化还原法	中	1~10	—	<50	低	容易、质量差
高温裂解法	大	1~100	难以转移	>1200	高	难
化学气相沉积法	大	1~4	腐蚀转移	400~1000	适中	易
电弧法	小	2~4		4000	低	可能

9.9.3 石墨烯性质

9.9.3.1 石墨烯的物理性质

石墨烯是一种超轻材料，单层石墨烯的厚度约 0.335nm，是头发丝的二十万分之一，1mm 的厚度中约有 150 万层的石墨烯。提取石墨烯中的一个正六边形碳环作为结构单元，由于每个碳原子仅有 1/3 属于这个六边形，因此一个结构单元中的碳原子数为 2，六边形的面积为 $0.052nm^2$。由此可计算出石墨烯的面密度为 $0.77mg/m^2$，理论表面积可达 $2630m^2/g$。石墨烯还具有很好的致密性，导致绝大多数气体、蒸气和液体，包括最小的气体分子——氦气，都无法穿透石墨烯的单层膜。

9.9.3.2 石墨烯的电学性质

石墨烯的每个碳原子均为 sp^2 杂化，并贡献剩余一个 p 轨道电子形成大 π 键。π 电子可以自由移动，赋予石墨烯优异的导电性。由于原子间作用力非常强，在常温下，即使周围碳原子发生挤撞，石墨烯中的电子受到的干扰也很小。石墨烯中的载流子可以以近乎光速的速度移动，而且不易发生散射。因而石墨烯具有非常高的电荷迁移率，迁移率可达 $2 \times 10^5 cm^2/(V \cdot s)$，约为硅中电子迁移率的 140 倍。石墨烯的面电阻约为 $31\Omega/sq$，电导率可达 $10^6 S/m$，是室温下导电性最佳的材料。此外，石墨烯是一种典型的半金属。半金属能带的特点，是其导带与价带之间有一小部分重叠。无需热激发，价带顶部的电子会流入能量较低的导带底部。因此，在绝对零度时，导带中就已有一定的电子浓度。石墨烯的价带和导带呈圆锥形，且交汇于一点（"狄拉克点"）。电子在石墨烯中的传输显示出半整数量子霍尔效应和相对论粒子特性。对于石墨烯纳米条带来说，这些特性更具有应用价值。由于石墨烯纳米条带呈半导体特性，其能隙与宽度成反比，除了可以通过控制其尺寸来实现对其能隙的控制，也可以充分利用上述特性控制石墨烯的能隙。

石墨烯的导电性可以通过化学改性的方法进行控制，并可以同时获得各种基于石墨烯的衍生物。例如，在不破坏石墨烯六边形晶格结构的情况下，在每个碳原子上键合一个氢原子，即可将石墨烯转变为绝缘的石墨烷。双层石墨烯在一定条件下还可呈现出绝缘特性，如在其垂直方向施加一个电场，锁定住电子在平面内的运动，则在平面方向会产生巨大的电阻。

作为 sp^2 杂化材料，石墨烯具有优于富勒烯的超导性能和超导温度，即使在零电荷密度时也有超导电流。

由于石墨烯是一种低噪声的电学材料，不仅可以用于化学传感，也可以用于在外电场、磁场或应力状态下的局部探测器。还可以将石墨烯转移到其他元件基体的活性表面，使场效应晶体管具有良好的电阻传输性能。例如，可在大单晶薄片上压制出一个由石墨烯组成的回路。

9.9.3.3　石墨烯的光学性质

石墨烯具有优异光学性质。理论和实验结果表明，单层石墨烯对可见光只有 2.3% 的吸收，即透光率为 97.7%。实验表明，在层数不多的情况下，石墨烯的透光性随着层数的增加而相差 2.3%，可以简单地用公式 $(1-0.023n) \times 100\%$ 表示（其中 n 为层数）。

优异的光学性质结合其导电性，石墨烯可以用做透明导电薄膜，可以替代氧化铟锡（ITO）等传统导电薄膜材料。既可以克服 ITO 的脆弱性，也可以解决铟资源稀缺导致的对工业应用的限制等问题，从而在触摸屏、透明导电电极等领域中发挥重要作用。

另外，当入射光的强度超过某一临界值时，石墨烯对其的吸收会达到饱和，这一非线性光学行为称为可饱和吸收。石墨烯的可饱和吸收性，可以应用于激光的锁模技术领域，对激光的脉冲宽度进行压缩，实现超快激光的输出。由于零能隙结构，石墨烯可以对所有波段的光无选择性吸收，因此，用石墨烯制成的可饱和吸收体能够实现全频带锁模。石墨烯在超快光子学，如光纤激光器等领域有广泛的应用空间。

9.9.3.4　石墨烯的热学性质

石墨烯的热导性能主要取决于其中的声子传输。石墨烯的室温热导率约为 5000W/(m·K)，高于碳纳米管和金刚石，是室温下铜的热导率（401W/(m·K)）的 10 倍多。石墨烯在高温下具有热稳定性，结合它极高的热导率和高的电荷传输能力使其在高效散热材料、芯片制冷和许多微热电器件方面得到广泛的应用。但石墨烯的热导率随着层数的增加而降低，对于多层石墨烯，其热传导性质更接近于块状的石墨。

9.9.3.5　石墨烯的力学性质

石墨烯具有优异的力学性能。不少研究者已经分别采用实验测定和理论计算的方法对石墨烯的力学性质进行了研究。

在实验测定方面，C. G Lee 等人使用原子力显微镜测试了石墨烯的杨氏模量，得到石墨烯中心的杨氏模量和三阶弹性常数分别为 1.0TPa 和 2.0TPa，破裂力为 130GPa。Frank 等人采用同样的方法对层数小于 5 层的石墨烯进行纳米压痕试验，测得石墨烯的杨氏模量为 0.5TPa。

在理论计算方面，通过密度泛函理论采用局域化密度近似的方法计算得到石墨烯的杨氏模量和泊松比分别为 1.05TPa 和 0.186。使用半经验的非正交紧束缚理论计算得到的石墨烯的杨氏模量为 1.206TPa。采用分子动力学和分子力学方法也得到了相近的理论计算值。

9.9.3.6　石墨烯的化学性质

石墨烯具有优良的化学性能。石墨烯同时具有面内的碳—碳 σ 键以及面外的大 π 键，所以一方面具有很高的结构稳定性，以及热和化学稳定性；另一方面如果进行适当官能团的修饰，将具有丰富的化学活性。常见的化学修饰方法有氧化、氢化及掺杂等。氧化石墨烯因为表面及边缘具有丰富的羧基、羟基、环氧等亲水性基团，常被用于进一步功能化的中间产物。

A　氧化石墨烯的化学反应

如前所述，氧化石墨烯的制备过程简单，便于大批量生产，分子表面及边缘含有大量的—COOH、—C—O—C—、—OH 等极性含氧官能团，增大了氧化石墨烯在水溶液的分散性，具有较高的反应活性，实际中制备出的氧化石墨烯经常用做进一步功能化的前驱体。

以氧化石墨烯上的羟基、羧基为反应活性位点，与功能化的小分子有机物反应，是目前研究较为热门的方向。如图 9-14 所示，以氧化石墨烯为前驱体，将石墨烯进行小分子功能化有如下主要反应：

GO-Ⅰ-Ⅱ反应：先将 GO 还原，再将还原产物与重氮化合物反应；

GO-Ⅲ-Ⅳ反应：GO 先与叠氮钠反应，再与 LiAlH₄反应得到氨基化的 GO；

GO-Ⅲ-Ⅴ反应：GO 先与叠氮钠反应，再引入十八碳块；

GO-Ⅵ反应：GO 通过酰化反应引入长链烷基；

GO-Ⅶ反应：GO 通过酯化反应引入长链烷烃；

GO-Ⅷ反应：GO 通过环氧基的开环反应引入离子液体基团；

GO-Ⅸ反应：异氰酸酯功能化的石墨烯。

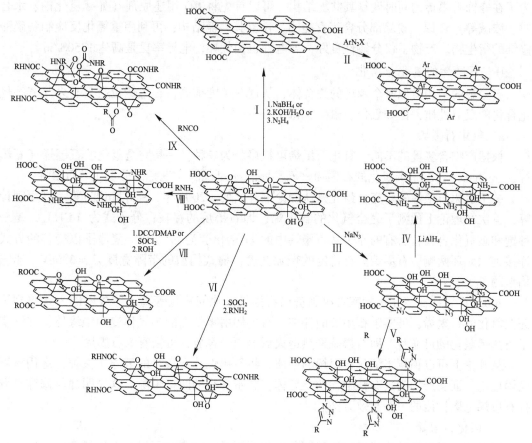

图 9-14　以 GO 为前驱体的石墨烯衍生物

上述反应基本可归结为五种类型：羧基酰化反应、重氮化反应、环氧基（—C—O—C—）的开环反应、异氰酸酯化反应和环加成反应。

以 GO 的—COOH、—OH 为反应位点，与异氰酸酯反应，可以生成一系列的功能化衍生物，如酰胺或者氨基甲酸酯等；产物可在 N，N-二甲基甲酰胺（N，N-Dimethylformamide，DMF）等极性非质子溶剂中均匀、稳定地长时间分散。

利用卟啉分子与 GO 发生酰胺化反应，可以生成具有特殊功能的新型衍生物；卟啉在有机化学中常被用做电子给体材料，同时作为电子受体的石墨烯，与卟啉复合后形成了分子内部的电子供体–受体（Donor-Acceptor）结构。测试表明，石墨烯与卟啉分子间发生了较为明显的电子和能量的转移，该衍生物具有良好的非线性光学性能。

以 GO 平面上的环氧基（—C—O—C—）为反应位点，利用亲核开环反应，可以制备出分散性良好的石墨烯衍生物；采用末端含有氨基的离子液体与 GO 的环氧基发生开环反应，将离子液体基团嫁接到石墨烯平面上，铵离子自身所带的正电荷产生静电斥力，提高了石墨烯的分散性，得到的产物在不需要加入表面活性剂的前提下就可以分散在水、二甲基甲酰胺（DMF）和二甲基亚砜（DMSO）等多种有机溶剂中。

以氧化石墨烯 GO 为前驱体，可得到种类丰富、功能多样的衍生物。但因为氧化过程本身破坏了石墨烯的共轭结构，功能化后的石墨烯在电学性能方面的表现仍不尽如人意。为了在修饰石墨烯的同时恢复其共轭结构，可以首先将 GO 用还原剂（如硼氢化钠、水合肼、浓碱等）还原，脱除部分含氧官能团，恢复其共轭结构；再利用重氮化反应制备磺酸修饰的衍生物。产物不仅分散性良好，导电性也很优异，电导率更是高达 1250S/m。

B 石墨烯的氢化与卤化

石墨烯的结构类似多个苯环的集合体，从这个角度推测，石墨烯也会具有多元芳香烃化合物的反应性质，比如氢化、氟化、氯化等。

a 氢化石墨烯

根据产物含氢量的不同，氢化石墨烯可粗略分为三种：一是完全氢化的石墨烯（石墨烷，graphane）；二是半氢化的石墨烯（石墨酮，graphone）；三是部分氢化的石墨烯。

关于氢化石墨烯的研究，最先是从理论上开始的。2007 年，Sofo 等通过第一性原理计算，首次在理论上预测了完全氢化的石墨烯，即石墨烷的存在；分子式为（CH）$_n$，是一种饱和碳氢化合物；所有的原子从石墨烯中的 sp^2 杂化变为 sp^3 杂化，氢原子以交替的方式连接到六元环两侧；石墨烷具有稳定的带隙宽度，椅式构型的带隙宽度 $E_g = 3.5\mathrm{eV}$，船式构型的 $E_g = 3.7\mathrm{eV}$。

2009 年，Geim 等在实验室首次制备出石墨烷。他们用氢等离子体放电的方式得到了完全氢化的石墨烯，证实了石墨烷的存在；石墨烯由零带隙的半导体变为绝缘体，并证实了石墨烯氢化的可逆性，即石墨烷经热退火后氢原子释放，可恢复为石墨烯。

从理论上可以预测半氢化石墨烯的性质，将石墨烷片层一半的氢原子去掉，运用密度泛函理论，证实产物为具有铁磁性的半导体，并带有小的间接带隙。这说明加氢修饰是调控石墨烯电磁性能的一种有效方法。

b 卤化石墨烯

通过氢化石墨烯的取代反应可以制备卤化石墨烯，卤素亦可以与石墨烯直接反应，生成石墨烯的卤化衍生物，如氯化石墨烯、氟化石墨烯等。

石墨烯在紫外光照射下即可获得氯化石墨烯，所得衍生物中氯的质量分数可达 56%；首先在石英容器中将冷凝后的氯气与石墨烯混合，之后紫外光照射 1.5h，反应温度可达 250℃，最后移除多余的氯气并分离出氯化石墨烯；与氢化石墨烯的可逆性类似，氯化石墨烯经热退火或紫外光照射后，也可恢复为石墨烯。

如先对石墨烯表面进行等离子处理，之后以共价键的方式将氟连接到石墨烯上，得到的氟化衍生物在有机溶剂中具有良好的分散性，可用于进一步功能化的中间体。

Robinson 等通过 XeF_2 气体将铜箔上的石墨烯进行单侧及双侧氟化，发现当氟在一侧的覆盖率达 25% 时（即 C_4F 时），这种产物在光学上是透明的；另外，密度泛函理论计算表明，C_4F 的能量最低，带隙宽度可达 2.93eV；通过氟化反应实现了对石墨烯光学及电学性能的控制。

C 石墨烯的化学改性与掺杂

为了更好地利用石墨烯的优异特性，使其获得更加广泛的应用，首先需要提高其加工性能，如溶解性和在基体中的分散性；其次需要有方向地改变、控制及调节其结构和电子性能。改性（功能化）方法主要分为表面改性和电子性能改性。

a 石墨烯的表面改性

从方法来看，石墨烯的表面改性主要分为共价键改性和非共价键改性两种。由于石墨烯的边缘部位和缺陷处具有较高的反应活性，在这些部位通过共价键连接一些适宜的基团，是一种有效的表面改性方法。制备过程中，通过化学氧化方法对石墨烯进行酸化处理得到氧化石墨烯。石墨烯氧化物中含有大量羧基、羟基和环氧基等活性基团，因而可以利用这些基团与其他分子之间的化学反应对石墨烯表面进行共价键改性。

此外，由于石墨烯本身具有高度共轭体系，易于与同样具有 π—π 键的共轭结构或者含有芳香结构的小分子和聚合物发生较强的 π—π 相互作用。所以，除共价键改性外，还可通过非共价键连接方法对石墨烯进行表面改性，即可用 π—π 相互作用、离子键以及氢键等超分子作用使石墨烯表面得到修饰，从而提高石墨烯的分散性。

然而，对石墨烯的表面改性也存在较为明显的缺点：进行改性修饰的同时会破坏石墨烯的本征结构，并改变其特有的性质。

b 石墨烯的电子性能改性

为了更好地将石墨烯这种具有优良物理性能的材料应用到半导体电子器件领域，需要对其电子结构进行适当的控制，以调节其电子性能。目前，可通过掺杂和离子轰击方法来改变石墨烯的电子性能。

众所周知，掺杂可完全改变半导体的基本特性，并有效控制半导体纳米晶体的光、电、磁学特性，直接促使高效率新型光电子器件的实现，为纳米晶体的广泛应用提供了巨大空间。该方法也可用来扩展石墨烯在光电子器件领域的应用，大量研究表明，石墨烯掺杂是调控石墨烯电学与光学性能的一种有效手段。例如，同传统的硅等半导体一样，石墨烯也可以通过硼、氮等元素在石墨烯的面内或者边缘进行 p 型或 n 型掺杂，有效地改变石墨烯的能带结构，便于开发新型石墨烯电子器件。

另一种改变石墨烯电子性能的方法是离子轰击，即赋予离子一定的初始能量，使其轰击石墨烯靶材。轰击会使石墨烯产生缺陷，如空位、纳米孔、取代、吸收等缺陷。这些缺陷的存在会导致石墨烯电子运动状态发生变化。例如，用 1keV 的 Ar^+ 轰击石墨烯表面，结果使石墨烯出现了不同振幅和周期性的褶皱结构，导致其电子状态发生变化，即 sp^2 键转化为 sp^3 杂化状态。

D 石墨烯与基底之间的相互作用

在化学气相沉积等生长环境下，或者作为纳米电子器件的使用条件下，石墨烯通常处于金属或半导体的表面。根据基底的性质以及基底材料与石墨之间的结合方式的不同，石墨烯的结构与性质会有相应的改变。

Giovannetti 等人使用第一性原理计算研究了 Al、Co、Ni、Cu、Pd、Ag、Pt、Au 八种金属的（111）表面与石墨烯的结合。研究发现，这些金属大致可以分为两类。Co、Ni 和 Pd 和石墨烯有较高的结合能，分别为 0.160, 0.1250, 0.084eV，相应的石墨烯–基底间距为 0.205nm、0.205nm 和 0.230nm。而 Al、Au、Pd 和 Pt 相应地结合较弱，结合能在 0.027~0.043eV 附近，而与石墨烯的间距为 0.330~0.341nm。

与金属不同，在半导体或者绝缘体（例如 SiC 和 SiO_2）的表面上，石墨烯通常在界面处与基底形成共价键或者发生范德华力相互作用。石墨烯与基底之间的界面还可以通过插入金属、氢、氧等原子来进行调控。

9.9.4　石墨烯应用

石墨烯以其精妙的结构、无与伦比的性能，在应用方面具有广阔的前景。以下主要从石墨烯柔性透明电极、石墨烯储能器件、石墨烯导电导热复合材料等方面进行介绍。

9.9.4.1　石墨烯柔性透明电极

透明电极作为太阳电池必不可少的组成部分，其性能直接影响电池的光电转化效率。目前应用于太阳电池透明电极的材料主要是氧化铟锡（ITO）、氟掺杂的氧化锡（FTO）和铝掺杂的氧化锌（AZO），ITO 已成为商业标准。但一直以来，ITO 作太阳电池透明电极存在很多问题，如在弯曲条件下易产生裂纹甚至断裂，对酸性和中性环境敏感、热稳定性差，以及对红外线的透过率比较低等。石墨烯对于包括中远红外线在内的所有红外线的透过率很高，这对于可吸收光谱范围向红外区扩展的太阳电池有着重要意义。通过化学掺杂，其透过率和导电性可超过 ITO，且具备合适的功函数、高机械强度、热稳定性和化学稳定性。与 ITO 相比，石墨烯在透过率和面电阻间有更大的调整空间，可根据实际工作情况，在电池效率和焦耳热间获得最优条件以实现最大发电效率。石墨烯作为太阳电池透明电极具有很大的优越性。表 9-9 显示了石墨烯作为透明电极，与其他类型透明电极的参数对比。

表 9-9　石墨烯与其他类型透明电极的参数对比

材　料	$T/\%$	$R_s/\Omega \cdot sq^{-1}$	地　位	问　题
ITO	>85	15~30	标准	成本高，易碎，易受酸碱盐溶液腐蚀，缓慢的真空操作过程
Ag 纳米线	>80	0.4~116	商业化、新兴	粗糙、环境稳定性欠佳、浑浊、光散射
CNT	90	50	新兴	高电阻、掺杂稳定性、粗糙
PEDOT	80	100	有限使用	电学/环境稳定性、颜色浅
石墨烯（未优化）	>85	≥400	新兴	高电阻、掺杂稳定性
石墨烯（优化）	>85	<30	新兴	掺杂稳定性

目前，制备大尺寸、高质量石墨烯透明导电薄膜最重要的方法，是在金属箔上采用化学气相沉积（CVD）的方法制备石墨烯，然后将石墨烯转移到柔性基材或者硬质材料上。国内外很多研究机构用此方法已制备出石墨烯柔性透明导电电极，如韩国成均馆大学与三

星公司（Samsung）合作实现了 30 英寸石墨烯到聚对苯二甲酸乙二酯（PET）的转移。

另外，日本的索尼公司和产业技术综合研究所、美国斯坦福大学、中国科学院沈阳金属研究所、中国科学院重庆绿色智能技术研究院等分别利用 CVD 法制备出高质量石墨烯薄膜。

2013 年 1 月 24 日，中国科学院重庆绿色智能技术研究院推出国内第一款 15in 层石墨烯薄膜，并成功将其完整地转移到 PET 柔性衬底和其他基底上，并且通过进一步应用制备了 7in 的石墨烯触摸屏。2013 年 5 月，常州二维碳素科技有限公司、无锡格菲薄膜科技有限公司、深圳力合光电传感股份有限公司联合江南石墨烯研究院宣布国内首条年产 $3 \times 10^4 m^2$ 的石墨烯薄膜生产线正式投产，有望成功用于手机电容触摸屏，实现石墨烯触摸屏手机的小批量生产。

9.9.4.2 石墨烯储能复合材料

新型储能材料的研发是推动高效储能技术发展的基础。近年来，化学储能领域对石墨烯的研究主要集中在氢能存储、超级电容器制造、锂离子电池和锂-空气电池制造等方面。研究的重点则集中在对石墨烯制备方法的探索，对石墨烯功能化的试验研究，以及基于石墨烯本身性质来研发结构完善的高性能石墨烯基储能元件。

A 储氢材料

吸附储氢由于具有安全可靠、储存容器重量轻、形状选择余地大和储存效率高等特点，成为当前储氢材料开发和研究的热点。碳质材料，尤其是具有大的比表面积、大的孔隙率的活性炭、碳纳米纤维、富勒烯及碳纳米管等，一直是储氢技术研究和开发的热门材料。但已有的研究结果证明，活性炭、碳纳米纤维和富勒烯等碳材料在中高压、室温下的储氢性能均达不到美国能源部所提出的质量储氢密度不低于 6.5%（质量分数）的目标。碳纳米管虽然能达到要求，但由于制备方法的多样、结构形貌的差异、处理方法和测试手段的不同，得到的实验数据离散性很大。

石墨烯问世以来，相对于其他储氢材料（如石墨、碳纳米管及传统的金属/合金等）而言，展现出更优异的储氢性能。理论计算表明，具有多层和较大片层间距的石墨烯结构，更有利于储氢。当石墨烯的层间距达到 0.6nm 时，一层氢气分子可以安插在片层之间，形成"三明治"结构，可以达到 2%~3%（质量分数）的储氢量。如考虑化学吸附，则石墨烯的储氢量为 7.7%（质量分数）。石墨烯经过 Ca 掺杂，储氢量可达 8.4%（质量分数）。

目前，有关石墨烯储氢的实验研究结果与理论容量仍有一定距离。利用二维石墨烯片掺杂钯纳米颗粒后再混合活性炭受体，用做储氢材料的实验证明，这种材料在 10MPa 下储氢量为 0.82%（质量分数），比不含石墨烯的钯材料提升了 49%，而且此材料的吸附是高度可逆的。

石墨烯储氢性能好坏与其实际的比表面积大小和活性掺杂物等密切相关。探索不同的石墨烯制备工艺，对石墨烯进行有效掺杂、复合，是今后石墨烯基储氢材料研究的重要方向。

B 超级电容器

石墨烯具有极高的比表面积，石墨烯片层的两边均可以富集电荷形成双电层。此外，石墨烯皱褶及叠加效果，可以形成纳米孔道和纳米空穴，利于电解液的扩散，所以石墨烯基超级电容器具有良好的功率特性。

石墨烯作为电极制成的超级电容器将在性能上有极大的提高，未来随着超级电容器的逐步推广，石墨烯也将拥有巨大的市场空间。

2012年4月，美国加州大学洛杉矶分校（UCLA）研究人员利用DVD刻录机发明出微型超级电容器，这种超级电容器只需数秒时间即可使手机或汽车充满电，其充电和放电速度是标准电池的100~1000倍。

2015年10月，中国中车集团株洲电力机车有限公司推出新一代大功率石墨烯超级电容，根据不同的容量和额定工作电压，3V/12000F超级电容在30s内即可充满电，2.8V/30000F超级电容充电时间在1min以内。与传统充电装置的"充电次数10000次以内、充电时间长达数小时、存在爆炸与污染环境的风险"性能相比较，新一代大功率石墨烯超级电容"充电次数100万次、充电时间数十秒、无污染及爆炸风险"，代表了目前世界超级电容单体技术的最高水平。

C 锂离子电池

锂离子电池是当前用途最广泛的电池能源。随着世界各国对新能源的大力推广，未来锂离子电池的需求将保持持续增长的态势，而提升锂电池整体性能的关键是开发新的电极材料。石墨烯作为一种从石墨中分离出来的新型碳质材料，加入到锂离子电池中，能够大幅提高其导电性。石墨烯锂离子电池解决了能量密度和功率密度两者的要求，是石墨烯最有可能实现产业化应用的方向之一。石墨烯在锂离子电池中的应用主要包括3个方面：一是石墨烯复合电极材料，包括正极和负极；二是石墨烯作为锂离子电池的导电添加剂；三是石墨烯功能涂层。石墨烯优异的导电性能可以提高锂离子电池的充放电速度，并增强与集流体间的导电接触。石墨烯包覆磷酸铁锂作为锂离子电池正极材料，无论在学术上还是产业化研究方面，目前报道都是最多的。

中国科学院宁波材料技术与工程研究所刘兆平团队采用石墨烯构建包覆磷酸铁锂纳米颗粒的高效三维导电网络，显著提高了磷酸铁锂正极材料的电化学性能。据报道，该项目已在宁波艾能锂电材料科技有限公司建成相关中试线。此外，采用石墨烯涂层铝箔作为锂离子电池的集流体，代替传统炭黑涂层，在不影响电池容量的前提下，可以降低并稳定电池内阻，同时还能提高电池的散热能力，延长电池寿命。

据报道，年产200万平方米的石墨烯涂层铝箔中试线已经在宁波墨西新材料有限公司建成。此外，清华大学康飞宇教授团队与鸿纳（东莞）新材料科技有限公司合作开发的石墨烯作为锂离子电池导电添加剂项目已有小批量产品试用。

中国宝安集团旗下的深圳贝特瑞新能源材料股份有限公司、四川金路集团股份有限公司等报道已具备石墨烯材料中试生产能力，将石墨烯用于锂离子电池电极材料中。东莞新能源科技有限公司、青岛乾运高科新材料股份有限公司等传统锂离子电池、锂离子电池电极生产厂家等均对石墨烯在锂离子电池中的应用研究有相关涉足。近期，美国Vorbeck Materials公司通过向锂离子充电电池的电极中添加少量石墨烯，不仅可以保持原来的能量密度，还能大幅度提高输出功率密度。日本住友电木株式会社尝试将石墨烯用做锂离子电池的负极材料，制备的锂离子电池目前虽然在能量密度上还比不上石墨，但却在低温下的放电特性和反复充放电方面显示出了超越石墨的出色特性。

石墨烯作为一种性能优异的活性材料大规模地应用于锂离子电池是未来的发展趋势，何时实现只是时间问题，目前的关键在于如何降低石墨烯的生产成本，以及解决石墨烯与电解液和电极材料相互匹配的问题。

为加强锂离子电池行业管理，大力培育战略性新兴产业，推动锂离子电池产业健康发展，2015 年 9 月 7 日，工信部发布了《锂离子电池行业规范条件》。文件中规定，锂离子电池生产企业电池年产能不低于 1 亿瓦时，消费型单体电池能量密度不小于 $150W \cdot h/kg$，电池组能量密度不小于 $120W \cdot h/kg$，聚合物单体电池体积能量密度不小于 $550W \cdot h/L$，循环寿命不小于 400 次且容量保持率不小于 80%。

D 锂-空气电池

锂-空气电池作为理想的高比能量化学电源，成为近年来的研究热点。锂-空气电池具有极高的理论比容量 $3828mA \cdot h/g$ 和理论比能量 $11425W \cdot h/kg$（有机体系，不含氧气质量）。

Abraham 等于 1996 年报道了非水溶性电解质锂-空气电池。有别于常规的水溶性电解质电池体系，使用有机电解液或全固态电解质的锂-空气电池是一种全新的金属空气电池。但目前该电池的研究工作正处于起步阶段，有许多基础问题需要研究。其中，适合长寿命高功率锂-空气电池使用的高效空气电极的开发，是发展锂-空气电池的重要课题。

空气电极作为锂-空气电池的研究热点，不仅是因为它主要贡献着电池的能量密度，也因为它直接影响了电池的输出电压/输出功率。早期开发出的混合电解液的锂-空气电池一直使用固定了催化剂的空气电极，这种空气电极是以高温烧结制作出来的贵金属或贵金属合金等的超微颗粒催化剂为基础，由具有高比表面积的碳材料用黏结剂粘结的混合催化剂层及疏水处理过的空气扩散层组成，其制作工艺非常复杂，成本很高。用性能相当或更好的廉价材料取而代之是空气电极走向实用化的关键，而石墨烯的发现给空气电极材料带来了新的选择。石墨烯具有将空气中的氧还原的催化效果，以此特征为出发点，以石墨烯作为空气电极，金属 Li 为负极，使用混合电解液（有机电解液/固体电解质/水溶性电解液）进行组合，开发出具有金属 Li/有机电解液/固体电解质/水溶性电解液/石墨烯空气电极结构的锂-空气电池。

目前，石墨烯电极用于锂-空气电池领域的研究已经取得了一定的进展。石墨烯作为催化剂或催化剂基底，在锂-空气电池中表现出良好的潜能，其巨大的比表面积提升了锂-空气电池的放电容量。作为催化剂使用，可以有效提升锂-空气电池的循环性能；作为催化剂基底，可以在其表面牢固黏附催化剂。石墨烯同时还可以有效地降低锂-空气电池的过电位。今后需要深入探索石墨烯在锂-空气电池中的应用及其作用机制，进一步提高锂-空气电池的效率和循环性能，推动其实用化。

9.9.4.3 石墨烯导热、散热复合材料

目前市场上电子产品的散热片主要是石墨导热散热片，苹果、三星、国产小米手机等的散热片均为石墨制成。石墨烯散热膜的散热性能要大大优于石墨片，在石墨散热片中嵌入石墨烯或石墨烯微片也可使得局部热点温度大幅下降。美国加州大学一项研究显示，普通碳纳米管的导热系数可达 $3000W/(m \cdot K)$ 以上，而单层石墨烯的导热系数可达 $5300W/(m \cdot K)$，可见石墨烯的导热性能优于碳纳米管。

常州碳元科技发展有限公司采用高取向聚合物碳化、石墨化等工艺制备的石墨散热膜，最薄12μm，导热系数最高达1900W/（m·K），为电子产品的薄型化发展提供了可能。高导热石墨膜具有良好的再加工性，可根据用途与聚对苯二甲酸乙二酯（PET）等其他薄膜类材料复合或涂胶，可裁切冲压成任意形状，可多次弯折，适用于将点热源转换为面热源的快速热传导。其广泛应用于高功率LED、智能手机、液晶面板、平板电脑、笔记本电脑等产品。

2013年4月，贵州新碳高科有限责任公司推出柔性石墨烯散热薄膜。该产品采用了上海新池能源科技有限公司的石墨烯粉末原料制备石墨烯溶液，利用辊对辊技术形成有良好取向性的石墨烯微片层状结构，然后在高温特定气氛下还原，热导率在800~1600W/（m·K）。其散热效果比常用的散热材料铜要提高2~4倍，而且具有良好的可加工性能。薄膜厚度控制在25μm左右，能帮助现有电脑、智能手机、LED显示屏等大大提高散热性能。

此外，厦门凯纳石墨烯技术有限公司、南京科孚纳米技术有限公司也有相关石墨烯微片散热产品问世。

9.9.4.4　石墨烯导电复合材料

2006年，从事石墨烯研究的美国著名教授Ruoff的课题组首次报道了聚苯乙烯/石墨烯导电复合物的制备，开启了石墨烯导电复合材料研发的序幕。

美国Vorbeck Materials公司开发出了"Vor-X"石墨烯导电添加剂。据介绍，天然橡胶添加4%（质量分数）的"Vor-X"后的导电性能达到0.3S/m。石墨烯导电添加剂可减少导电填料在聚合物中的用量，增强聚合物力学性能。这方面的应用很多，如飞机的抗静电轮胎，以及航海航天用增强导电塑料等。据报道，美国Cabot公司已经将石墨烯应用于航天航空复合材料中。另外，增加石墨烯用量，可以制备高强度的石墨烯电磁屏蔽材料。

厦门凯纳石墨烯技术有限公司开发的导电石墨烯微片，在聚碳酸酯（PC）中添加10%（质量分数）石墨烯微片，体积电阻$10^3\Omega·cm$，达到导电级别；与添加10%（质量分数）价格昂贵的超导炭黑（20多万元/t）性能相当，而石墨烯微片成本则更低。此外，美国XG Science公司也提供各种规格的石墨烯导电微片产品。据报道，美国的Ovation Polymers公司已经推出了基于石墨烯的石墨烯热塑性色母料和复合母料。

石墨烯导电油墨可以应用于印刷线路板、射频识别、显示设备、电极传感器等方面，在有机太阳能电池、印刷电池和超级电容器等领域具有很大的应用潜力。因此，石墨烯油墨有望在射频标签、智能包装、薄膜开关、导电线路以及传感器等下一代轻薄、柔性电子产品中得到广泛应用，市场前景巨大。与现有的纳米金属（如纳米银粉、纳米铜粉等）导电油墨相比，石墨烯油墨还具有巨大的成本优势。

2012年6月，英国剑桥大学的F. Torrisi等利用石墨烯的N-甲基吡咯烷酮溶液，首次使用普通的喷墨打印机打印出由石墨烯制成的柔性电路。

9.9.4.5　耐腐蚀材料

金属腐蚀是一个严重的全球性问题，它对国民经济造成了直接的损失，亟待开发出新型高效的金属防护技术手段。石墨烯是一种仅有单原子层厚度的新型碳材料，具有独特的结构和优异的物理化学性能。由于其具有超大的比表面积、优异的抗渗透性、高的热稳定性和化学稳定性等优点，故作为金属防护涂层有着巨大的应用潜力。

首先，石墨烯稳定的 sp^2 杂化结构使其在金属与活性介质间形成物理阻隔层，能有效阻碍气体原子的通过；其次，石墨烯具有很好的热稳定性和化学稳定性，不论是在高温条件下（例如 1500℃）还是在具有腐蚀或氧化性的气体、液体环境中均能保持稳定。因此，将石墨烯用作金属防护涂层，可以防止其与腐蚀性或氧化性的介质接触，对基底材料起到良好的防护作用；同时石墨烯还能对镀层金属起到钝化作用，进一步提高其耐蚀性能。此外，金属材料常用的聚合物涂层容易被刮坏，而石墨烯优良的机械性能和摩擦学性能可以提高材料的减摩、抗磨性能。石墨烯超轻、超薄的特性也使其对基底金属无任何影响。

9.9.4.6 吸附材料

一些具有污染性的重金属离子，例如 Cu^{2+}、Pb^{2+}、Ni^{2+}、Hg^{2+}、Cd^{2+} 等，会经常出现在水体中。氧化石墨烯由于其表面存在含氧基团，在水或有机溶剂中具有良好的分散性，使其成为重金属离子的理想吸附材料。除此以外，采用氧化还原法制得的石墨烯上往往会残留一些含氧官能团，这些含氧官能团也增加了溶液对这些污染性金属离子的吸附性。例如，采用少层氧化石墨烯吸附金属离子 Pb^{2+} 的试验结果表明，在 60℃ 下，少层氧化石墨烯的饱和吸附量可达到 1851mg/g；研究还发现，当 pH>8 时，Pb^{2+} 的吸附量随吸附值的增加而逐渐减小，这是因为 Pb 在溶液中以 $Pb(OH)_3$ 的形式存在，氧化石墨烯与其负电势相互排斥，降低了吸附效果。另外，对聚吡咯/还原氧化石墨烯复合材料的吸附性能也有报道，该复合材料具有较好的选择性去除 Hg^{2+} 的能力，结果显示其对 Hg^{2+} 的吸附量高达 980mg/g。

众所周知，材料的吸附能力主要依赖于其孔隙结构、比表面积和表面基团，而石墨烯的高比表面积使其具有极高吸附能力，是目前已知材料中吸附能力最高的材料。

9.9.4.7 催化剂载体

碳材料具有耐高温性能好、化学稳定性高、比表面积大等优点，常被使用作为催化剂的载体。而石墨烯材料具有更大的比表面积。尽管目前石墨烯的高价格、难制备等缺点限制了其应用，工业界还没有大规模使用石墨烯作为催化剂载体的报道，但是对于贵金属的负载而言，石墨烯仍然是其催化剂载体的最佳选择。伴随着石墨烯材料的量产和石墨烯制备成本的下降，会有更多行业尝试石墨烯这一催化剂新载体。石墨烯负载的催化剂包括金属纳米颗粒、金属氧化物、金属有机化合物等。由于氧化石墨烯具有丰富的活性官能团，相比石墨烯具有更多结合位点，使其很方便在溶液相中混合并原位负载金属纳米颗粒。该方法具有容易操作、低成本、易大规模生产等优势。负载金属催化剂的研究主要包括用于表面拉曼增强的石墨烯/纳米金和石墨烯/纳米银复合物、Suzuki 和 Heck 偶联反应的石墨烯/纳米钯燃料电池、用于催化甲醇或者甲酸氧化反应的石墨烯/纳米铂复合物以及用于光催化的石墨烯/半导体纳米颗粒复合物等。另一方而，对于理论研究，石墨烯本身催化性能的研究也是一个值得关注的课题，目前在氧化石墨烯、氮掺杂石墨烯以及有机修饰石墨烯材料的催化性能方面也都有研究报道。

9.9.4.8 石墨烯生物医用材料

石墨烯尤其是氧化石墨烯比表面积大，并且在水中有很好的分散性。氧化石墨烯表面含有丰富的含氧官能团，能将各种药物和生物分子通过化学方式固定在其表面，故在药物和基因负载与输送领域具有良好的应用前景。

除了用于输送药物，石墨烯还可作为基因载体用于基因转染。氧化石墨烯表面含有大量的羧基、羟基等官能团，使其较容易地通过表面修饰得到带正电荷的石墨烯复合物以用于基因输送转染相关研究。目前，聚乙烯亚胺、壳聚糖和 1-芘甲基胺等带正电荷材料已被用于修饰石墨烯并充当基因输送载体。

由于其碳原子层二维结构特点，石墨烯具有极好的力学性能，无支撑单层石墨烯的弹性模量高达 1.0TPa，抗拉强度为 125GPa。因此，石墨烯可作为二维增强相应用于生物复合材料领域。如用石墨烯纳米片（GNSs）作为羟基磷灰石（HA）的二维增强相，制备的 1.0GNS／HA（质量分数）的弹性模量、显微硬度和断裂韧性分别比 HA 增加了约 40%、30% 和 80%。

由于在近红外光区域具有出色的光热转换能力，石墨烯与经修饰的石墨烯被大量研究用于肿瘤的光热治疗。例如，有研究发现水合肼还原的氧化石墨烯经 PEG 修饰后，在较传统功率低一个量级的 808nm 激光辐照下即可实现对肿瘤组织 100% 的消除。除通过光热治疗直接杀死肿瘤细胞，石墨烯的光热转换效应还被广泛应用于肿瘤的协同治疗相关研究中。

由于具有良好的分散稳定性、生物相容性和较强的荧光成像效果，石墨烯基材料作为一种新兴的荧光成像材料在生物活体成像领域具有广泛的应用前景。石墨烯自身在近红外光激发下即可发出荧光，且将一些荧光染料通过共价或非共价方式连接到石墨烯上可获得具有更优荧光性能的复合物。例如，在生理环境中可稳定存在的聚乙二醇化的氧化石墨烯（GO-PEG）在可见和近红外光区均存在良好的光致发光性能，且易与细胞的自发荧光区分开，因此可用于进行细胞成像和肿瘤的标记检测。

石墨烯可促进电子传递，对一些生物小分子表现出优异的电催化行为，同时电化学检测方法具有易携带、灵敏度高、成本低等优点，故在高性能电化学生物传感器领域，石墨烯也受到广泛关注。经石墨烯修饰的电极具有出色的电催化活性，且其边缘存在的缺陷可作为活性位点，提高被检测生物分子的电子转移速度，降低电子转移电阻。石墨烯修饰的电极可在同时存在多种生物分子的条件下，对其中一种分子进行检测，具有分离效果好和检测限低等优点。石墨烯具有较宽的电势窗口，可直接检测氧化还原电位较高的核酸分子。

氧化石墨烯（GO）和还原后的氧化石墨烯（rGO）均具有优异的抗菌性。研究表明，GO 和 rGO 片层结构的边缘坚硬，可能会对大肠杆菌等细菌的细胞膜造成损伤。rGO 薄膜较 GO 薄膜表现出对革兰氏阴性菌（大肠杆菌）与革兰氏阳性菌（金黄色葡萄球菌）更好的抑制效果，这主要是由于当具有更加锋利边缘的 rGO 与细菌相互作用时，具有更好的电荷转移特性。团聚的 GO 和 rGO 能够通过捕获大肠杆菌使其与外界环境相分离，细菌由于不能有效获得营养成分而停止生长甚至死亡，因此 GO 和 rGO 表现出良好的抗菌性。

由于其出色的结构，物理、化学和生物学性质，石墨烯能够应用于生物医用多个领域。但要实现石墨烯材料的临床应用，其生物安全性是一个不可忽视的重要问题。石墨烯的主要组成元素是碳，而碳是组成生物有机体内最基本的元素之一，因此石墨烯材料在生物医用应用中具有天然的优势。由于制备工艺不同，石墨烯与其衍生物材料的物理化学性质（如尺寸大小、结构形状、表面化学状态等）不尽相同，因此其与生物分子、细胞、组织和器官等相互作用方式多种多样。但目前大量研究表明，石墨烯是一种生物相容性良好的碳纳米材料。细胞毒性是评估材料生物安全性的重要指标之一。石墨烯材料一般均表现出较低的细胞毒性。虽个别研究发现氧化石墨烯呈现出较高的溶血率，但经过聚乙二醇、壳聚糖、吐温、人工过氧化物酶、葡聚糖、蛋白等修饰后，石墨烯材料的细胞毒性能显著降低。动物毒性是评估材料生物安全性的又一重要指标。虽石墨烯与其衍生物可在肺部富集并存在较长时间，进而导致肺部水肿和肉芽肿瘤的形成，诱发肺部损伤，但经聚乙二醇、葡聚糖、壳聚糖等聚合物修饰可显著降低石墨烯基材料的体内毒性。且有研究表明，生物体内存在的辣根过氧化物酶、人髓过氧化物酶等酶分子会引发石墨烯材料的降解，这种酶促降解行为可在很大程度上降低石墨烯材料的生物毒性尤其是长期生物毒性，使其更为安全有效地应用于生物医用领域。

因其出色的结构、力学、热学、光学、电学和生物学等性质，石墨烯和其衍生物有望广泛应用于药物/基因输运、生物材料、肿瘤的光热治疗、生物荧光成像、组织工程、电化学生物传感和抗病毒/抗菌等生物医用领域。石墨烯在生物医用领域的巨大研究进展是鼓舞人心的，但不能否认所面临的挑战也同样艰巨。由于石墨烯基材料的多样性和生物系统的复杂性，对石墨烯与生物分子、细胞、组织、器官乃至生物体相互作用的机制目前还缺乏系统详尽的研究。但随着研究的不断开展和深入，石墨烯材料必将在不远的将来在生物医用诊断和治疗领域取得实质应用。

9.9.4.9 其他复合材料

由于石墨烯特殊的性质，物理、化学、机械，电子和传热等各领域的研究者采取不同的方法，制备出了不计其数的石墨烯复合材料：

（1）机械领域。石墨烯/环氧树脂复合材料，当石墨烯为 0.012%（质量分数）时，拉伸强度可以达到 60MPa，比环氧树脂高出 17%。石墨烯/聚甲基丙烯酸甲酯（PMMA）复合材料，当石墨烯含量为 1%（质量分数）时，可以将拉伸强度提高 20%，弹性模量为纯 PMMA 的 1.8 倍。石墨烯/聚乙烯醇（PVA）复合材料，拉伸强度可以提高 69.5%，弹性模量可以提高 57%。

（2）电子领域。石墨烯/聚苯胺复合材料，比电容为 1046F/g。相比于聚苯胺提高了 8 倍。石墨烯/SnO_2 复合材料用做锂离子电池的负极，可以明显提高其比容量与充放电稳定性。相比于纯 SnO_2，比热容可以提高 260mA·h/g。石墨烯/二氧化钌复合材料，当石墨烯含量为 5%（质量分数）时，这种复合材料的比容量可以达到 740F/g，相比于氧化钌有了很大的提高。

（3）传热领域。石墨烯/尼龙 6 复合材料的导热系数随着填料的体积分数的增加而提高，当石墨烯为 20% 时，复合材料的导热系数为 4.11W/(m·K)，为纯尼龙 6 的 15 倍。将石墨烯与银混合填充到聚合物基体中，当填充体积分数为 5% 时，导热系数为基体的 6 倍。对于氧化石墨烯/环氧树脂复合材料，研究表明，当氧化石墨烯为 5%（质量分数）时，导热系数比纯环氧树脂提高了近 4 倍。

274

总之，石墨烯及其复合材料的应用研究不胜枚举，研究成果层出不穷，应用前景广阔（表9-10）。

表 9-10　石墨烯特性与应用领域

石墨烯特性	指　标	主要应用领域
最薄、最硬	厚 0.335nm，仅一个碳原子的厚度；石墨烯同时是已知的最坚硬的材料，莫氏硬度高于金刚石	便捷式超薄设备的模块化组装/分装、航空航天复合材料
高强度	由于高的硬度，石墨烯拥有很高的强度。如果用石墨烯制成普通食品塑料包装袋（厚度约 100nm），那么它将能承受大约 2t 重的物品	超轻防弹衣、超薄超轻型飞机材料等
超高载流电子迁移率	室温下为 $20\times10^4 cm^2/(V\cdot s)$（硅的 100 倍），理论值为 $100\times10^4 cm^2/(V\cdot s)$，相当于光速的 1/300	石墨烯集成电路
超高热导率	达到 $5300W/(m\cdot K)$	石墨烯导热膜、超大规模纳米集成电路散热材料
超大比表面积	达到 $2620m^2/g$，远高于普通活性炭的 $1500m^2/g$	超级电容、锂离子电池、石墨烯传感器
高透光率、高韧性	透光率达到 97.7%，能够拉伸 20% 而不断裂	柔性触摸屏（替代 ITO）、太阳能电池板

中国石墨烯产业联盟预计，2016 年年内全球石墨烯年产能达到百吨级，未来五年到十年将达到千吨级。到 2020 年，全球石墨烯市场规模将超 1000 亿元，其中中国占比 50%～80%，中国将在全球石墨烯产业中起到主导和核心作用。

9.10　石　墨　炔

石墨炔（Graphdiyne），是继富勒烯、碳纳米管、石墨烯之后，一种新的全碳纳米结构材料，具有丰富的碳化学键、大的共轭体系、宽面间距、优良的化学稳定性，被誉为最稳定的一种人工合成的二炔碳的同素异形体。由于其特殊的电子结构及类似硅的优异半导体性能，石墨炔有望广泛应用于电子、半导体以及新能源领域。

9.10.1　石墨炔制备

2010 年，中科院化学所在石墨炔研究方面取得了重要突破。利用六炔基苯在铜片的催化作用下发生偶联反应，成功地在铜片表面上通过化学方法合成了大面积碳的新的同素异形体——石墨炔薄膜。在这一过程中，铜箔不仅作为交叉偶联反应的催化剂、生长基底，而且为石墨炔薄膜的生长所需的定向聚合提供了大的平面基底，使得反应朝着形成双炔键聚合物的方向发展。所合成薄膜为石墨炔多层结构，均匀覆盖于铜片之上。测试显示，室温下石墨炔薄膜的电导率可达 $2.516\times10^{-4}S/m$，与硅材料电导率接近，表明石墨炔材料具有良好的半导体特性。

9.10.2 石墨炔性质

（1）物理性质。石墨炔是由 1，3-二炔键将苯环共轭连接形成二维平面网络结构的全碳分子，具有丰富的碳化学键，大的共轭体系、宽面间距、优良的化学稳定性和半导体性能。石墨炔单晶薄膜具有较高的有序度和较低的缺陷，薄膜电导率为：$10^{-4} \sim 10^{-3} S/m$。石墨炔薄膜的层间距为 0.365nm，少数层石墨炔薄膜厚度可以控制在 15~500nm 之间。随着石墨炔厚度的减小，其电导率逐渐增加。迁移率随着石墨炔薄膜厚度的增加逐渐下降，厚度为 22nm 的石墨炔薄膜的迁移率可达到 $100 \sim 500 cm^2/(V \cdot s)$。

将石墨炔粉末与 P3HT（一种 3-己基噻吩的聚合物）在溶剂中混合，可获得石墨炔/P3HT 薄膜。通过微区 Raman 光谱分析发现，在 P3HT/石墨炔的复合薄膜中，石墨炔的 sp^2 碳的 G 带峰位置发生了蓝移，而双炔特征峰的位置发生了红移，说明石墨炔特殊的分子结构和电子结构不仅具有供电子特性，而且也具有吸电子特性。

（2）化学性质。TiO_2（001）-GD（石墨炔）复合物的电子结构、电荷分离和氧化能力都优于纯 TiO_2（001）和 TiO_2（001）-GR（石墨炔）复合物，通过实验进一步验证了理论计算结果，在光催化降解亚甲基蓝的实验中，TiO_2（001）-GD 的降解反应速率常数是纯 TiO_2（001）的 1.63 倍，是 TiO_2（001）-GR 的 1.27 倍。

9.10.3 石墨炔应用领域

石墨炔材料除可替代石墨烯用于制作新型纳米电子和光电器件外，在气体分离、海水淡化、储氢及催化等方面同样具有巨大应用潜力。

（1）储锂材料。石墨炔均一的孔径结构、优良的电子导电性和化学稳定性赋予石墨炔较高的容量，优异的倍率性能和循环寿命等方面优良的电化学性能。石墨炔储锂理论容量达 744mA·h/g，多层石墨炔理论容量可达 1117mA·h/g（1589mA·h/cm³），且其独特的结构更有利于锂离子在面内和面外的扩散和传输，这样赋予其非常好的倍率性能。

（2）电池负极材料。由于石墨炔具有 sp 和 sp^2 的二维三角空隙、大表面积、电解质离子快速扩散等特性，基于石墨炔的锂离子电池也具有优良的倍率性能、大功率、大电流、长效的循环稳定性等特点，并具有优良的稳定性，若在 2A/g 的电流密度下，经历 1000 次循环之后，其比容量依然高达 420mA·h/g。这是绝大多数锂离子负极材料所不具备的优势。

（3）催化还原。石墨炔负载金属钯可高效催化还原 4-硝基苯酚，还原速率（$0.322 min^{-1}$）分别是 Pd-碳纳米管、Pd-氧化石墨烯和商用 Pd 碳的 40 倍、11 倍和 5 倍；氮掺杂石墨炔具有非常优异的氧还原催化活性，已经与商业化铂/碳材料相当，有望实现对贵金属铂系催化剂的替代。而由于石墨炔三键具有极高的化学活性，TiO_2（001）-石墨炔复合物等石墨炔基材料显示了独特的光催化、电化学催化及催化性能。

（4）海水淡化。麻省理工学院教授 Markus Zahn 认为，石墨炔可能在海水淡化方面具有不可替代的作用，可滤除海水中的氯化钠达 99.7%。

（5）气体分离。石墨炔结构中含有周期性排列的三角形孔洞，非常适用于从合成气（H_2、CO 和 CH_4 的混合气体）中提取出 H_2，成为发展清洁能源经济的一项重要应用。

石墨炔是未来最具潜力和商业价值的材料之一，它将在诸多领域得到广泛的应用（英国《纳米技术》杂志）。

9.11 碳量子点

2004 年，继富勒烯、碳纳米管和石墨烯之后，又出现了一种新型碳纳米材料——碳量子点（也称碳纳米点，carbon quantum dots 或 carbon dots，CDs 或 C. dots）。碳量子点是一种粒径小于 10nm、微观近乎准球形、表面富含有机官能团（钝化）、具有荧光性能的碳纳米颗粒。由于碳量子点具有可与半导体量子点（如硒化镉等）相媲美的荧光性能，碳材料又具备天然的环境友好性和生物相容性，同时碳量子点表面丰富的官能团不仅使其具有良好的溶剂分散性，而且易于功能化修饰，因此，碳量子点一经发现，便引起了人们广泛的研究兴趣。

9.11.1 碳量子点制备

2004 年，Scrivens 等在纯化由电弧放电法获得的碳纳米管粗产物时，无意中分离出一种荧光碳纳米颗粒。2006 年，Sun 等采用激光消蚀石墨靶，粗产物经浓硝酸处理后，再用聚乙二醇（PEG1500N）对其进行表面钝化，最终也获得类似的荧光碳纳米粒子。发展至今，碳量子点合成工艺可以归纳为自上而下和自下而上两类：自上而下是指碳量子点从大尺寸的碳靶剥离或粉碎而形成，主要包括电弧放电法、激光消蚀法和电化学法等；自下而上则是指碳量子点由分子先驱体制备，包括燃烧法、热解法、模板法、微波法、超声波法等。

（1）电弧放电法。弧光放电法是最早制备碳量子点的方法。2004 年，Xu 等在用电弧放电法制备单壁碳纳米管时，先利用硝酸处理，再通过凝胶电泳分离，结果无意中发现最先分离出来的材料在紫外灯照射下有荧光。在进一步的电泳分离后，得到了三种荧光纳米材料，使用 366nm 的光源激发后，这三种纳米材料分别显示蓝绿色、黄色和橘红色荧光，其中发射黄色荧光的纳米材料经检测，其粒径在 0.96nm 左右，即为碳量子点。

采用电弧放电法制得碳量子点的荧光性能一般都较弱，而且粗产物成分往往比较复杂，导致碳量子点的纯化过程很困难，最终产物的收率也较低。

（2）激光消蚀法。激光消蚀法是使用激光束在高温、低压条件下对碳靶进行消蚀，从而获得碳量子点的方法。2006 年，Sun 等在温度 900℃、水蒸气氛围、氩气载气、压力 75KPa 条件下，利用波长为 1064nm 的 Q 转换 Nd：AG 激光器（10Hz），以自制石墨靶为碳源，先通过激光消蚀，再用 2.6M 的硝酸处理和有机物表面钝化，获得的碳量子点粒径在 5nm 左右，400nm 激发下测得的荧光量子产率在 4%~10% 之间。

随后，研究者对激光消蚀法进行了改进，使碳量子点的制备与其表面钝化一步完成，简化了工艺步骤。但采用激光消蚀法的基本条件，是必须有专门的激光设备。

（3）电化学法。电化学法也称为电化学氧化法，是将各种炭材料用作工作电极，在电解液中对其进行阳极氧化，使碳量子点剥离下来，再经表面钝化而得到碳量子点的方法。

用做工作电极的碳源有多壁碳纳米管、石墨、乙醇等；电解液有高氯酸四丁铵盐乙腈、磷酸二氢钠等。电化学法制备碳量子点的特点是设备要求低、可重复性强，碳量子点的产量可由电解时间控制。

（4）燃烧法。蜡烛和天然气燃烧的烟灰中含有碳纳米颗粒，用一定浓度的硝酸与烟灰一起回流，反应一定时间后，分离提纯，即可获得荧光碳量子点。实验发现，碳量子点的荧光发射与电泳迁移速率有对应关系，电泳迁移速率快的碳量子点呈现短波荧光，而迁移速率慢的碳量子点则显示长波荧光。

（5）热解法。热解法是指通过加热的方式，使有机物部分碳化，从而获得碳量子点的方法。按具体工艺又可以细分为热裂解法、溶剂热法和化学热法。Giannelis 等首先采用热解法处理分子前驱体（即碳源），一步获得了表面钝化的碳量子点。该报道设计了两种工艺：第一种工艺，基于柠檬酸制备了疏水性和亲水性两种碳量子点。疏水性碳量子点采用热裂解法，通过直接在空气中煅烧十八烷基柠檬酸铵盐（300℃，2h）获得，亲水性碳量子点则采用溶剂热法，通过 2-(2-氨基乙氧基) 乙醇和柠檬酸混合物的水热反应（300℃，2h）获得，其相对荧光量子产率在 3% 左右。第二种工艺，以 4-氨基安替比林作为碳源，直接在空气中煅烧一定时间后，经有机溶剂溶解、加水沉淀和多次水洗后，获得荧光碳量子点。

（6）模板法。模板法是将有机碳前驱体聚合或附着在合适的模板上，经热氧化合成碳量子点，然后通过酸刻蚀等手段去除模板，分离出碳纳米点的方法。2009 年，Liu 等采用模板法制备了碳量子点。碳量子点的模板选用纳米二氧化硅（SiO_2）微球，碳源使用酚醛树脂。具体工艺是：先用双亲性三嵌段共聚物 F127 修饰 SiO_2 微球表面，然后将可溶性酚醛树脂与其混合并发生聚合反应，再利用氩气氛围保护，900℃ 下热解；热解产物再用浓碱溶液将其中的 SiO_2 模板反应去除，提纯后获得荧光碳量子点。该碳量子点用浓硝酸回流氧化，再经钝化剂表面热处理，最终得到的碳量子点荧光量子产率能达到 11%～15%，且受环境 pH 值的影响较小，在 pH 值为 5～9 范围内，荧光量子产率变化不大。

模板法的特点是可以固定产物，避免新生纳米颗粒的团聚，同时还可以利用模板限制来控制纳米颗粒的粒径，但最终碳量子点的提纯往往需要用腐蚀性强酸或强碱去除模板，可能会影响碳量子点的性能。

（7）微波法。微波法是一种利用微波辅助加热碳前驱体，快速制备碳量子点的方法。Pramanik 等使用 100W 微波炉处理蔗糖与磷酸混合液，微波加热 3min 40s 后一步获得碳量子点。该碳量子点的平均粒径为 3.10nm，紫外光激发下显示绿色荧光。通过荧光素的表面功能化处理，可以提高碳量子点的最大荧光强度。

微波法的优点是对设备要求非常低，而且碳量子点的合成时间很短。但其存在制得的碳量子点存在粒径分布不均匀、可控性较差的缺点。

（8）超声波法。超声波法是利用超声反应的空化作用（交替的高压和低压波），瞬间内爆发出强烈的振动波，从而产生巨大的能量，使碳前驱体脱水、聚合与炭化，形成碳量子点的方法。

Lee 等以活性炭为原料，加入过氧化氢，然后在 300W 超声仪下处理 2h。经过滤除去无荧光的杂质，最后得到粒径 5～10nm 的碳量子点。研究显示，控制超声时间可改变碳量子点的粒径和微观形貌。在后期研究中，Lee 等又选用葡萄糖作碳源，将葡萄糖分散于超纯水中，加入 50mL 1mol/L 的氢氧化钠溶液或 36%～38%（质量分数）的盐酸，超声 4h 后，经分离、纯化后获得碳量子点，其粒径小于 5nm，荧光量子产率为 7%。

超声波法操作简单，成本低，但分离纯化较困难。

9.11.2　碳量子点性质

碳量子点最突出的一个特点就是具有光致发光特性，通俗来说，具有良好水溶性的碳量子点在光照下，其自身会发出明亮的荧光，而且它的光学稳定性很好。

9.11.2.1　光学特性

以荧光性能为代表，碳量子点的光学特性是其最具应用基础研究价值特性。碳量子点的光学特性主要包括：紫外-可见光吸收特性、光致发光特性、光稳定性和上转换荧光发射特性等。

（1）紫外-可见光吸收特性。大量的紫外-可见光吸收光谱测试显示，碳量子点的最大吸收峰一般都在紫外区域，但该吸收峰往往比较宽，在可见光区域也有渐弱的吸收。但是，不同工艺制备的碳量子点，其紫外-可见光吸收曲线有所不同。用激光消蚀法所得的碳量子点，在280nm处有一个吸收带；电化学法制备的碳量子点，在270nm处一个吸收带，且半峰宽较窄；而采用端氨基钝化剂处理后的碳量子点，紫外-可见光吸收光谱显示，330~550nm区域出现特征吸收。

（2）光致发光特性。碳量子点具有典型的光致发光特性，在相同激发光下，采用不同工艺制得碳量子点的发射光谱往往存在较大差异。但是，碳量子点的发射波长及其强度与激发光波长紧密相关，也就是说，碳量子点存在激发光依赖性。一般情况下，逐步增调激发光源的波长，碳量子点对应的荧光发射会向长波方向移动（即红移），同时发射的荧光减弱。作为一种新型碳纳米材料，对碳量子点的光致发光机制现在还没有确定的解释。有研究者推测，光致发光现象可能是由碳量子点的微观表面缺陷、电子能级结构以及量子限域效应等综合作用的结果。

与其他荧光材料相比，碳量子点的光致发光特性具有显著优势，它的激发光可选范围非常宽，且与半导体量子点类似，可以一元激发、多元发射；而且碳量子点的荧光性能具有激发光依赖性，不同激发光照射，碳量子点可以显示不同波长（颜色）的荧光，与荧光染料和半导体量子点相比，这更有利于实际应用。

传统荧光染料一般需要特定波长的激发光，采用不同荧光染料时，就需要改变激发光，因此多重染色时就无法实现多通道同步检测。而碳量子点不仅激发波长可选范围非常宽，而且在同一激发波长下，碳量子点发射的荧光经滤光片过滤可得到不同颜色的稳定荧光。并且基于碳量子点的激发光依赖性，控制激发光波长，碳量子点的发射荧光波长甚至可延伸到近红外光区。

（3）光稳定性。碳量子点另一大优点就是荧光性能比较稳定。研究显示，碳量子点的荧光强度经过几个小时的连续重复激发也没有明显下降，而且在激光共聚焦显微镜下的荧光发射也没有光闪烁现象。采用电化学法制备的碳量子点，在氙灯连续6h照射后，荧光强度几乎没有变化。有机荧光染料的光漂白和光衰减现象十分严重，而发射荧光的闪烁现象在半导体量子点中比较常见。因此，基于稳定的荧光性能，碳量子点有望成为一种可替代荧光染料和传统量子点的理想荧光标记材料。

（4）上转换荧光发射特性。一般情况下，碳量子点的发射光波长比激发光波长要长，但某些工艺制备出的碳量子点在长波激发下，反而发射出比激发光波长要短的荧光，这种现象称为上转换荧光发射特性。而斯托克斯定律认为材料只能受到高能量的光激发，发出低能量的光。因此，上转换荧光也被称为反-斯托克斯发光（Anti-Stokes）。

以石墨棒为工作电极，采用电化学法制备所得碳量子点在 500~1000nm 波长的激发光下，325nm~425nm 的发射峰表现出明显的上转换荧光特性。掺杂氧化锌和硫化锌的碳量子点也显示了上转换荧光特性。在波长为 800nm 的激发光下，碳量子点发射绿色荧光。

9.11.2.2 光电荷转移特性

碳量子点的光电荷转移特性，体现在受到光激发后，碳量子点不但可以接受电子，也可以提供电子。利用该特性，将碳量子点与硝酸银按一定比例配制混合溶液，在波长为 450nm 或 600mm 的光源下照射一定时间后，可检测到表面等离子体共振信号，而且随着反应的进行，信号快速增强，表明溶液中的银离子通过光致还原反应生成银颗粒。而在其他条件相同，仅仅不加碳量子点，则检测不到属于银的表面等离子体共振信号。这表明，在光诱导反应中，碳量子点提供电子引起了银离子的还原反应。然而电子供体 N, N-二甲基苯胺可以使碳量子点荧光淬灭，又表明了碳量子点较强的接受电子的能力。

9.11.2.3 电化学发光特性

研究发现，加载循环电势后，观测到了碳量子点的发光现象。研究者认为，碳量子点出现电化学发光现象，源于碳量子点加载电势后新产生的激发态，而激发态的碳量子点进而跃迁产生荧光发射现象。

9.11.2.4 高生物相容性和低细胞毒性

传统的半导体量子点即使浓度很低的也存在较大的毒性，碳材料一般都具有一定的化学惰性，而碳量子点作为一种碳纳米材料，天然的碳属性使其具有较好的生物相容性和很低的细胞毒性。采用水热法制备的碳量子点表面经聚乙烯亚胺钝化处理后，细胞毒性试验显示，与 CdTe 量子点对照，即使在较高的使用浓度下，碳量子点也具有很低的细胞毒性。用 SiO_2 模板法制备的碳量子点，通过不同的有机试剂对其进行表面钝化处理后，在远高于成像所需的浓度标准下测试碳量子点的细胞毒性，碳量子点与细胞共培养一天后，细胞存活率大于 90%，表明碳量子点具有优秀的生物相容性。

9.11.3 碳量子点应用

基于前述的诸多优异特性，碳量子点在细胞成像、靶向示踪、分析化学、光学器件和药物载体方面都有潜在的应用价值。

9.11.3.1 体外细胞成像

碳量子点优良的荧光性能和生物相容性使其在生物领域的应用最为普遍。

碳量子点的生物成像应用，包括将碳量子点用于乳腺癌 MCF-7 细胞的标记，将碳量子点用于 HeLa 细胞的标记，将碳量子点应用于结肠癌 HT29 细胞的标记，均已获得成功。研究表明，在一定条件下，碳量子点可以穿过细胞膜。

9.11.3.2 体内组织荧光成像

动物体内组织成像比单纯的细胞成像更为复杂。Yang 等对碳量子点的体内光学成像能力做了较为系统的研究。将碳量子点分别经皮下、皮内和静脉三种方式注射到小鼠体内，在 470nm 和 545nm 两种波长的光源照射下，碳量子点都在小鼠体内显示了相应的荧光，而且碳量子点的荧光在注入体内 24h 之后才基本观测不到。经皮内注射的碳量子点，经荧光检测，逐渐在小鼠腋窝淋巴结处富集。而碳量子点经静脉注射在小鼠体内循环试验显示，碳量子点的特异性荧光主要在小鼠的膀胱处检出。而且静脉注射一定时间后，碳量子点可随小鼠的尿液排泄。对小鼠的解剖试验结果显示，最终小鼠的肾脏和肝脏中均检出碳量子点，但从肝脏中可检测出的碳量子点很少。可能原因是聚乙二醇表面钝化处理后的碳量子点减弱了其与蛋白质的结合力。在该研究所有的动物试验中，碳量子点没有引起小鼠急性毒性反应。总之，碳量子点在生物标记和成像方面显示了巨大的应用潜力。

9.11.3.3　生化分析检测

由于碳量子点的荧光性能受环境 pH 值的影响，对许多金属离子也有荧光淬灭效应，许多研究者利用碳量子点的荧光性能与反应物浓度的线性关系，进行了系列的生化分析检测。Eu^{3+} 可与表面羧基功能化的碳量子点结合，从而使得碳量子点聚集并最终导致荧光淬灭。而磷酸根与 Eu^{3+} 之间的结合作用强于碳量子点，因此将磷酸根施加到 Eu^{3+} 与碳量子点体系，可解除碳量子点与 Eu^{3+} 之间的结合，恢复碳量子点的荧光特性。由于施加磷酸根的量决定了碳量子点恢复的荧光发射强度，两者之间可以建立线性对应关系。利用这种线性对应关系，可将碳量子点用于检测湿地环境中磷酸根浓度。这种检测方法灵敏度极高。

基于类似的原理，也可将碳量子点用于 DNA 分子的检测。由于电子转移，亚甲基蓝（MB）吸附在碳量子点表面后可将其荧光猝灭，而 DNA 可以与 MB 结合，从而释放碳量子点。同样地，DNA 的浓度与碳量子点的荧光之间存在线性对应关系。通过测试分析碳量子点的荧光强度可以实现 DNA 的浓度检测。

9.11.3.4　其他应用

2016 年 12 月，中国科学院长春光学精密机械与物理研究所研究员曲松楠课题组首次研制出基于碳纳米点的超稳定、强荧光复合材料，该工作利用静电诱导自组装过程，通过碳纳米点表面电荷逐步静电吸附离子并原位形成无机包覆层，实现具有超高稳定性、强发光的碳纳米点复合材料，在开发基于碳纳米点的光电器件领域有重要的应用前景。

近年来，由于碳量子点的优异性能，吸引了大量研究者对其进行应用基础研究。而大量新工艺新方法的应用，不仅提高了碳量子点的荧光性能，也进一步拓展了碳量子点的应用领域。如将碳量子点与蓝色 LED 联用，开发了一种可发射白光的新型 LED 光源。将光敏剂与碳量子点共轭结合，可防止光敏剂团聚，提高光敏剂的稳定性和水溶性，增强光敏剂在动物体内荧光成像和 PDT 效果。利用碳量子点具有较大双光子吸收截面的特点，将 CDs 与光敏剂复合，实现了 700nm 双光子激发复合光敏剂。此外，碳量子点在传感器，乙酰胆碱、葡萄糖等检测、药物运输、免疫测定、表面增强的拉曼效应、太阳能电池等很多领域都有重要应用。

复习思考题

9-1　造成炭材料结构多样性的原因有哪些，它们是如何影响炭材料结构的？
9-2　炭材料的基本结构参数有哪些，各代表了什么物理意义？
9-3　按原料的不同，炭纤维可以分为哪几类，各有什么特点？
9-4　为什么各向同性沥青只能制成通用型炭纤维，而中间相沥青可制成高性能炭纤维？

9-5 为什么炭纤维增强复合材料将成为 21 世纪最有希望的材料之一，它们有哪些优点？

9-6 炭纤维的结构随热处理温度的升高将如何变化，它对炭纤维的性能会带来什么影响？

9-7 在制备热解炭和热解石墨时，适当降低原料气的浓度可以减少炭黑的生成，为什么？

9-8 为了制造优质柔性石墨，GIC 的阶数应为多大最好，为什么？

9-9 玻璃炭的结构和特性与其制造方法有何关系？

9-10 什么是泡沫炭，其典型的特性与应用是什么？

9-11 金刚石薄膜有哪些种类，其性质有什么不同？

9-12 在制备金刚石薄膜时，PCVD 为何比 CVD 有更高的沉积效率？

9-13 比较 C_{60} 与金刚石的结构，说明为什么 C_{60} 的抗压强度比金刚石还高？

9-14 什么是小尺寸效应、表面效应、量子效应和宏观量子隧道效应、库伦堵塞效应？

9-15 简述纳米材料的定义与分类。

9-16 简述碳纳米管的定义及性能特点。

9-17 金刚石、石墨烯与富勒烯的化学键合方式有什么不同，这种差异对其强度与导电性有什么影响？

9-18 为什么说在性能和应用前景方面，石墨炔的丝毫不逊色于石墨烯？

9-19 石墨烯有什么主要特性？

9-20 石墨烯有什么主要应用？

9-21 石墨炔的结构与石墨烯有什么关系，其性质有什么差异？

9-22 什么是碳量子点，其最突出的特性是什么？

参 考 文 献

[1] 李圣华. 炭和石墨制品 [M]. 北京：冶金工业出版社，1983.

[2] 陈蔚然. 炭素材料工艺基础 [M]. 长沙：湖南大学出版社，1984.

[3] 宋正芳. 炭石墨制品的性能及其应用 [M]. 北京：机械工业出版社，1987.

[4] 谢有赞. 炭石墨材料工艺 [M]. 长沙：湖南大学出版社，1988.

[5] 童芳森，许斌，李哲浩. 炭素材料生产问答 [M]. 北京：冶金工业出版社，1991.

[6] [瑞士] R&D炭素有限公司. 铝用炭阳极技术 [M]. 李庆义，等译. 北京：冶金工业出版社，2007.

[7] 石川功敏，等. 新炭素工业 [M]. 哈尔滨：哈尔滨工业大学出版社，1990.

[8] 炭素材料工学. 武汉钢铁学院，1988.

[9] 黄启震. 炭素工艺与设备（1~7卷）[M]. 炭素工艺与设备编辑部，1981-1994.

[10] B. E. 波利瓦洛夫. 煤焦油沥青 [M]. 曲法泉，译. 北京：冶金工业出版社，1988.

[11] 蒋翔六，等. 金刚石薄膜研究进展 [M]. 北京：化学工业出版社，1991.

[12] 侯祥麟. 中国炼油技术 [M]. 北京：中国石化出版社，1991.

[13] 许斌，王金铎. 炭材料生产技术600问 [M]. 北京：冶金工业出版社，2006.

[14] 沈曾民. 新材料与应用技术丛书——新型碳材料 [M]. 北京：化学工业出版社，2003.

[15] 大谷杉郎，真田雄三. 炭素化工学の基础 [M]. オーム社，1980.

[16] 大谷杉郎，大谷朝男. カ-ボンサフアイバ入门 [M]. オーム社，1983.

[17] 大谷杉郎. 炭素新时代 [M]. ダイヤモニド社，1987.

[18] 本田英昌，小林和夫. ハイテク炭素材料 [M]. 工业调查会，1987.

[19] E. Ф. Чаллх. Обжиг ЭЛЕКТРОДОВ. МеТаллургия，1981.

[20] А. С. Фиалков. глеграфлтовые Матерлалы，1979.

[21] 成会明. 纳米碳管：制备、结构、物性及应用 [M]. 北京：化学工业出版社，2002.

[22] Jamie H. Warner, et al. 石墨烯：基础及新兴应用 [M]. 付磊，等译. 北京：科学出版社，2014.

[23] 朱宏伟，等. 石墨烯结构制备方法与性能表征 [M]. 北京：清华大学出版社，2011.

[24] 沈海军，刘根林. 新型碳纳米材料——碳富勒烯 [M]. 北京：国防工业出版社，2008.

[25] 蒋文忠. 炭素工艺学 [M]. 北京：冶金工业出版社，2009.

[26] 黄启震，等. 中国冶金百科全书：炭素材料 [M]. 北京：冶金工业出版社，2004.

[27] GB/T 1427—2016 炭素材料取样方法 [S]. 北京：中国标准出版社，2016.

[28] GB/T 24529—2009 炭素材料显气孔率的测定方法 [S]. 北京：中国标准出版社，2009.

[29] GB/T 8721—2009 炭素材料抗拉强度测定方法 [S]. 北京：中国标准出版社，2009.

[30] GB/T 24528—2009 炭素材料体积密度测定方法 [S]. 北京：中国标准出版社，2009.

[31] GB/T 6155—2008 炭素材料真密度和真气孔率测定方法 [S]. 北京：中国标准出版社，2009.

[32] GB/T 24525—2009 炭素材料电阻率测定方法 [S]. 北京：中国标准出版社，2009.

[33] GB/T 24527—2009 炭素材料内在水分的测定 [S]. 北京：中国标准出版社，2009.

[34] GB/T 24526—2009 炭素材料全硫含量测定方法 [S]. 北京：中国标准出版社，2009.

[35] GB/T 1431—2009 炭素材料耐压强度测定方法 [S]. 北京：中国标准出版社，2010.

[36] GB/T 1429—2009 炭素材料灰分含量的测定方法 [S]. 北京：中国标准出版社，2010.

[37] GB/T1426—2008 炭素材料分类 [S]. 北京：中国标准出版社，2008.

[38] GB/T 8718—2008 炭素材料术语 [S]. 北京：中国标准出版社，2008.

[39] YB/T 5189—2007 炭素材料挥发分的测定 [S]. 北京：冶金工业出版社，2007.

[40] GB/T 3074. 1—2008 石墨电极抗折强度测定方法 [S]. 北京：中国标准出版社，2008.

[41] GB/T 3074. 3—2008 石墨电极氧化性测定方法 [S]. 北京：中国标准出版社，2008.

［42］GB/T 3074.4—2016 石墨电极热膨胀系数（CTE）测定方法［S］. 北京：中国标准出版社，2016.

［43］YB/T 4226—2010 炭电极［S］. 北京：冶金工业出版社，2011.

［44］YB/T 4088—2000 石墨电极［S］. 北京：中国标准出版社，2001.

［45］YB/T 4089—2000 高功率石墨电极［S］. 北京：中国标准出版社，2001.

［46］YB/T 4090—2000 超高功率石墨电极［S］. 北京：中国标准出版社，2001.

［47］YB/T 5230—1993 炭阳极［S］. 北京：冶金工业出版社，1993.

［48］YB/T 2804—2001 普通高炉炭块［S］. 北京：中国标准出版社，2002.

［49］YB/T 5215—2006 电极糊［S］. 北京：中国标准出版社，2006.

［50］YS/T 65—2012 铝电解用阴极糊［S］. 北京：中国标准出版社，2013.

［51］YB/T 121—2014 炭素泥浆［S］. 北京：冶金工业出版社，2015.

［52］YB/T 141—2009 高炉用微孔炭砖［S］. 北京：冶金工业出版社，2010.

［53］YB/T 4189—2009 高炉用超微孔炭砖［S］. 北京：冶金工业出版社，2010.

［54］YB/T 5214—2007 抗氧化涂层石墨电极［S］. 北京：冶金工业出版社，2007.

［55］YB/T 5053—2006 石墨阳极［S］. 北京：冶金工业出版社，2006.

［56］NB/SH/T 0527—2015 石油焦（生焦）［S］. 北京：中国石化出版社，2016.

［57］GBT1996—2003 冶金焦炭［S］. 北京：中国标准出版社，2002.

［58］GB/T 5751—2009 中国煤炭分类［S］. 北京：中国标准出版社，2009.

［59］GB/T 1573—2001 煤的热稳定性测定方法［S］. 北京：中国标准出版社，2001.

［60］GB/T 3518—2008 鳞片石墨［S］. 北京：中国标准出版社，2009.

［61］GB 3778—2011 橡胶用炭黑［S］. 北京：中国标准出版社，2012.

［62］GB/T 7044—2013 色素炭黑［S］. 北京：中国标准出版社，2014.

［63］GB/T 3782—2016 乙炔炭黑［S］. 北京：中国标准出版社，2017.

［64］GB/T 2292—1997 焦化产品甲苯不溶物含量的测定［S］. 北京：中国标准出版社，2004.

［65］GB/T 26930.5—2011 原铝生产用炭素材料 煤沥青 第5部分：甲苯不溶物含量的测定［S］. 北京：中国标准出版社，2011.

［66］GB/T 2293—2008 焦化沥青类产品喹啉不溶物试验方法［S］. 北京：中国标准出版社，2008.

［67］GB/T 26930.4—2011 原铝生产用炭素材料 煤沥青 第4部分：喹啉不溶含量的测定［S］. 北京：中国标准出版社，2011.

［68］GB/T 26930.2—2011 原铝生产用炭素材料 煤沥青 第2部分：软化点的测定 环球法［S］. 北京：中国标准出版社，2011.

［69］GB/T 26930.7—2014 原铝生产用炭素材料 煤沥青 第7部分：软化点的测定（Mettler 法）［S］. 北京：中国标准出版社，2014.

［70］GB/T 2290—2012 煤沥青［S］. 北京：中国标准出版社，2013.

［71］YB/T 5194—2015 改质沥青［S］. 北京：冶金工业出版社，2017.

［72］GB/T 13657—2011 双酚 A 型环氧树脂［S］. 北京：中国标准出版社，2012.

［73］陈文来，贾庆远，刘运平，等. 超高功率石墨电极本体与接头工艺异同探讨 Ⅱ. 焙烧［J］. 炭素技术，2009，28（2）：46-48.

［74］卢良油. 超高功率石墨电极生产工艺技术探讨［J］. 建筑工程技术与设计，2015（6）：165-167.

［75］于嗣东，贾庆远，赵东锋，等. 大规格超高功率石墨电极生坯生产技术研究［J］. 炭素，2011（3）：28-31.

［76］张向军，宋廷殿，吴国军，等. 石墨电极一次焙烧品空头原因调查及解决措施［J］. 炭素技术，2008，27（2）：46-49.

［77］智林杰，宋进任，刘朗. 高残炭率浸渍剂沥青的组成设计［J］. 新型炭材料，2001，16（1）：5-9.

[78] 李忠强，马广禧，孙晶，等．石墨电极的加压焙烧试验 [J]．炭素，2000 (1)：38-43.

[79] 刘运平，陈文来，袁强，等．UHP 石墨电极糊料混捏技术 [J]．炭素技术，2009, 28 (2)：59-61.

[80] 刘艺飞，赵宏，李元祥，等．石墨碎在电极生产中的作用 [J]．炭素技术，2004, 23 (4)：42-45.

[81] 林浩，樊玉平，田又新，等．浸渍增重率和反渗率研究 [J]．炭素技术，2003 (4)：20-24.

[82] 李圣华．均质石墨电极与均质化生产 [J]．炭素技术，2001, 1 (1)：33-37.

[83] 薛殿贵，顾伟良．车底式炉在石墨电极二次焙烧中的应用 [J]．炭素技术，2013, 32 (5)：66-69.

[84] 贾文涛．改质沥青生产 UHP 石墨电极工艺研究 [D]．大连理工大学，2009.

[85] 高勃．国产针状焦生产超高功率石墨电极的研究 [D]．大连理工大学，2009.

[86] 王平甫，罗英涛，宫振，等．中国竖罐式炉煅烧石油焦技术分析与研讨 [J]．炭素技术，2009, 28 (5)：31-37.

[87] 韩文生．回转床煅烧炉煅烧针状石油焦 [J]．轻金属，2008 (9)：50-52.

[88] 解治友，高勃．UHP 石墨电极国际标准流程工艺的研究 [J]．炭素技术，2007, 26 (1)：41-45.

[89] 陈开斌，刘凤琴，罗英涛，等．煤沥青流变性和煤沥青对炭素骨料焦浸润性的研究 [J]．炭素技术，2009, 28 (2)：20-23.

[90] 郭文利，王晨，董利民，等．煤沥青对焦炭的浸润性及其在核石墨制备中的作用 [J]．炭素，2013 (4)：3-9.

[91] 柳富华，叶宛丽，张冷俗，等．改性煤沥青在炭素生产中的应用 [J]．化工科技，2010, 18 (5)：77-80.

[92] 崔东生．炭素回转窑的工艺设计与计算 [J]．炭素技术，2000 (1)：34-39.

[93] 曹广和．新型炭素煅烧回转窑的研制——热工过程及耐火内衬的设计 [J]．轻金属，2005 (7)：52-56.

[94] 王玉霞，徐恩霞，董萌蕾，等．罐式煅烧炉用硅砖的损毁原因及改进措施 [J]．耐火材料，2015 (6)：446-448.

[95] 齐秋妹．炭素煅烧回转窑合理结构及加热制度的研究 [D]．东北大学，2008.

[96] 陈荣．连续化生产高纯石墨碳材工艺分析 [J]．现代冶金，2013, 41 (5)：54-56.

[97] 张忠霞．罐式炉煅烧技术 [J]．工业加热，2011, 40 (4)：73-74.

[98] 李浩，王晓敏，杨凯长，等．罐式煅烧炉煅后焦质量的影响因素及改进措施 [J]．炭素，2010 (4)：33-36.

[99] 张志，孙毅，周善红，等．提高罐式煅烧炉产品质量的方法浅析 [J]．炭素技术，2011, 30 (6)：60-62.

[100] 寇俊申．ROTEX 筛在炭素生产中的应用前景分析 [J]．炭素技术，2009, 28 (6)：53-55.

[101] 温坛．配料混捏过程控制系统的设计与实现 [D]．华东理工大学，2012.

[102] 何金松，程世海，王宝刚，等．挤压生坯电极的温度场分布初探 [J]．炭素技术，2010, 29 (2)：42-46.

[103] 施辉献，谢刚，杨猛，等．冷等静压石墨质量控制的探讨 [J]．炭素技术，2012, 31 (5)：26-28.

[104] 施辉献，于站良，和晓才，等．响应曲面法优化各向同性石墨的冷等静压成型工艺 [J]．材料导报，2015, 29 (4)：147-151.

[105] 施辉献，谢刚，于站良，等．炭/石墨材料的成型工艺综述 [J]．炭素，2014 (1)：43-46, 13.

[106] 陈明礼．浅谈炭素制品焙烧工艺的优化 [J]．科技创新与应用，2016 (8)：155-155.

[107] 张斌，谭芝波．炭素焙烧炉节能研究与应用 [J]．炭素技术，2010, 29 (5)：53-55.

[108] 何广祯，高欣明，何佳妮，等．二次焙烧设备选型探讨 [J]．炭素技术，2007, 26 (6)：35-38.

[109] 陈顺吉．探讨二次焙烧隧道窑的工艺流程优化设计 [J]．科技与生活，2012 (23)：160-160, 163.

[110] 潘三红，张涛，米寿杰，等．带盖环式焙烧炉节能应用技术探讨 [J]．炭素技术，2012，31（6）：54-56.

[111] 赵东锋，贾新见，刘运平，等．石墨电极的两种焙烧工艺比较 [J]．炭素技术，2016，35（4）：52-55.

[112] 赵杰三，潘三红．带盖环式焙烧炉与敞开环式焙烧炉应用之比较 [J]．炭素技术，2010，29（6）：47-49.

[113] 邢召路，李文刚，高守磊，等．影响敞开式环式焙烧炉使用寿命的原因及改进措施 [J]．炭素技术，2016，35（5）：65-68.

[114] 顾伟良，刘春雷．环式焙烧炉炉盖保温节能新技术 [J]．炭素技术，2014，33（3）：53-54.

[115] 沙秋实．加压焙烧研究综述 [J]．炭素，2014（3）：44-46.

[116] 王有全，杨洪．日本台车式焙烧炉及燃烧控制系统分析 [C]．//第29届全国炭素技术暨节能减排交流大会论文集．2013：76-79.

[117] 刘静颜，李明杰，于前寨，等．填充料粒度对石墨电极焙烧效果的影响研究 [J]．炭素技术，2016，35（1）：55-57.

[118] 刘重德，邵泽钦，陆玉峻，等．抗氧化浸渍炭-石墨材料的研究及性能分析 [J]．炭素技术，2000（1）：15-17.

[119] 吴召洪，陈建，附青山，等．酚醛树脂浸渍石墨的热稳定性研究 [J]．弹性体，2014，24（1）：19-22.

[120] 李俊，于站良，李怀仁，等．浸渍-焙烧工艺对石墨性能影响的研究 [J]．炭素技术，2015，34（4）：46-49.

[121] 杭玉宏，周杰，曹丽娟，等．石墨制化工设备的浸渍工艺及浸渍工艺评定 [J]．全面腐蚀控制，2014（12）：41-43.

[122] 刘爱中，李明杰．关于浸渍预热曲线的简单描述与计算 [J]．炭素技术，2011，30（6）：34-39.

[123] 单黎明．聚吡咯/石墨烯复合材料的制备与电磁学性能研究 [D]．成都：西南交通大学，2015.

[124] 高丽娟，徐妍，吴红运，等．改质煤沥青制备浸渍剂沥青的研究 [J]．炭素技术，2014（6）：24-27.

[125] 黄艳．低 QI 浸渍剂沥青渗透性能研究 [D]．武汉科技大学，2014.

[126] 王韬，李学江，关键嘉，等．艾奇逊石墨化炉电阻料堆积电阻率影响因素探讨 [J]．炭素技术，2015，34（2）：65-69.

[127] 贾庆远．超高功率石墨电极本体与接头工艺异同探讨 Ⅲ．内串石墨化 [J]．炭素技术，2009，28（3）：55-57.

[128] 穆永平．内串石墨化工艺的研究 [D]．大连理工大学，2009.

[129] 张松威，张云峰．炭素制品在石墨化过程中的"Puffing" [J]．炭素技术，2008，27（6）：48-49，58.

[130] 吴英良，李东明，郑清林，等．炭素材料石墨化度的 X 射线多晶衍射法研究 [J]．现代科学仪器，2015（4）：141-146.

[131] 程文雍，李楠，李轩科，等．4 种炭素材料的抗氧化性研究 [J]．耐火材料，2011，45（1）：23-25.

[132] 龚欣荣．石墨化过程测控系统的设计 [D]．湖南大学，2015.

[133] 严华．串接石墨化炉中产品出现"麻面"的原因和解决方法 [J]．炭素技术，2010，29（2）：55-57.

[134] 张向军．艾奇逊石墨化炉裂纹废品产生原因分析及改进措施 [J]．炭素技术，2008，27（6）：45-47.

［135］赵杰三．内串石墨化炉新型运行方式探讨与实践［J］．炭素技术，2011，30（3）：59-61．

［136］宁前进．高纯石墨焦生产工艺设计初探［J］．有色金属设计，2004，31（1）：25-27，33．

［137］董福金．两段竖式石墨化炉的设计及其生产实践［J］．炭素技术，2004，23（6）：44-46．

［138］刘春雷，顾伟良．提高艾奇逊石墨化炉炉龄的探讨［J］．炭素技术，2014，33（2）：61-63．

［139］王文东．艾奇逊炉热平衡分析［D］．大连理工大学，2007．

［140］吕睿．环境友好制备石墨烯工艺及概念设计研究［D］．杭州：浙江大学，2016．

［141］赵新洛，等．碳纳米材料的制备及应用［J］．上海大学学报（自然科学版），2011，17（4）：438-446．

［142］吕岩，王志永，张浩，等．电弧法制备石墨烯的孔结构和电化学性能研究［J］．无机材料学报，2010（25）：725-728．

［143］Dunaev A, Arkhangelsky I, Zubavichus Y V, et al. Preparation, structure and reduction of graphite intercalation compounds with hexachloroplatinic acid［J］. Carbon, 2008（46）：788-795.

［144］Khan U, O'Neill A, Lotya M. High-concentration solvent exfoliation of graphene［J］. Small, 2010, 6：864-871.

［145］Geim A K Novoselov K S. The rise of graphene［J］. Nat. Mater. , 2007, 6（234）：183-191.

［146］Geim A K, Novoselov K S. The rise of grapheme［J］. Nature Materials, 2007, 6（54）：183-191.

［147］Meyer J C, Geim A K, Katsnelson M I. The structure of suspended graphene Sheets［J］. Nature, 2007, 446：60-63.

［148］Akcoltekin S, Kharrazi M E, Kohler B, Lorke A, Schleberger M. Nanotechnology, 2009, 20（15）：15560-15566.

［149］Subrahmanyam K S, Panchakarla L S, Govindaraj A, et al. Simple method of preparing graphene flakes by an arc-discharge method［J］. The Journal of Physical Chemistry C, 2009, 113（11）：4257-4259.

［150］Zhao X L, Ohkohchi M, Wang M, et al. Preparation of hish-grade carbon nanotubos by hydrogen arc discharge［J］. Carbon, 1997, 35（6）：775-781.

［151］Ando Y, Zhao X L, Ohkohchi M. Production of petal-like graphite sheets by hydrogen arc discharge［J］. Carbon, 1997, 35（1）：153-158.

［152］Wang Z, Li N, Shi Z, et al. Low-cost and large-scale synthesis of graphene nanosheets by arc discharge in air［J］. Nanotechnology, 2010（21）：175602.

［153］Li N, Wang Z, Zhao K, et al. Large scale synthesis of N-doped multi-layered graphene sheets by simple arcdischarge method［J］. Carbon, 2010（48）：255-259.

［154］Stankovich S, Dikin D A, Piner R D, et al. Synthesis of graphene-based nanosheets via chemical reduction of exfoliated graphite oxide［J］. Carbon, 2007（45）：1558-1565.

［155］Hernandez Y, Pang S, Feng X, et al. Graphene and Its Synthesis-Polymer Science：A Comprehensive Reference -8. 16［J］. Polymer Science A Comprehensive Reference, 2012（9）：415-438.

［156］Ishikawa T, Nagaoki T. Recent Carbon Technology［M］. JEC Press Inc. 1983.

［157］Marsh H. Introduction Carbon Science［M］. Butterworths Press. 1989.